电子信息科学与工程类专业系列教材

现代通信原理
（第2版）

苗长云　主　编
郭翠娟　副主编

电子工业出版社
Publishing House of Electronics Industry
北京·BEIJING

内 容 简 介

本书讲述现代通信的基本概念、原理和分析方法，以及通信网与系统的组成和设计方法，共 13 章。内容包括绪论、确定信号分析、随机信号分析、信道、模拟调制系统、模拟信号数字化、数字基带传输系统、数字调制系统、数字信号的最佳接收、信道复用和多址方式、同步原理、差错控制编码、通信网。本书内容由浅入深，概念清楚，阐述简明，重点突出，力求先进性、系统性与实用性。每章后附习题。

本书可作为高等院校通信工程、电子信息工程、计算机科学与技术等信息类各专业的教材，也可作为电子信息等领域科研人员和工程技术人员的参考书。

未经许可，不得以任何方式复制或抄袭本书之部分或全部内容。
版权所有，侵权必究。

图书在版编目(CIP)数据

现代通信原理/苗长云主编．—2 版．—北京：电子工业出版社，2022.1
ISBN 978-7-121-42706-0

Ⅰ.①现… Ⅱ.①苗… Ⅲ.①通信原理－高等学校－教材 Ⅳ.①TN911

中国版本图书馆 CIP 数据核字(2022)第 015146 号

责任编辑：凌　毅
印　　刷：北京捷迅佳彩印刷有限公司
装　　订：北京捷迅佳彩印刷有限公司
出版发行：电子工业出版社
　　　　　北京市海淀区万寿路 173 信箱　邮编 100036
开　　本：787×1 092　1/16　印张：19.75　字数：530 千字
版　　次：2012 年 7 月第 1 版
　　　　　2022 年 1 月第 2 版
印　　次：2025 年 7 月第 4 次印刷
定　　价：59.80 元

凡所购买电子工业出版社图书有缺损问题，请向购买书店调换。若书店售缺，请与本社发行部联系。联系及邮购电话：(010)88254888，88258888。
质量投诉请发邮件至 zlts@phei.com.cn，盗版侵权举报请发邮件至 dbqq@phei.com.cn。
本书咨询联系方式：(010)88254528，lingyi@phei.com.cn。

前　言

本书为"十二五"普通高等教育本科国家级规划教材，是依据作者多年来从事"通信原理"课程教学的实践经验编写而成的。

本书重点讲述现代通信原理，包含现代通信的基本概念、原理和分析方法，以及通信网与系统的组成和设计方法。本书在内容上力求科学性、先进性、系统性与实用性；紧密结合通信技术的发展，尽可能多地融入通信的新技术、新方法；将理论与实际相结合，在讲述理论的同时，介绍部分常用的通信电路芯片、实用电路及软件流程图，并通过"通信网"一章了解通信原理的应用，加深对通信原理的理解，从而达到提高解决通信工程实际问题能力的目的。考虑到部分专业在学习本课程之前没有开设"信号与系统"课程，因此本书包含"确定信号分析"一章，可根据实际教学的需要进行选讲。本书在讲述上由浅入深，概念清楚，阐述简明，通俗易懂，重点突出。

本书共分13章：第1章主要介绍通信的基本概念、通信系统模型、通信系统的性能指标、信息论的基本概念；第2章介绍信号与系统的基本分析方法、信号的频谱、信号的能量及功率谱密度、卷积和相关函数等概念；第3章主要介绍本书其他章节所需的随机信号与噪声分析的数学知识；第4章讨论信道的模型、分类及信道对信号传输的影响；第5章介绍模拟调制系统的原理；第6章详细讨论模拟信号的采样、量化和编码；第7章介绍数字基带传输系统的常用码型、频谱分析、码间串扰、部分响应技术和基带传输系统的抗噪声性能；第8章介绍二进制数字调制、多进制调制及现代调制技术；第9章介绍几种常用的最佳接收准则及其最佳接收机的设计，并分析了它们的性能；第10章介绍多路复用和多址通信方式；第11章着重分析载波同步、位同步、帧同步、跳频信号同步、网同步方法及其系统性能；第12章介绍差错控制编码的原理、常用的简单编码、线性分组码、循环码、卷积码、交织码、Turbo码和网格编码调制(TCM)等；第13章介绍通信网的基本概念、组成、分类、交换方式和协议，以及典型通信网。为了便于读者理解和复习，各章末均附有习题。为方便教师授课、读者学习，本书配有**电子课件、习题参考答案**等，可登录华信教育资源网(www.hxedu.com.cn)，注册后免费下载。

本书由苗长云担任主编，郭翠娟担任副主编。本书第1、2章由苗长云编写，第3章由郭翠娟编写，第4章由戈立军编写，第5章由邢林海编写，第6章由邢林海、苗长云编写，第7、8章由徐微编写，第9章由苗长云、苗笛编写，第10章由郭翠娟编写，第11章由苗笛编写，第12章由郭翠娟、苗长云编写，第13章由李杰编写。董全莆老师对本书进行了审阅和校对。在本书编写过程中，参考了大量的著作，在此谨向书后所列参考文献的各位作者，以及给与我们支持和帮助的领导、同事表示诚挚的谢意。

限于编者的水平，书中难免有不妥或错误之处，恳请读者批评指正。

编　者
2021年12月

英文缩写对照表

目 录

第1章 绪论 ……………………………… 1
 1.1 通信的概念及系统模型 ………… 1
  1.1.1 通信的概念 …………………… 1
  1.1.2 通信系统模型 ………………… 1
  1.1.3 模拟通信系统模型和数字通信系统模型 ……………………… 1
 1.2 通信的发展过程 ………………… 3
 1.3 通信系统的分类及通信方式 …… 4
  1.3.1 通信系统的分类 ……………… 4
  1.3.2 通信方式 ……………………… 5
 1.4 信息及其度量 …………………… 6
 1.5 通信系统的主要性能指标 ……… 8
 习题1 ……………………………………… 9

第2章 确定信号分析 …………………… 11
 2.1 引言 ……………………………… 11
 2.2 信号与系统的基本分析方法 …… 12
 2.3 能量谱密度和功率谱密度 ……… 17
  2.3.1 帕塞瓦尔(Parseval)定理 …… 17
  2.3.2 能量谱密度和功率谱密度 … 18
  2.3.3 能量信号和功率信号通过线性系统 ……………………… 19
 2.4 卷积 ……………………………… 19
  2.4.1 卷积的定义 ………………… 19
  2.4.2 卷积的性质 ………………… 20
 2.5 相关函数 ………………………… 21
  2.5.1 波形的互相关与自相关 …… 21
  2.5.2 相关函数与谱密度 ………… 23
 习题2 …………………………………… 24

第3章 随机信号分析 …………………… 26
 3.1 引言 ……………………………… 26
 3.2 概率论的基本概念 ……………… 26
 3.3 随机过程的基本概念 …………… 27
  3.3.1 随机过程 …………………… 27
  3.3.2 随机过程的统计特性 ……… 28
  3.3.3 随机过程的数字特征 ……… 29

 3.4 平稳随机过程 …………………… 30
  3.4.1 平稳随机过程的定义 ……… 30
  3.4.2 平稳随机过程的各态历经性 … 31
 3.5 平稳随机过程的自相关函数和功率谱密度 ……………………… 31
  3.5.1 自相关函数的性质 ………… 31
  3.5.2 平稳随机过程的功率谱密度及其与自相关函数的关系 …… 32
 3.6 高斯过程 ………………………… 34
  3.6.1 高斯过程的定义 …………… 34
  3.6.2 高斯过程的性质 …………… 34
  3.6.3 高斯白噪声 ………………… 36
 3.7 窄带随机过程 …………………… 37
  3.7.1 窄带随机过程的概念 ……… 37
  3.7.2 同相分量和正交分量的统计特性 ………………………… 38
  3.7.3 包络和相位的统计特性 …… 39
 3.8 正弦波加窄带随机过程 ………… 40
 3.9 随机过程通过线性系统 ………… 42
 习题3 …………………………………… 44

第4章 信道 ……………………………… 47
 4.1 引言 ……………………………… 47
 4.2 信道定义及其数学模型 ………… 47
  4.2.1 信道的定义 ………………… 47
  4.2.2 信道的数学模型 …………… 48
 4.3 恒参信道及其对信号传输的影响 …… 50
  4.3.1 恒参信道 …………………… 50
  4.3.2 恒参信道特性及其对信号传输的影响 …………………… 55
 4.4 随参信道及其对信号传输的影响 …… 57
  4.4.1 随参信道 …………………… 57
  4.4.2 随参信道特性及其对信号传输的影响 …………………… 61
  4.4.3 随参信道特性的改善——分集接收 ………………………… 63
 4.5 信道的加性噪声 ………………… 64

4.6 信道的容量 ……………………… 66
 4.6.1 离散信道的信道容量 ……… 66
 4.6.2 连续信道的信道容量 ……… 67
习题 4 ……………………………………… 68

第 5 章 模拟调制系统

5.1 引言 ……………………………… 70
5.2 幅度调制与解调 ………………… 70
 5.2.1 标准调制 …………………… 70
 5.2.2 抑制载波双边带调制 ……… 71
 5.2.3 单边带调制 ………………… 72
 5.2.4 残留边带调制 ……………… 74
 5.2.5 调幅系统的解调 …………… 75
5.3 线性调制系统的抗噪声性能 …… 75
 5.3.1 通信系统抗噪声性能的分析模型 ……………………… 75
 5.3.2 线性调制系统相干解调的抗噪声性能 ………………… 76
 5.3.3 线性调制系统非相干解调的抗噪声性能 ……………… 79
5.4 角度调制 ………………………… 81
 5.4.1 角度调制的基本概念 ……… 81
 5.4.2 窄带调频 …………………… 83
 5.4.3 宽带调频 …………………… 84
 5.4.4 调频信号的功率分布 ……… 85
 5.4.5 调频信号的产生与解调 …… 86
5.5 调频系统的抗噪声性能 ………… 87
 5.5.1 NBFM 的抗噪声性能 ……… 88
 5.5.2 WBFM 的抗噪声性能 ……… 89
5.6 调频系统的预加重和去加重 …… 91
5.7 调频系统的专用芯片 …………… 93
 5.7.1 低功耗调频调制器芯片 …… 93
 5.7.2 高增益低功耗解调器芯片 … 93
5.8 各种模拟调制系统的性能比较 … 94
习题 5 ……………………………………… 95

第 6 章 模拟信号数字化

6.1 引言 ……………………………… 97
6.2 采样定理 ………………………… 97
 6.2.1 低通信号采样定理 ………… 97
 6.2.2 带通信号采样定理 ………… 99
6.3 脉冲振幅调制(PAM) …………… 100
 6.3.1 自然采样 …………………… 101
 6.3.2 平顶采样 …………………… 101
6.4 脉冲编码调制(PCM) …………… 103
 6.4.1 量化 ………………………… 104
 6.4.2 编码和译码 ………………… 109
 6.4.3 PCM 集成编译码器简介 …… 113
 6.4.4 PCM 系统的抗噪声性能 …… 115
6.5 增量调制(ΔM) ………………… 116
 6.5.1 增量调制的基本原理 ……… 117
 6.5.2 增量调制系统中的量化噪声和过载噪声 ……………… 118
 6.5.3 增量调制系统中加性高斯白噪声的影响 ……………… 120
 6.5.4 PCM 和 ΔM 的性能比较 …… 122
6.6 改进型增量调制 ………………… 123
 6.6.1 总和增量调制(Δ-ΣM) ……… 123
 6.6.2 自适应增量调制(ADM) …… 124
 6.6.3 差分脉冲编码调制(DPCM) … 125
 6.6.4 增量调制解调器芯片 ……… 126
6.7 语音与图像压缩编码简介 ……… 127
 6.7.1 语音压缩编码简介 ………… 127
 6.7.2 图像压缩编码简介 ………… 128
习题 6 ……………………………………… 130

第 7 章 数字基带传输系统

7.1 引言 ……………………………… 132
7.2 数字基带传输的常用码型 ……… 132
 7.2.1 码型设计的原则 …………… 133
 7.2.2 常用码型 …………………… 133
7.3 数字基带信号的频谱特性分析 … 138
 7.3.1 数字基带信号的频谱特性 … 138
 7.3.2 常用数字基带信号功率谱密度 ………………………… 142
7.4 基带传输的码间串扰与无码间串扰的基带传输 ………………… 143
 7.4.1 数字基带信号传输系统模型 ……………………… 143
 7.4.2 基带传输的码间串扰 ……… 144
 7.4.3 无码间串扰的基带传输特性 ……………………… 146
 7.4.4 无码间串扰的理想低通基带

    传输系统 ················· 147
  7.4.5 无码间串扰的滚降系统 ······ 148
 7.5 部分响应技术 ················· 149
  7.5.1 第Ⅰ类部分响应 ············ 150
  7.5.2 差错传播和预编码 ·········· 150
  7.5.3 第Ⅳ类部分响应波形 ······· 152
 7.6 无码间串扰的基带传输系统的
   抗噪声性能 ··················· 153
 7.7 眼图 ························· 155
 7.8 均衡 ························· 156
  7.8.1 时域均衡器的基本工作
    原理 ······················ 156
  7.8.2 时域均衡器的输出及抽头
    系数的计算 ··············· 158
 习题 7 ···························· 160

第 8 章 数字调制系统 ················ 162
 8.1 引言 ························· 162
 8.2 二进制数字调制原理 ··········· 162
  8.2.1 二进制幅移键控 ············ 162
  8.2.2 二进制频移键控 ············ 163
  8.2.3 二进制相移键控 ············ 165
 8.3 二进制数字调制信号的频谱特性 ··· 168
  8.3.1 2ASK 信号的功率谱 ········ 168
  8.3.2 2FSK 信号的功率谱 ········ 169
  8.3.3 2PSK 信号的功率谱 ········ 170
 8.4 二进制数字调制系统的
   抗噪声性能 ··················· 170
  8.4.1 2ASK 系统的抗噪声性能 ··· 170
  8.4.2 2FSK 系统的抗噪声性能 ··· 172
  8.4.3 2PSK 系统的抗噪声性能 ··· 173
  8.4.4 二进制数字调制系统的
    性能比较 ·················· 174
 8.5 多进制数字调制系统 ··········· 175
  8.5.1 MASK 调制原理 ··········· 176
  8.5.2 MFSK 调制原理 ··········· 177
  8.5.3 MPSK 调制原理 ··········· 178
  8.5.4 M 进制数字调制系统的
    抗噪声性能 ··············· 181
 8.6 现代数字调制技术 ············· 182
  8.6.1 正交幅度调制 ·············· 182

  8.6.2 偏移四相相移键控 ·········· 184
  8.6.3 $\pi/4$-QPSK ················ 186
  8.6.4 最小频移键控 ·············· 186
  8.6.5 OFDM 调制 ··············· 189
  8.6.6 其他恒包络调制 ············ 193
 习题 8 ···························· 195

第 9 章 数字信号的最佳接收 ········ 197
 9.1 引言 ························· 197
 9.2 最大输出信噪比准则及其最佳
   接收机 ······················· 197
 9.3 最小均方差准则及其最佳接收机 ··· 201
 9.4 最小差错概率准则及其最佳
   接收机 ······················· 202
  9.4.1 最小差错概率准则 ·········· 202
  9.4.2 恒参信道确定信号的
    最佳接收 ·················· 204
 9.5 二进制数字调制信号的最佳接收 ··· 206
  9.5.1 2ASK 系统最佳接收机结构 ··· 206
  9.5.2 2FSK 系统最佳接收机结构 ··· 206
  9.5.3 2PSK 系统最佳接收机结构 ··· 206
 9.6 最佳接收机的性能及其潜力 ····· 207
  9.6.1 最佳接收机的性能 ·········· 207
  9.6.2 最佳接收机与实际接收机的
    性能比较 ·················· 210
 习题 9 ···························· 211

第 10 章 信道复用和多址方式 ········ 213
 10.1 引言 ························ 213
 10.2 频分复用及多级调制 ·········· 213
  10.2.1 频分多路复用 ············· 213
  10.2.2 多级调制 ················· 214
 10.3 时分复用 ···················· 215
  10.3.1 时分复用原理 ············· 215
  10.3.2 PCM 基群帧结构 ·········· 216
  10.3.3 准同步与同步数字体系 ····· 217
  10.3.4 复接与码率调整 ··········· 218
 10.4 码分复用 ···················· 220
  10.4.1 码分复用原理 ············· 220
  10.4.2 伪随机码 ················· 220
  10.4.3 扩频通信原理 ············· 223
 10.5 多址通信方式 ················ 227

10.5.1 频分多址 227
10.5.2 时分多址 227
10.5.3 码分多址 228
习题 10 229

第 11 章 同步原理 231

11.1 载波同步 231
11.1.1 插入导频法 231
11.1.2 直接法 232
11.1.3 同相正交法 233
11.1.4 载波同步系统的性能 234
11.2 位同步 237
11.2.1 插入导频法 237
11.2.2 自同步法 238
11.2.3 位同步系统的性能 241
11.3 帧同步 243
11.3.1 起止式帧同步法 243
11.3.2 对帧同步系统的要求 244
11.3.3 集中插入同步法 244
11.3.4 分散插入同步法 248
11.3.5 帧同步系统的性能 249
11.4 跳频信号的同步 250
11.4.1 跳频同步的内容及方法 250
11.4.2 跳频系统的等待自同步法 251
11.5 网同步 253
11.5.1 全网同步系统 253
11.5.2 准同步系统 254
习题 11 255

第 12 章 差错控制编码 256

12.1 引言 256
12.2 差错控制编码的原理 257
12.2.1 纠错编码的原理 257
12.2.2 差错控制编码的基本概念 258
12.3 常用的简单编码 260
12.3.1 奇偶监督码 260
12.3.2 二维奇偶监督码 261
12.3.3 恒比码 261
12.3.4 正反码 261
12.4 线性分组码 262
12.4.1 线性分组码的编码原理 262
12.4.2 线性分组码的译码 265

12.4.3 汉明码 267
12.5 循环码 267
12.5.1 循环码的概念 267
12.5.2 码多项式及按模运算 267
12.5.3 码的生成多项式和生成
       矩阵 268
12.5.4 循环码的编码 270
12.5.5 循环码的译码 271
12.5.6 实用循环码 273
12.6 卷积码 275
12.6.1 卷积码的编码原理 275
12.6.2 卷积码的图解表示 276
12.6.3 卷积码的生成矩阵和监督
       矩阵 277
12.6.4 卷积码译码 281
12.7 交织码 284
12.8 Turbo 码 287
12.9 网格编码调制 289
12.9.1 TCM 编码器结构 289
12.9.2 归一化欧几里德距离 289
12.9.3 信号点集的划分 290
12.9.4 TCM 码网格图及卷积码
       编码器 291
习题 12 292

第 13 章 通信网 295

13.1 通信网基础 295
13.1.1 通信网的概念 295
13.1.2 通信网的组成 295
13.1.3 通信网的分类 296
13.1.4 通信网的拓扑结构 296
13.1.5 通信网的交换方式 297
13.1.6 通信网的协议 298
13.2 典型通信网 299
13.2.1 电话通信网 299
13.2.2 计算机网络 301
13.2.3 智能网 304
习题 13 305

附录 A　误差函数、互补误差函数表 306
参考文献 307

第1章 绪 论

1.1 通信的概念及系统模型

1.1.1 通信的概念

在人类社会里,为满足生产和生活的需要,人们在进行思想感情的交流、知识的获取等方面都离不开消息的传递。古代的烽火台、金鼓、旌旗及当今的书信、电报、电话、可视电话、电视等都是传递消息的方式。广义地说,通信就是由一地向另一地传递消息。

随着人类社会文明、科学技术的进步与发展,通信所传递消息的形式越来越多,不仅有语言、符号、文字、音乐,还包括数据、图片、图像、文本等。消息的传递可采用各种各样的通信方式,在诸多通信方式中,利用"电"或"光"来传递消息的通信方式——电通信或光通信。电通信或光通信能使消息在任意通信距离上实现既迅速、有效,又准确、可靠的传递,缩短通信双方距离、缩小通信双方时间的差异,因而得到飞速的发展及广泛的应用。例如,电话、传真、可视电话、数据传输、卫星、电视、广播、雷达、遥测、遥控、移动等通信都是按通信业务划分的"电"或"光"通信方式。本书所讲的通信即为"电"通信,简称通信。

1.1.2 通信系统模型

通信是由通信系统来实现的,点对点通信系统模型如图1.1所示。其目的是把发送端的消息送到接收端。图1.1中,信息源的作用是把各种可能的消息转换成原始电信号。为了使这个原始电信号适合在信道中传输,在发送端要通过发送设备对其进行某种变换后才送入信道。信道是指信号的传输媒介。在接收端,接收设备的功能与发送设备的功能相反,它能从接收信号中恢复出相应的原始电信号,而信息宿(或受信者)是将复原的原始电信号转换成相应的消息。图1.1中的噪声源是信道中的噪声及分散在通信系统其他各处噪声的集中表示。

图1.1 点对点通信系统模型

图1.1所示的通信系统模型表明了通信系统的基本组成。根据研究的对象及涉及的问题不同,可选择不同形式的较具体的通信系统模型。本书就是围绕着与通信系统模型有关的通信原理及基本理论进行讨论的。

1.1.3 模拟通信系统模型和数字通信系统模型

通信所传输的各种消息可分成两大类:一类消息的状态是可数的或离散的,这类消息是离散消息(或数字消息),如符号、文字、数据等;另一类消息的状态是连续变化的,这类消息就是连续消息(或模拟消息),如连续变化的语言、图像等。

为了传递消息需将各种消息转换成电信号,这种转换就是在消息与电信号的某一参量或几个参量间建立起一一对应的关系。若消息为离散消息，它所对应的电信号参量是离散取值的，这样的信号为数字信号，也称为离散信号；若消息为连续消息，它所对应的电信号参量是连续取值的，这样的信号为模拟信号，也称为连续信号。按信道中传输信号的特征是模拟信号还是数字信号，可相应地把通信系统分为模拟通信系统和数字通信系统。

应该指出，也可以采用数字通信系统来传递模拟信号。它是在发送端先将模拟信号变换成数字信号（A/D 转换），经数字通信系统传输后，在接收端再进行相反的变换（D/A 转换），还原出模拟信号。

模拟通信系统模型如图 1.2 所示。其中包含两种重要的变换：第一种是在发送端将连续消息变换成原始电信号，在接收端做相反的变换，分别是由信息源、信息宿完成的；第二种是在发送端将原始电信号转换成适合于信道传输的信号，在接收端进行相反变换，即调制或解调，分别是由调制器、解调器完成。经第一种变换所得到的原始电信号具有较低的频谱分量，一般不宜直接作为远距离传输信号，因此在模拟通信系统中常常需要进行第二种变换。通常将在发送端调制前或接收端解调后的信号称为基带信号，而经过调制的信号称已调信号。调制的目的主要有 3 个方面：①将基带信号变换为适合于信道传输的频带信号，如在无线通信中，必须将基带信号载在高频上才能发射出去；②改善通信系统性能；③实现信道复用，提高信道利用率。

图 1.2　模拟通信系统模型

除上述两个变换外，模拟通信系统中还包括滤波、放大、变频、二/四线转换（差接）等环节。本书重点介绍这两种变换及其反变换，其他部分的重要环节也予以重视。

从模拟通信系统的模型可看出，模拟通信研究的基本问题包括：①基带信号的特性；②调制与解调原理；③信道与噪声特性及其对信号传输的影响；④存在噪声时的系统性能等。

数字通信系统模型如图 1.3 所示。在数字通信中，必须保证接收端数字信号与发送端数字信号有一致的节拍，否则就会使收发步调不一致，而造成数据混乱，使传输出错。这个节拍称之为同步。图 1.3 中应包含同步环节，但由于数字通信中有多种同步方式，且每种同步方式的位置不固定，故图中没有示出。

图 1.3　数字通信系统模型

编码和译码组成一对环节，编码包括信源编码和信道编码。信源编码的主要任务是提高数字信号传输的有效性，即用适当的方法降低数字信号的码元速率以压缩频带。若从信息源传来的信号是模拟信号，则先要进行 A/D 转换，信源编码的输出就是信息码。此外，信源编码还包括数据扰乱、数据加密、语音、图像压缩编码等。信道编码的主要任务是提高数字信号传输的可靠性。由于数字通信在信道传输过程中混入的噪声或干扰会造成数字信号传输的差错,需通过差错控制编码来实现差错控制,以提高数字通信系统的可靠性。

调制器与解调器构成一对环节,其作用与模拟通信系统中的调制与解调作用相同,不同的是这里的调制器与解调器是数字的。在数字通信系统中,基带信号仍是调制前和解调后的信号,信道中传输的调制后的信号为已调信号。

上述所列数字通信系统中的有些环节(如编码与译码、调制器与解调器)并不是必需的,它可根据不同的条件和要求决定是否采用。没有调制器与解调器环节,直接传输基带信号的数字通信系统称为数字信号的基带传输系统。

从数字通信系统模型可看出,数字通信研究的基本问题包括:①模拟信号数字化及数字基带信号的特征;②数字调制与解调原理;③信道与噪声的特性及其对信号传输的影响;④抗干扰编码和译码,即差错控制编码;⑤通信保密;⑥同步。

目前,无论是模拟通信还是数字通信,都是已经获得广泛应用的通信方式。综合模拟通信和数字通信的各自特点,数字通信与模拟通信相比有以下优点:

① 数字通信的抗噪声干扰能力强,传输中可通过中继再生消除噪声的累积;
② 数字通信可以通过差错控制编码技术,提高通信的可靠性;
③ 便于利用现代数字信号处理技术对数字信号信息进行处理;
④ 数字通信的数字信号易于加密,且保密性强;
⑤ 数字通信可以传递各种消息(模拟的和离散的),其通信系统灵活性好、通用性强;
⑥ 数字通信采用数字集成电路,具有体积小、重量轻、可靠性高及调整调试方便的优点。

但是,数字通信与模拟通信相比较,其突出的缺点是其信号占有的频带宽。例如,一路模拟电话仅占 4kHz 带宽,而一路数字电话要占 20~64kHz 的带宽。然而,由于毫米波通信和光纤通信的出现,带宽问题得到解决,数字通信几乎成了唯一的选择。

本书以下各章将分别对上述两种通信系统中的基本问题进行较为详细的讨论。

1.2 通信的发展过程

按照通信交流方式与技术的不同,可以将通信发展划分为 4 个阶段。第一阶段是语言通信,人们通过人力、马力、烽火台等原始通信手段传递消息;第二阶段是出现文字后的邮政通信;第三阶段是电通信时代,其主要代表性的通信方式是电话、电报和广播等;第四阶段是信息时代,它不仅要求对信息进行传递,还包括对信息进行存储、处理和加工,其主要代表为计算机网络、通信网络、物联网等。

1809 年,左默灵成功地进行了电报通信实验以后,通信开始进入了电通信时代。从此,通信技术得到了飞速的发展,其发展的主要过程如下:

1809 年——左默灵成功地进行了电报通信实验;
1830 年——火车诞生,其时速达到 50 英里/小时;
1837 年——莫尔斯有线电报诞生,为有线数字通信;
1864 年——麦克斯韦提出电磁辐射方程;
1876 年——贝尔发明电话,为有线模拟通信;
1896 年——马可尼发明无线电报,为无线数字通信;
1906 年——发明真空管;
1918 年——调幅无线电广播,超外差接收机问世,为无线模拟通信;

1925年——开始采用三路明线载波电话,实现了多路通信;
1936年——调频无线电广播开播;
1937年——发明脉冲编码调制原理;
1938年——电视广播开播;
1940—1945年——第二次世界大战刺激了雷达和微波通信的发展;
1948年——发明晶体管,香农提出了信息论,开始建立通信统计理论;
1950年——时分多路通信应用于电话;
1954年——第一台电子计算机诞生;
1956年——铺设了越洋电缆;
1958年——发射第一颗通信卫星;
1961年——发明集成电路;
1962年——发射第一颗同步通信卫星,脉冲编码调制进入实用阶段;
1966—1976年——第一代光纤通信系统问世,实现了短波长低速率多模光纤通信;
1960—1970年——彩色电视机问世,数字传输的理论及技术得到了迅速发展;
1970—1980年——大规模集成电路、卫星通信、光纤通信、高速度大容量微型计算机、程控数字交换机等迅速发展;
1986年——第一代移动通信系统(1G)诞生,为模拟通信系统,其终端设备俗称为大哥大;
1995年——进入第二代移动通信系统(2G)的通信时代,为数字通信系统;
1999年——发放全球第一张第三代移动通信网络(3G)许可证;
1980年至今——超大规模集成电路、多媒体技术、光纤通信技术、综合业务数字通信网(ISDN)、计算机网络、通信网络、第四代移动通信网络(4G)、第五代移动通信网络(5G)等的崛起及高速发展。

由此可见,通信技术经历了一个由数字到模拟,又由模拟到数字的发展过程。最早出现的电报是一种简单的数字通信,随着真空管的出现,模拟通信得到发展。此后由于脉冲编码理论、信息论的提出,计算机的诞生、大规模集成电路的发明及光纤通信技术的成熟,使数字通信进入全盛时期。目前,数字通信无疑是通信技术的发展方向。

从通信的整个发展过程可以看出,通信的发展与人类科学技术进步是密切相关的,如高速火车的诞生促进了电报的诞生一样。另外,军事、经济及社会的发展对通信技术的需要都是通信技术飞速发展的动力。

1.3 通信系统的分类及通信方式

1.3.1 通信系统的分类

通信系统有多种分类方法,下面介绍几种常见的分类方法。

1. 按通信业务类型分类

根据通信业务类型的不同,通信系统可分为电报通信系统、电话通信系统、数据通信系统、图像通信系统等。由于电话通信网最为普及,因而除电话通信外的其他一些通信业务也常通过公共电话通信网进行传输,如电报通信和远距离计算机通信(数据通信)都可通过电话信道传输。现在建成的综合业务数字通信网(ISDN)适应于多种类型业务的信息传递。

2. 按调制方式分类

根据信道中传输的信号是否经过调制,可将通信系统分为基带传输通信系统和频带传输通信系统。基带传输通信系统是将未经调制的信号直接传输,如远距离音频电话、有线广播等;频带传输通信系统是将基带信号经调制后送入信道传输。常用的调制方式及用途如表 1.1 所示。

表 1.1 常用的调制方式及用途

调制方式			用途
续波调制	模拟调制—线性调制	振幅调制(AM)	广播
		单边带调制(SSB)	载波通信、短波无线电话通信
		抑制载波双边带调制(DSB)	立体声广播
		残留边带调制(VSB)	电视广播、传真
	模拟调制—非线性调制	频率调制(FM)	微波中继、卫星通信、广播
		相位调制(PM)	中间调制方式
	数字调制	幅移键控(ASK)	数据传输
		频移键控(FSK)	数据传输
		相移键控(PSK、DPSK 等)	数据传输、数字微波、空间通信
		其他高效数字调制(QAM、MSK 等)	数字微波、空间通信
脉冲调制	脉冲模拟调制	脉幅调制(PAM)	中间调制方式、遥测
		脉宽调制(PDM(PWM))	中间调制方式
		脉位调制(PPM)	遥测、光纤传输
	脉冲数字调制	脉码调制(PCM)	市话中继线、卫星、空间通信
		增量调制(DM(ΔM)、CVSD 等)	军用、民用数字电话
		差分脉码调制(DPCM)	电视电话、图像编码
		其他语音编码方式(ADPCM、LPC 等)	中速数字电话

3. 按信号特征分类

按照信道中传输的是模拟信号还是数字信号,可相应地把通信系统分为模拟通信系统和数字通信系统两类。

4. 按传输媒介分类

根据传输媒介的不同,通信系统分为有线通信系统和无线通信系统。有线通信系统是以传输缆线作为传输的媒介,包括电缆通信、光纤通信等;无线通信系统是无线电波在自由空间传播信息,包括移动通信、微波通信、卫星通信等。

5. 按信号复用方式分类

按信号复用方式,通信系统又可分为频分复用(FDM)通信系统、时分复用(TDM)通信系统、码分复用(CDM)通信系统等。频分复用通信系统采用频谱搬移的方法使不同信号占据不同的频率范围;时分复用通信系统采用采样或脉冲调制方法使不同信号占据不同的时间区间;码分复用通信系统则采用互相正交码型的地址码来区分多路信号。

传统的模拟通信中大都采用频分复用,如广播通信。随着数字通信的发展,时分复用通信系统得到了广泛的应用。码分复用在现代通信系统中也得到了广泛应用,如卫星通信系统、移动通信系统和光纤通信系统。

1.3.2 通信方式

通信系统中有多种通信方式,可按以下方法来划分。

1. 按传输的方向与时间关系划分通信方式

对于点对点的通信,按传输的方向与时间关系,通信方式可分单工通信、半双工通信及全双工通信3种。

单工通信是指消息只能单方向传输的工作方式,如图1.4(a)所示。例如,广播、电视、遥测等都是单工通信方式。

半双工通信是指通信的双方都能收发信息,但不能同时进行收发信息的通信方式,如图1.4(b)所示。例如,无线电对讲机和普通无线电收发报机等是半双工通信方式。

全双工通信是指通信的双方都可同时收发信息的通信方式,如图1.4(c)所示。例如,普通电话、计算机通信网络等采用的就是全双工通信方式。

2. 按数字信号码元排列方法划分通信方式

在数字通信中按数字信号码元排列方法不同,可将通信方式划分为串序传输方式和并序传输方式。

串序传输方式是将数字信号码元序列按时间顺序一个接一个地在信道中传输,如图1.5(a)所示,如计算机网络通信、计算机与移动硬盘的USB接口通信。

并序传输方式是将数字信号码元序列分割成两路或两路以上的数字信号码元序列,并同时在信道中传输,如图1.5(b)所示,如计算机内部总线间的数据传输。

图1.4 通信方式示意图   图1.5 串序和并序传输方式

串序传输方式只需一条通路,线路成本低,适合于长距离的通信;而并序传输方式需要多条通路,线路成本高,传输速度快,适合于短距离的通信。

3. 按照网络结构划分通信方式

通信系统按照网络结构可分为专线通信和网通信两类。点对点的通信是专线通信;多点间的通信属于网通信。网通信的基础仍是点对点的通信。

1.4 信息及其度量

通信系统中传输的具体对象是消息,而通信的目的在于传递信息。"消息"和"信息"是两个不同的概念,消息是需要带给接收者的信息。通信系统中的消息是多种多样的,且各种消息具有不同的特性。从其形式上可将之划分为两类,一类是离散消息,另一类是连续消息。离散消息在形式上是由多个符号根据消息的含义按一定顺序组成的符号序列,如字符、数据等,它还是一个随机序列,这是因为在接收者收到消息之前并无法预知发送方发送的是哪一个序列。连续消息是时间的确定函数,如语言、图像信息等。连续消息也是随机的,它是随机函数或随机过程。信息是消息中所包含的有意义的内容。不同形式的消息可以包含相同的信息,如分别用语言和文字发送的天气预报所含信息内容是相同的。

传输信息的多少是用"信息量"来衡量的。信息量与消息的种类、含义及重要程度无关,它仅与消息中包含的不确定性有关。也就是说消息中所含信息量与消息发生的概率密切相关。一件事情发生的概率愈小,愈使人感到意外和惊奇,则此消息所含的信息量愈大。例如,一方告诉另一方一件非常不可能发生的事件消息包含的信息量比可能发生的事件消息包含的信息量大。如果消息发生的概率接近于零(不可能事件),则它的信息量趋向于无穷大;如果消息发生的概率为1(必然事件),则此消息所含的信息量为零。消息所含的信息量可用消息发生概率的倒数的对数来表示。在信息论中,消息所含的信息量 I 与消息 x 出现的概率 $P(x)$ 的关系式为

$$I = \log_a \frac{1}{P(x)} = -\log_a P(x) \tag{1.4.1}$$

式中,对数的底 a 决定了信息量的单位。若对数的底为2,则 I 的单位为比特(bit);若对数的底为 e,则 I 的单位为奈特(nat);若对数的底为10,则 I 的单位为哈特莱。经常使用的信息量的单位是比特,以比特为单位时,式(1.4.1)可写为

$$I = \log_2 \frac{1}{P(x)} = -\log_2 P(x) \text{(bit)} \tag{1.4.2}$$

在通信系统中,当传送 M 个等概率的消息之一时,每个消息出现的概率为 $1/M$,任一消息所含的信息量为

$$I = -\log_2 \frac{1}{M} = \log_2 M \text{(bit)} \tag{1.4.3}$$

若 $M = 2^K$,则式(1.4.3)为

$$I = \log_2 2^K = K \text{(bit)} \tag{1.4.4}$$

对于二进制数字通信系统($M=2$),当二进制信号 0 和 1 的出现概率相等时,则每个二进制信号都有 1bit 的信息量。

上述是等概率条件下的信息量,下面讨论非等概率条件下的信息量。设信息源中包含有 n 个消息符号,每个消息 x_i 出现的概率为 $P(x_i)$,则各消息出现的概率为

$$\begin{bmatrix} x_1, & x_2, & \cdots, & x_n \\ P(x_1), & P(x_2), & \cdots, & P(x_n) \end{bmatrix}, \text{且有} \sum_{i=1}^{n} P(x_i) = 1$$

则 $x_1, x_2, \cdots, x_n$ 所包含的信息量分别为 $-\log_2 P(x_1), -\log_2 P(x_2), \cdots, -\log_2 P(x_n)$。于是,每个符号所包含的信息量的统计平均值,即平均信息量为

$$H(x) = P(x_1)[-\log_2 P(x_1)] + P(x_2)[-\log_2 P(x_2)] + \cdots + P(x_n)[-\log_2 P(x_n)]$$

$$= \sum_{i=1}^{n} P(x_i)[-\log_2 P(x_i)] \text{(比特/符号)} \tag{1.4.5}$$

由于式(1.4.5)中 $H(x)$ 与热力学中熵的定义式相类似,故在信息论中又通常称它为信息源的熵,其单位为比特/符号。显然,当 $P(x_i) = 1/n$(等概率条件时的概率值)时,若 $M = n$,式(1.4.5)即成为式(1.4.3)。

【例 1.4.1】 一信息源由 4 个符号 0、1、2、3 组成,它们出现的概率分别为 3/8、1/4、1/4、1/8,且每个符号的出现都是独立的。若消息序列长为 57 个符号,其中 0 出现 23 次,1 出现 14 次,2 出现 13 次,3 出现 7 次,试求该消息序列所包含的信息量和平均信息量。

解:由于消息序列中出现符号 x_i 的信息量为 $-n_i \log_2 P(x_i)$(n_i 和 $P(x_i)$ 分别为消息序列中符

号 x_i 出现的次数和概率),消息序列所包含的信息量为每个符号出现信息量的和,即

$$I = -\sum_{i=1}^{n} n_i \log_2 P(x_i) = -23\log_2 \frac{3}{8} - 14\log_2 \frac{1}{4} - 13\log_2 \frac{1}{4} - 7\log_2 \frac{1}{8}$$
$$= 32.55 + 28 + 26 + 21 = 108.55(\text{bit})$$

消息序列的平均信息量为

$$H(x) = \sum_{i=1}^{n} P(x_i)[-\log P(x_i)]$$
$$= -\frac{3}{8}\log_2 \frac{3}{8} - \frac{1}{4}\log_2 \frac{1}{4} - \frac{1}{4}\log_2 \frac{1}{4} - \frac{1}{8}\log_2 \frac{1}{8} = 1.906(\text{比特}/\text{符号})$$

上述介绍的离散消息的分析方法也可用于对连续消息进行分析。因为采样定理告诉我们,对于一个频带有限的连续信号,可用每秒一定数目的离散采样值代替。这就是说,一个连续消息经采样后成为离散消息,这样我们就可以利用分析离散消息的方法来处理连续消息。

另外,连续消息的信息量还可以用概率密度来描述。经证明,连续消息的平均信息量(见参考文献[2])为

$$H_1(x) = -\int_{-\infty}^{\infty} f(x)\ln f(x)\mathrm{d}x \quad (\text{nat}) \tag{1.4.6}$$

式中,$f(x)$ 为连续消息出现的概率密度。为了积分方便,对数的底取 e,平均信息量 $H_1(x)$ 的单位为 nat。

1.5 通信系统的主要性能指标

设计和评价一个通信系统,往往要涉及许多性能指标,如系统的有效性、可靠性、适应性、经济性、标准性、使用维护方便性等。这些指标可从各个方面评价通信系统的性能,但从研究信息传输方面考虑,通信的有效性和可靠性是通信系统中最主要的性能指标。有效性主要是指消息传输的"速度"问题,而可靠性主要是指消息传输的"质量"问题。由香农(Shannon)定理可知,系统的带宽能够决定信号的极限传输速度。信号在传输过程中的噪声干扰和信道特性不理想使信号产生畸变,造成接收信号与发送信号间出现差异,影响了通信质量,降低通信系统的可靠性。有效性和可靠性的要求是相互矛盾而又相互联系的。提高有效性会降低可靠性;反之亦然。因此在设计通信系统时,对二者应统筹考虑。

在模拟通信系统中,有效性是利用消息传输速度(单位时间内传输的信息量)或者有效传输频带来衡量的。可靠性用接收端最终输出信噪比(输出信号功率与噪声功率的比值)来衡量,如通常电话要求信噪比为 20~40dB,电视则要求 40dB 以上。输出信噪比越高,通信质量越好。可靠性除与信号功率和噪声功率的大小有关外,还与信号的调制方式有关。例如,调频信号的抗噪声性能(输出信噪比/输入信噪比)比调幅信号好,但调频信号所需传输频带要宽于调幅信号。

在数字通信系统中,常常用相同的时间间隔去表示一个 N 进制信号,每个间隔的信号都是一个码元,而这个间隔就是码元宽度。对于 N 进制通信系统的每个 N 进制信号都是一个 N 进制码元,每个码元都有 N 种可能的符号可采用。二进制通信系统中的每个二进制信号都是二进制码元 0 或 1。下面讨论数字通信系统的有效性和可靠性问题。

1. 数字通信系统的有效性

数字通信系统的有效性可用码元速率、信息速率及频带利用率这 3 个性能指标来描述。

(1) 码元速率 R_{B_N}

码元速率 R_{B_N} 又称码元传输速率或传码率。它被定义为每秒所传送的码元数目,单位为波特(Baud),常用符号"Bd"表示。

(2) 信息速率 R_b

信息速率 R_b 又称信息传输速率或传信率。它被定义为每秒所传输的信息量,单位为比特/秒,或记为 bit/s。由于每位二进制数都包含 1bit 的信息量,因此信息速率为每秒传输的二进制码元数。对于二进制码元的传输,码元速率与信息速率相等,即 $R_{B_2}=R_b$;而对于 N 进制码元的传输来说,由于每一位 N 进制码元可用 $\log_2 N$($N=2^K$,K 为每位 N 进制码元所用二进制码元表示的位数)个二进制码元表示,传输一个 N 进制码元相当于传输了 $\log_2 N$ 个二进制码元,因此信息速率与码元速率的关系为

$$R_b = R_{B_N} \log_2 N \quad (\text{bit/s}) \tag{1.5.1}$$

对于不同进制通信系统来说,码元速率高的通信系统其信息速率不一定高。因此,在对它们的传输速率进行比较时,不能直接比较码元速率,需将码元速率换算成信息速率后再进行比较。

(3) 频带利用率

在比较两个通信系统的有效性时,仅从传输速率上看是不够的,还应考察系统所使用频带的大小。因为香农定理指出通信系统的频带会影响传输信息的能力。衡量系统效率的另一个指标是系统的频带利用率。通信系统的频带利用率被定义为每秒在单位频带上传输的信息量,单位为比特/(秒·赫兹),或记为 bit/(s·Hz)。不同的调制方式具有不同的频带利用率,如二进制振幅调制系统频带利用率为 1/2。系统的频带利用率越高,其有效性发挥得越好。

2. 数字通信系统的可靠性

由于在数字通信系统中存在干扰,尤其是信道中干扰,以及信道特性不理想,接收到的码元可能会发生错误,而使通信的可靠性受到影响。数字通信系统的可靠性指标主要用误码率 P_e 和误信率 P_b 衡量。

(1) 误码率 P_e

误码率是指通信过程中,系统传错码元的数目与所传输的总码元数目之比,也就是传错码元的概率,即

$$P_e = \frac{\text{传错码元的数目}}{\text{传输的总码元数目}} \tag{1.5.2}$$

(2) 误信率 P_b

误信率又称误比特率,是指错误接收的信息量(传错的比特数)与传输的总信息量(传输的总比特数)之比,即

$$P_b = \frac{\text{传错的比特数}}{\text{传输的总比特数}} \tag{1.5.3}$$

显然,在二进制通信系统中有 $P_e = P_b$。

通信系统中存在误码是不可避免的。不同的应用场合对误码率的要求也不一样,如数字电话通信中误码率在 $1 \times 10^{-6} \sim 1 \times 10^{-3}$ 之间即可满足正常通话的要求;而计算机通信中对可靠性要求更高,误码率更小。为减小误码率,可采取减小干扰,改进调制方式和解调方法,以及采用差错控制措施等方案。

习 题 1

1.1 什么是模拟通信?什么是数字通信?数字通信有哪些优缺点?

1.2 模拟通信和数字通信系统模型中各主要组成部分的功能是什么？

1.3 按照调制方式、通信业务类型、信号特征、传输媒介及复用方式，分别指出通信系统是如何分类的。

1.4 按数字信号码元排列方法划分了哪几类通信方式？各有何优缺点？

1.5 模拟通信和数字通信系统的主要性能指标是什么？它们是如何定义的？

1.6 已知二进制离散信源(0,1)，每一个符号波形等概率独立发送，求传送二进制波形之一的信息量。

1.7 设 4 个消息 A、B、C、D 分别以概率 1/4、1/8、1/8、1/2 传送，假设它们的出现是相互独立的，试求每个消息的信息量和信息源的熵。

1.8 一个离散信号源每毫秒发出 4 种符号中的一个，各相应独立符号出现的概率为 0.4、0.3、0.2、0.1，求该信号源的平均信息量与信息传输速率。

1.9 某离散信号源由 0、1、2、3、4 符号组成，它们出现的概率分别为 1/2、1/16、1/16、1/8 和 1/4，且每个符号的出现都是独立的，求消息 02240104030211230103021204132231004002210031420200301420021402014420 的信息量。

1.10 一个由 α、β、γ、λ 组成的信源，每传输一个字母用二进制脉冲编码，00 代替 α，01 代替 β，10 代替 γ，11 代替 λ，每个二进制脉冲宽度为 5ms。试求下列两种情况下传输的平均信息速率：

(1) 这些字母出现概率相同；

(2) 这些字母出现的概率分别为 $P_\alpha=1/5$、$P_\beta=1/4$、$P_\gamma=1/4$、$P_\lambda=3/10$。

1.11 已知二进制离散信源(0,1)，若"1"用持续 3 单位的电流脉冲表示，"0"用持续 1 单位的电流脉冲表示，且"0"出现的概率是"1"出现概率的 3 倍。试求：

(1) "0"和"1"的信息量；

(2) "0"和"1"的平均信息量。

1.12 设某信息源以每秒 2000 个字符的速率发送消息，信息源由 A、B、C、D、E 五个信息符号组成，发送 A 的概率为 1/2，发送其余符号的概率相同，且设每一符号出现是相互独立的。试求：

(1) 每一符号的平均信息量；

(2) 信息源的平均信息速率；

(3) 可能的最大信息速率。

1.13 黑白电视机的图像每秒传输 25 帧，每帧有 625 行，屏幕的宽度与高度之比为 4∶3。设图像的每个像素的亮度有 10 个电平，各像素的亮度相互独立，且等概率出现，求电视图像给观众的平均信息速率。

1.14 某数字传输系统传送二进制码元速率为 1200Bd，试求该系统的信息速率。若该系统改成传送十六进制码元，码元速率为 2400Bd，此时该系统的信息速率又是多少？

1.15 已知某四进制数字信号传输系统的信息速率为 2400bit/s，接收端在半小时内共接收到 216 个错误码元，求该系统的误码率 P_e。

1.16 设某数字传输系统的码元宽度为 $T_b=2.5\mu s$，试求：

(1) 二进制数字信号时的码元速率和信息速率；

(2) 八进制数字信号时的码元速率和信息速率。

1.17 某数字通信系统在强干扰环境下，5min 内共收到正确信息量为 348Mbit，假定系统信息速率为 1200kbit/s。

(1) 试求系统的误信率 P_b；

(2) 假定信号为四进制信号，系统码元速率为 1200Bd，则 P_b 是多少？

1.18 某一数字通信系统传输的是四进制码元，4s 传输了 8000 个码元。

(1) 求系统的码元速率和信息速率。

(2) 若另一通信系统传输的是十六进制码元，6s 传输了 7200 个码元，求其码元速率和信息速率。

(3) 请指出哪个系统传输速度快。

第 2 章 确定信号分析

2.1 引 言

通信的过程是信号和噪声通过通信系统的过程,因此,分析与研究通信过程离不开对信号、噪声和系统的分析。

信号是表示消息的物理量,是运载消息的工具,是消息的载体。从广义上讲,信号包含光信号、声信号和电信号等,而电信号可以通过幅度、频率、相位的变化来表示不同的消息。

按照信号具有的时间特性划分,信号可分为确定信号和随机信号、模拟信号和数字信号、周期信号和非周期信号、能量信号与功率信号等。

确定信号就是信号可用一个确定的时间函数表示,某一确定时刻对应确定的信号值,其特征是无论过去、现在和未来的任何时间,其取值是唯一确定的,可以预测它的变化;而随机信号是信号的某个或某几个参量随时间做未知的、随机的变化,无法用确定的时间函数来描述,可以用信号参量取某一数值的概率来描述,其特征是无法准确预测信号未来的变化,取值具有不确定性,这次测出的波形,下次测出的是另外一种波形。通信中携带消息的信号是不可预知的,因此通信中所传输的信号是随机信号,噪声也是随机信号,将在第 3 章中讨论。

模拟信号是指对应连续消息的信号,随着消息的变化而连续变化,可取无限多个值,而在时间上可连续,也可不连续;数字信号是指对应离散消息的信号,随着消息的变化而数字变化,只能取有限个数值的信号,不仅在时间上是离散的,而且在幅度上也是离散的。

周期信号定义为信号每隔一定时间 nT(T 为周期),按照相同规律重复变化的信号,即

$$f(t) = f(t+nT) \quad n = 0, \pm 1, \pm 2, \cdots \tag{2.1.1}$$

否则,为非周期信号。

将一个电压或电流信号 $f(t)$ 加到单位电阻(1Ω)上,则在该电阻上产生的瞬时功率为 $|f(t)|^2$,在一段时间 $(-T/2, T/2)$ 内消耗一定的能量。

若将时间区域无限扩展,信号满足条件

$$E = \lim_{T \to \infty} \int_{-T/2}^{T/2} |f(t)|^2 \mathrm{d}t = \int_{-\infty}^{\infty} f^2(t) \mathrm{d}t < \infty \tag{2.1.2}$$

将 $f(t)$ 称为能量信号。即如果一个信号在无限大时间区域内信号的能量为有限值,则称该信号为能量信号,E 为信号的能量。它可以被理解成一个电压或电流信号 $f(t)$ 在单位电阻(1Ω)上所消耗的能量。

将时间区域无限扩展,信号满足条件

$$S = \lim_{T \to \infty} \frac{1}{T} \int_{-T/2}^{T/2} |f(t)|^2 \mathrm{d}t < \infty \tag{2.1.3}$$

将 $f(t)$ 称为功率信号。即如果在无限大时间区域内信号的功率为有限值,则称该信号为功率信号,S 为信号的功率。它可以被理解成一个电压或电流信号 $f(t)$ 在单位电阻(1Ω)上所消耗的功率。

因为能量信号的功率为零,故研究其功率无实际价值。同样,由于功率信号的能量必为无穷大,故研究其能量也无意义。另外,周期信号必然是功率信号,但功率信号并非一定是周期信号。

对信号的分析经常采用时域分析法和频域分析法,而更普遍采用的是频域分析法。它的出发点在于,不管一个信号的形式如何,一般都能把它看成许多正弦基本信号的叠加,这给信号的分析带来了极大的方便。频域分析法的基本理论是傅里叶级数与傅里叶变换。

信号的产生、传输和处理等离不开系统。一般而言,系统是指有若干相互关联、相互作用的事物按一定规律组合而形成的具有特定功能的整体,如通信系统、电力系统、机械系统、自动控制系统等。这里所指的系统是信号的获取、变换、存储、传输、交换、处理和识别的系统。根据系统的特征划分,系可分为线性系统和非线性系统、时变系统和时不变系统、连续系统和离散系统、有记忆系统和无记忆系统等。

线性系统是指系统的状态变量和输出信号与输入信号和初始状态之间按比例、成线性关系,满足叠加定理的系统。由线性元部件所组成的系必是线性系统。否则,称为非线性系统。

时不变系统是指系统的参数不随时间变化,即不管输入信号作用的时间先后,输出信号响应的形状均相同,只是出现的时间不同。如果一个系统输入 $f_i(t)$,输出 $f_o(t)$;当输入 $f_i(t-t_0)$ 时,则输出 $f_o(t-t_0)$。否则,称为时变系统。

连续系统是指系统的输入信号和输出信号均为连续信号的系统;离散系统是指系统的输入信号和输出信号均为离散信号的系统。

有记忆系统是指系统在任一时刻的输出信号除与该时刻的输入信号有关外,还与系统过去的状态有关的系统。含有记忆元件(电容、电感等)的系统为有记忆系统。否则,称为无记忆系统。

本章介绍确定信号与线性时不变系统的基本分析方法,重点包括能量谱密度、功率谱密度及相关函数等。

2.2 信号与系统的基本分析方法

一个周期信号可以展开成三角傅里叶级数,即

$$f(t) = \frac{a_0}{2} + \sum_{n=1}^{\infty}(a_n \cos n\Omega t + b_n \sin n\Omega t) \qquad n=1,2,\cdots \qquad (2.2.1)$$

或

$$f(t) = \frac{a_0}{2} + \sum_{n=1}^{\infty} A_n \cos(n\Omega t + \varphi_n) = \frac{A_0}{2} + \sum_{n=1}^{\infty} A_n \cos(n\Omega t + \varphi_n) \quad n=1,2,\cdots \quad (2.2.2)$$

其中,系数为

$$A_0 = a_0 = \frac{2}{T}\int_{-T/2}^{T/2} f(t)\,dt$$

$$a_n = \frac{2}{T}\int_{-T/2}^{T/2} f(t)\cos n\Omega t\,dt$$

$$b_n = \frac{2}{T}\int_{-T/2}^{T/2} f(t)\sin n\Omega t\,dt$$

$$A_n = \sqrt{a_n^2 + b_n^2},\quad \varphi_n = -\arctan\frac{b_n}{a_n}$$

也可展开成指数傅里叶级数,即

$$f(t) = \sum_{n=-\infty}^{\infty} \dot{C}_n e^{jn\Omega t} = \sum_{n=-\infty}^{\infty} \dot{C}_n e^{j2\pi n t/T} \qquad (2.2.3)$$

式中,系数为

$$\dot{C}_n = \frac{1}{T}\int_{-T/2}^{T/2} f(t)\mathrm{e}^{-jn\Omega t}\mathrm{d}t \qquad n=0,\pm 1,\pm 2,\cdots$$

式中，T 为周期；$\Omega = 2\pi/T$ 为基波角频率。

还可利用欧拉公式将式(2.2.2)转换成指数傅里叶级数，即

$$\begin{aligned}
f(t) &= \frac{A_0}{2} + \sum_{n=1}^{\infty} A_n \cos(n\Omega t + \varphi_n) \\
&= \frac{A_0}{2} + \sum_{n=1}^{\infty} \frac{A_n}{2}\left[\mathrm{e}^{j(n\Omega t+\varphi_n)} + \mathrm{e}^{-j(n\Omega t+\varphi_n)}\right] \\
&= \frac{1}{2}\sum_{n=-\infty}^{\infty} A_n \mathrm{e}^{j(n\Omega t+\varphi_n)} = \frac{1}{2}\sum_{n=-\infty}^{\infty} \dot{A}_n \mathrm{e}^{jn\Omega t}
\end{aligned} \tag{2.2.4}$$

对照式(2.2.3)，可得复振幅 $\dot{C}_n = \frac{1}{2}\dot{A}_n = \frac{1}{2}A_n \mathrm{e}^{j\varphi_n}$。其中 A_n 是 $n\Omega$ 的偶函数，φ_n 是 $n\Omega$ 的奇函数，分别表示组成 $f(t)$ 的第 n 次谐波分量的振幅与相位。

这表明三角傅里叶级数和指数傅里叶级数虽然形式不同，但可通过欧拉公式互相转换，实际上它们都属于同一性质的级数，即都是将一个信号表示为直流分量 $a_0/2$ 和各次谐波分量 $a_n\cos n\Omega t + b_n\sin n\Omega t$ 之和。

为了更直观地表示一个信号中包含哪些频率分量及各分量所占的比重，可以画出复振幅 $\dot{A}_n$、$\dot{C}_n$ 或振幅 A_n、$|\dot{C}_n|$ 及相位 φ_n 随频率 Ω 变化的曲线，从而得到一种谱线图，称其为频谱图。复振幅 $\dot{A}_n$、$\dot{C}_n$ 或振幅 A_n、$|\dot{C}_n|$ 与频率的关系图称为幅度频谱，其中 $\dot{A}_n$、$\dot{C}_n$ 与频率的关系图称为复振幅频谱，A_n、$|\dot{C}_n|$ 与频率的关系图称为振幅频谱，也称为幅频特性；相位 φ_n 与频率的关系图称为相位频谱，又称为相频特性。$\dot{A}_n$ 和 A_n 与频率的关系图称为单边幅度频谱；$\dot{C}_n$ 和 $|\dot{C}_n|$ 与频率的关系图称为双边幅度频谱。

【例 2.2.1】 求图 2.1 所示周期为 T、脉冲宽度为 τ 的周期性矩形脉冲信号 $f(t)$ 的指数傅里叶级数，并求当 $\tau = T/2$ 时的各项系数，画出双边幅度频谱。

解：根据周期信号的指数傅里叶级数展开式，有

$$\begin{aligned}
\dot{C}_n &= \frac{1}{T}\int_{-T/2}^{T/2} f(t)\mathrm{e}^{-jn\Omega t}\mathrm{d}t = \frac{1}{T}\int_{-\tau/2}^{\tau/2} A\mathrm{e}^{-jn\Omega t}\mathrm{d}t \\
&= \frac{A\tau}{T}\mathrm{Sa}\left(\frac{n\Omega \tau}{2}\right) = \frac{A\tau}{T}\mathrm{Sa}\left(\frac{n\pi\tau}{T}\right) \\
f(t) &= \sum_{n=-\infty}^{\infty} \frac{A\tau}{T}\mathrm{Sa}\left(\frac{n\pi\tau}{T}\right)\mathrm{e}^{jn\Omega t} \quad n=0,\pm 1,\pm 2,\cdots
\end{aligned}$$

图 2.1 周期性矩形脉冲信号 $f(t)$

当 $\tau = \frac{T}{2}$ 时，有

$$\dot{C}_n = \frac{A}{2}\mathrm{Sa}\left(\frac{n\pi}{2}\right)$$

这时有

$$\dot{C}_0 = \frac{A}{2}, \dot{C}_1 = \frac{A}{2}\mathrm{Sa}\left(\frac{\pi}{2}\right) = \frac{A}{\pi} = \dot{C}_{-1}, \dot{C}_2 = \frac{A}{2}\mathrm{Sa}\left(\frac{2\pi}{2}\right) = 0 = \dot{C}_{-2},$$

$$\dot{C}_3 = \frac{A}{2}\mathrm{Sa}\left(\frac{3\pi}{2}\right) = -\frac{A}{3\pi} = \dot{C}_{-3}, \cdots$$

$$f(t) = \frac{A}{2} + \frac{A}{\pi}\left[\mathrm{e}^{j\Omega t} + \mathrm{e}^{-j\Omega t}\right] - \frac{A}{3\pi}\left[\mathrm{e}^{j3\Omega t} + \mathrm{e}^{-j3\Omega t}\right] + \cdots$$

$\dot{C}_n$ 和 $|\dot{C}_n|$ 与 ω 的关系如图 2.2 所示。

图 2.2 周期性矩形脉冲信号的复振幅频谱与振幅频谱

由上面分析可以得到下面结论。

① 周期信号的频谱具有离散性、谐波性和收敛性特点。

② 信号 $f(t)$ 的三角傅里叶级数的系数 A_n 与变量 $n\Omega(n\geqslant 0)$ 之间的振幅频谱是单边振幅频谱；而其指数傅里叶级数的系数 $\dot{C}_n$ 与变量 $n\Omega(-\infty<n<\infty)$ 之间的频谱是双边复振幅频谱。由于 $-n\Omega$ 的指数分量与 $+n\Omega$ 的指数分量组合起来构成一个频率为 $n\Omega$ 的正弦分量，因此，从本质上来说，上述两种频谱图是一样的。

③ 在周期信号的频谱图中，频谱是离散的，相邻谱线的间隔是 Ω，由于 $\Omega=2\pi/T$，因此当周期信号 $f(t)$ 的周期 $T\to\infty$ 时，Ω 趋于无穷小量 $d\omega$，这时 $f(t)$ 就变成了一个非周期函数，变量 $n\Omega$ 成为连续变量 ω，离散谱也就变成连续谱了，这时定义一个函数，即

$$F(\omega)=\lim_{T\to\infty}T\dot{C}_n=\lim_{T\to\infty}\int_{-T/2}^{T/2}f(t)\mathrm{e}^{-\mathrm{j}\omega t}\mathrm{d}t$$

得

$$F(\omega)=\int_{-\infty}^{\infty}f(t)\mathrm{e}^{-\mathrm{j}\omega t}\mathrm{d}t \tag{2.2.5}$$

因为 $T\dot{C}_n=\dfrac{2\pi\dot{C}_n}{\Delta\omega}\left(\Delta\omega=\Omega=\dfrac{2\pi}{T}\right)$ 是 $f(t)$ 信号单位频带的幅值，所以 $F(\omega)$ 是频谱密度，因此称 $F(\omega)$ 是非周期信号 $f(t)$ 的频谱密度函数，简称频谱函数。

很容易推出

$$f(t)=\frac{1}{2\pi}\int_{-\infty}^{\infty}F(\omega)\mathrm{e}^{\mathrm{j}\omega t}\mathrm{d}\omega \tag{2.2.6}$$

式(2.2.5)和式(2.2.6)分别称为傅里叶正变换和傅里叶反变换，简记为

$$\begin{cases}F(\omega)=F[f(t)]\\f(t)=F^{-1}[F(\omega)]\end{cases} \tag{2.2.7}$$

$f(t)$ 和 $F(\omega)$ 的对应关系记为

$$f(t)\leftrightarrow F(\omega)$$

由式(2.2.5)可知，若积分 $\int_{-\infty}^{\infty}f(t)\mathrm{e}^{-\mathrm{j}\omega t}\mathrm{d}t$ 是一个有限值，则傅里叶变换存在。因此，傅里叶变换存在的充分条件为

$$\int_{-\infty}^{\infty}|f(t)|\mathrm{d}t<\infty \tag{2.2.8}$$

但这并不是必要条件，有些不满足绝对可积条件的信号(如 $\varepsilon(t)$)也存在傅里叶变换。

$f(t)$ 的傅里叶变换 $F(\omega)$ 一般是 ω 的复函数，可记为

$$F(\omega) = |F(\omega)| e^{j\varphi(\omega)} \tag{2.2.9}$$

与周期信号的频谱对应,习惯上将$|F(\omega)|$与ω的关系曲线称为$f(t)$的振幅频谱,即幅频特性,而将$\varphi(\omega)$与ω的关系曲线称为相位频谱,即相频特性,它们都是ω的连续函数。

另外,对于振幅频谱,若将其画在区间$(-\infty,\infty)$上则称为双边谱,负频率是正频率的镜像,没有物理意义。在实际中又常把频谱全部画于正频率轴上,称为单边谱,它的振幅频谱的幅值比双边谱要增加一倍。

傅里叶变换的某些运算特性在分析信号时特别有用,灵活运用这些特性可较快地求出许多复杂信号的频谱函数,或从频谱函数中求出原信号$f(t)$,因此掌握这些特性是非常有益的。表2.1所示为一些常用傅里叶变换的性质,表2.2所示为各种时间函数及其傅里叶变换。

表 2.1 傅里叶变换的性质

序号	运算名称	时间函数	频谱函数
1	线性	$a_1 f_1(t) + a_2 f_2(t)$	$a_1 F_1(t) + a_2 F_2(t)$
2	尺度	$f(at)$	$\frac{1}{|a|} F\left(\frac{\omega}{a}\right)$
3	时移	$f(t - t_0)$	$F(\omega) e^{-j\omega t_0}$
4	频移	$f(t) e^{j\omega_0 t}$	$F(\omega - \omega_0)$
5	对偶	$F(t)$	$2\pi f(-\omega)$
6	时间微分	$\frac{df(t)}{dt}$	$(j\omega) F(\omega)$
7	n 次时间微分	$\frac{d^n f(t)}{dt^n}$	$(j\omega)^n F(\omega)$
8	时间积分	$\int_{-\infty}^{t} f(\tau) d\tau$	$\frac{1}{j\omega} F(\omega) + \pi F(0) \delta(\omega)$
9	频率微分	$(-jt) f(t)$	$\frac{dF(\omega)}{d\omega}$
10	n 次频率微分	$(-jt)^n f(t)$	$\frac{d^n F(\omega)}{d\omega^n}$
11	时间卷积	$f_1(t) * f_2(t)$	$F_1(\omega) F_2(\omega)$
11	频率卷积	$f_1(t) f_2(t)$	$\frac{1}{2\pi} [F_1(\omega) * F_2(\omega)]$
12	调制定理	$f(t) \cos\omega_0 t$	$\frac{1}{2} [F(\omega - \omega_0) + F(\omega + \omega_0)]$

表 2.2 各种时间函数及其傅里叶变换

序号	$f(t)$	$F(\omega)$
1	$e^{-\alpha t} \varepsilon(t)$	$\frac{1}{\alpha + j\omega}$
2	$t e^{-\alpha t} \varepsilon(t)$	$\frac{1}{(\alpha + j\omega)^2}$
3	$|t|$	$-\frac{2}{\omega^2}$
4	$\delta(t)$	1
5	1	$2\pi \delta(\omega)$
6	$\varepsilon(t)$	$\pi \delta(\omega) + \frac{1}{j\omega}$
7	$\cos\omega_0 t$	$\pi [\delta(\omega + \omega_0) + \delta(\omega - \omega_0)]$
8	$\sin\omega_0 t$	$j\pi [\delta(\omega + \omega_0) - \delta(\omega - \omega_0)]$
9	$\cos\omega_0 t \cdot \varepsilon(t)$	$\frac{\pi}{2} [\delta(\omega + \omega_0) + \delta(\omega - \omega_0)] + \frac{j\omega}{\omega_0^2 - \omega^2}$
10	$\sin\omega_0 t \cdot \varepsilon(t)$	$\frac{\pi}{2j} [\delta(\omega - \omega_0) - \delta(\omega + \omega_0)] + \frac{\omega_0}{\omega_0^2 - \omega^2}$

续表

序号	$f(t)$	$F(\omega)$
11	$D_\tau(t)$	$\tau \mathrm{Sa}\left(\dfrac{\tau\omega}{2}\right)$
12	$\dfrac{\Omega}{2\pi}\mathrm{Sa}\left(\dfrac{\Omega}{2}t\right)$	$D_\Omega(\omega)$
13	$\mathrm{e}^{-\alpha\|t\|}$	$\dfrac{2\alpha}{\alpha^2+\omega^2}$
14	$\mathrm{e}^{-t^2/2\sigma^2}$	$\sigma\sqrt{2\pi}\mathrm{e}^{-\sigma^2\omega^2/2},\sigma>0$
15	$\delta_T(t)$	$\dfrac{2\pi}{T}\sum\limits_{n=-\infty}^{\infty}\delta(\omega-n\Omega)$

下面讨论周期信号的傅里叶变换。设 $f(t)$ 为周期信号,其周期为 T,将其展开成指数傅里叶级数,得

$$f(t)=\sum_{n=-\infty}^{\infty}\dot{C}_n\mathrm{e}^{jn\Omega t}$$

对周期信号 $f(t)$ 求傅里叶变换

$$F[f(t)]=F\left[\sum_{n=-\infty}^{\infty}\dot{C}_n\mathrm{e}^{jn\Omega t}\right]=\sum_{n=-\infty}^{\infty}\dot{C}_n\cdot F[\mathrm{e}^{jn\Omega t}]$$

根据傅里叶变换的移频特性,可知

$$\mathrm{e}^{jn\Omega t}\leftrightarrow 2\pi\delta(\omega-n\Omega)$$

所以

$$F[f(t)]=2\pi\sum_{n=-\infty}^{\infty}\dot{C}_n\delta(\omega-n\Omega) \tag{2.2.10}$$

式(2.2.10)表明,周期信号的频谱函数由无限多个冲激函数组成,各冲激函数位于周期信号 $f(t)$ 的各次谐波 $n\Omega$ 处,且冲激强度为 $|\dot{C}_n|$ 的 2π 倍。从上面的分析还可看出,引入冲激函数之后,对周期信号也能进行傅里叶变换,从而对周期信号和非周期信号可以统一处理,这给信号与系统的频域分析带来很大方便。

【例 2.2.2】 求周期单位冲激序列 $\delta_T(t)=\sum\limits_{n=-\infty}^{\infty}\delta(t-nT)$ 的傅里叶变换$\left(\text{这里 }T=\dfrac{2\pi}{\Omega}\right)$。

解:因为 $\delta_T(t)$ 是周期函数,可以利用上面推导的结果求出其傅里叶变换,如图 2.3 所示。

$$\dot{C}_n=\frac{1}{T}\int_{-T/2}^{T/2}\delta_T(t)\mathrm{e}^{-jn\Omega t}\mathrm{d}t=\frac{1}{T}\int_{-T/2}^{T/2}\delta(t)\mathrm{e}^{-jn\Omega t}\mathrm{d}t=\frac{1}{T}=\frac{\Omega}{2\pi}$$

所以

$$F[\delta_T(t)]=2\pi\sum_{n=-\infty}^{\infty}\dot{C}_n\delta(\omega-n\Omega)=\Omega\sum_{n=-\infty}^{\infty}\delta(\omega-n\Omega)=\Omega\delta_\Omega(\omega)$$

(a) 周期单位冲激序列　　(b) 傅里叶变换

图 2.3 周期单位冲激序列的傅里叶变换

【例 2.2.3】 已知系统的频谱 $F(\omega)$ 如图 2.4(a)所示,试求信号 $f(t)$ 的表达式,并画出其波形。

解:门函数和采样函数在通信中经常用到,而且通常与傅里叶变换的对偶特性一起使用。由

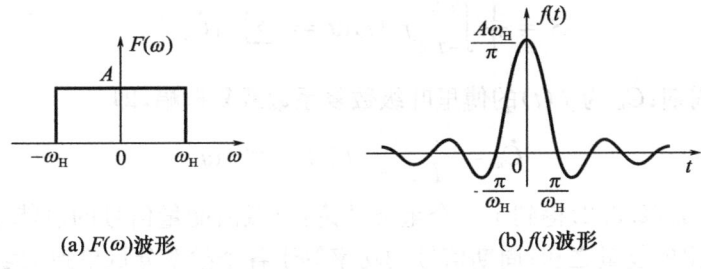

(a) $F(\omega)$波形   (b) $f(t)$波形

图 2.4 $f(t)$ 的频谱与波形

于门函数与采样函数有下列傅里叶变换关系(见表 2.2)

$$D_\tau(t) \leftrightarrow \tau \text{Sa}\left(\frac{\tau}{2}\omega\right)$$

根据对偶特性可得

$$\tau \text{Sa}\left(\frac{\tau}{2}t\right) \leftrightarrow 2\pi D_\tau(\omega)$$

由图 2.4(a)可知

$$F(\omega) = A D_{2\omega_H}(\omega)$$

$$f(t) = \frac{A\omega_H}{\pi}\text{Sa}(\omega_H t)$$

其波形如图 2.4(b)所示。

【例 2.2.4】 已知 $f(t) \leftrightarrow F(\omega)$，利用频移特性求 $f(t)\cos\omega_0 t$ 和 $f(t)\sin\omega_0 t$ 的频率谱密度。

解：利用欧拉公式得

$$\begin{cases} f(t)\cos\omega_0 t = \frac{1}{2}f(t)(e^{j\omega_0 t} + e^{-j\omega_0 t}) \\ f(t)\sin\omega_0 t = \frac{1}{2j}f(t)(e^{j\omega_0 t} - e^{-j\omega_0 t}) \end{cases}$$

根据频移特性得

$$\begin{cases} f(t)\cos\omega_0 t \leftrightarrow \frac{1}{2}[F(\omega-\omega_0) + F(\omega+\omega_0)] \\ f(t)\sin\omega_0 t \leftrightarrow \frac{1}{2j}[F(\omega-\omega_0) - F(\omega+\omega_0)] \end{cases}$$

上述关系式又称调制定理，它在通信系统中也经常用到。

2.3 能量谱密度和功率谱密度

在通信系统性能分析中，常常需要用到信号(或噪声)的能量与功率、能量谱密度与功率谱密度等概念。

2.3.1 帕塞瓦尔(Parseval)定理

帕塞瓦尔(Parseval)定理如下：若 $f(t)$ 为能量信号，其傅里叶变换为 $F(\omega)$，则下列关系成立

$$E = \int_{-\infty}^{\infty} f^2(t)\mathrm{d}t = \frac{1}{2\pi}\int_{-\infty}^{\infty} |F(\omega)|^2 \mathrm{d}\omega \tag{2.3.1}$$

若 $f(t)$ 为周期信号，则有

$$S = \frac{1}{T}\int_{-T/2}^{T/2} f^2(t)\mathrm{d}t = \sum_{n=-\infty}^{\infty} |\dot{C}_n|^2 \tag{2.3.2}$$

式中，T 为 $f(t)$ 的周期；$\dot{C}_n$ 为 $f(t)$ 的傅里叶级数复系数或复振幅，即

$$\dot{C}_n = \frac{1}{T}\int_{-T/2}^{T/2} f(t)\mathrm{e}^{-\mathrm{j}2\pi nt/T}\mathrm{d}t \tag{2.3.3}$$

由式(2.3.1)和式(2.3.2)得到了一个重要结论：时域内能量信号的总能量等于频域内各个频率分量单独贡献出的能量之和；周期信号的功率等于各个频率分量单独贡献出的功率之和；而不同频率分量之间的乘积，对信号的总能量或总功率都不会产生任何影响。

2.3.2 能量谱密度和功率谱密度

信号的能量和功率在频域上定义为

$$E = \frac{1}{2\pi}\int_{-\infty}^{\infty} G_\mathrm{E}(\omega)\mathrm{d}\omega = \int_{-\infty}^{\infty} G_\mathrm{E}(f)\mathrm{d}f \tag{2.3.4}$$

$$S = \frac{1}{2\pi}\int_{-\infty}^{\infty} P_\mathrm{S}(\omega)\mathrm{d}\omega = \int_{-\infty}^{\infty} P_\mathrm{S}(f)\mathrm{d}f \tag{2.3.5}$$

式中，$\omega = 2\pi f$；$G_\mathrm{E}(\omega)$ 为能量谱密度函数；$P_\mathrm{S}(\omega)$ 为功率谱密度函数。

能量谱密度 $G_\mathrm{E}(\omega)$ 表征着信号能量沿频率轴的分布情况，而功率谱密度 $P_\mathrm{S}(\omega)$ 表征着信号功率沿频率轴的分布情况。$G_\mathrm{E}(\omega)$ 或 $P_\mathrm{S}(\omega)$ 存在于每一个 f 上，但在任一频率 f 上，该频率分量的能量值或功率值为无穷小。只有在一个任意小区间 $\mathrm{d}f$ 内，才有值为 $G_\mathrm{E}(f)\mathrm{d}f$ 的能量或值为 $P_\mathrm{S}(f)\mathrm{d}f$ 的功率。若能量的单位为 J，功率的单位为 W，则能量谱密度的单位为 J/Hz，功率谱密度的单位为 W/Hz。

将式(2.3.1)与式(2.3.4)对照，可得能量信号的能量谱密度为

$$G_\mathrm{E}(\omega) = |F(\omega)|^2 \tag{2.3.6}$$

将式(2.3.2)与式(2.3.5)对照，可得周期信号功率谱密度为

$$P_\mathrm{S}(\omega) = 2\pi \sum_{n=-\infty}^{\infty} |\dot{C}_n|^2 \delta(\omega - n\omega_0) \tag{2.3.7}$$

下面来讨论非周期功率信号的功率谱密度。取图 2.5(a)所示的非周期功率信号 $f(t)$ 的截短函数 $f_T(t)$，如图 2.5(b)所示，T 为截短周期，则

$$f_T(t) = \begin{cases} f(t), & |t| < T/2 \\ 0, & \text{其他} \end{cases}$$

图 2.5 非周期功率信号及其截短函数

只要 T 为有限值，$f_T(t)$ 就具有有限的能量。设
$$f_T(t) \leftrightarrow F_T(\omega)$$
$f_T(t)$ 的能量 E_T 即为
$$E_T = \int_{-\infty}^{\infty} f_T^2(t)\mathrm{d}t = \frac{1}{2\pi}\int_{-\infty}^{\infty} |F_T(\omega)|^2 \mathrm{d}\omega$$
由于有
$$\int_{-\infty}^{\infty} f_T^2(t)\mathrm{d}t = \int_{-T/2}^{T/2} f^2(t)\mathrm{d}t$$
则 $f(t)$ 信号的功率为
$$S = \lim_{T\to\infty}\frac{1}{T}\int_{-T/2}^{T/2} f^2(t)\mathrm{d}t = \frac{1}{2\pi}\int_{-\infty}^{\infty}\lim_{T\to\infty}\frac{|F_T(\omega)|^2}{T}\mathrm{d}\omega$$
将上式与式(2.3.5)比较，有
$$P_S(\omega) = \lim_{T\to\infty}\frac{|F_T(\omega)|^2}{T} \tag{2.3.8}$$
这就是非周期功率信号 $f(t)$ 的功率谱密度表达式。

2.3.3 能量信号和功率信号通过线性系统

设线性系统的传递函数为 $H(\omega)$。

(1) 输入能量信号为 $f_\mathrm{i}(t)$，输出信号为 $f_\mathrm{o}(t)$ 时，设 $f_\mathrm{i}(t) \leftrightarrow F_\mathrm{i}(\omega)$，$f_\mathrm{o}(t) \leftrightarrow F_\mathrm{o}(\omega)$，则
$$F_\mathrm{o}(\omega) = F_\mathrm{i}(\omega)H(\omega)$$
由式(2.3.6)，$f_\mathrm{i}(t)$ 的能量谱密度为
$$G_{\mathrm{E,i}}(\omega) = |F_\mathrm{i}(\omega)|^2$$
由式(2.3.6)，$f_\mathrm{o}(t)$ 的能量谱密度为
$$G_{\mathrm{E,o}}(\omega) = |F_\mathrm{o}(\omega)|^2 = |F_\mathrm{i}(\omega)H(\omega)|^2 = G_{\mathrm{E,i}}(\omega)|H(\omega)|^2 \tag{2.3.9}$$
由此可见，线性系统的输出信号能量谱密度是输入信号的能量谱密度与 $|H(\omega)|^2$ 的乘积。

(2) 输入功率信号为 $f_\mathrm{i}(t)$，输出信号为 $f_\mathrm{o}(t)$ 时，设 $f_\mathrm{i}(t)$ 的截短函数为 $f_{T,\mathrm{i}}(t)$，$f_\mathrm{o}(t)$ 的截短函数为 $f_{T,\mathrm{o}}(t)$，且有 $f_{T,\mathrm{i}}(t) \leftrightarrow F_{T,\mathrm{i}}(\omega)$，$f_{T,\mathrm{o}}(t) \leftrightarrow F_{T,\mathrm{o}}(\omega)$，则
$$F_{T,\mathrm{o}}(\omega) = F_{T,\mathrm{i}}(\omega)H(\omega)$$
由式(2.3.8)，$f_\mathrm{i}(t)$ 的功率谱密度为
$$P_{\mathrm{S,i}}(\omega) = \lim_{T\to\infty}\frac{|F_{T,\mathrm{i}}(\omega)|^2}{T}$$
由式(2.3.8)，$f_\mathrm{o}(t)$ 的功率谱密度为
$$P_{\mathrm{S,o}}(\omega) = \lim_{T\to\infty}\frac{|F_{T,\mathrm{o}}(\omega)|^2}{T} = \lim_{T\to\infty}\frac{|F_{T,\mathrm{i}}(\omega)H(\omega)|^2}{T}$$
$$= |H(\omega)|^2 \lim_{T\to\infty}\frac{|F_{T,\mathrm{i}}(\omega)|^2}{T} = |H(\omega)|^2 P_{\mathrm{S,i}}(\omega) \tag{2.3.10}$$
由此可知，线性系统的输出信号功率谱密度是输入信号的功率谱密度与 $|H(\omega)|^2$ 的乘积。

2.4 卷 积

2.4.1 卷积的定义

函数 $f_1(t)$ 和 $f_2(t)$ 的卷积运算定义为

$$f(t) = f_1(t) * f_2(t) = \int_{-\infty}^{\infty} f_1(\tau) f_2(t-\tau) \mathrm{d}\tau \tag{2.4.1}$$

下面利用图解法来说明卷积的意义。设 $f_1(t)$ 和 $f_2(t)$ 分别为矩形脉冲和三角脉冲，$f_1(t)$ 和 $f_2(t)$ 卷积的图解过程如图 2.6 所示。

图 2.6　$f_1(t)$ 和 $f_2(t)$ 卷积的图解过程

卷积的图解步骤可以归纳为：

(1) 折叠——将 $f_2(\tau)$ 绕纵轴折叠，得其镜像波形，即 $f_2(-\tau)$；

(2) 移位——把 $f_2(-\tau)$ 沿 τ 轴向右移动 t 个单位得 $f_2(t-\tau)$；

(3) 相乘——将移动后的函数 $f_2(t-\tau)$ 与 $f_1(\tau)$ 相乘；

(4) 积分——将乘积进行积分，也就是求乘积曲线下的面积，t_1 时刻的卷积值

$$\int_{-\infty}^{\infty} f_1(\tau) f_2(t_1-\tau) \mathrm{d}\tau = [f_1(t) * f_2(t)]_{t=t_1}$$

连续将此图形移动不同的 t 值，重复上述步骤，并求出在每个 t 值下的面积，即得 $f_1(t) * f_2(t)$。

由此可知，卷积就是一个函数与另一个函数折叠后之积曲线下的面积，因而卷积又称为折积积分。当学过"相关"的概念后，还能进一步理解卷积的意义，即卷积表明了一个函数与另一个折叠函数的相关程度。

2.4.2　卷积的性质

由于卷积运算为线性运算，满足叠加定理，具有如下性质。

性质 1 卷积的运算律

交换律：$f_1(t) * f_2(t) = f_2(t) * f_1(t)$

结合律：$f_1(t) * [f_2(t) * f_3(t)] = [f_1(t) * f_2(t)] * f_3(t)$

分配律：$f_1(t) * [f_2(t) + f_3(t)] = f_1(t) * f_2(t) + f_1(t) * f_3(t)$

性质 2 $f(t)$ 与奇异信号的卷积

(1) $f(t) * \delta(t) = f(t)$

(2) $f(t) * \delta(t - t_1) = f(t - t_1)$

(3) $f(t) * \varepsilon(t) = \int_{-\infty}^{t} f(\tau) d\tau$

性质 3 卷积的微分和积分

(1) 微分：$\dfrac{d}{dt}[f_1(t) * f_2(t)] = \dfrac{d}{dt}f_1(t) * f_2(t) = f_1(t) * \dfrac{d}{dt}f_2(t)$

(2) 积分：$\int_{-\infty}^{t}[f_1(\tau) * f_2(\tau)] d\tau = \int_{-\infty}^{t} f_1(\tau) d\tau * f_2(t) = f_1(t) * \int_{-\infty}^{t} f_2(\tau) d\tau$

(3) 微积分：$f_1(t) * f_2(t) = \dfrac{d}{dt}f_1(t) * \int_{-\infty}^{t} f_2(\tau) d\tau = \int_{-\infty}^{t} f_1(\tau) d\tau * \dfrac{d}{dt}f_2(t)$

性质 4 卷积的延时

$$f(t - t_1) * f(t - t_2) = f(t - t_1 - t_2)$$

性质 5 卷积定理

若 $f_1(t) \leftrightarrow F_1(\omega), f_2(t) \leftrightarrow F_2(\omega)$，则

$$f_1(t) * f_2(t) \leftrightarrow F_1(\omega) \cdot F_2(\omega)$$

$$f_1(t) \cdot f_2(t) \leftrightarrow \dfrac{1}{2\pi}[F_1(\omega) * F_2(\omega)]$$

2.5 相 关 函 数

2.5.1 波形的互相关与自相关

波形间的相关程度通常采用相关函数来表征，它是衡量波形之间关联或相似程度的一个函数。相关函数表示了两个信号之间或同一个信号相隔时间 τ 的相互关系。

(1) 设 $f_1(t)$ 和 $f_2(t)$ 是能量信号，则它们的互相关函数被定义为

$$R_{12}(\tau) = \int_{-\infty}^{\infty} f_1(t) f_2(t + \tau) dt \tag{2.5.1}$$

(2) 设 $f_1(t)$ 和 $f_2(t)$ 是周期功率信号，且周期均为 T，则它们的互相关函数被定义为

$$R_{12}(\tau) = \dfrac{1}{T} \int_{-T/2}^{T/2} f_1(t) f_2(t + \tau) dt \tag{2.5.2}$$

(3) 设 $f_1(t)$ 和 $f_2(t)$ 是非周期功率信号，则它们的互相关函数被定义为

$$R_{12}(\tau) = \lim_{T \to \infty} \dfrac{1}{T} \int_{-T/2}^{T/2} f_1(t) f_2(t + \tau) dt \tag{2.5.3}$$

如果 $R_{12}(\tau) = 0$，则信号 $f_1(t)$ 和 $f_2(t)$ 是不相关的。

当 $f_1(t) = f_2(t) = f(t)$，即为同一信号时，其相关函数称为"自相关函数"，用 $R(\tau)$ 表示。

对于能量信号 $f(t)$，有

$$R(\tau) = \int_{-\infty}^{\infty} f(t) f(t + \tau) dt \tag{2.5.4}$$

对于功率信号 $f(t)$，有

$$R(\tau) = \lim_{T \to \infty} \frac{1}{T} \int_{-T/2}^{T/2} f(t)f(t+\tau)dt \tag{2.5.5}$$

对于周期信号,有

$$R(\tau) = \frac{1}{T} \int_{-T/2}^{T/2} f(t)f(t+\tau)dt = \sum_{n=-\infty}^{\infty} |\dot{C}_n|^2 e^{j2\pi n\tau/T} \tag{2.5.6}$$

下面介绍互相关函数与自相关函数的若干性质。

1. 互相关函数

(1) $$R_{12}(\tau) = R_{21}(-\tau) \tag{2.5.7}$$

证明:以能量信号为例,有

$$R_{12}(\tau) = \int_{-\infty}^{\infty} f_1(t)f_2(t+\tau)dt$$

令 $t' = t+\tau$,则 $t = t'-\tau$, $dt = dt'$,所以有

$$R_{12}(\tau) = \int_{-\infty}^{\infty} f_1(t'-\tau)f_2(t')dt' = R_{21}(-\tau)$$

(2) 对于能量信号有

$$R_{12}(0) = R_{21}(0) = \int_{-\infty}^{\infty} f_1(t)f_2(t)dt \tag{2.5.8}$$

对于功率信号有

$$R_{12}(0) = R_{21}(0) = \lim_{T \to \infty} \frac{1}{T} \int_{-T/2}^{T/2} f_1(t)f_2(t)dt \tag{2.5.9}$$

因为 $\tau=0$ 表示 $f_1(t)$ 和 $f_2(t)$ 之间无时差,所以 $R_{12}(0)$ 衡量 $f_1(t)$ 和 $f_2(t)$ 在无时差时的相关性。显然,$R_{12}(0)$ 愈大,说明 $f_1(t)$ 和 $f_2(t)$ 的相关性愈大,也就是说它们之间愈相似。因此通常称 $R_{12}(0)$ 为相关系数。

(3) 实际中,相关系数又常用归一化相关系数来表示。能量信号 $f_1(t)$ 和 $f_2(t)$ 的归一化相关系数 ρ_{12} 定义为

$$\rho_{12} = \frac{\int_{-\infty}^{\infty} f_1(t)f_2(t)dt}{\left[\int_{-\infty}^{\infty} f_1^2(t)dt \int_{-\infty}^{\infty} f_2^2(t)dt\right]^{1/2}} \tag{2.5.10}$$

功率信号 $f_1(t)$ 和 $f_2(t)$ 的归一化相关系数 ρ_{12} 定义为

$$\rho_{12} = \frac{\lim_{T \to \infty} \frac{1}{T} \int_{-T/2}^{T/2} f_1(t)f_2(t)dt}{\left[\lim_{T \to \infty} \frac{1}{T} \int_{-T/2}^{T/2} f_1^2(t)dt \lim_{T \to \infty} \frac{1}{T} \int_{-T/2}^{T/2} f_2^2(t)dt\right]^{1/2}} \tag{2.5.11}$$

由施瓦茨(Schwarz)不等式,可得

$$|\rho_{12}| \leqslant 1 \tag{2.5.12}$$

2. 自相关函数

(1) 能量信号自相关函数

$$R(0) = \int_{-\infty}^{\infty} f^2(t)dt = E \tag{2.5.13}$$

功率信号自相关函数

$$R(0) = \lim_{T \to \infty} \frac{1}{T} \int_{-T/2}^{T/2} f^2(t)dt = S \tag{2.5.14}$$

(2) $$R(0) \geqslant R(\tau) \tag{2.5.15}$$

表明 $R(0)$ 为 $R(\tau)$ 的最大值,当 $\tau=0$ 时信号 $f(t)$ 与自己最相关,而对于其他任意 τ,$R(\tau)$ 的

值不可能超过这个最大值。

(3) 自相关函数是一个偶函数，即有
$$R(\tau) = R(-\tau) \tag{2.5.16}$$

3. 互相关函数与卷积的关系

设 $f_1(t)$ 和 $f_2(t)$ 是能量信号，则它们的卷积为
$$f_1(t) * f_2(t) = \int_{-\infty}^{\infty} f_1(\tau) f_2(t-\tau) d\tau \tag{2.5.17}$$

而互相关函数为
$$R_{12}(\tau) = \int_{-\infty}^{\infty} f_1(t) f_2(t+\tau) dt$$

为便于比较，把上式中的 τ 换成 t，而把积分变量 t 换成 x，则有
$$R_{12}(t) = \int_{-\infty}^{\infty} f_1(x) f_2(x+t) dx$$

令 $x = -\tau$，上式变成
$$R_{12}(t) = \int_{-\infty}^{\infty} f_1(-\tau) f_2(t-\tau) d\tau = f_1(-t) * f_2(t)$$

这个关系表明，$f_1(t)$ 和 $f_2(t)$ 的相关运算结果恰好等于 $f_1(t)$ 的折叠信号 $f_1(-t)$ 与 $f_2(t)$ 卷积的结果。因此，互相关函数的计算可以通过卷积的一些运算方法来解决，尤其是当 $f_1(t)$ 是偶函数时，有
$$R_{12}(t) = f_1(t) * f_2(t)$$

当 $f_1(t)$ 和 $f_2(t)$ 均为偶函数时，有
$$R_{12}(t) = R_{21}(t) = f_1(t) * f_2(t)$$

此时，互相关函数的运算与卷积运算完全相同，而且与 $f_1(t)$ 及 $f_2(t)$ 的前后次序无关。

2.5.2 相关函数与谱密度

相关函数的物理概念虽然建立在信号的时间波形之间，但并不意味着相关函数与信号的频谱没有联系。相关函数与能量谱密度或功率谱密度之间有着确定的关系。

假设 $f_1(t)$ 和 $f_2(t)$ 是能量信号，且有
$$f_1(t) \leftrightarrow F_1(\omega), \quad f_2(t) \leftrightarrow F_2(\omega)$$

利用式(2.5.1)可得
$$\begin{aligned} R_{12}(\tau) &= \int_{-\infty}^{\infty} f_1(t) f_2(t+\tau) dt \\ &= \int_{-\infty}^{\infty} f_1(t) \left[\frac{1}{2\pi} \int_{-\infty}^{\infty} F_2(\omega) e^{j\omega(t+\tau)} d\omega \right] dt \\ &= \frac{1}{2\pi} \int_{-\infty}^{\infty} F_2(\omega) \left[\int_{-\infty}^{\infty} f_1(t) e^{j\omega t} dt \right] e^{j\omega \tau} d\omega \\ &= \frac{1}{2\pi} \int_{-\infty}^{\infty} F_2(\omega) F_1(-\omega) e^{j\omega \tau} d\omega \end{aligned}$$

所以有
$$R_{12}(\tau) \leftrightarrow F_2(\omega) F_1(-\omega) \tag{2.5.18}$$

将上面的结果推论到自相关函数 $R(\tau)$，则有
$$R(\tau) \leftrightarrow F(\omega) F(-\omega) = |F(\omega)|^2 \tag{2.5.19}$$

由此得到结论，能量信号的互相关函数与 $F_2(\omega) F_1(-\omega)$（通常称为互能量谱密度）互为傅

里叶变换关系；而能量信号的自相关函数与信号的能量谱密度也互为傅里叶变换关系。

对于功率信号，可以得到与上面相似的结论。

1. 周期信号

根据式(2.5.6)有

$$R(\tau) = \sum_{n=-\infty}^{\infty} |\dot{C}_n|^2 e^{j2\pi n\tau/T}$$

对上式进行傅里叶变换，则有

$$\mathcal{F}[R(\tau)] = \int_{-\infty}^{\infty} \left[\sum_{n=-\infty}^{\infty} |\dot{C}_n|^2 e^{j2\pi n\tau/T}\right] e^{-j\omega\tau} d\tau = \sum_{n=-\infty}^{\infty} |\dot{C}_n|^2 \int_{-\infty}^{\infty} e^{-j(\omega-2\pi n/T)\tau} d\tau$$

可求得

$$\mathcal{F}[R(\tau)] = 2\pi \sum_{n=-\infty}^{\infty} |\dot{C}_n|^2 \delta(\omega - n\omega_0) = P_S(\omega) \tag{2.5.20}$$

由此可见，周期信号的自相关函数与其功率谱密度之间互为傅里叶变换关系，即 $R(\tau) \leftrightarrow P_S(\omega)$。

2. 非周期信号

设非周期信号 $f(t)$ 的截短函数为 $f_T(t)$，且有 $f_T(t) \leftrightarrow F_T(\omega)$。由于 $f_T(t)$ 是一个能量信号，因此由式(2.5.19)可求得

$$R_T(\tau) \leftrightarrow |F_T(\omega)|^2 \tag{2.5.21}$$

功率信号 $f(t)$ 的自相关函数 $R(\tau)$ 为

$$R(\tau) = \lim_{T\to\infty} \frac{1}{T} \int_{-T/2}^{T/2} f(t)f(t+\tau) dt = \lim_{T\to\infty} \frac{1}{T} \int_{-\infty}^{\infty} f_T(t) f_T(t+\tau) dt = \lim_{T\to\infty} \frac{R_T(\tau)}{T}$$

考虑式(2.5.21)，由上式得出

$$R(\tau) \leftrightarrow \lim_{T\to\infty} \frac{|F_T(\omega)|^2}{T} \tag{2.5.22}$$

由式(2.5.22)和式(2.3.8)可知，对于功率信号，它的自相关函数与功率谱密度互为傅里叶变换关系。

综上所述，一个信号的自相关函数与其谱密度之间有确定的傅里叶变换关系。只要变换是存在的，则傅里叶变换的所有运算性质将同样适用于自相关函数与谱密度之间的运算。

习 题 2

2.1 绘出下列时间函数的波形图。

(1) $\delta(t) + \delta(t-T) + \delta(t-2T)$ (2) $[1+\cos(\pi t)][\varepsilon(t)-\varepsilon(t-2)]$

(3) $t \cdot \varepsilon(t-1)$ (4) $(t-2)[\varepsilon(t-2)-\varepsilon(t-3)]$

2.2 利用单位冲激函数的运算特性，求下列积分值。

(1) $\int_{-\infty}^{\infty} \delta(t-t_0)\varepsilon(t-2t_0) dt$ (2) $\int_{-\infty}^{\infty} (t+\sin t)\delta\left(t-\frac{\pi}{4}\right) dt$

(3) $\int_{-\infty}^{\infty} e^{-j\omega t}[\delta(t) - \delta(t-t_0)] dt$ (4) $\int_{-\infty}^{\infty} (t^{-t}+t)\delta(t+2) dt$

(5) $\int_{-\infty}^{\infty} \delta(t-t_0)\varepsilon\left(t-\frac{t_0}{2}\right) dt$ (6) $\int_{-\infty}^{\infty} e^{-t}[\delta(t) + \delta'(t)] dt$

2.3 周期矩形信号 $f(t)$ 如题图 2.1 所示。若振幅为 10V，$f=5$kHz，$\tau=20\mu$s，求直流分量的大小及基波、二次和三次谐波的有效值。

2.4 判断下列信号是否是能量信号、功率信号或者都不是。

(1) $f(t) = e^{-at}\varepsilon(t), a>0$ (2) $f(t) = t\varepsilon(t)$

题图 2.1

2.5 求 $f(t)=e^{-at}\varepsilon(t)$ 的能量谱密度、能量和自相关函数。

2.6 升余弦脉冲信号的表示式为
$$f(t)=\frac{E}{2}(1+\cos\pi t), \quad 0\leqslant|t|\leqslant 1$$
试求其频谱。

2.7 已知阶跃函数、正弦函数和余弦函数的傅里叶变换如下：
$$\mathcal{F}[\varepsilon(t)]=\pi\delta(\omega)+\frac{1}{j\omega}$$
$$\mathcal{F}[\cos(\omega_0 t)]=\pi[\delta(\omega+\omega_0)+\delta(\omega-\omega_0)]$$
$$\mathcal{F}[\sin(\omega_0 t)]=j\pi[\delta(\omega+\omega_0)-\delta(\omega-\omega_0)]$$
求单边正弦函数和单边余弦函数的傅里叶变换。

2.8 设有两矩形脉冲 $f_1(t)$、$f_2(t)$，如题图 2.2 所示。

题图 2.2

(1) 求 $f(t)=f_1(t)*f_2(t)$。
(2) 计算 $f(t)=f_1(t)*f_2(t)$ 的频谱函数。

2.9 利用卷积定理求脉冲信号 $f(t)=\begin{cases}A\cos\dfrac{\pi t}{\tau}, & |t|\leqslant\dfrac{\tau}{2}\\ 0, & |t|>\dfrac{\tau}{2}\end{cases}$ 的频谱，并画出波形。

2.10 系统如题图 2.3(a)所示，已知 $f(t)$ 的频谱 $F(\omega)$ 如题图 2.3(b)所示，$H_2(\omega)=D_6(\omega)=\mathrm{Sa}(3\omega)$，试求 $x(t)$、$y(t)$ 的频谱，并绘出图形。

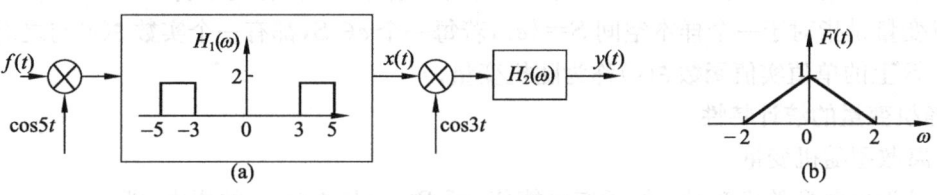

题图 2.3

2.11 试确定下列信号的平均功率和功率谱密度。
(1) $A\cos(2000\pi t)+B\sin(200\pi t)$ (2) $[A+\sin(200\pi t)]\cos(2000\pi t)$ (3) $A\cos(200\pi t)\cos(2000\pi t)$

2.12 理想低通滤波器的频率特性为
$$H(\omega)=[\varepsilon(\omega+2\omega_c)-\varepsilon(\omega-2\omega_c)]e^{-j\omega t_0}, \text{且 } \omega_0\gg\omega_c$$
试求滤波器的冲激响应。

2.13 理想低通滤波器 $H(\omega)$ 为
$$H(\omega)=\begin{cases}e^{j\frac{\pi}{2}}, & -6\text{rad/s}<\omega<0\\ e^{-j\frac{\pi}{2}}, & 0<\omega<-6\text{rad/s}\\ 0, & \text{其他}\end{cases}$$

若输入 $f(t)=\dfrac{\sin(3t)}{t}\cos(5t)$，求该系统的输出 $y(t)$。

2.14 周期信号为 $f(t)=A\cos\omega_1 t$，试求它的自相关函数和功率谱密度。

2.15 已知信号如题图 2.4 所示，频谱函数为 $F(\omega)$，不求 $F(\omega)$，求下列各值。

题图 2.4

(1) $F(0)$ (2) $\int_{-\infty}^{\infty}F(\omega)d\omega$ (3) $\int_{-\infty}^{\infty}|F(\omega)|^2 d\omega$

第 3 章　随机信号分析

3.1　引　言

　　信息与不确定性有关。如果一个待接收的信号或消息事先已经确知,它就不可能载有任何信息。因此,载有信息的信号必须是不可预测的,或者说带有某种随机性,即它们的某个或几个参数不能预知或不能完全预知,把这种具有随机性的信号称为随机信号,如电话信号、电报信号等。噪声也是不可预测的,但随机信号和噪声的不可预测性的意义完全不同,随机信号的不可预测性是它携带信息的能力,而噪声的不可预测性则是有害的,它将使有用信号受到污染。

　　从统计学的观点看,随机信号和噪声统称为随机过程。统计学中有关随机过程的理论可以运用到随机信号和噪声的分析中来。

　　本章在介绍随机过程的分布及其数字特征等基本概念的基础上,主要介绍通信系统中常见的几种重要的随机过程的统计特性,以及随机过程通过线性系统的情况。

3.2　概率论的基本概念

1. 随机变量

　　随机事件是指在随机实验 E 中,每种可能结果的集合,常简称为事件。

　　随机变量是指对于一个样本空间 $S=\{e\}$,若每一个 $e \in S$,都有一个实数 $\xi(e)$ 与之对应,则这个定义在 S 上的单值实值函数 $\xi(e)$ 称为随机变量。

2. 随机变量的统计特性

(1) 离散型随机变量

设 $\{x_i\}$ 为离散型随机变量 ξ 的所有可能值,而 $P(x_i)$ 是 ξ 取 x_i 的概率,即

$$P\{\xi=x_i\}=P(x_i), \quad i=1,2,3,\cdots \tag{3.2.1}$$

则 $\{P(x_i)\}(i=1,2,3,\cdots)$ 称为随机变量 ξ 的概率分布。

　　离散型随机变量的概率分布一般用分布律来表示,即

$$\begin{bmatrix} x_1 & x_2 & \cdots & x_n & \cdots \\ P(x_1) & P(x_2) & \cdots & P(x_n) & \cdots \end{bmatrix}$$

分布律清楚且完整地表示了随机变量 ξ 取值的概率的分布情况。

　　离散型随机变量的分布函数为

$$F(x) = P\{\xi \leqslant x\} = \sum_{x_i \leqslant x} P\{\xi=x_i\} = \sum_{x_i \leqslant x} P(x_i) \tag{3.2.2}$$

分布函数表示了随机变量小于或等于数值 x 这一事件的概率。

(2) 连续型随机变量

连续型随机变量的分布函数为

$$F(x) = P\{\xi \leqslant x\} = \int_{-\infty}^{x} f(u)\,\mathrm{d}u, \quad -\infty < x < \infty \tag{3.2.3}$$

　　概率密度函数为

$$f(x)=F'(x) \tag{3.2.4}$$

3. 随机变量的数字特征

(1) 均值(数学期望)E

均值用来描述随机变量 ξ 的统计平均值。

对于离散型随机变量 ξ,若它的取值为 $x_1,x_2,\cdots,x_n$ 时,其概率分别为 $P_1,P_2,\cdots,P_n$,则该离散型随机变量 ξ 的均值为

$$E[\xi] = \sum_{i=1}^{n} x_i P_i \tag{3.2.5}$$

对于连续型随机变量,若其概率密度函数为 $f(x)$,则它的均值为

$$E[\xi] = \int_{-\infty}^{\infty} x f(x) \mathrm{d}x \tag{3.2.6}$$

(2) 方差 $D[\xi]$

方差用来表示随机变量与其均值之间的偏离程度。

离散型随机变量的方差

$$D[\xi] = E[\xi - E(\xi)]^2 = \sum_{i=1}^{n} [x_i - E(\xi)]^2 P_i \tag{3.2.7}$$

连续型随机变量的方差

$$D[\xi] = E[\xi - E(\xi)]^2 = \int_{-\infty}^{\infty} [x - E(\xi)]^2 f(x) \mathrm{d}x \tag{3.2.8}$$

(3) 协方差

设 ξ_1、ξ_2 是两个随机变量,则 ξ_1 与 ξ_2 的协方差定义为

$$B(\xi_1,\xi_2) = E\{[\xi_1 - E(\xi_1)][\xi_2 - E(\xi_2)]\} = E[\xi_1 \cdot \xi_2] - E[\xi_1] \cdot E[\xi_2] \tag{3.2.9}$$

(4) 相关函数

$$R(\xi_1,\xi_2) = E[\xi_1 \cdot \xi_2] \tag{3.2.10}$$

3.3 随机过程的基本概念

3.3.1 随机过程

本节首先用实验方法讨论噪声的随机性,从而引出随机过程的基本定义。然后从随机过程的定义出发,讨论它的统计特性,即随机过程的分布函数、概率密度和数字特征。

下面首先做如下实验。设有 n 台性能完全相同的接收机,在相同的工作环境和测试条件下记录各台接收机的输出噪声波形。测试结果表明,尽管设备和测试条件相同,但记录的 n 条曲线中找不到两个完全相同的波形,而且即使 n 足够大,也找不到两个完全相同的波形。这就是说,接收机输出的噪声电压随时间的变化是不可预知的,因而它是一个随机过程。这里的一次记录就是一个实现,无数个记录构成的总体就是一个随机过程。

由此可以将随机过程这样定义:设 $S_k(k=1,2,\cdots)$ 是随机试验,每一次试验都得到一个时间波形(称为样本函数或实现),记作 $x_i(t)$,所有可能出现结果的总体 $\{x_1(t),x_2(t),\cdots,x_n(t),\cdots\}$ 就构成一个随机过程,记作 $\xi(t)$。简而言之,无穷多个样本函数的总体称为随机过程,如图 3.1 所示。

显然,上面例子中接收机的输出噪声波形也可用图 3.1 表示。把对接收机输出噪声波形的观测看作是进行一次随机试验,每次试验之后,$\xi(t)$ 取图 3.1 所示的样本空间中的某一样本函

数,至于是空间中的哪一个样本,在进行观测前是无法预知的,这正是随机过程随机性的具体表现。随机过程的基本特征表现在两个方面:①它是一个时间函数;②在固定的某一时刻 t_1,全体样本在 t_1 时刻的取值 $\xi(t_1)$ 是一个不含 t 变化的随机变量。因此,可以把随机过程看成依赖时间参数的一族随机变量。可见,随机过程具有随机变量和时间函数的特点。

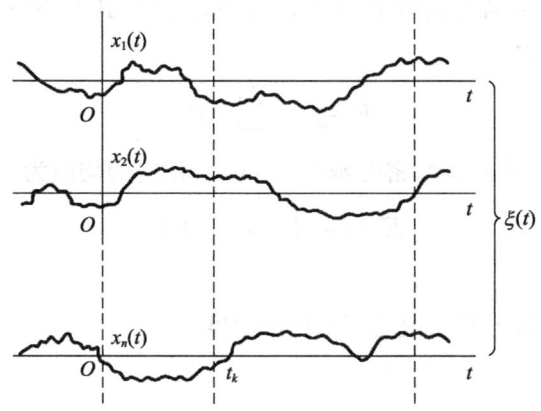

图 3.1 无穷多个样本函数构成的随机过程

3.3.2 随机过程的统计特性

随机过程的两重性使我们可以用与描述随机变量相似的方法来描述它的统计特性。

设 $\xi(t)$ 表示一个随机过程,在任意给定的时刻 $t_1 \in T$ 上的取值 $\xi(t_1)$ 是一个随机变量。而随机变量的统计特性可以用分布函数或概率密度函数来描述。把随机变量 $\xi(t_1)$ 小于或等于某一数值 x_1 的概率 $P\{\xi(t_1) \leqslant x_1\}$,简记为 $F_1(x_1,t_1)$,即

$$F_1(x_1,t_1) = P\{\xi(t_1) \leqslant x_1\} \tag{3.3.1}$$

称为随机过程 $\xi(t)$ 的一维分布函数。如果 $F_1(x_1,t_1)$ 对 x_1 的偏导数存在,即有

$$\frac{\partial F_1(x_1,t_1)}{\partial x_1} = f_1(x_1,t_1) \tag{3.3.2}$$

则称 $f_1(x_1,t_1)$ 为 $\xi(t)$ 的一维概率密度函数。显然,随机过程的一维分布函数或一维概率密度函数仅仅描述了随机过程在各个孤立时刻的统计特性,而没有说明随机过程在不同时刻取值之间的内在联系,为此需要进一步引入二维分布函数。

任给两个时刻 $t_1, t_2 \in T$,则随机变量 $\xi_1(t)$ 和 $\xi_2(t)$ 构成一个二元随机变量 $\{\xi_1(t), \xi_2(t)\}$,称

$$F_2(x_1,x_2;t_1,t_2) = P\{\xi(t_1) \leqslant x_1, \xi(t_2) \leqslant x_2\} \tag{3.3.3}$$

为随机过程 $\xi(t)$ 的二维分布函数。如果存在

$$\frac{\partial^2 F_2(x_1,x_2;t_1,t_2)}{\partial x_1 \cdot \partial x_2} = f_2(x_1,x_2;t_1,t_2) \tag{3.3.4}$$

则称 $f_2(x_1,x_2;t_1,t_2)$ 为 $\xi(t)$ 的二维概率密度函数。

同理,任意给定 $t_1, t_2, \cdots, t_n$,则 $\xi(t)$ 的 n 维分布函数被定义为

$$F_n(x_1,x_2,\cdots,x_n;t_1,t_2,\cdots,t_n) = P\{\xi(t_1) \leqslant x_1, \xi(t_2) \leqslant x_2, \cdots, \xi(t_n) \leqslant x_n\} \tag{3.3.5}$$

如果存在

$$\frac{\partial^n F_n(x_1,x_2,\cdots,x_n;t_1,t_2,\cdots,t_n)}{\partial x_1 \partial x_2 \cdots \partial x_n} = f_n(x_1,x_2,\cdots,x_n;t_1,t_2,\cdots,t_n) \tag{3.3.6}$$

则称 $f_n(x_1,x_2,\cdots,x_n;t_1,t_2,\cdots,t_n)$ 为 $\xi(t)$ 的 n 维概率密度函数。显然,n 越大,对随机过程统计特性的描述就越充分,但问题的复杂性也随之增加。

3.3.3 随机过程的数字特征

分布函数或概率密度函数虽然能够较全面地描述随机过程的统计特性,但在实际工作中,有时不易或不需要求出分布函数和概率密度函数,而用随机过程的数字特征来描述随机过程的统计特性,更为简单直观。

1. 数学期望

设随机过程 $\xi(t)$ 在任意给定时刻 t_1 的取值 $\xi(t_1)$ 是一个随机变量,其概率密度函数为 $f_1(x_1,t_1)$,则 $\xi(t_1)$ 的数学期望为

$$E[\xi(t_1)] = \int_{-\infty}^{\infty} x_1 f_1(x_1,t_1) \mathrm{d}x_1 \tag{3.3.7}$$

因为这里 t_1 是任取的,所以可以把 t_1 直接写为 t,x_1 改为 x,这时式(3.3.7)就变为随机过程在任意时刻的数学期望(也称均值),记作 $a(t)$,则有

$$a(t) = E[\xi(t)] = \int_{-\infty}^{\infty} x f_1(x,t) \mathrm{d}x \tag{3.3.8}$$

$a(t)$ 是时间 t 的函数,它表示随机过程的 n 个样本函数曲线的摆动中心。

2. 方差

随机过程的方差定义为

$$\begin{aligned}\sigma^2(t) = D[\xi(t)] &= E\{[\xi(t)-a(t)]^2\} = E[\xi^2(t)] - [a(t)]^2 \\ &= \int_{-\infty}^{\infty} x^2 f_1(x,t) \mathrm{d}x - [a(t)]^2\end{aligned} \tag{3.3.9}$$

可见,方差等于均方值与数学期望平方之差。它表示随机过程在时刻 t 对于均值 $a(t)$ 的偏离程度。

均值和方差都只与随机过程的一维概率密度函数有关,因而它们描述了随机过程在各个孤立时刻的特征。为了描述随机过程在两个不同时刻状态之间的联系,还需利用二维概率密度函数来引入新的数字特征。

3. 协方差和相关函数

衡量随机过程在任意两个时刻获得的随机变量之间的关联程度时,常用协方差函数 $B(t_1,t_2)$ 和相关函数 $R(t_1,t_2)$ 来表示。协方差函数定义为

$$\begin{aligned}B(t_1,t_2) &= E\{[\xi(t_1)-a(t_1)][\xi(t_2)-a(t_2)]\} = E[\xi(t_1)\xi(t_2)] - a(t_1)a(t_2) \\ &= \int_{-\infty}^{\infty}\int_{-\infty}^{\infty}[x_1-a(t_1)][x_2-a(t_2)]f_2(x_1,x_2;t_1,t_2)\mathrm{d}x_1\mathrm{d}x_2\end{aligned} \tag{3.3.10}$$

式中,t_1 与 t_2 是任取的两个时刻;$a(t_1)$ 与 $a(t_2)$ 为在 t_1 及 t_2 时刻得到的数学期望;$f_2(x_1,x_2;t_1,t_2)$ 为二维概率密度函数。

随机过程 $\xi(t)$ 的相关函数定义为

$$R(t_1,t_2) = E[\xi(t_1)\xi(t_2)] = \int_{-\infty}^{\infty}\int_{-\infty}^{\infty} x_1 x_2 f_2(x_1,x_2;t_1,t_2)\mathrm{d}x_1\mathrm{d}x_2 \tag{3.3.11}$$

若令 $t_2=t_1+\tau$(τ 可为负),则 $R(t_1,t_2)$ 可表示为 $R(t_1,t_1+\tau)$。这说明,相关函数依赖于起始时刻 t_1 和 t_2 与 t_1 之间的时间间隔 τ,即相关函数是 t_1 和 τ 的函数。

由式(3.3.10)及式(3.3.11)可得到 $B(t_1,t_2)$ 和 $R(t_1,t_2)$ 之间的关系式为

$$B(t_1,t_2) = R(t_1,t_2) - a(t_1)a(t_2) \tag{3.3.12}$$

若 $a(t_1)=0$ 或 $a(t_2)=0$,则 $B(t_1,t_2)=R(t_1,t_2)$。由于 $B(t_1,t_2)$ 和 $R(t_1,t_2)$ 是衡量同一过程的相关程度的,因此,分别称为自协方差函数和自相关函数。

协方差函数和相关函数也可引入两个或更多个随机过程中,从而得到互协方差函数和互相关函数。设 $\xi(t)$ 和 $\eta(t)$ 分别表示两个随机过程,则互协方差函数定义为

$$B_{\xi\eta}(t_1,t_2)=E\{[\xi(t_1)-a_\xi(t_1)][\eta(t_2)-a_\eta(t_2)]\} \quad (3.3.13)$$

互相关函数定义为

$$R_{\xi\eta}(t_1,t_2)=E[\xi(t_1)\eta(t_2)] \quad (3.3.14)$$

3.4 平稳随机过程

本节将着重讨论在通信系统中占重要地位的一种特殊类型的随机过程——平稳随机过程。

3.4.1 平稳随机过程的定义

平稳随机过程是指它的任何 n 维分布函数或概率密度函数与时间起点无关。也就是说,如果对于任意的正整数 n 和任意选定 $t_1<t_2<\cdots<t_n,t_k\in T,k=1,2,\cdots,n$,以及所有实数 τ,随机过程 $\xi(t)$ 的 n 维概率密度函数满足

$$f_n(x_1,x_2,\cdots,x_n;t_1,t_2,\cdots,t_n)=f_n(x_1,x_2,\cdots,x_n;t_1+\tau,t_2+\tau,\cdots,t_n+\tau) \quad (3.4.1)$$

则称 $\xi(t)$ 是平稳随机过程。由此可见,平稳随机过程的统计特性将不随时间的推移而变化。它的一维分布与时间 t 无关,二维分布只与时间间隔 τ 有关,即有

$$f_1(x_1,t_1)=f_1(x_1) \quad (3.4.2)$$

$$f_2(x_1,x_2;t_1,t_2)=f_2(x_1,x_2;\tau) \quad (3.4.3)$$

式(3.4.2)和式(3.4.3)可由式(3.4.1)分别令 $n=1$ 和 $n=2$,并取 $\tau=-t_1$ 得出。

于是,平稳随机过程 $\xi(t)$ 的均值

$$a(t)=E[\xi(t)]=\int_{-\infty}^{\infty}x_1 f_1(x_1)\mathrm{d}x_1=a \quad (3.4.4)$$

为一常数,这表示平稳随机过程的各样本函数围绕着一水平线起伏。

而平稳随机过程 $\xi(t)$ 的自相关函数

$$R(t_1,t_2)=E[\xi(t_1)\xi(t_1+\tau)]=\int_{-\infty}^{\infty}\int_{-\infty}^{\infty}x_1 x_2 f_2(x_1,x_2;\tau)\mathrm{d}x_1\mathrm{d}x_2=R(\tau) \quad (3.4.5)$$

仅是时间间隔 $\tau=t_2-t_1$ 的函数,而不再是 t_1 和 t_2 的二维函数。

以上表明,平稳随机过程 $\xi(t)$ 具有"平稳"的数字特征:它的均值与时间无关;它的自相关函数只与时间间隔 τ 有关,而与时间起点 t_1 无关,即

$$R(t_1,t_1+\tau)=R(\tau) \quad (3.4.6)$$

注意到式(3.4.1)定义的平稳随机过程对于一切 n 都成立,这在实际应用上很复杂。但仅仅由一个随机过程的均值是常数,自相关函数是 τ 的函数还不能充分说明它符合平稳条件,为此引入另一种平稳随机过程的定义。

若一个二阶矩随机过程的数学期望为常数,而自相关函数仅是 τ 的函数,则称这个随机过程为宽平稳随机过程或广义平稳随机过程。相应地,称按式(3.4.1)定义的随机过程为严平稳随机过程或狭义平稳随机过程。因为广义平稳随机过程的定义只涉及一维、二维概率密度有关的数字特征,所以一个严平稳随机过程只要它的均方值 $E[\xi^2(t)]$ 有界,则它必定是广义平稳随机过程,但反过来一般不成立。

通信系统中所遇到的信号及噪声,大多数可视为平稳的随机过程。以后讨论的随机过程除特殊说明外,均假定是平稳的,且均指广义平稳随机过程,简称平稳过程。

3.4.2 平稳随机过程的各态历经性

平稳随机过程一般具有一个非常有用的特性,称为"各态历经性"。这种平稳随机过程的数字特征(均为统计平均)完全可由随机过程中的任意一个实现的数字特征(均为时间平均)来替代,即随机过程的数学期望(统计平均值)可以由任意一个实现的时间平均值来代替;随机过程的方差和自相关函数,也可以由时间平均值来代替。这就是说,假设 $x(t)$ 是平稳随机过程 $\xi(t)$ 的任意一个实现,并令

$$\begin{cases} \overline{a} = \lim_{T \to \infty} \frac{1}{T} \int_{-T/2}^{T/2} x(t) \mathrm{d}t \\ \overline{R(\tau)} = \lim_{T \to \infty} \frac{1}{T} \int_{-T/2}^{T/2} x(t) x(t+\tau) \mathrm{d}t \end{cases} \tag{3.4.7}$$

那么,平稳随机过程往往有下列式子成立,即

$$\begin{cases} a = \overline{a} \\ R(\tau) = \overline{R(\tau)} \end{cases} \tag{3.4.8}$$

满足式(3.4.8)的随机过程,就称为具有"各态历经性"的平稳随机过程。"各态历经性"的含义是:随机过程的任意一个实现,都经历了随机过程的所有可能状态。由式(3.4.8)可知,各态历经性的随机过程的统计特性可以用时间平均来代替,对于这种随机过程不用考察无限多个实现,而只考察一个实现就可获得随机过程的数字特性,因此可使问题大为简化。

但应注意:具有各态历经性的随机过程必定是平稳随机过程,但平稳随机过程不一定具有各态历经性。在通信系统中遇到的随机信号和噪声,一般均能满足各态历经性条件。

3.5 平稳随机过程的自相关函数和功率谱密度

对于平稳随机过程而言,它的自相关函数是特别重要的一个函数。其一,平稳随机过程的数字特征可通过自相关函数来描述;其二,自相关函数与平稳随机过程的频谱特性有着内在的联系。因此,有必要了解平稳随机过程自相关函数的性质。

3.5.1 自相关函数的性质

设 $\xi(t)$ 为平稳随机过程,则它的自相关函数

$$R(\tau) = E[\xi(t)\xi(t+\tau)] \tag{3.5.1}$$

具有下列主要性质。

(1) $\qquad R(0) = E[\xi^2(t)] = S \quad [\xi(t)\text{的平均功率}] \tag{3.5.2}$

这是因为平稳随机过程的总能量往往是无穷的,而其平均功率却是有限的。

(2) $\qquad R(\infty) = E^2[\xi(t)] \quad [\xi(t)\text{的直流功率}] \tag{3.5.3}$

这是因为 $\lim_{\tau \to \infty} R(\tau) = \lim_{\tau \to \infty} E[\xi(t)\xi(t+\tau)] = E[\xi(t)] \cdot E[\xi(t+\tau)] = E^2[\xi(t)]$ 利用了当 $\tau \to \infty$ 时,$\xi(t)$ 与 $\xi(t+\tau)$ 不存在依赖关系,即统计独立,且认为 $\xi(t)$ 中不含周期分量。

(3) $\qquad R(\tau) = R(-\tau) \quad [\tau \text{的偶函数}] \tag{3.5.4}$

(4) $\qquad |R(\tau)| \leqslant R(0) \quad [R(\tau)\text{的上界}] \tag{3.5.5}$

即自相关函数 $R(\tau)$ 在 $\tau=0$ 有最大值。这可由非负式 $E[\xi(t) \pm \xi(t+\tau)]^2 \geqslant 0$ 推演而得。

(5) $\qquad R(0) - R(\infty) = \sigma^2 \quad [\text{方差},\xi(t)\text{的交流功率}] \tag{3.5.6}$

当均值为 0 时,有 $R(0) = \sigma^2$。

由上述性质可知,用自相关函数几乎可表述 $\xi(t)$ 所有的数字特征,因而以上性质有明显的实用意义。

3.5.2 平稳随机过程的功率谱密度及其与自相关函数的关系

下面来讨论 $\xi(t)$ 的频谱特性,并分析其与自相关函数之间的关系。

随机过程的频谱特性可以用它的功率谱密度来表述。随机过程的任意一个实现是一个确定的功率信号。对于任意的确定功率信号 $f(t)$,其功率谱密度为

$$P_f(\omega) = \lim_{T \to \infty} \frac{|F_T(\omega)|^2}{T} \tag{3.5.7}$$

式中,$F_T(\omega)$ 是 $f(t)$ 的截短函数 $f_T(t)$ 所对应的频谱函数,即 $f_T(t) \leftrightarrow F_T(\omega)$。可以把 $f(t)$ 看作平稳随机过程 $\xi(t)$ 中的任意一个实现,因而每一个实现的功率谱密度也可用式(3.5.7)来表示。由于 $\xi(t)$ 是无穷多个实现的集合,哪一个实现出现是不能预知的,因此,某一实现的功率谱密度不能作为随机过程的功率谱密度。它的功率谱密度应看作是每一个可能实现的功率谱的统计平均,即

$$P_\xi(\omega) = E[P_f(\omega)] = \lim_{T \to \infty} \frac{E[|F_T(\omega)|^2]}{T} \tag{3.5.8}$$

$\xi(t)$ 的平均功率 S 即可表示为

$$S = \frac{1}{2\pi} \int_{-\infty}^{\infty} P_\xi(\omega) d\omega = \frac{1}{2\pi} \int_{-\infty}^{\infty} \lim_{T \to \infty} \frac{E[|F_T(\omega)|^2]}{T} d\omega \tag{3.5.9}$$

虽然式(3.5.8)给出了平稳随机过程 $\xi(t)$ 的功率谱密度 $P_\xi(\omega)$,但用它来直接计算功率谱却并不简单。如何方便地求功率谱呢?我们知道,确定信号的自相关函数与其谱密度之间存在着傅里叶变换关系。那么,对于平稳随机过程,其自相关函数是否与功率谱密度也存在这种变换关系呢?

为了寻求随机过程的功率谱密度与其自相关函数之间的关系,下面考察式(3.5.8)。因为

$$\begin{aligned} \frac{E[|F_T(\omega)|^2]}{T} &= E\left(\frac{1}{T} \int_{-T/2}^{T/2} \xi_T(t) e^{-j\omega t} dt \int_{-T/2}^{T/2} \xi_T(t') e^{j\omega t'} dt'\right) \\ &= E\left(\frac{1}{T} \int_{-T/2}^{T/2} \xi(t) e^{-j\omega t} dt \int_{-T/2}^{T/2} \xi(t') e^{j\omega t'} dt'\right) \\ &= \frac{1}{T} \int_{-T/2}^{T/2} \int_{-T/2}^{T/2} R(t-t') e^{-j\omega(t-t')} dt' dt \end{aligned}$$

令 $\tau = t - t'$,则 $t = \tau + t'$,$dt = d\tau$,又由 $-T/2 < t < T/2$,得 $-T/2 < \tau + t' < T/2$。这时,上式可变为

$$\begin{aligned} \frac{E[|F_T(\omega)|^2]}{T} &= \frac{1}{T} \int_{-T}^{0} R(\tau) e^{-j\omega\tau} \int_{-\frac{T}{2}-\tau}^{T/2} dt' d\tau + \frac{1}{T} \int_{0}^{T} R(\tau) e^{-j\omega\tau} \int_{-\frac{T}{2}}^{T/2-\tau} dt' d\tau \\ &= \frac{1}{T} \int_{-T}^{0} R(\tau) e^{-j\omega\tau} (T+\tau) d\tau + \frac{1}{T} \int_{0}^{T} R(\tau) e^{-j\omega\tau} (T-\tau) d\tau \\ &= \int_{-T}^{T} R(\tau) e^{-j\omega\tau} \left(1 - \frac{|\tau|}{T}\right) d\tau \end{aligned}$$

那么

$$P_\xi(\omega) = \lim_{T \to \infty} \frac{E[|F_T(\omega)|^2]}{T} = \lim_{T \to \infty} \int_{-T}^{T} \left(1 - \frac{|\tau|}{T}\right) R(\tau) e^{-j\omega\tau} d\tau = \int_{-\infty}^{\infty} R(\tau) e^{-j\omega\tau} d\tau$$

可见 $\xi(t)$ 的自相关函数与其功率谱密度之间互为傅里叶变换关系,即

$$\begin{cases} P_\xi(\omega) = \int_{-\infty}^{\infty} R(\tau) e^{-j\omega\tau} d\tau \\ R(\tau) = \frac{1}{2\pi} \int_{-\infty}^{\infty} P_\xi(\omega) e^{j\omega\tau} d\omega \end{cases} \tag{3.5.10}$$

简记为
$$R(\tau) \leftrightarrow P_\xi(\omega)$$

以上关系称为维纳—辛钦定理,它在平稳随机过程的理论和应用中是一个非常重要的工具,是联系频域和时域两种分析方法的基本关系式。

根据上述关系式及自相关函数 $R(\tau)$ 的性质,推出功率谱密度 $P_\xi(\omega)$ 有如下性质:

(1) 非负性,即
$$P_\xi(\omega) \geqslant 0 \tag{3.5.11}$$

(2) 偶函数,即
$$P_\xi(-\omega) = P_\xi(\omega) \tag{3.5.12}$$

【例 3.5.1】 某随机相位余弦波 $\xi(t) = A\cos(\omega_c t + \theta)$,其中 A 和 ω_c 均为常数,θ 是在 $(0, 2\pi)$ 内均匀分布的随机变量。

(1) 求 $\xi(t)$ 的自相关函数与功率谱密度。
(2) 讨论 $\xi(t)$ 是否具有各态历经性。

解 (1) 先考察 $\xi(t)$ 是否广义平稳。

$\xi(t)$ 的数学期望为
$$\begin{aligned} a(t) = E[\xi(t)] &= \int_0^{2\pi} A\cos(\omega_c t + \theta) \frac{1}{2\pi} d\theta \\ &= \frac{A}{2\pi} \int_0^{2\pi} (\cos\omega_c t \cos\theta - \sin\omega_c t \sin\theta) d\theta \\ &= \frac{A}{2\pi} \left[\cos\omega_c t \int_0^{2\pi} \cos\theta d\theta - \sin\omega_c t \int_0^{2\pi} \sin\theta d\theta \right] = 0 (常数) \end{aligned}$$

$\xi(t)$ 的自相关函数为
$$\begin{aligned} R(t_1, t_2) &= E[\xi(t_1)\xi(t_2)] \\ &= E[A\cos(\omega_c t_1 + \theta) \cdot A\cos(\omega_c t_2 + \theta)] \\ &= \frac{A^2}{2} E\{\cos\omega_c(t_2 - t_1) + \cos[\omega_c(t_2 + t_1) + 2\theta]\} \\ &= \frac{A^2}{2} \cos\omega_c(t_2 - t_1) + \frac{A^2}{2} \int_0^{2\pi} \cos[\omega_c(t_2 + t_1) + 2\theta] \frac{1}{2\pi} d\theta \\ &= \frac{A^2}{2} \cos\omega_c(t_2 - t_1) \end{aligned}$$

令 $t_2 - t_1 = \tau$,得 $R(t_1, t_2) = \frac{A^2}{2}\cos\omega_c\tau = R(\tau)$。可见 $\xi(t)$ 的数学期望为常数,而自相关函数只与时间间隔 τ 有关,所以 $\xi(t)$ 为广义平稳随机过程。

根据平稳随机过程的自相关函数与功率谱密度是互为博里叶变换的关系,即 $R(\tau) \leftrightarrow P_\xi(\omega)$,又因为
$$\cos\omega_c\tau \leftrightarrow \pi[\delta(\omega - \omega_c) + \delta(\omega + \omega_c)]$$

所以,功率谱密度为
$$P_\xi(\omega) = \frac{\pi A^2}{2}[\delta(\omega - \omega_c) + \delta(\omega + \omega_c)]$$

平均功率为
$$S = R(0) = \frac{1}{2\pi} \int_{-\infty}^{\infty} P_\xi(\omega) d\omega = \frac{A^2}{2}$$

(2) 下面求 $\xi(t)$ 的时间平均。根据式(3.4.7)可得

$$\overline{a} = \lim_{T\to\infty} \frac{1}{T} \int_{-T/2}^{T/2} A\cos(\omega_c t + \theta) \mathrm{d}t = 0$$

$$\overline{R(\tau)} = \lim_{T\to\infty} \frac{1}{T} \int_{-T/2}^{T/2} A\cos(\omega_c t + \theta) \cdot A\cos[\omega_c(t+\tau) + \theta] \mathrm{d}t$$

$$= \lim_{T\to\infty} \frac{A^2}{2T} \left\{ \int_{-T/2}^{T/2} \cos\omega_c\tau \mathrm{d}t + \int_{-T/2}^{T/2} \cos(2\omega_c t + \omega_c\tau + 2\theta) \mathrm{d}t \right\}$$

$$= \frac{A^2}{2} \cos\omega_c\tau$$

比较统计平均与时间平均，得 $a = \overline{a}$，$R(\tau) = \overline{R(\tau)}$，因此，随机相位余弦波具有各态历经性。

3.6 高斯过程

高斯过程也称正态随机过程，是通信领域中最重要的过程之一。在实践中观察到的大多数噪声都是高斯过程，如通信信道中的热噪声通常是一种高斯过程。因此，在信道的建模中常用到高斯模型。

3.6.1 高斯过程的定义

若随机过程 $\xi(t)$ 的任意 n 维 $(n = 1, 2, \cdots)$ 分布都是正态分布，则称它为正态过程或高斯随机过程。其 n 维正态概率密度函数表示为

$$f_n(x_1, x_2, \cdots, x_n; t_1, t_2, \cdots, t_n)$$

$$= \frac{1}{(\sqrt{2\pi})^n \sigma_1 \sigma_2 \cdots \sigma_n |B|^{1/2}} \exp\left[\frac{-1}{2|B|} \sum_{j=1}^n \sum_{k=1}^n |B|_{jk} \left(\frac{x_j - a_j}{\sigma_j}\right)\left(\frac{x_k - a_k}{\sigma_k}\right)\right] \quad (3.6.1)$$

式中，$a_k = E[\xi(t_k)]$；$\sigma_k^2 = E[\xi(t_k) - a_k]^2$；$|\boldsymbol{B}|$ 为归一化协方差矩阵的行列式，即

$$|\boldsymbol{B}| = \begin{vmatrix} 1 & b_{12} & \cdots & b_{1n} \\ b_{21} & 1 & \cdots & b_{2n} \\ \vdots & \vdots & & \vdots \\ b_{n1} & b_{n2} & \cdots & 1 \end{vmatrix}$$

$|\boldsymbol{B}|_{jk}$ 为行列式 $|\boldsymbol{B}|$ 中元素 b_{jk} 的代数余因子；b_{jk} 为归一化协方差函数，即

$$b_{jk} = \frac{E\{[\xi(t_j) - a_j][\xi(t_k) - a_k]\}}{\sigma_j \sigma_k} \quad (3.6.2)$$

3.6.2 高斯过程的性质

1. 高斯过程的性质

性质 1 由式(3.6.1)可以看出，高斯过程的 n 维分布完全由 n 个随机变量的数学期望、方差和两两之间的归一化协方差函数所决定。因此，对于高斯过程，只要研究它的数字特征就可以。

性质 2 如果高斯过程是广义平稳的，则它的均值与时间无关，协方差函数只与时间间隔有关，而与时间起点无关，由性质 1 知，它的 n 维分布与时间起点无关。因此，广义平稳的高斯过程也是狭义平稳的。

性质 3 如果高斯过程在不同时刻的取值是不相关的，即对所有 $j \neq k$ 有 $b_{jk} = 0$，这时式(3.6.1)可变为

$$f_n(x_1,x_2,\cdots,x_n;t_1,t_2,\cdots,t_n) = \frac{1}{(\sqrt{2\pi})^n \prod_{j=1}^{n}\sigma_j} \cdot \exp\Big[-\sum_{j=1}^{n}\frac{(x_j-a_j)^2}{2\sigma_j^2}\Big]$$

$$= \prod_{j=1}^{n}\frac{1}{\sqrt{2\pi}\sigma_j}\exp\Big[-\frac{(x_j-a_j)^2}{2\sigma_j^2}\Big]$$

$$= f(x_1,t_1) \cdot f(x_2,t_2) \cdot \cdots \cdot f(x_n,t_n) \qquad (3.6.3)$$

这就是说,如果高斯过程在不同时刻的取值是不相关的,那么这些取值也是统计独立的。

性质 4 高斯过程经过线性变换(或经过线性系统)后生成的过程仍是高斯过程。这一特点将在后面讨论。

2. 高斯随机变量

在以后分析问题时,经常用到高斯过程中的一维分布。高斯过程在任意一个时刻上的取值是一个一维高斯随机变量,其一维概率密度函数可表示为

$$f(x) = \frac{1}{\sqrt{2\pi}\sigma}\exp\Big(-\frac{(x-a)^2}{2\sigma^2}\Big) \qquad (3.6.4)$$

式中,a 为高斯随机变量的数学期望;σ^2 为方差。$f(x)$ 的曲线如图 3.2 所示。

由式(3.6.4)和图 3.2 可知 $f(x)$ 具有如下特性。

(1) $f(x)$ 对称于 $x=a$ 这条直线,即 $f(a+x)=f(a-x)$。

(2) $f(x)$ 在 $(-\infty,a)$ 内单调上升,在 (a,∞) 内单调下降,且在点 a 处达到最大值 $\Big(\frac{1}{\sqrt{2\pi}\sigma}\Big)$,在 $x \to -\infty$ 或 $x \to +\infty$ 时,$f(x) \to 0$。

(3)
$$\int_{-\infty}^{\infty}f(x)\mathrm{d}x = 1 \qquad (3.6.5)$$

且有
$$\int_{-\infty}^{a}f(x)\mathrm{d}x = \int_{a}^{\infty}f(x)\mathrm{d}x = \frac{1}{2} \qquad (3.6.6)$$

图 3.2 一维概率密度函数曲线

(4) a 表示分布中心,σ 表示集中程度。对不同的 a(固定 σ),表现为 $f(x)$ 的图形左右平移;对不同的 σ(固定 a),$f(x)$ 的图形将随着 σ 的减小而变高和变窄。当 $a=0$,$\sigma=1$ 时,称 $f(x)$ 为标准正态分布的概率密度函数,这时有

$$f(x) = \frac{1}{\sqrt{2\pi}}\exp\Big(-\frac{x^2}{2}\Big) \qquad (3.6.7)$$

当需要求高斯随机变量 ξ 小于等于任意取值 x 的概率 $P\{\xi \leqslant x\}$ 时,还要用到正态分布函数。正态分布函数是概率密度函数的积分,即

$$F(x) = P(\xi \leqslant x) = \int_{-\infty}^{x}\frac{1}{\sqrt{2\pi}\sigma}\exp\Big[-\frac{(z-a)^2}{2\sigma^2}\Big]\mathrm{d}z \qquad (3.6.8)$$

这个积分无法用闭合形式计算,要设法把这个积分式和可以在数学手册上查出积分值的特殊函数联系起来,一般常用以下几种特殊函数。

● 误差函数和互补误差函数

误差函数的定义式为

$$\mathrm{erf}(x) = \frac{2}{\sqrt{\pi}}\int_{0}^{x}\mathrm{e}^{-t^2}\mathrm{d}t \qquad (3.6.9)$$

它是自变量的递增函数,$\mathrm{erf}(0)=0$,$\mathrm{erf}(\infty)=1$,且 $\mathrm{erf}(-x)=-\mathrm{erf}(x)$。称 $1-\mathrm{erf}(x)$ 为互补误差函数,记为 $\mathrm{erfc}(x)$,即

$$\mathrm{erfc}(x) = 1 - \mathrm{erf}(x) = \frac{2}{\sqrt{\pi}} \int_x^\infty e^{-t^2} dt \tag{3.6.10}$$

它是自变量的递减函数，$\mathrm{erfc}(0)=1$，$\mathrm{erfc}(\infty)=0$，且 $\mathrm{erfc}(-x)=2-\mathrm{erfc}(x)$。当 $x \gg 1$ 时（实际应用中只要 $x>2$），即可近似有

$$\mathrm{erfc}(x) \approx \frac{1}{\sqrt{\pi} x} e^{-x^2} \tag{3.6.11}$$

● 概率积分函数和 Q 函数

概率积分函数定义为

$$\Phi(x) = \frac{1}{\sqrt{2\pi}} \int_{-\infty}^x \exp\left(-\frac{t^2}{2}\right) dt \tag{3.6.12}$$

这是另一个在数学手册上有数值和曲线的特殊函数，有 $\Phi(\infty)=1$。

Q 函数是一种经常用于表示高斯尾部曲线下的面积的函数，其定义为

$$Q(x) = 1 - \Phi(x) = \frac{1}{\sqrt{2\pi}} \int_x^\infty \exp\left(-\frac{t^2}{2}\right) dt, \quad x \geqslant 0 \tag{3.6.13}$$

比较式(3.6.10)与式(3.6.12)和式(3.6.13)，可得

$$Q(x) = \frac{1}{2} \mathrm{erfc}\left(\frac{x}{\sqrt{2}}\right) \tag{3.6.14}$$

$$\Phi(x) = 1 - \frac{1}{2} \mathrm{erfc}\left(\frac{x}{\sqrt{2}}\right) \tag{3.6.15}$$

$$\mathrm{erfc}(x) = 2Q(\sqrt{2}x) = 2[1 - \Phi(\sqrt{2}x)] \tag{3.6.16}$$

把以上特殊函数与式(3.6.8)进行联系，以表示正态分布函数 $F(x)$。

若对式(3.6.8)进行变量代换，令新积分变量 $t=(z-a)/\sigma$，就有 $dz=\sigma dt$，再与式(3.6.12)联系，则有

$$F(x) = \Phi\left(\frac{x-a}{\sigma}\right) \tag{3.6.17}$$

若对式(3.6.8)进行变量代换，令新积分变量 $t=(z-a)/\sqrt{2}\sigma$，就有 $dz=\sqrt{2}\sigma dt$，再利用式(3.6.6)，得到

$$F(x) = \begin{cases} \frac{1}{2} + \frac{1}{2} \mathrm{erf}\left(\frac{x-a}{\sqrt{2}\sigma}\right), & \text{当 } x \geqslant a \text{ 时} \\ 1 - \frac{1}{2} \mathrm{erfc}\left(\frac{x-a}{\sqrt{2}\sigma}\right), & \text{当 } x \leqslant a \text{ 时} \end{cases} \tag{3.6.18}$$

在分析通信系统的抗噪声性能时常用误差函数或互补误差函数来表示 $F(x)$。

3.6.3 高斯白噪声

信号在信道中传输时，常会遇到这样一类噪声，它的功率谱密度均匀分布在整个频率范围内，即

$$\begin{cases} P_\xi(\omega) = \dfrac{n_0}{2} & \text{（双边带功率谱）} \\ P_\xi(\omega) = n_0 & \text{（单边带功率谱）} \end{cases} \tag{3.6.19}$$

这种噪声被称为白噪声，它是一个理想的宽带随机过程。式中 n_0 为一常数，单位是 W/Hz。显然，白噪声的自相关函数为

$$R(\tau) = \frac{n_0}{2}\delta(\tau) \tag{3.6.20}$$

这说明,白噪声只有在 $\tau=0$ 时才相关,而它在任意两个时刻上的随机变量都是互不相关的。图 3.3 所示为白噪声的双边带功率谱密度及其自相关函数的图形。

图 3.3 白噪声的双边带功率谱密度和自相关函数

如果白噪声又是高斯分布的,就称为高斯白噪声。由式(3.6.20)可以看出,高斯白噪声在任意两个不同时刻上的取值之间,不仅是互不相关的,而且还是统计独立的。

应当指出,我们定义的这种理想化的白噪声在实际中是不存在的。但是,如果噪声的功率谱密度均匀分布的频率范围远远大于通信系统的工作频带,则可以把它视为白噪声。

3.7 窄带随机过程

3.7.1 窄带随机过程的概念

若随机过程 $\xi(t)$ 的谱密度集中在中心频率 f_c 附近相对窄的频带范围 Δf 内,即满足 $\Delta f \ll f_c$ 条件,且 f_c 远离零频率,则称该 $\xi(t)$ 为窄带随机过程。在通信过程中,许多实际的信号和噪声都满足"窄带"的假设。例如,无线广播系统中的中频信号及噪声。如果这时的信号或噪声是一个随机过程,则称它们为窄带随机过程,其频谱如图 3.4(a)所示。为了表述窄带随机过程,下面分析窄带信号的表达式。

图 3.4 窄带随机过程的频谱和波形

如果在示波器上观察这个过程的一个实现的波形,则它是一个频率近似为 f_c、包络和相位缓慢变化的正弦波,如图 3.4(b)所示。因此,窄带随机过程可表示为

$$\xi(t) = a_\xi(t)\cos[\omega_c t + \varphi_\xi(t)], \quad a_\xi(t) \geqslant 0 \tag{3.7.1}$$

式中,$\omega_c = 2\pi f_c$。将式(3.7.1)按三角函数展开,窄带随机过程也可表示为

$$\xi(t) = \xi_c(t)\cos\omega_c t - \xi_s(t)\sin\omega_c t \tag{3.7.2}$$

式中

$$\xi_c(t) = a_\xi(t)\cos\varphi_\xi(t) \tag{3.7.3}$$

$$\xi_s(t) = a_\xi(t)\sin\varphi_\xi(t) \tag{3.7.4}$$

式中,$a_\xi(t)$及$\varphi_\xi(t)$是窄带随机过程$\xi(t)$的随机包络和随机相位;$\xi_c(t)$及$\xi_s(t)$通常分别称为$\xi(t)$的同相分量及正交分量,它们也是随机过程,显然它们的变化比载波$\cos\omega_c t$的变化要缓慢得多。由式(3.7.1)至式(3.7.4)可知,$\xi(t)$的统计特性可由$a_\xi(t)$、$\varphi_\xi(t)$或$\xi_c(t)$、$\xi_s(t)$的统计特性确定。反之,如果已知$\xi(t)$的统计特性,则可确定$a_\xi(t)$、$\varphi_\xi(t)$及$\xi_c(t)$、$\xi_s(t)$的统计特性。

3.7.2 同相分量和正交分量的统计特性

设窄带过程$\xi(t)$是平稳高斯窄带过程,且均值为零,方差为σ_ξ^2。下面证明它的同相分量$\xi_c(t)$和正交分量$\xi_s(t)$也是零均值的平稳高斯过程,而且与$\xi(t)$具有相同的方差。

1. 数学期望

对式(3.7.2)求数学期望,有

$$E[\xi(t)] = E[\xi_c(t)]\cos\omega_c t - E[\xi_s(t)]\sin\omega_c t \tag{3.7.5}$$

因为已设$\xi(t)$是平稳的且均值为零,对于任意的时间t,都有$E[\xi(t)]=0$,所以由式(3.7.5)得

$$\begin{cases} E[\xi_c(t)] = 0 \\ E[\xi_s(t)] = 0 \end{cases} \tag{3.7.6}$$

2. 自相关函数

下面来看$\xi(t)$的自相关函数,即

$$\begin{aligned}
R_\xi(t, t+\tau) &= E[\xi(t)\xi(t+\tau)] \\
&= E\{[\xi_c(t)\cos\omega_c t - \xi_s(t)\sin\omega_c t] \cdot \\
&\quad [\xi_c(t+\tau)\cos\omega_c(t+\tau) - \xi_s(t+\tau)\sin\omega_c(t+\tau)]\} \\
&= R_c(t, t+\tau)\cos\omega_c t\cos\omega_c(t+\tau) - R_{cs}(t, t+\tau)\cos\omega_c t\sin\omega_c(t+\tau) \\
&\quad - R_{sc}(t, t+\tau)\sin\omega_c t\cos\omega_c(t+\tau) + R_s(t, t+\tau)\sin\omega_c t\sin\omega_c(t+\tau)
\end{aligned} \tag{3.7.7}$$

式中

$$R_c(t, t+\tau) = E[\xi_c(t)\xi_c(t+\tau)]$$
$$R_{cs}(t, t+\tau) = E[\xi_c(t)\xi_s(t+\tau)]$$
$$R_{sc}(t, t+\tau) = E[\xi_s(t)\xi_c(t+\tau)]$$
$$R_s(t, t+\tau) = E[\xi_s(t)\xi_s(t+\tau)]$$

因为$\xi(t)$是平稳的,故有

$$R_\xi(t, t+\tau) = R(\tau)$$

这就要求式(3.7.7)的右边也应该与t无关,而仅与时间间隔τ有关。若取使$\sin\omega_c t=0$的所有t值,则式(3.7.7)应变为

$$R_\xi(\tau) = R_c(t, t+\tau)\cos\omega_c\tau - R_{cs}(t, t+\tau)\sin\omega_c\tau \tag{3.7.8}$$

这时,显然应有

$$R_c(t, t+\tau) = R_c(\tau)$$
$$R_{cs}(t, t+\tau) = R_{cs}(\tau)$$

所以,式(3.7.8)变为

$$R_\xi(\tau) = R_c(\tau)\cos\omega_c\tau - R_{cs}(\tau)\sin\omega_c\tau \tag{3.7.9}$$

再取使$\cos\omega_c t=0$的所有t值,同理有

$$R_\xi(\tau) = R_s(\tau)\cos\omega_c\tau + R_{sc}(\tau)\sin\omega_c\tau \tag{3.7.10}$$

$$R_s(t,t+\tau)=R_s(\tau)$$
$$R_{sc}(t,t+\tau)=R_{sc}(\tau)$$

由以上的数学期望和自相关函数分析可知,如果窄带过程 $\xi(t)$ 是平稳的,则 $\xi_c(t)$ 及 $\xi_s(t)$ 也必将是平稳的。

进一步分析,式(3.7.9)和式(3.7.10)应同时成立,故有

$$R_c(\tau)=R_s(\tau) \tag{3.7.11}$$
$$R_{cs}(\tau)=-R_{sc}(\tau) \tag{3.7.12}$$

可见,同相分量 $\xi_c(t)$ 和正交分量 $\xi_s(t)$ 具有相同的自相关函数,而且根据互相关函数的性质,应有

$$R_{cs}(\tau)=R_{sc}(-\tau)$$

将上式代入式(3.7.12),可得

$$R_{sc}(\tau)=-R_{sc}(-\tau) \tag{3.7.13}$$

同理可推得

$$R_{cs}(\tau)=-R_{cs}(-\tau) \tag{3.7.14}$$

式(3.7.13)和式(3.7.14)说明 $\xi_c(t)$、$\xi_s(t)$ 的互相关函数 $R_{cs}(\tau)$、$R_{sc}(\tau)$ 都是 τ 的奇函数,在 $\tau=0$ 时

$$R_{cs}(0)=R_{sc}(0)=0 \tag{3.7.15}$$

于是,由式(3.7.9)及式(3.7.10)得到

$$R_\xi(0)=R_c(0)=R_s(0) \tag{3.7.16}$$

即

$$\sigma_\xi^2=\sigma_c^2=\sigma_s^2 \tag{3.7.17}$$

这表明 $\xi(t)$、$\xi_c(t)$ 和 $\xi_s(t)$ 具有相同的平均功率和方差(因为均值为0)。

另外,因为 $\xi(t)$ 是平稳的,所以 $\xi(t)$ 在任意时刻的取值都是服从高斯分布的随机变量,故在式(3.7.2)中有

$$\xi(t_1)=\xi_c(t_1), \quad 取 \ t=t_1=0 \ 时$$
$$\xi(t_2)=\xi_s(t_2), \quad 取 \ t=t_2=\frac{3\pi}{2\omega_c} \ 时$$

所以 $\xi_c(t_1)$ 和 $\xi_s(t_2)$ 也是高斯随机变量,从而 $\xi_c(t)$ 和 $\xi_s(t)$ 也是高斯随机过程。又根据式(3.7.15)可知,$\xi_c(t)$、$\xi_s(t)$ 在同一时刻的取值是互不相关的随机变量,即是统计独立的。

综上所述,得到一个重要结论:一个均值为零的窄带平稳高斯过程 $\xi(t)$,它的同相分量 $\xi_c(t)$ 和正交分量 $\xi_s(t)$ 也是平稳高斯过程,而且均值都为零,方差也相同。此外,在同一时刻上得到的 ξ_c 和 ξ_s 是互不相关的或统计独立的随机变量。

3.7.3 包络和相位的统计特性

由上面的分析可知,ξ_c 和 ξ_s 的联合概率密度函数为

$$f(\xi_c,\xi_s)=f(\xi_c)\cdot f(\xi_s)=\frac{1}{2\pi\sigma_\xi^2}\exp\left[-\frac{\xi_c^2+\xi_s^2}{2\sigma_\xi^2}\right] \tag{3.7.18}$$

设 a_ξ、φ_ξ 的联合概率密度函数为 $f(a_\xi,\varphi_\xi)$,则利用概率论知识,有

$$f(a_\xi,\varphi_\xi)=f(\xi_c,\xi_s)\left|\frac{\partial(\xi_c,\xi_s)}{\partial(a_\xi,\varphi_\xi)}\right| \tag{3.7.19}$$

根据式(3.7.3)和式(3.7.4)在 t 时刻随机变量之间的关系

$$\begin{cases}\xi_c=a_\xi\cos\varphi_\xi\\ \xi_s=a_\xi\sin\varphi_\xi\end{cases}$$

得

$$\left|\frac{\partial(\xi_c,\xi_s)}{\partial(a_\xi,\varphi_\xi)}\right|=\begin{vmatrix}\frac{\partial \xi_c}{\partial a_\xi} & \frac{\partial \xi_s}{\partial a_\xi} \\ \frac{\partial \xi_c}{\partial \varphi_\xi} & \frac{\partial \xi_s}{\partial \varphi_\xi}\end{vmatrix}=\begin{vmatrix}\cos\varphi_\xi & \sin\varphi_\xi \\ -a_\xi\sin\varphi_\xi & a_\xi\cos\varphi_\xi\end{vmatrix}=a_\xi$$

于是

$$f(a_\xi,\varphi_\xi)=a_\xi f(\xi_c,\xi_s)=\frac{a_\xi}{2\pi\sigma_\xi^2}\exp\left[-\frac{(a_\xi\cos\varphi_\xi)^2+(a_\xi\sin\varphi_\xi)^2}{2\sigma_\xi^2}\right]$$

$$=\frac{a_\xi}{2\pi\sigma_\xi^2}\exp\left[-\frac{a_\xi^2}{2\sigma_\xi^2}\right] \tag{3.7.20}$$

注意，这里 $a_\xi \geqslant 0$，而 φ_ξ 在 $(0,2\pi)$ 内取值。

再利用概率论中边际分布知识将 $f(a_\xi,\varphi_\xi)$ 对 φ_ξ 积分，可求得包络 a_ξ 的一维概率密度函数为

$$f(a_\xi)=\int_{-\infty}^{\infty}f(a_\xi,\varphi_\xi)\mathrm{d}\varphi_\xi=\int_0^{2\pi}\frac{a_\xi}{2\pi\sigma_\xi^2}\exp\left[-\frac{a_\xi^2}{2\sigma_\xi^2}\right]\mathrm{d}\varphi_\xi$$

$$=\frac{a_\xi}{\sigma_\xi^2}\exp\left[-\frac{a_\xi^2}{2\sigma_\xi^2}\right], a_\xi \geqslant 0 \tag{3.7.21}$$

可见，a_ξ 服从瑞利分布。

同理，$f(a_\xi,\varphi_\xi)$ 对 a_ξ 积分，可求得相位 φ_ξ 的一维概率密度函数为

$$f(\varphi_\xi)=\int_0^{\infty}f(a_\xi,\varphi_\xi)\mathrm{d}a_\xi=\frac{1}{2\pi}\left[\int_0^{\infty}\frac{a_\xi}{\sigma_\xi^2}\exp\left(-\frac{a_\xi^2}{2\sigma_\xi^2}\right)\mathrm{d}a_\xi\right]=\frac{1}{2\pi}, \quad 0\leqslant\varphi_\xi\leqslant 2\pi \tag{3.7.22}$$

可见，φ_ξ 服从均匀分布。

综上所述，又得到一个重要结论：一个均值为零，方差为 σ_ξ^2 的窄带平稳高斯过程 $\xi(t)$，其包络 $a_\xi(t)$ 的一维分布是瑞利分布，相位 $\varphi_\xi(t)$ 的一维分布是均匀分布，并且就一维分布而言，$a_\xi(t)$ 与 $\varphi_\xi(t)$ 是统计独立的，即有下式成立

$$f(a_\xi,\varphi_\xi)=f(a_\xi)\cdot f(\varphi_\xi) \tag{3.7.23}$$

3.8 正弦波加窄带随机过程

信号经过信道传输后总会受到噪声的干扰，为了减少噪声的影响，通常在接收机前端设置一个带通滤波器，以滤除信号频带以外的噪声。因此，带通滤波器的输出是信号与窄带噪声的混合波形。最常见的是正弦波加窄带高斯噪声的合成波，这是通信系统中常会遇到的一种情况，因此有必要了解合成信号的包络和相位的统计特性。

设合成信号为

$$r(t)=A\cos(\omega_c t+\theta)+n(t) \tag{3.8.1}$$

式中，$n(t)=n_c(t)\cos\omega_c t-n_s(t)\sin\omega_c t$ 为窄带高斯噪声，其均值为零，方差为 σ_n^2；正弦信号的 A、ω_c 为常数，θ 是在 $(0,2\pi)$ 上均匀分布的随机变量。于是有

$$r(t)=[A\cos\theta+n_c(t)]\cos\omega_c t-[A\sin\theta+n_s(t)]\sin\omega_c t$$
$$=z_c(t)\cos\omega_c t-z_s(t)\sin\omega_c t$$
$$=z(t)\cos[\omega_c t+\varphi(t)] \tag{3.8.2}$$

式中

$$z_c(t)=A\cos\theta+n_c(t) \tag{3.8.3}$$

$$z_s(t)=A\sin\theta+n_s(t) \tag{3.8.4}$$

合成信号 $r(t)$ 的包络和相位为

$$z(t)=\sqrt{z_c^2(t)+z_s^2(t)}, \quad z\geqslant 0 \tag{3.8.5}$$

$$\varphi(t)=\arctan\frac{z_s(t)}{z_c(t)}, \quad 0\leqslant\varphi\leqslant 2\pi \tag{3.8.6}$$

利用 3.7 节的结果，如果 θ 值已给定，则 z_c、z_s 是相互独立的高斯随机变量，且有

$$E[z_c(t)]=E[A\cos\theta]+E[n_c(t)]=A\cos\theta$$

$$E[z_s(t)]=E[A\sin\theta]+E[n_s(t)]=A\sin\theta$$

$$\sigma_c^2=\sigma_s^2=\sigma_n^2$$

所以，在给定相位 θ 的条件下的 z_c 和 z_s 的联合概率密度函数为

$$f(z_c,z_s/\theta)=\frac{1}{2\pi\sigma_n^2}\exp\left\{-\frac{1}{2\sigma_n^2}[(z_c-A\cos\theta)^2+(z_s-A\sin\theta)^2]\right\}$$

利用 3.7 节相似的方法，根据式(3.8.3)、式(3.8.4)可以求得在给定相位 θ 的条件下的 z 和 φ 的联合概率密度函数为

$$f(z,\varphi/\theta)=f(z_c,z_s/\theta)\left|\frac{\partial(z_c,z_s)}{\partial(a_\xi,\varphi_\xi)}\right|=z\cdot f(z_c,z_s/\theta)$$

$$=\frac{z}{2\pi\sigma_n^2}\exp\left\{-\frac{1}{2\sigma_n^2}[z^2+A^2-2Az\cos(\theta-\varphi)]\right\}$$

求条件边际分布，有

$$f(z/\theta)=\int_0^{2\pi}f(z,\varphi/\theta)\mathrm{d}\varphi$$

$$=\frac{z}{2\pi\sigma_n^2}\int_0^{2\pi}\exp\left\{-\frac{1}{2\sigma_n^2}[z^2+A^2-2Az\cos(\theta-\varphi)]\right\}\mathrm{d}\varphi$$

$$=\frac{z}{2\pi\sigma_n^2}\exp\left(-\frac{z^2+A^2}{2\sigma_n^2}\right)\int_0^{2\pi}\exp\left[\frac{Az}{\sigma_n^2}\cos(\theta-\varphi)\right]\mathrm{d}\varphi$$

由于

$$\frac{1}{2\pi}\int_0^{2\pi}\exp[x\cos\theta]\mathrm{d}\theta=\mathrm{I}_0(x) \tag{3.8.7}$$

故有

$$\frac{1}{2\pi}\int_0^{2\pi}\exp\left[\frac{Az}{\sigma_n^2}\cos(\theta-\varphi)\right]\mathrm{d}\varphi=\mathrm{I}_0\left(\frac{Az}{\sigma_n^2}\right)$$

式中，$\mathrm{I}_0(x)$ 为零阶修正贝塞尔函数。当 $x\geqslant 0$ 时，$\mathrm{I}_0(x)$ 是单调上升函数，且有 $\mathrm{I}_0(0)=1$。因此

$$f(z/\theta)=\frac{z}{\sigma_n^2}\exp\left[-\frac{1}{2\sigma_n^2}(z^2+A^2)\right]\mathrm{I}_0\left(\frac{Az}{\sigma_n^2}\right)$$

由上式可见，$f(z/\theta)$ 与 θ 无关，故正弦波加窄带高斯过程的包络概率密度函数为

$$f(z)=\frac{z}{\sigma_n^2}\exp\left[-\frac{1}{2\sigma_n^2}(z^2+A^2)\right]\mathrm{I}_0\left(\frac{Az}{\sigma_n^2}\right), \quad z\geqslant 0 \tag{3.8.8}$$

称之为广义瑞利分布，也称莱斯(Rice)密度函数。

式(3.8.8)存在以下两种极限情况：

(1) 当信号很小，$A\to 0$，即信号功率与噪声功率之比 $\frac{A^2}{2\sigma_n^2}=r\to 0$ 时，$\mathrm{I}_0\left(\frac{Az}{\sigma_n^2}\right)\approx 1$，这时合成波 $r(t)$ 中只存在窄带高斯噪声，式(3.8.8)近似为式(3.7.21)，即由莱斯分布退化为瑞利分布；

(2) 当信噪比 r 很大时，有 $\mathrm{I}_0(x)\approx\frac{\mathrm{e}^x}{\sqrt{2\pi x}}$，这时在 $z\approx A$ 附近，$f(z)$ 近似于高斯分布，即

$$f(z)\approx\frac{1}{\sqrt{2\pi}\sigma_n}\exp\left(-\frac{(z-A)^2}{2\sigma_n^2}\right)$$

由此可见,信号加噪声的合成波包络分布与信噪比有关。小信噪比时,它接近于瑞利分布;大信噪比时,它接近于高斯分布;在一般情况下,它是莱斯分布。图 3.5(a)所示为不同的 r 值时 $f(z)$ 的曲线。

(a) 不同信噪比时的包络概率密度函数　　(b) 相位分布

图 3.5　正弦波加窄带高斯过程的包络与相位分布

关于信号加噪声的合成波相位分布 $f(\varphi)$,由于比较复杂,这里就不再演算了,不难推想,$f(\varphi)$ 也与信噪比有关。小信噪比时,$f(\varphi)$ 接近于均匀分布,它反映这时窄带高斯噪声为主的情况;大信噪比时,$f(\varphi)$ 主要集中在有用信号相位附近。图 3.5(b)所示为不同的 r 值时 $f(\varphi)$ 的曲线。

3.9　随机过程通过线性系统

通信的目的在于传输信号,信号和系统总是联系在一起的。通信系统中的信号或噪声一般都是随机的,随机过程通过系统(或网络)后,输出过程将是什么样的呢?

下面只考虑平稳随机过程通过线性时不变系统的情况。随机过程通过线性系统的分析是建立在确定信号通过线性系统的原理基础之上的。确定信号通过线性系统的原理指出,线性系统的输出响应 $f_o(t)$ 等于输入信号 $f_i(t)$ 与系统单位冲激响应 $h(t)$ 的卷积,即

$$f_o(t) = f_i(t) * h(t) = \int_{-\infty}^{\infty} f_i(\tau) h(t-\tau) d\tau \tag{3.9.1}$$

若 $f_o(t) \leftrightarrow F_o(\omega), f_i(t) \leftrightarrow F_i(\omega), h(t) = H(\omega)$,则有

$$F_o(\omega) = H(\omega) F_i(\omega) \tag{3.9.2}$$

若线性系统是物理可实现的,则

$$f_o(t) = \int_{-\infty}^{t} f_i(\tau) h(t-\tau) d\tau \tag{3.9.3}$$

或

$$f_o(t) = \int_{0}^{\infty} h(\tau) f_i(t-\tau) d\tau \tag{3.9.4}$$

如果把 $f_i(t)$ 看作是输入随机过程的一个实现,则 $f_o(t)$ 可看作是输出随机过程的一个实现。显然,输入过程 $\xi_i(t)$ 的每一个实现与输出过程 $\xi_o(t)$ 的相应实现之间都满足式(3.9.4)的关系。这样,就整个过程而言,则

$$\xi_o(t) = \int_{0}^{\infty} h(\tau) \xi_i(t-\tau) d\tau \tag{3.9.5}$$

假定输入 $\xi_i(t)$ 是平稳随机过程,下面来分析系统的输出过程 $\xi_o(t)$ 的统计特性。首先确定输出过程的数学期望、自相关函数及功率谱密度,然后讨论输出过程的概率分布问题。

1. 输出过程 $\xi_o(t)$ 的数学期望

对式(3.9.5)两边取统计平均,则输出随机过程 $\xi_o(t)$ 的数学期望为

$$E[\xi_o(t)] = E\left[\int_0^\infty h(\tau)\xi_i(t-\tau)d\tau\right] = \int_0^\infty h(\tau)E[\xi_i(t-\tau)]d\tau = a \cdot \int_0^\infty h(\tau)d\tau$$

式中,利用了平稳性假设 $E[\xi_i(t-\tau)]=E[\xi_i(t)]=a$(常数)。又因为

$$H(\omega) = \int_0^\infty h(t)e^{-j\omega t}dt$$

求得

$$H(0) = \int_0^\infty h(t)dt$$

所以

$$E[\xi_o(t)] = a \cdot H(0) \tag{3.9.6}$$

由此可见,输出过程的数学期望等于输入过程的数学期望与 $H(0)$ 的乘积,且 $E[\xi_o(t)]$ 与 t 无关。

2. 输出过程 $\xi_o(t)$ 的自相关函数

根据自相关函数的定义,输出过程 $\xi_o(t)$ 的自相关函数为

$$\begin{aligned}R_o(t_1, t_1+\tau) &= E[\xi_o(t_1)\xi_o(t_1+\tau)] \\ &= E\left[\int_0^\infty h(\alpha)\xi_i(t_1-\alpha)d\alpha \int_0^\infty h(\beta)\xi_i(t_1+\tau-\beta)d\beta\right] \\ &= \int_0^\infty\int_0^\infty h(\alpha)h(\beta)E[\xi_i(t_1-\alpha)\xi_i(t_1+\tau-\beta)]d\alpha d\beta\end{aligned}$$

根据平稳性

$$E[\xi_i(t_1-\alpha)\xi_i(t_1+\tau-\beta)] = R_i(\tau+\alpha-\beta)$$

有

$$R_o(t_1, t_1+\tau) = \int_0^\infty\int_0^\infty h(\alpha)h(\beta)R_i(\tau+\alpha-\beta)d\alpha d\beta = R_o(\tau) \tag{3.9.7}$$

可见,$\xi_o(t)$ 的自相关函数只依赖时间间隔 τ 而与时间起点 t_1 无关。由以上输出过程的数学期望和自相关函数证明,若线性系统的输入过程是平稳的,那么输出过程也是平稳的。

3. 输出过程 $\xi_o(t)$ 的功率谱密度

对式(3.9.7)进行傅里叶变换,输出过程 $\xi_o(t)$ 的功率谱密度为

$$\begin{aligned}P_o(\omega) &= \int_{-\infty}^\infty R_o(\tau)e^{-j\omega\tau}d\tau \\ &= \int_{-\infty}^\infty\int_0^\infty\int_0^\infty [h(\alpha)h(\beta)R_i(\tau+\alpha-\beta)d\alpha d\beta]e^{-j\omega\tau}d\tau\end{aligned}$$

令 $\tau'=\tau+\alpha-\beta$,则有

$$P_o(\omega) = \int_0^\infty h(\alpha)e^{j\omega\alpha}d\alpha \int_0^\infty h(\beta)e^{-j\omega\beta}d\beta \int_{-\infty}^\infty R_i(\tau')e^{-j\omega\tau'}d\tau'$$

即

$$P_o(\omega) = H(-\omega) \cdot H(\omega) \cdot P_i(\omega) = |H(\omega)|^2 P_i(\omega) \tag{3.9.8}$$

可见,系统输出功率谱密度是输入功率谱密度 $P_i(\omega)$ 与 $|H(\omega)|^2$ 的乘积。这是十分有用的一个重要公式。求解输出过程的自相关函数 $R_o(\tau)$ 时,比较简单的方法是先计算出输出功率谱密度 $P_o(\omega)$,然后求其反变换,这比直接计算 $R_o(\tau)$ 要简便得多。

【例 3.9.1】 试求功率谱密度为 $n_0/2$ 的白噪声通过理想低通滤波器后的功率谱密度、自相关函数和噪声平均功率。理想低通滤波器的传输特性为

$$H(\omega) = \begin{cases} K_0 e^{-j\omega t_d}, & |\omega| \leqslant \omega_H \\ 0, & \text{其他} \end{cases}$$

解:由上式得 $|H(\omega)|^2 = K_0^2$,$|\omega| \leqslant \omega_H$。输出功率谱密度为

$$P_\mathrm{o}(\omega) = |H(\omega)|^2 P_\mathrm{i}(\omega) = K_0^2 \cdot \frac{n_0}{2}, \quad |\omega| \leqslant \omega_\mathrm{H}$$

可见,输出噪声的功率谱密度在 $|\omega| \leqslant \omega_\mathrm{H}$ 内是均匀的,在此范围外则为零,如图 3.6(a) 所示,通常把这样的噪声称为带限白噪声。其自相关函数为

$$R_\mathrm{o}(\tau) = \frac{1}{2\pi} \int_{-\infty}^{\infty} P_\mathrm{o}(\omega) \mathrm{e}^{\mathrm{j}\omega\tau} \mathrm{d}\omega = \frac{1}{2\pi} \int_{-\omega_\mathrm{H}}^{\omega_\mathrm{H}} K_0^2 \frac{n_0}{2} \mathrm{e}^{\mathrm{j}\omega\tau} \mathrm{d}\omega$$
$$= K_0^2 n_0 f_\mathrm{H} \frac{\sin\omega_\mathrm{H}\tau}{\omega_\mathrm{H}\tau} = K_0^2 n_0 f_\mathrm{H} \mathrm{Sa}(\omega_\mathrm{H}\tau)$$

式中, $\omega_\mathrm{H} = 2\pi f_\mathrm{H}$。由此可见,带限白噪声只有在 $\tau = k/(2f_\mathrm{H})(k=1,2,3,\cdots)$ 上得到的随机变量才不相关。如果对带限白噪声按采样定理采样,则各采样值是互不相关的随机变量。这是一个很重要的概念。

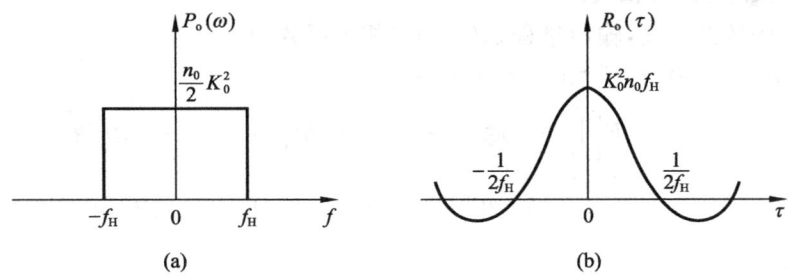

图 3.6 带限白噪声的功率谱和自相关函数

如图 3.6(b) 所示,带限白噪声的自相关函数 $R_\mathrm{o}(\tau)$ 在 $\tau=0$ 处有最大值,这就是带限白噪声的平均功率,即

$$S = R_\mathrm{o}(0) = K_0^2 n_0 f_\mathrm{H}$$

4. 输出过程 $\xi_\mathrm{o}(t)$ 的概率分布

从原理上看,在已知输入过程分布的情况下,通过式(3.9.5),即

$$\xi_\mathrm{o}(t) = \int_0^\infty h(\tau)\xi_\mathrm{i}(t-\tau)\mathrm{d}\tau$$

可以确定输出过程的分布。如果线性系统的输入过程是高斯型的,则系统的输出过程也是高斯型的。按积分的定义,上式可表示为一个和式的极限,即

$$\xi_\mathrm{o}(t) = \lim_{\Delta\tau_k \to 0} \sum_{k=0}^{\infty} \xi_\mathrm{i}(t-\tau_k) h(\tau_k) \Delta\tau_k$$

由于 $\xi_\mathrm{i}(t)$ 已假设是高斯型的,因此,在任意一个时刻的每项 $\xi_\mathrm{i}(t-\tau_k)h(\tau_k)\Delta\tau_k$ 都是一个高斯随机变量。因此,输出过程在任意一个时刻得到的每一个随机变量,都是无限多个高斯随机变量之和。由概率论得知,这个"和"的随机变量也是高斯随机变量。这就证明,高斯过程经过线性系统后,其输出过程仍为高斯过程。更一般地说,高斯过程经线性变换后的过程仍为高斯过程。但要注意,由于线性系统的介入,与输入高斯过程相比,输出过程的数字特征已经改变了。

习 题 3

3.1 设随机过程 $\xi(t)$ 可表示成 $\xi(t) = 2\cos(2\pi t + \theta)$,式中 θ 是一个离散随机变量,且 $P(\theta=0)=1/2$, $P(\theta=\pi/2)=1/2$,试求 $E_\xi(1)$ 及 $R_\xi(0,1)$。

3.2 设 $z(t) = x_1\cos\omega_0 t - x_2\sin\omega_0 t$ 是一随机过程,若 x_1 和 x_2 是彼此独立且具有均值为 0,方差为 σ^2 的正态随机变量,试求:

(1) $E[z(t)]$、$E[z^2(t)]$。

(2) $z(t)$的一维分布密度函数 $f(z)$。

(3) $B(t_1,t_2)$与$R(t_1,t_2)$。

3.3 求乘积 $z(t)=x(t)y(t)$ 的自相关函数。已知 $x(t)$ 与 $y(t)$ 是统计独立的平稳随机过程,且它们的自相关函数分别为 $R_x(\tau)$、$R_y(\tau)$。

3.4 若随机过程 $z(t)=m(t)\cos(\omega_0 t+\theta)$,其中,$m(t)$是广义平稳随机过程,且自相关函数 $R_m(\tau)$ 为

$$R_m(\tau)=\begin{cases}1+\tau, & -1<\tau<0 \\ 1-\tau, & 0\leq\tau<1 \\ 0, & 其他\tau\end{cases}$$

θ 是服从均匀分布的随机变量,它与 $m(t)$ 彼此统计独立。

(1) 证明 $z(t)$ 是广义平稳的。

(2) 绘出自相关函数 $R_z(\tau)$ 的波形。

(3) 求功率谱密度 $P_z(\omega)$ 及功率。

3.5 已知噪声 $n(t)$ 的自相关函数 $R_n(\tau)=\dfrac{a}{2}e^{-a|\tau|}$,$a$ 为常数。

(1) 求 $P_n(\omega)$ 及 S。

(2) 绘出 $R_n(\tau)$ 及 $P_n(\omega)$ 的图形。

3.6 $\xi(t)$是一个平稳随机过程,它的自相关函数是周期为 2s 的周期函数。在区间$(-1,1)$上,该自相关函数 $R(\tau)=1-|\tau|$。试求 $\xi(t)$ 的功率谱密度 $P_\xi(\omega)$,并用图形表示。

3.7 将一个均值为零、功率谱密度为 $n_0/2$ 的高斯白噪声加到一个中心频率为 ω_c、带宽为 B 的理想带通滤波器上。如题图 3.1 所示。

(1) 求滤波器输出噪声的自相关函数。

(2) 写出输出噪声的一维概率密度函数。

3.8 设 RC 低通滤波器如题图 3.2 所示,当输入均值为零、功率谱密度为 $n_0/2$ 的高斯白噪声时,求输出过程的功率谱密度和自相关函数。

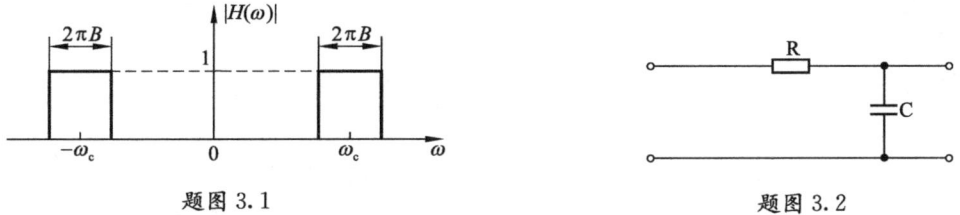

题图 3.1   题图 3.2

3.9 将均值为零、功率谱密度为 $n_0/2$ 的高斯白噪声加到如题图 3.3 所示的低通滤波器输入端。

(1) 求输出噪声 $n_0(t)$ 的自相关函数。

(2) 求输出噪声 $n_0(t)$ 的方差。

3.10 题图 3.4 所示为单个输入、两个输出的线性过滤器,若输入过程 $\eta(t)$ 是平稳的,求 $\xi_1(t)$ 与 $\xi_2(t)$ 的互功率谱密度的表达式。

题图 3.3   题图 3.4

3.11 若 $\xi(t)$ 是平稳随机过程,自相关函数为 $R_\xi(\tau)$,试求它通过题图 3.5 所示系统后的自相关函数及功率谱密度。

3.12 若通过题图 3.2 所示的随机过程是均值为零、功率谱密度为 $n_0/2$ 的高斯白噪声,试求输出过程的一维概率密度函数。

3.13 一噪声的功率谱密度如题图 3.6 所示,求证其自相关函数为 $k\mathrm{Sa}(\Omega\tau/2)\cos\omega_0\tau$。

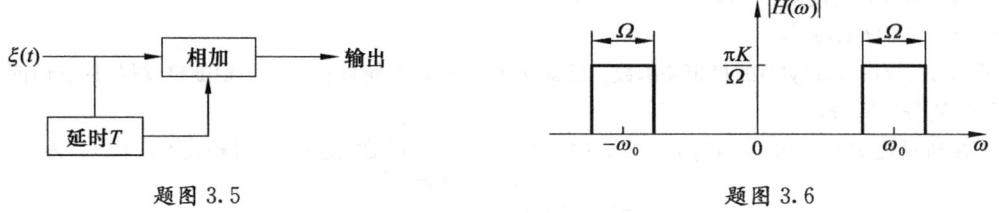

题图 3.5 　　　　　　　　　　　题图 3.6

3.14 一正弦波加窄带高斯平稳过程为
$$z(t)=A\cos(\omega_c t+\theta)+n(t)$$
(1) 求 $z(t)$ 通过能够理想地提取包络的平方律检波器后的一维概率密度函数;
(2) 若 $A=0$,重做(1)。

3.15 设有一个随机二进制矩形脉冲波形,它的每个脉冲的持续时间为 T_b,脉冲幅度取 ± 1 的概率相等,现假设任意间隔 T_b 内波形取值与任何别的间隔内取值统计无关,且过程具有广义平稳性,试证明:
(1) 自相关函数
$$R_\xi(\tau)=\begin{cases}1-\dfrac{|\tau|}{T_b}, & |\tau|\leqslant T_b\\ 0, & |\tau|>T_b\end{cases}$$
(2) 功率谱密度
$$P_\xi(\omega)=T_b[\mathrm{Sa}(\pi fT_b)]^2$$

3.16 设 $\xi_1=\int_0^T n(t)\varphi_1(t)\mathrm{d}t, \xi_2=\int_0^T n(t)\varphi_2(t)\mathrm{d}t$,其中 $n(t)$ 是双边功率谱密度为 $\dfrac{N_0}{2}$ 的高斯白噪声,$\varphi_1(t)$ 和 $\varphi_2(t)$ 未确定函数,求 ξ_1、ξ_2 统计独立的条件。

第4章 信 道

4.1 引 言

信号的传输离不开信道,而信道的噪声是不可避免的,因而信道和噪声是通信中所要研究的重要内容。

本章在介绍信道定义和信道模型的基础上,着重分析信道特性及其对信号传输的影响,并介绍信道的噪声和信道容量。

4.2 信道定义及其数学模型

4.2.1 信道的定义

1. 狭义信道

信道是信号的传输媒介。直观地说,信道可以分为两类:有线信道和无线信道。有线信道包括明线、对称电缆、同轴电缆、光缆等;无线信道包括地波传播、短波电离层反射、超短波或微波视距中继、人造卫星中继,以及各种散射信道等。

2. 广义信道

从研究消息传输的角度来看,我们主要关心信号的发射、传输、接收和噪声问题。因此,信道的范围可以扩大,除传输媒介外,还可以包括有关的变换装置(如发送设备、接收设备、馈线与天线、调制器、解调器等)。这种扩大范围的信道称为广义信道,而仅含传输媒介的信道称为狭义信道。在讨论通信的一般原理时,我们采用广义信道,简称信道。不过,狭义信道是广义信道中十分重要的组成部分,通信效果的好坏,在很大程度上依赖于狭义信道的特性,因此,在研究各种通信系统信道的一般特性时,"传输媒介"仍是讨论的重点,本书在其他各章所述的"信道"一般默认为狭义信道。

广义信道是从信号传输的角度出发,针对所研究的问题来划分信道的。按照它所包含的功能划分,可以分为调制信道和编码信道。

在模拟通信系统中主要研究调制与解调的基本原理,它的传输信道可以用调制信道来定义。调制信道的范围从调制器的输出端至解调器的输入端,如图 4.1 所示。从调制解调的角度来看,调制器的作用是产生已调信号,解调器的作用是由已调信号恢复成调制信号。调制信道中包含

图 4.1 调制信道与编码信道

的所有部件和传输媒介,仅仅实现了把已调信号由调制器输出端传输到解调器输入端的作用。因此可以把它看作是传输已调信号的一个整体,称为调制信道。可见,通过定义调制信道,方便了对调制解调问题的研究。

在数字通信系统中,如果只需要研究编码和译码的问题,为了突出研究重点,同样可以定义一个编码信道。编码信道的范围是编码器输出端至译码器输入端,如图 4.1 所示。从编码和译码角度来看,编码器是把信源所产生的消息信号转换为数字信号;译码器则是把数字信号恢复成原来的消息信号;而编码器输出端至译码器输入端之间的所有部件仅仅起到了传输数字信号的作用,因此可以把它看作是传输数字信号的一个整体,称为编码信道。

4.2.2 信道的数学模型

为了研究信道的一般特性及其对信号传输的影响,下面引入调制信道与编码信道的数学模型。

1. 调制信道模型

在具有调制与解调过程的任何一种通信方式中,调制器输出的已调信号直接送入调制信道。在研究调制与解调的性能时,只需关心已调信号通过调制信道后的最终结果,而不必关心信号在调制信道中做了什么样的变换,也不必关心选用的是哪一种传输媒介,即只需关心调制信道的输出信号与输入信号之间的关系。

调制信道具有以下共性:

① 有一对(或多对)输入端和一对(或多对)输出端;
② 绝大多数的信道是线性的,即满足叠加原理;
③ 信道具有固定的或随时间变化的衰减(或增益)频率特性和相移(或延时)频率特性;
④ 即使没有信号输入,在信道的输出端仍有一定的功率输出(噪声)。

为此,可以把调制信道用一个二对端或多对端的时变线性网络来表示,称为调制信道模型,分别如图 4.2(a)、(b)所示。

图 4.2 调制信道模型

对于二对端的信道模型,其输出与输入的关系可以表示为

$$e_o(t) = f[e_i(t)] + n(t) \tag{4.2.1}$$

式中,$e_i(t)$ 表示输入的已调信号;$e_o(t)$ 表示信道的输出信号;$n(t)$ 表示加性干扰(或称加性噪声),并且 $n(t)$ 独立于 $e_i(t)$。

$f[e_i(t)]$ 表示已调信号通过网络时,输出信号相对于输入信号所发生的某种(时变)线性变换,假定可以用 $k(t)e_i(t)$ 来表示,其中,$k(t)$ 由网络特性来决定,$k(t)e_i(t)$ 反映出网络特性对 $e_i(t)$ 的作用。同样,$k(t)$ 也可以看作是对 $e_i(t)$ 的一种干扰,称为乘性干扰。于是,式(4.2.1)可表示为

$$e_o(t) = k(t)e_i(t) + n(t) \tag{4.2.2}$$

可见,信道对信号的影响主要有两点,一是乘性干扰 $k(t)$,二是加性干扰 $n(t)$。通过对这两种干扰的分析,就能够确定信道对信号的影响程度。

一般情况下,乘性干扰 $k(t)$ 是一个较为复杂的时间函数,它可能包括各种线性畸变和非线性畸变。如果信道的迟延特性和损耗特性随时间作随机变化,它们的 $k(t)$ 是随机快变化的,且 $k(t)$ 往往只能用随机过程来表述,这类信道称为随参信道,如短波电离层反射、超短波流星余迹散射、多径效应和选择性衰落等。如果信道的 $k(t)$ 基本不随时间变化,即信道对信号的影响是固定的或变化极为缓慢的,则这类信道称为恒参信道,如架空明线、同轴电缆、中长波和地面波传播。因此,在分析乘性干扰 $k(t)$ 时,又可以把信道大致分为两大类:恒参信道和随参信道。

2. 无失真传输的数学模型

如果信号通过调制信道传输时,其输出波形发生畸变,称为失真;反之,若信号通过调制信道只引起时间延迟及幅度增减,而形状不变,则称无失真,如图 4.3 所示。

由图 4.3 可以得到,若要求已调信号 $f_i(t)$ 在信道中无失真地传输,则在时域上信道输出信号 $f_o(t)$ 与 $f_i(t)$ 之间应满足

$$f_o(t) = K f_i(t - t_d) \tag{4.2.3}$$

式中,幅度衰减因子 K 及延迟时间 t_d 均为常数。这样,虽然输出信号 $f_o(t)$ 在幅度上是输入信号 $f_i(t)$ 的 K 倍,并且在时间上滞后了 t_d,但波形没有发生畸变,因而式(4.2.3)被称为无失真传输的数学模型。这个数学模型是信道无失真传输在时域中的条件,对其两端求傅里叶变换,有

$$F_o(\omega) = K F_i(\omega) e^{-j\omega t_d}$$

由于

$$F_o(\omega) = H(\omega) F_i(\omega)$$

不难得到信道无失真传输在频域的条件,即传输函数为

$$H(j\omega) = |H(\omega)| e^{j\varphi(\omega)} = K e^{-j\omega t_d} \tag{4.2.4}$$

因此信道无失真传输在频域中的幅频、相频条件为

$$\begin{cases} H(\omega) = K \\ \varphi(\omega) = -\omega t_d \end{cases} \tag{4.2.5}$$

式(4.2.5)表明:要使信号通过信道进行无失真传输,应使信道传输函数的模值为一常数,如图 4.4(a)所示;而相频特性为过原点的一条直线,如图 4.4(b)所示。

图 4.3 信道的无失真传输

(a) 幅频特性　　(b) 相频特性

图 4.4 信道无失真传输的幅频特性和相频特性

3. 编码信道模型

编码信道包括调制信道、调制器和解调器。前述调制信道对信号的影响只是幅度的增减和时间的延迟,因此,有时把调制信道看作一种模拟信道。而编码信道对所传输信号的影响则是一种数字序列的变换,即经编码信道输出的数字序列不同于编码器输出的数字序列,因此应把编码信道看作数字信道。

因为编码信道包含调制信道,所以它要受调制信道的影响。从编码和译码的角度来看,这个影响反映在解调器的输出数字序列中,即输出数字信号将以某种概率发生差错。显然,调制信道越差,即特性越不理想和加性噪声越严重,则发生错误的概率将会越大,因此,编码信道模型常常用数字的转移概率来描述。在最常见的二进制数字传输系统中,一种简单的编码信道模型如图 4.5 所示。

所谓的"简单",是指假设解调器每个输出码元差错的发生是相互独立的。换句话说,这种信道是无记忆的,即一个码元的差错与其前后码元是否发生差错无关。在这个模型里,$P(0/0)$、$P(1/0)$、$P(0/1)$及$P(1/1)$称为信道转移概率,其中,$P(0/0)$表示发送端发"0"码而接收端判为"0"码的概率,$P(1/0)$表示发送端发"0"码而接收端错判为"1"码的概率,同理可以定义$P(0/1)$和$P(1/1)$。由此可知$P(0/0)$与$P(1/1)$是正确转移的概率,而$P(1/0)$与$P(0/1)$是错误转移概率。根据概率的性质可知

$$P(0/0)=1-P(1/0)$$
$$P(1/1)=1-P(0/1)$$

转移概率完全由编码信道的特性决定,一个特定的编码信道就有相应的转移概率关系。编码信道的转移概率一般是通过对实际信道做大量的统计分析得到的。

根据无记忆二进制编码信道模型,容易推出无记忆多进制编码信道的模型。图4.6所示为一个无记忆四进制编码信道的模型。

如果编码信道中码元发生差错的事件是非独立事件,则称此信道为有记忆信道。那么,编码信道的模型要比图4.5或图4.6所示的模型复杂得多,信道转移概率表示式也会变得复杂,这里不做进一步讨论。

图4.5 二进制编码信道模型

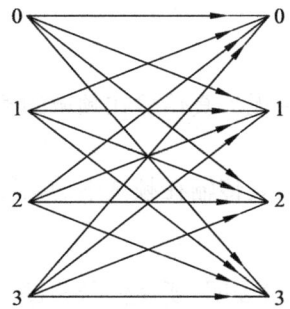

图4.6 四进制编码信道模型

4.3 恒参信道及其对信号传输的影响

4.3.1 恒参信道

恒参信道是指参数不随时间变化而变化的信道。它主要包括架空明线、电缆、中长波地波传播、超短波及微波视距传播、人造卫星中继、光纤及光波视距传播等传输媒介构成的信道。下面通过介绍几种有代表性的恒参信道,来分析它们的一般特性及其对信号传输的影响。

1.3 种有线信道

(1) 明线

明线是指平行而相互绝缘的架空裸线线路。与电缆相比,它的优点是传输损耗低,但易受气候和天气的影响,并且对外界噪声干扰较敏感。

(2) 对称电缆

对称电缆也称为双绞线电缆。双绞线是由两根铜线或铝线各自封装在彩色塑料皮内,相互扭绞而成的传输媒介,一层保护套套在多对双绞线的外面就构成了对称电缆。双绞线分为屏蔽型(STP)和非屏蔽型(UTP)两类,其结构如图4.7所示。每一对线都呈扭绞状,这样可以减小各线对之间的相互干扰,因此电缆的传输损耗比明线大得多。但其传输特性比较稳定,目前电缆已

经逐渐代替了明线。在低频传输时,其抗干扰能力与同轴电缆相当,在 10～100kHz 时,其抗干扰能力低于同轴电缆。

图 4.7 对称电缆的结构

(3) 同轴电缆

同轴电缆是一种应用非常广泛的传输媒介,其结构如图 4.8 所示。同轴电缆由同轴的两个导体(内导体和外导体)、绝缘层和外部保护层组成,外导体是一个圆柱形的空管(在可弯曲的同轴电缆中,可以由金属丝编织而成),内导体是金属线(芯线)。它们之间填充的绝缘层介质可以是塑料,也可以是空气。在采用空气绝缘的情况下,内导体依靠有一定间距的绝缘子来定位。

图 4.8 单根同轴电缆的基本结构

同轴电缆根据其频率特性,可分为两类:视频(基带)电缆和射频(宽带)电缆。基带同轴电缆的最大传输距离一般不超过几千米,可用于数字数据信号的直接传输;而宽带同轴电缆的最大传输距离可达几十千米,用于传输高频信号,采用频分复用技术可以传送多路信号。

几根同轴线管往往套在一个大的保护套内,如图 4.9 所示。其中,还装入一些二芯扭绞线对或四线线组,作为传输控制信号之用。同轴线的外导体是接地的,由于它起屏蔽作用,故其抗干扰性能强,外界噪声很少进入其内部,维护使用也方便,但价格较对称电缆高。

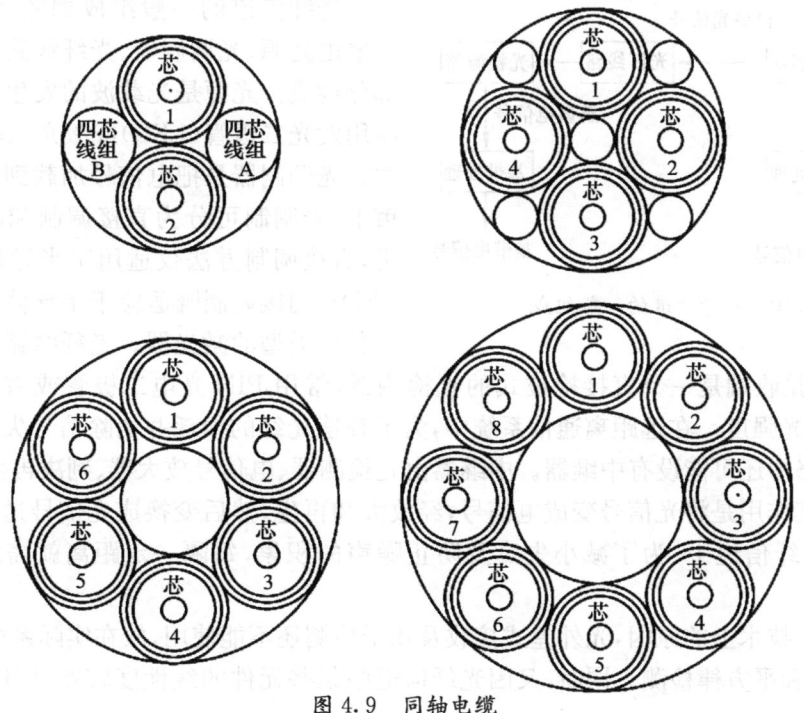

图 4.9 同轴电缆

表 4.1 列出了以上 3 种有线信道的工作频率范围、通话路数及增音段长度等参数。其中,小同轴电缆的标准尺寸:外导体的内径为 4.4mm,内导体的外径为 1.2mm。中同轴电缆的标准尺寸:外导体的内径为 9.5mm,内导体的外径为 2.6mm。这两种同轴电缆的特性阻抗都近似为 75Ω。

表 4.1 有线信道的参数

线路类型	通话路数	频率范围(kHz)	增音段长度(km)
架空明线	1+3	0.3~27	300
	1+3+12	0.3~150	0~120
对称电缆	24	12~108	35
	60	12~252	12~18
小同轴电缆	300	60~1300	8
	960	60~4100	4
中同轴电缆	1800	300~9000	6
	2700	300~12000	4.5
	10800	300~60000	1.5

2. 光纤信道

在小信号情况下,光纤信道为恒参信道。但现代光纤通信的特点是充分利用光纤的非线性,没有非线性就没有现代光纤通信,这时光纤信道就是非线性信道。

以光纤为传输媒介、光波为载波的光纤信道,可以提供极大的传输容量。光纤作为一种新的传输媒介,具有线径细、重量轻的特点。由于不受外界电磁干扰和噪声的影响,能在长距离、高速率传输中保持低误码率,光纤的误码率可达 1×10^{-10}(双绞线的误码率为 $1\times10^{-6}\sim1\times10^{-5}$,基带同轴电缆的误码率为 1×10^{-7},宽带同轴电缆的误码率为 1×10^{-9}),再加上光纤可弯曲半径小、不怕腐蚀、安全保密性好、节省有色金属等优点,因此光纤是目前最有发展前景的一种传输媒介。

图 4.10 光纤信道的一般组成

光纤信道的一般组成如图 4.10 所示。它主要由光源、光调制器、光纤线路及光检测器等部分构成。光源是光载波的发生器,目前,广泛应用发光二极管(LED)或激光二极管(LD)做光源。光调制器是把电信号加载到光源的发射光束上,光调制可分为直接调制和间接调制两大类,直接调制方法仅适用于半导体光源(LD 和 LED),间接调制既适应于半导体激光器也适应于其他类型的激光器。光纤线路可能是一根或多根光纤。在接收端是一个直接检波式的光检测器,常用 PIN 光电二极管或雪崩光电二极管(APD)来检测光强度。在远距离通信系统中,为了补偿光纤的损耗并消除信号失真与噪声的影响,在光纤线路中还可能设有中继器。中继器由光检测器、电信号放大器、判决再生电路、驱动器和光源组成,其作用是将光信号变成电信号,经放大和再生,然后变换成光信号送入下一段光纤中。在数字光纤信道中,为了减小失真及防止噪声的积累,每隔一定距离就需加一级再生中继器。

目前,由于技术上的原因,光外差式接收及相干检测还不能使用,故在实际系统中,仅限于采用光强度调制和平方律检测。同时,又因光纤信道中某些元件的线性度较差,所以,广泛采用数字调制方式,即用光载波脉冲的有和无来代表二进制数字。因此,光纤信道是一个典型的数字信道。

实用的光纤通常由纤芯和包层两部分组成,外面还要用另一种介质材料做涂覆层。纤芯和包层是两种折射率不同的玻璃,设纤芯的折射率为 n_1,包层的折射率为 n_2,$n_1 > n_2$。按照几何光学全反射原理,光线在纤芯和包层的交界面产生全反射,并满足把光闭锁在纤芯内部向前传播的必要条件,即使经过弯曲的路由光线也不射出光纤之外,如图 4.11 所示。

按照光纤折射率剖面分类,光纤一般分为阶跃光纤、渐变光纤和其他光纤,如图 4.12 所示。

图 4.11 光纤导光原理　　图 4.12 光纤折射率剖面分类示意图

① 阶跃光纤。其折射率在芯线和包层的交界面上呈现阶梯形的突变。目前单模光纤多属于此类,最早的多模光纤也属于此类。

② 渐变光纤。在包层中折射率为 n_2,它是均匀的,而在芯线中折射率则是沿半径方向逐渐减少的,近似为抛物线型。目前多模光纤均为此类。

③ 其他光纤。有纤芯成三角形的三角光纤,还有双包层型、四包层型光纤(其包层折射率各层不同)。这几种光纤均为新型单模光纤,但现在已不强调其折射率剖面图,只强调其性能。

当光纤中只能传输一种光波的模式时,称为单模光纤。由于光波波长极短,故单模光纤的芯径极小。均匀单模光纤芯线的直径约为 $4\sim10\mu m$。单模光纤传光特性较好,但因截面尺寸小,在制造、耦合和连接上都比较困难。

如果光纤中能传输的模式不止一个,则称为多模光纤。多模光纤的截面尺寸较大,非均匀多模光纤的典型尺寸是 $2r=50\mu m$($2r$ 为芯线直径),在制造、耦合和连接上都比单模光纤容易。

表 4.2 所示为光纤按照传输模式和折射率剖面的综合分类及其应用。

表 4.2 光纤的综合分类及其应用

多模光纤	阶跃光纤	适用于短距离、小容量通信
	渐变光纤	适用于中距离、中容量通信
单模光纤		适用于长距离、大容量通信

光纤信道是远距离传送光波的一种手段,可达几百千米或几千千米。在这样长的距离上传送光信号,对光纤提出了较高的要求。这些要求中最主要的是低损耗和低色散。

低损耗是光纤能实现远距离传输的前提。目前,高纯度的石英玻璃光纤,在长波段(波长 $\lambda = 1.35\mu m$ 与 $\lambda = 1.5\mu m$ 附近),其损耗一般可低至 0.2dB/km 以下。

色散是光纤的另一个重要指标。色散是指信号的群速度随频率或模式不同而引起信号失真的现象。光纤的色散有如下 3 种。

① 材料色散。它是由材料的折射率随频率变化引起的色散。

② 模式色散。在多模光纤中,由于一个信号同时激发不同的模式,即使是同一频率,各模式的群速度也不相同,这样引起的色散称为模式色散。

③ 波导色散。对同一模式,不同的频谱分量有不同的群速度,由此引起的色散,称为波导色散。

多模光纤中,材料色散和模式色散是主要的,波导色散可以忽略。

单模光纤中,材料色散是主要的,波导色散也起一定的作用,但在单模光纤中不存在模式色散,因而其色散性能也较好。在多模光纤中,渐变光纤的色散比阶跃光纤小得多,这是因为渐变光纤采用了合理的折射率分布,从而均衡了模式色散。

光纤色散的危害很大,尤其对码速较高的数字传输有严重影响,可引起码间串扰,使传输的信号带宽减小。总之,色散限制着通信容量和信号传输距离的增加。

3. 无线电视距中继信道

模拟微波信道是恒参信道,数字微波信道是变参信道。

无线电视距中继是指工作频率在超短波和微波波段时,电磁波基本上沿视线传播,通信距离依靠中继方式延伸的无线电线路。相邻中继站间距离一般为 40~50km。它主要用于长途干线、移动通信网及某些数据收集(如水文、气象数据的测报)系统中。

无线电视距中继信道的构成如图 4.13 所示。它由终端站、中继站及各站间的电磁波传播路径所构成。由于这种系统具有传输容量大、发射功率小、通信稳定可靠,以及与同轴电缆相比,可以节省有色金属等优点,因此,被广泛用来传输多路电话及电视。

图 4.13 无线电视距中继信道的构成

4. 卫星中继信道

人造卫星中继信道可视为无线电视距中继信道的一种特殊形式。目前,绝大多数通信卫星是同步通信卫星。这种卫星的运行轨道是在赤道平面内的圆形轨道,距地面高度为 35860km。卫星运行的方向与地球自转的方向相同,绕地球运行一周的时间,即公转周期恰好是 24 小时,和地球自转周期相同,从地球上看去,如同静止一般,故又称为静止卫星。使用静止卫星作为中继站组成的通信系统称为静止卫星通信系统或同步卫星通信系统。

静止卫星与地球相对位置的示意图如图 4.14 所示。从卫星向地球引两条切线,切线夹角为 17.34°,两切线间弧线距离为 18101km,可见在这个卫星电磁波束覆盖区内的地球站(指设在包括地面、海洋和大气在内的地球表面上的无线电通信站)均可通过该卫星来实现通信,即可以实现地球上 18000km 范围内的多点之间的连接。若以 120°的等间隔在静止轨道上配置 3 颗卫星,则地球表面除两极区未被卫星波束覆盖外,其他区域均在覆盖范围之内,而且其中部分区域为两个静止卫星电磁波束的重叠地区,因此借助于在重叠地区内地球站的中继(称之为双跳),可以实现不同卫星覆盖区内地球站之间的通信。由此可见,采用 3 个适当配置的同步卫星中继站就可以实现全球通信。图 4.15 所示为卫星中继信道的概貌。由于这种信道具有通信距离远、覆盖面积大、传播稳定可靠、传输容量大、通信线路灵活、机动性好等突出的优点,从而获得了迅速的发展,成为强有力的现代化通信手段之一。卫星中继信道的应用范围极广,不仅用于传输语音、电报、数据等,而且由于卫星所具有的广播特性,它也特别适用于广播电视节目的传送。

图 4.14　静止卫星与地球相对位置的示意图　　　　图 4.15　卫星中继信道的概貌

除静止卫星外,在较低轨道上运行的卫星及不在赤道平面上的卫星也可以用于中继通信。在几百千米高度的低轨道上运行的卫星,由于要求地球站的发射功率较小,特别适用于移动通信和个人通信系统中。

以上介绍了几种有代表性的恒参信道的例子。恒参信道的特性与时间无关,是一个非时变线性网络,该网络的传输特性可用幅频特性及相频特性表示。下面讨论恒参信道的特性及其对信号传输的影响。

4.3.2　恒参信道特性及其对信号传输的影响

1. 幅频失真

幅频失真是指已调信号中各频率分量在通过信道时产生的衰减(或增益)不同所造成的输出信号的失真(畸变)。4.3.1 节所述理想无失真传输信道的幅频特性如图 4.16 中虚线所示,它是一条水平线。但是,这种理想的幅频特性在实际中是不存在的。首先信道不可能具有无限宽的传输频带,它的低端和高端都要受到限制,通常称这种频率的限制为下截频和上截频;其次,即使是在有效的传输频带内,不同频率处的衰减(或增益)也不可能完全相同。图 4.16 中实线所示是一个典型的音频信道的幅频特性曲线。

图 4.16　理想无失真传输信道与音频信道的幅频特性曲线

由图 4.16 可见,这种信道的不均匀衰减会使传输信号的各个频率分量由于受到不同程度的衰减,从而引起传输信号的失真。若此时传输数字信号,还会引起相邻码元波形在时间上的重叠,造成码间串扰。在设计总的电话信道传输特性时,一般都要求把幅频失真控制在一个允许的范围内。这就要求改善电话信道中的滤波性能,或者通过信道均衡来加以改善。所谓信道均衡,就是通过一个线性补偿网络,使幅频特性曲线趋于平坦。

2. 相频失真

为了实现无失真的信号传输,除要求满足幅频特性为常数外,还要求信道的相位和频率呈线性关系。但是,实际信道的相频特性并不是线性的,因而使信号通过信道时会产生相位失真。相位失真对模拟语音信号的影响并不明显,因为人耳对相位失真不太灵敏;但是它对数字信号传输会产生很大的影响,尤其当传输速率较高时,相位失真会使脉冲波形产生拖尾引起一定程度的码间串扰,降低通信质量。

信道的相频特性常用群迟延特性来表示。所谓群迟延特性是指相频特性对频率的导数。若相频特性用 $\varphi(\omega)$ 来表示,则群迟延特性 $\tau(\omega)$ 为

$$\tau(\omega) = \frac{\mathrm{d}\varphi(\omega)}{\mathrm{d}\omega} \tag{4.3.1}$$

可以看出,如果 $\varphi(\omega)$-ω 呈线性关系,那么 $\tau(\omega)$-ω 曲线将是一条水平直线,如图 4.17 所示。此时信号的不同频率成分将有相同的群迟延,因而信号经过传输后不会发生失真。但由于实际信道的相移特性不是线性的,例如,图 4.18 给出了一个典型的电话信道的群迟延特性曲线。当非单一频率的信号通过该信道时,信号频谱中的不同频率分量将有不同的群迟延,就会引起信号的失真。在图 4.19(a)中,原发送信号由基波和三次谐波组成,其幅度比为 2∶1。若它们经过不同的迟延,基波相移 π,三次谐波相移 2π 后,到达接收端,基波和三次谐波在时间轴上的相对位置就不同于发送端,即波形产生了失真,如图 4.19(b)所示。

图 4.17 理想的相频特性及群迟延特性

图 4.18 群迟延特性举例

相频失真和幅频失真一样,也是一种线性失真,故采取信道均衡措施也可以得到补偿。

通过如上分析可知,恒参信道通常用它的幅频特性和相频特性来表述。影响信号传输特性的重要因素就是这两个特性的不理想。此外,还存在其他一些因素使信道的输出与输入产生差异(也可称失真或畸变),如非线性失真、频率偏移及相位抖动等。非线性失真主要是由信道中元器件的幅频特性的非线性引起的,它造成各次谐波衰减不同及产生若干寄生频率等;频率偏移通常是由信道中接收端本地载频与发送端调制载频之间有偏差而产生的;相位抖动也是由于调制和解调载频不稳定产生的,其现象相当于给发送信号附加上一个小指数的调频。这几种非线性失真一经产生,便不容易消除。因此,在系统设计时要特别给予重视。

(a) 原信号　　　　　　　　(b) 经迟延后的信号

图 4.19　群迟延产生失真的例子

4.4　随参信道及其对信号传输的影响

4.4.1　随参信道

随参信道是指参数随时间变化而变化的信道。它主要包括短波电离层反射、超短波流星余迹散射、超短波及微波对流层散射、超短波电离层散射、超短波超视距绕射等传输媒介分别构成的调制信道。为了分析它们的一般特性及其对信号传输的影响，下面先介绍两种典型的随参信道。

1. 短波电离层反射信道

所谓短波是指波长为 10～100m（相应的频率段为 3～30MHz）的电磁波。它既可以沿地表面传播（称为地波传播），也可以由电离层反射传播（称为天波传播）。地波传播一般是近距离的，限于几十千米范围；而天波传播借助于电离层的一次反射或多次反射可传输几千千米，乃至上万千米的距离。下面简要介绍这种信道的传播路径、工作频率、多径传播及特性。

（1）传播路径

电离层是地球高空大气层的一部分，距离地面高 60～600km。电离层是由分子、原子、离子及自由电子组成的。形成电离层的主要原因是太阳辐射的紫外线和 X 射线。

由于电离层电子密度不是均匀分布的，因此，按电子密度随高度的变化大致可分为 D、E、F_1、F_2 四层。电子密度与日照密切相关——日落以后，D 层密度迅速下降，两三个小时后，无偏离吸收可以忽略不计，F_1 层几乎只出现在夏季的白天，故经常存在的是 E 层和 F_2 层。电离层是半导体电媒介，可将电离层分成许多薄片层，每一薄片层的电子密度是均匀的，但彼此之间并不相等。根据电动力学可求得自由电子密度为 N_e 的各向同性均匀媒介的相对介电常数为

$$\varepsilon_r = 1 - 80.8 \frac{N_e}{f^2}$$

其折射率为

$$n = \sqrt{\varepsilon_r} < 1$$

式中，各层的电子密度 N_e 以每立方米内的电子数计；f 为电磁波的频率，以 Hz 计。

当电磁波入射到空气—电离层界面时，由于电离层折射率小于空气折射率，折射角大于入射角，射线要向下偏折。当电磁波进入电离层后，由于电子密度 N_e 在某一高度范围内随高度的增加而增加，故相对介电常数 ε_r 及媒介的折射率 n 都随高度的增加而减小。电磁波将连续下折，直至到达某一高度处，电磁波开始折回地面。可见，电离层对电磁波的反射实质上是电磁波在电离层中连续折射的结果。短波电磁波从电离层反射的传播路径如图 4.20 所示。一般来说，D、E

层是吸收层。因为 D、E 层电子密度小,短波电磁波不会反射,但会受到吸收损耗。而 F_2 层是反射层,主要高度为 250～300km,一次反射的最大距离约为 4000km。如果通过两次反射,那么通信距离可达 8000km。

图 4.20 短波电磁波从电离层反射的传播路径

(2) 工作频率

在短波通信中,选用工作频率时要考虑以下两个条件:
① 工作频率应小于最高可用频率 f_{max};
② 使电磁波在 D、E 层的吸收较小。

当电磁波进入电离层的入射角为 φ_0 时,电离层能把电磁波"反射"回来的最高可用频率还取决于最大电子密度 N_{emax},其值为

$$f_{max} = \sqrt{80.8 N_{emax}} \sec\varphi_0$$

当垂直入射($\varphi_0 = 0°$)时,能从电离层反射的最高频率称为临界频率,记为 f_0,即

$$f_0 = \sqrt{80.8 N_{emax}}$$

可得

$$f_{max} = f_0 \sec\varphi_0$$

电磁波入射角 φ_0 一定时,频率越高,电磁波反射后所到达的距离越远。当工作频率高于最高可用频率时,由于电离层不存在比 N_{emax} 更大的电子密度,因此,电磁波不能被电离层"反射"回来,而是穿透电离层到达外空间。这正是超短波和微波不能以天波传播的原因。

从电离层观测站预报的电离层图上可得到临界频率和 4000km 的最高可用频率,由这些数据便可推算出任意跳距的最高可用频率。

电离层对电磁波的吸收损耗与层中电子密度成比例。由于电离层的电子密度随昼夜、季节及太阳黑子活动年份剧烈地变化,使得最高可用频率和吸收损耗也相应变化。因此,工作频率需要经常更换。在夜间工作频率必须降低,这是因为 F_2 层的电子密度减小,若仍采用白天的工作频率,则电磁波将会穿透 F_2 层。而且夜间 D 层消失,E 层吸收大大减小,也允许降低工作频率。同样的电离层状况,通信距离近的,最高可用频率低;通信距离远的,最高可用频率高。为了通信可靠,必须在不同时刻使用不同的频率。但为了避免换频的次数太多,通常一日之内使用 2 个(日频和夜频)或 3 个频率。

(3) 多径传播

在短波电离层反射信道中,引起多径传播的主要原因如下:
① 电磁波经电离层的一次反射和多次反射,如图 4.21(a)所示为一次反射和两次反射;
② 电磁波束中各射线的入射角不同,因此几个反射层的高度也不相同,如图 4.21(b)所示;
③ 电离层的不均匀性引起漫射现象,如图 4.21(c)所示;
④ 地球磁场引起的电磁波束分裂成寻常波与非寻常波,如图 4.21(d)所示。

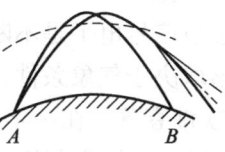

(a) 一次反射和两次反射　　(b) 反射层高度不同　　(c) 漫射现象　　(d) 寻常波与非寻常波

图 4.21　多径传播的几种主要形式

上述 4 种情况都会引起快衰落,但由于第①种情况下的路程时延差最大,可达几毫秒,因此它还会产生多径时延失真。

快衰落是由于多径传播时到达接收点的各路径的时延随机变化,致使合成信号幅度和相位都发生随机起伏而产生的,若起伏的周期很短,则其信号电平变化很快。这种衰落在移动通信信道中表现得更为明显。快衰落信号的振幅在工程设计时,按瑞利分布考虑。信号的快衰落现象严重地影响了电磁波传播的稳定性和系统的可靠性,需要采取分集接收的办法来加以克服。

(4) 特性

短波电离层反射信道是远距离传输的重要信道之一,它具有以下特性:

① 传输损耗较小,因此能以较小功率进行远距离通信;
② 天波通信,特别是短波通信,建立迅速,机动性好,设备简单;
③ 传播距离远,可传输几千千米,甚至几万千米;
④ 受地形限制较小;
⑤ 不易受到人为破坏,这一点在军事通信上有重要意义;
⑥ 传输频带宽度是有限的,由于波段范围较窄,短波电台特别拥挤,电台间的干扰很大,尤其在夜间;
⑦ 传输可靠性差,电离层中的异常变化(如电离层骚动、电离层暴变等)会引起较长时间的通信中断,传播可靠性一般只能达到 90%;
⑧ 通信频率必须选择在最佳频率附近,需要经常更换工作频率,因而使用较复杂;
⑨ 存在快衰落与多径时延失真,必须采用相应的抗多径措施;
⑩ 干扰电平高。

2. 对流层散射信道

对流层散射信道是一种超视距的传播信道,其一跳的传播距离为 100~500km,可工作在超短波和微波波段。设计良好的对流层散射线路可提供 12~240 个频分复用(FDM)的话路,而传播可靠性可达 99.9%。

对流层是大气层的最底层,通常指从地面算起至高达 10~12km 的区域,在太阳辐射下,受热的地面通过大气的垂直对流作用,对流层升温。一般情况下,对流层的温度、压强、湿度不断变化,在涡旋气团内部及其周围的介电常数有随机的小范围起伏,形成不均匀介质团。当超短波、短波投射到这些不均匀介质团时,就在其中产生感应电流,成为二次辐射源,将入射的电磁能量向四面八方再辐射。电磁波的这种无规则、无方向的辐射,即为散射,相应的介质团称为散射体,如图 4.22 所示为对流层散射传播路径的示意图。对于任意固定的接收点来说,其接收场强就是收、发天线波束相交的公共体积中的所有散射体的总和。

散射具有强方向性,当入射线与散射线的夹角为 θ 时,接收到的能量大致与 $\sin^5(\theta/2)$ 成反比。这意味着主要能量集中于小于 θ 角方向,即集中于前方,故又称"前向散射"。通过上述分析,可以看出对流层散射信道具有下列特点。

(1) 衰落

散射信号电平是不断随时间变化的,这些变化分为慢衰落(长期变化)和快衰落(短期变化)。慢衰落取决于气象条件,而快衰落则由多径传播引起。

① 慢衰落。在一年之内,夏季的信号比冬季强(约 10dB);在一天之内,中午的信号比早晚弱(约 5dB)。慢衰落用小时中值(有的取 5 分钟中值,但分钟中值与小时中值接近)相对于月中值的起伏来表示。

② 快衰落。散射体积内各不均匀介质团散射的电磁波是经过不同路径到达接收点的,即有多条路径。这种多径传播的影响之一是形成了接收信号的快衰落,即信号振幅和相位的快速随机变化。理论与实测均表明,散射接收信号振幅服从瑞利分布,相位服从均匀分布。克服快衰落影响的有效办法是分集接收。

(2) 传播损耗

由于散射波相当微弱,即传输损耗很大(包括自由空间传输损耗、散射损耗、大气吸收损耗及来自天线方面的损耗,一般超过 20dB)。因此,对流层散射(见图 4.22)通信要采用大功率发射机、高灵敏度接收机和高增益天线。

(3) 信道的允许频带

散射信道是典型的多径信道。多径传播不仅引起信号电平的快衰落,而且还会导致波形失真。如图 4.23 所示,某时刻发出的窄脉冲经过不同长度的路程到达接收点。由于经过的路程不同,因而到达接收点的时刻也不同,结果脉冲被展宽了。这种现象称为信号的时间扩散,简称多径时散。

图 4.22 对流层散射传播路径示意图

图 4.23 多径时散示意图

脉冲信号通过带限系统后,波形也被展宽,而且系统频带越窄,波形展宽越多。从这一角度来看,散射信道好像是一个带限滤波器,其允许频带定义为

$$B_c = \frac{1}{\tau_m}$$

式中,τ_m 为最大多径时延差。

当信号带宽小于信道的允许频带时,波形不会产生严重失真;否则,信号将产生严重失真。

(4) 天线与媒介间的耦合损耗

天线与媒介间的耦合损耗又称"天线增益亏损",这是由散射的性质造成的。随着天线增益的提高,散射体积减小,因而接收电平不能像自由空间传播那样按比例增加。天线在自由空间的理论增益与在对流层散射线路上测得的实际增益之差称为天线与媒介间的耦合损耗。

(5) 特性

通过上述分析,可以看出对流层散射传播具有下列特性:① 容量大;② 主要用于 30~

100kHz 以上频段；③可靠性高；④保密性好；⑤单跳跨距达 100～500km，一般用于无法建立微波中继站的地区，如用于海岛之间或跨越湖泊、沙漠、雪山等地区。

以上介绍了两种比较典型的随参信道的特性。随参信道的特性比恒参信道要复杂得多，对信号的影响也要严重得多，根本原因是它包含一个复杂的传输媒介。虽然随参信道中包含除媒介外的其他转换器，并且也应该把它们的特性作为随参信道特性的组成部分。但是，从对信号传输的影响来看，传输媒介的影响是主要的，而转换器特性的影响是次要的，甚至可以忽略不计。因此，在讨论随参信道所具有的一般特性及其对信号传输的影响时，仅以传输媒介为主。

4.4.2 随参信道特性及其对信号传输的影响

通过对短波电离层反射信道和对流层散射信道的分析可知，随参信道的传输媒介具有以下 3 个特点：

① 对信号的衰耗随时间而变化；
② 传输的时延随时间而变化；
③ 多径传播。

所谓多径传播，是指由发射点发出的电磁波可能经过多条路径到达接收点，由于每条路径对信号的衰减和时延都随电离层或对流层的机理变化而变化，因此接收信号将是衰减和时延随时间变化的各路径信号的合成。

设发射波为幅度恒定、频率单一的载波 $A\cos\omega_0 t$，则经过 n 条路径传播后的接收信号 $R(t)$ 可表示为

$$R(t) = \sum_{i=1}^{n} \mu_i(t)\cos\omega_0[t-\tau_i(t)] = \sum_{i=1}^{n} \mu_i(t)\cos[\omega_0 t + \varphi_i(t)] \quad (4.4.1)$$

式中，$\mu_i(t)$ 表示第 i 条路径的接收信号振幅；$\tau_i(t)$ 表示第 i 条路径的传输时延，它是时间的函数

$$\varphi_i(t) = -\omega_0 \tau_i(t)$$

通常，$\mu_i(t)$ 和 $\varphi_i(t)$ 随时间的变化与发射载频的周期相比，要缓慢得多，即 $\mu_i(t)$ 和 $\varphi_i(t)$ 可以认为是缓慢变化的随机过程。因此，式(4.4.1)可以写成

$$R(t) = \sum_{i=1}^{n} \mu_i(t)\cos\varphi_i(t)\cos\omega_0 t - \sum_{i=1}^{n} \mu_i(t)\sin\varphi_i(t)\sin\omega_0 t \quad (4.4.2)$$

设

$$X_c(t) = \sum_{i=1}^{n} \mu_i(t)\cos\varphi_i(t) \quad (4.4.3)$$

$$X_s(t) = \sum_{i=1}^{n} \mu_i(t)\sin\varphi_i(t) \quad (4.4.4)$$

则式(4.4.2)就变成

$$R(t) = X_c(t)\cos\omega_0(t) - X_s(t)\sin\omega_0 t = V(t)\cos[\omega_0 t + \varphi(t)] \quad (4.4.5)$$

式中，$V(t)$ 表示合成波 $R(t)$ 的包络，其一维分布为瑞利分布；$\varphi(t)$ 表示合成波 $R(t)$ 的相位，其一维分布为均匀分布，即有

$$\begin{cases} V(t) = \sqrt{X_c^2(t) + X_s^2(t)} \\ \varphi(t) = \arctan \dfrac{X_s(t)}{X_c(t)} \end{cases} \quad (4.4.6)$$

因为 $\mu_i(t)$ 和 $\varphi_i(t)$ 是缓慢变化的，则 $X_c(t)$、$X_s(t)$ 及包络 $V(t)$、相位 $\varphi(t)$ 也是缓慢变化的。于是，$R(t)$ 可视为一个窄带过程。

从式(4.4.5)可以看到多径传播对信号传播的影响有以下 3 个方面。

① 产生瑞利衰落。从波形上看，载波信号 $A\cos\omega_0 t$ 变成了包络和相位受到调制的窄带信号，如图 4.24(a)所示，通常把这样的信号称为衰落信号。

② 引起频率弥散。从频谱上看，多径传输引起了频率弥散，即由单个频率变成了一个窄带频谱，如图 4.24(b)所示。

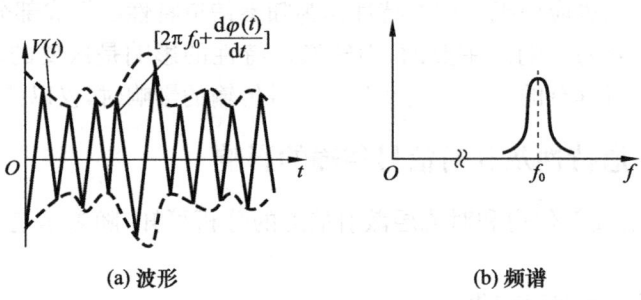

(a) 波形   (b) 频谱

图 4.24　衰落信号示意图

③ 造成频率选择性衰落。所谓频率选择性衰落，是指信号频谱中某些分量的一种衰落现象，发生在传输信号频谱大于多径传播媒介的相关带宽。

下面考察式(4.4.5)中的 $V(t)$ 及 $\varphi(t)$ 的统计特性。由式(4.4.6)看到，$V(t)$、$\varphi(t)$ 与 $X_c(t)$、$X_s(t)$ 由式(4.4.3)和式(4.4.4)决定。从这两个式子可以看出，在任意一个时刻 t_1 上，$X_c(t_1)$、$X_s(t_1)$ 是 n 个随机变量之和。当 n 充分大时(多径传播时通常满足这一条件)，在"和"中的每一个随机变量都可以认为是独立地出现，并且具有均匀的特性。因此，根据概率论中的中心极限定理，可以确认 $X_c(t_1)$ 及 $X_s(t_1)$ 是高斯随机变量，从而认为 $X_c(t)$ 及 $X_s(t)$ 是平稳的高斯过程(因为与选取什么样的 t_1 无关)。这样，可知 $R(t)$ 是一个窄带高斯过程，而且 $V(t)$ 的一维分布服从瑞利分布，而 $\varphi(t)$ 的一维分布服从均匀分布。实践也表明，把衰落信号看成窄带高斯过程是足够准确的。当然，也有特殊情况。例如，当短波电离层反射中出现一个固定镜面反射信号时，$R(t)$ 的包络 $V(t)$ 将趋于广义瑞利分布，而 $\varphi(t)$ 也将偏离均匀分布。

信号的包络服从瑞利分布的衰落，通常称之为瑞利型衰落。设瑞利型衰落信号的包络值记为 V，则随机变量 V 的一维概率密度函数 $f(V)$ 可表示成

$$f(V)=\frac{V}{\sigma^2}\exp\left(-\frac{V^2}{2\sigma^2}\right),\qquad V\geqslant 0,\sigma>0 \tag{4.4.7}$$

多径传播不仅会造成上述的衰落及频率弥散，同时还可能发生频率选择性衰落。所谓频率选择性衰落，是信号频谱中某些分量的一种衰落现象，这是多径传播的又一个重要特征。下面通过一个例子来建立这个概念。

设多径传播的路径只有两条，且到达接收点的两路信号具有相同的强度和一个相对时延差。那么，若令发射信号为 $f(t)$，则到达接收点的两条路径信号可分别表示成 $V_0 f(t-t_0)$ 及 $V_0 f(t-t_0-\tau)$。其中，t_0 是固定的时延，τ 是两条路径信号的相对时延差，V_0 为某一确定值。不难看出，上述的传播过程可用图 4.25 所示的模型来表示。

图 4.25　两径传播模型

现在来求上面模型的传输特性。设 $f(t)$ 的频谱密度函数为 $F(\omega)$，即有
$$f(t) \leftrightarrow F(\omega)$$
则
$$V_0 f(t-t_0) \Leftrightarrow V_0 F(\omega) e^{-j\omega t_0}$$
$$V_0 f(t-t_0-\tau) \Leftrightarrow V_0 F(\omega) e^{-j\omega(t_0+\tau)}$$
$$V_0 f(t-t_0) + V_0 f(t-t_0-\tau) \Leftrightarrow V_0 F(\omega) e^{-j\omega t_0}(1+e^{-j\omega\tau})$$

于是，当两径传播时，模型的传输特性 $H(\omega)$ 为
$$H(\omega) = \frac{V_0 F(\omega) e^{-j\omega t_0}(1+e^{-j\omega\tau})}{F(\omega)} = V_0 e^{-j\omega t_0}(1+e^{-j\omega\tau})$$

由此可见，所求的传输特性除常数因子 V_0 外，是由一个模值为 1、固定时延为 t_0 的网络与另一个特性为 $(1+e^{-j\omega\tau})$ 的网络级联组成的。而后一个网络的幅频特性为

$$|1+e^{-j\omega\tau}| = |1+\cos\omega\tau - j\sin\omega\tau| = \left|2\cos^2\frac{\omega\tau}{2} - j2\sin\frac{\omega\tau}{2}\cos\frac{\omega\tau}{2}\right| = 2\left|\cos\frac{\omega\tau}{2}\right|$$

图 4.26 表示了上述关系。由此可见，两径传播的幅频特性将依赖于 $|\cos\omega\tau/2|$。这就是说，对不同的频率，两径传播的结果将有不同的衰减。例如，当 $\omega = 2n\pi/\tau$ 时（n 为整数），出现传输极点；当 $\omega = (2n+1)\pi/\tau$ 时（n 为整数），出现传输零点。另外，相对时延差 τ 一般是随时间变化的，故传输特性出现的零点与极点在频率轴上的位置也是随机时间而变的。显然，当一个传输波形的频谱约宽于 $1/\tau(t)$ 时（$\tau(t)$ 表示有时变的相对时延），传输波形的频谱将发生畸变。这种畸变就是所谓的频率选择性衰落（简称选择性衰落）所引起的。

图 4.26 $(1+e^{-j\omega\tau})$ 网络的幅频特性

上述概念可以推广到多径传播中，虽然这时的传输特性要复杂得多，但是出现的频率选择性衰落的基本规律将是相同的，即频率选择性将同样依赖于相对时延差。多径传播时的相对时延差（简称多径时延差）通常用最大多径时延差来表征，并用它来估算传输零点和极点在频率轴上的位置。设最大多径时延差为 τ_m，则定义

$$\Delta f = \frac{1}{\tau_m} \tag{4.4.8}$$

为相邻传输零点的频率间隔。这个频率间隔通常称为多径传输媒介的相关带宽。如果传输信号的频谱宽于 Δf，则该信号将产生明显的频率选择性衰落。由此看出，为了不引起明显的选择性衰落，传输信号的频带必须小于多径传输媒介的相关带宽 Δf。

一般来说，数字信号传输时希望有较高的传输速率，而较高的传输速率对应有较宽的信号频带。因此，数字信号在多径媒介中传输时，容易因存在选择性衰落现象而引起严重的码间串扰。为了减小码间串扰的影响，通常要限制数字信号的传输速率。

随参信道的一般衰落特性和频率选择性衰落特性，是严重影响信号传输的重要特性。至于前面所说的慢衰落特性，因它的变化速度十分慢，通常可以通过调整设备参量（如调整发射功率）来弥补。

4.4.3 随参信道特性的改善——分集接收

随参信道的衰落，严重影响了通信系统的性能。通常可采用多种措施来抗快衰落，如各种抗衰落的调制解调技术、接收技术及扩谱技术等。其中，明显有效且被广泛应用的措施之一，就是分集接收技术。按广义信道的含义，分集接收可看作随参信道中的一个组成部分或一种改造形式，改造后的随参信道的衰落特性将得到改善。

我们知道,快衰落信道中接收的信号是到达接收机的各径分量的合成(见式(4.4.1))。如果在接收端同时获得几个不同路径的信号,把这些信号适当合并,构成总的接收信号,这样就能大大减小衰落的影响。这就是分集接收的基本思想。分集就是把代表同一消息的信号分散传输,以求在接收端获得若干衰落样式不相关的复制品,然后用适当的方法加以集中合并,从而达到以强补弱的效果。获取不相关衰落信号的方法是将分散得到几个合成信号集中(合并)。只要被分集的几个信号之间是统计独立的,经适当合并后就能大大改善系统的性能。

一般情况下,互相独立或基本独立的一些接收信号,可以利用不同路径或不同频率、不同角度、不同极化等接收手段来获取。分集方式主要有如下几种。

① 空间分集。在接收端架设几副天线,各天线的位置间要求有足够的间距(一般在 100 个信号波长以上,最好是 150λ),以保证各天线上获得的信号基本互相独立。

② 频率分集。用多个不同载频传送同一个消息,如果各载频的频差大于 4MHz,可以认为衰落不相关。频率相隔比较大(例如,频差选成多径时延差的倒数,参见式(4.4.8)),则各载频信号也基本互不相关。

③ 角度分集。这是利用天线波束指向的不同来使信号不相关的原理构成的一种分集方法。例如,在抛物面天线上设置若干个照射器,产生相关性很小的几个波束。

④ 极化分集。这是分别接收水平极化波和垂直极化波而构成的一种分集方法。一般来说,这两种波相关性极小(在短波电离层反射信道中),加以组合也可以起到分集作用。

除这里提到的几种分集方法外,还有其他的分集方法。需要指出的是,分集方法都不是互相排斥的,在实际使用时可再加组合,如由二重空间分集和二重频率分集组成四重分集系统等。

分集接收技术在接收分散的几个信号后要将其合并,合并的方法主要有如下 3 种。

① 最佳选择式。从几个分散信号中设法选择其中信噪比最大的一个作为接收信号。

② 等增益相加式。将几个分散信号以相同的支路增益进行直接相加,相加后的信号作为接收信号。

③ 最大比值相加式。控制各支路增益,使它们分别与本支路的信噪比成正比,然后相加获得接收信号。

以上 3 种合并方式改善总接收信噪比的效果不同,如图 4.27 所示。图中,k 为分集的重数,$\bar{r}$ 为合并后输出信噪比的平均值。由图可见,最大比值合并方式性能最好,等增益合并方式次之,最佳选择方式最差。

图 4.27 3 种合并方式的比较

从总的分集效果来说,分集接收除能提高接收信号的电平外(例如,二重空间分集在不增加发射机功率情况下,可使接收信号电平增加一倍左右),主要是改善了衰落特性,使信道的衰落平滑了、减小了。例如,无分集时,若误码率为 1×10^{-2},则在用四重分集时,误码率可降低至 1×10^{-7} 左右。由此可见,采用分集接收方法对随参信道信号进行接收是十分有效的。

4.5 信道的加性噪声

调制信道对信号的影响除乘性干扰外,还有加性干扰(加性噪声)。乘性干扰的影响我们已经进行了较详细的分析,下面讨论另外一种影响信道的噪声——加性噪声。

加性噪声独立于有用信号,但它始终干扰有用信号,引起有用信号的幅度失真(幅度抖动)和相位失真(相位抖动),对通信造成不可避免的危害。

信道中加性噪声(简称噪声)的来源,一般有3个方面:人为噪声、自然噪声和内部噪声。人为噪声来源是人类活动造成的其他信号源,如邻台干扰、工业干扰等;自然噪声的来源是自然界存在的各种电磁波源,如雷电、磁暴、太阳黑子、宇宙噪声等;内部噪声的来源是系统设备本身产生的各种噪声,如在电阻一类的导体中自由电子的热运动(常称为热噪声)、真空管中电子的起伏发射、半导体中载流子的起伏变化(常称为散弹噪声)和电源噪声等。

某些类型的噪声是确知的,如电源噪声、自激振荡、各种内部的谐波干扰等。虽然消除这些噪声不一定很容易,但至少在原理上可消除或基本消除。另一些噪声则往往不能准确预测其波形。这种不能预测的噪声统称为随机噪声。常见的随机噪声可以分为单频噪声、脉冲噪声和起伏噪声3类。

单频噪声的主要特点是占有极窄的频带,但在频率轴上的位置可以实测。它是一种连续波的干扰,可以看作是一个已调正弦波,但幅度、频率或相位是事先不能预知的,如外台信号。单频噪声并不是在所有通信系统中都存在的,而且也比较容易防止。

脉冲噪声的主要特点是其突发的脉冲幅度大,但持续时间短,且相邻突发脉冲之间往往有较长的安静时段。它是一种在时间上无规则的、突发的短促噪声,如工业上的点火辐射、闪电及偶然的碰撞、电气开关通断等产生的噪声。从频谱上看,脉冲噪声通常有较宽的频谱(从甚低频到高频),但频率越高,其频谱强度就越小。脉冲噪声由于具有较长的安静期,故对模拟语音信号的影响不大,但是在数字通信中,它的影响是不容忽视的。一旦出现突发脉冲,由于它的幅度大,将会导致一连串的误码,对数字通信造成严重的危害,通常可以采用纠错编码技术来减轻这种危害。

起伏噪声的特点是无论在时域内还是在频域内,它们总是普遍存在和不可避免的,且始终存在,如热噪声、散弹噪声及宇宙噪声。从通信系统来看,起伏噪声是最基本的噪声来源。但从调制信道的角度来看,到达或集中于解调器输入端的噪声并不是上述起伏噪声的本身,而是它的某种变换形式——通常是一种带通型噪声。这是因为在到达解调器之前,起伏噪声通常要经过接收转换器(见图4.1),而接收转换器主要作用之一是滤出有用信号和部分地滤除噪声,因此,它可等效成一个带通滤波器。它的输出噪声是带通型噪声。由于这种噪声通常满足"窄带"的定义,故常称它为窄带噪声。又考虑到带通滤波器常常是一种线性网络,其输入端的噪声是高斯白噪声。因此,它的输出窄带噪声应是窄带高斯噪声。也就是说,当我们研究调制解调的问题时,调制信道的加性噪声可直接表述为窄带高斯噪声。一般来说,起伏噪声是影响通信质量的主要因素之一。在研究噪声对通信系统的影响时,应以起伏噪声为重点。下面主要介绍散弹噪声、热噪声和宇宙噪声这3种起伏噪声。

1. 散弹噪声

散弹噪声又称散粒噪声,是由真空电子管和半导体器件中电子发射的不均匀性引起的,它是一个随机过程。在温度限定条件下,二极管的散弹噪声电流的功率谱密度,在非常宽的频率范围内(通常认为不超过100MHz)认为是一个恒值,有

$$S_1(\omega) = qI_0 \text{(W/Hz)} \tag{4.5.1}$$

式中,I_0是平均电流值;q为电子的电荷,即$q = 1.6 \times 10^{-19}\text{C}$。

2. 热噪声

热噪声是在电阻一类的导体中,由自由电子的热运动引起的噪声。电子的热运动是无规则的,且互不依赖,因此每一个自由电子的随机热运动所产生的小电流方向也是随机的,而且互相独立。电子热运动产生的起伏电流也和散弹噪声一样服从高斯分布。有分析和测量表明,在直流到$1 \times 10^{13}\text{Hz}$频率范围内,电阻热噪声的噪声电压的功率谱密度近似为一个恒定值,有

$$S_v(\omega)=2kTR(\text{W/Hz}) \quad (4.5.2)$$

式中,k 为玻耳兹曼常数($k=1.38\times10^{-23}$J/K);T 为电阻的热力学温度(K);R 为电阻值(Ω)。

3. 宇宙噪声

宇宙噪声是指天体辐射波对接收机形成的噪声。它在整个空间的分布是不均匀的,最强的来自银河系的中部,其强度与季节、频率等因素有关。实测表明,20~300MHz 的频率范围内,它的强度与频率的三次方成反比。因而,当工作频率低于 300MHz 时,就要考虑到它的影响。实践证明,宇宙噪声也是服从高斯分布的,在一般的工作频率范围内,它也具有平坦的功率谱密度。

有必要指出,通信系统模型中的噪声源是分散在通信系统各处的噪声的集中表示。因此,我们应该把加性噪声的主要代表——起伏噪声同样理解成散弹噪声、热噪声、宇宙噪声等的集中表示,而不再详加区分。为了使今后分析问题更加简明,一律把起伏噪声定义为高斯白噪声。

4.6 信道的容量

信息源输出的信息总是要通过信道传送给接收端的收信者,因此需要度量信道传输信息的能力。信道容量就是单位时间内该信道所能传输的最大信息量。显然,如果实际传输的信息量小于信道容量,就会使信道出现空闲,造成浪费,使信道的有效性变坏;反之,如果实际传输的信息量大于信道容量,就会使信息溢出,造成信息失真或丢失,使通信的可靠性变坏。可见,信道容量是信道的一个重要指标。

从信息论的观点来看,各种信道可以概括为两大类,即离散信道和连续信道。所谓离散信道就是输入与输出信号都是取值离散的时间函数;而连续信道是指输入和输出信号都是取值连续的时间函数。下面分别讨论这两种信道的信道容量。

4.6.1 离散信道的信道容量

离散信道模型如图 4.28 所示。图 4.28(a)是无噪声信道,$P(x_i)$ 表示发送符号 x_i 的概率,$P(y_i)$ 表示收到符号 y_i 的概率,$P(y_i/x_i)$ 是转移概率。这里 $i=1,2,\cdots,n$。由于信道无噪声,故它的输入与输出一一对应,即 $P(x_i)$ 与 $P(y_i)$ 相同。图 4.28(b)是有噪声信道。$P(x_i)$ 是发送符号 x_i 的概率,$i=1,2,\cdots,n$;$P(y_j)$ 是收到符号 y_j 的概率,$j=1,2,\cdots,m$;$P(y_j/x_i)$ 或 $P(x_i/y_j)$ 是转移概率。在这种信道中,输出与输入之间成为随机对应的关系,可以用信道的条件概率来合理地描述信道干扰和信道的统计特性。

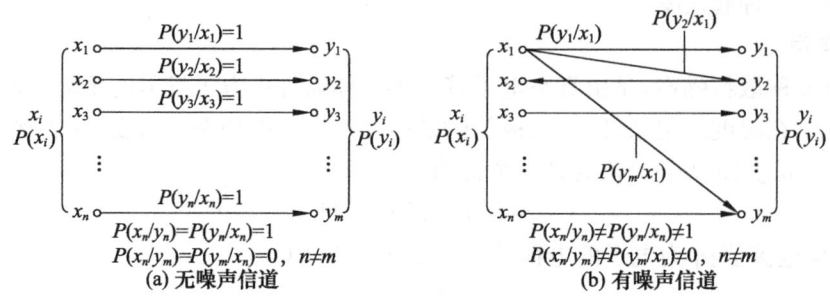

图 4.28 离散信道模型

于是,在有噪声信道中,不难得到发送符号为 x_i 而收到的符号为 y_i 时所获得的信息量。它等于未发送符号前对 x_i 的不确定程度减去收到符号 y_i 后对 x_i 的不确定程度,即

$$\text{发送 } x_i \text{ 收到 } y_i \text{ 时所获得的信息量} = -\log_2 P(x_i) + \log_2 P(x_i/y_i) \quad (4.6.1)$$

式中，$P(x_i)$为未发送符号前出现x_i的概率；$P(x_i/y_i)$为收到y_i而发送为x_i的条件概率。

对各x_i和y_i取统计平均，即对所有发送为x_i而收到为y_i的信息量取平均，则

$$\text{平均信息量/符号} = -\sum_{i=1}^{n} P(x_i) \log_2 P(x_i) - \left[-\sum_{j=1}^{m} P(y_j) \sum_{i=1}^{n} P(x_i/y_j) \log_2 P(x_i/y_j)\right]$$
$$= H(x) - H(x/y) \tag{4.6.2}$$

式中，$H(x)$为发送的每个符号的平均信息量；$H(x/y)$为发送符号在有噪声信道中传输平均丢失的信息量，或当输出符号已知时输入符号的平均信息量。

为了表明信道传输的能力，引用信息传输速率的概念。所谓信息传输速率，是指信道在单位时间内所传输的平均信息量，并用R表示，即

$$R = H_t(x) - H_t(x/y) \tag{4.6.3}$$

式中，$H_t(x)$为单位时间内信息源发出的平均信息量，或称信息源的信息速率；$H_t(x/y)$为单位时间内对发送x而收到y的条件平均信息量。

设单位时间传送的符号数为r，则

$$H_t(x) = rH(x) \tag{4.6.4}$$
$$H_t(x/y) = rH(x/y) \tag{4.6.5}$$

于是得到

$$R = r[H(x) - H(x/y)] \tag{4.6.6}$$

该式表示有噪声时信道中信息传输速率等于每秒内信息源发送的信息量与信道不确定性而引起丢失的那部分信息量之差。

显然，在无噪声时，信道不存在不确定性，即$H(x/y) = 0$。这时，信道传输信息的速率等于信息源的信息速率，即

$$R = rH(x) \tag{4.6.7}$$

如果噪声很大，$H(x/y) \to H(x)$，则信道传输信息的速率为$R \to 0$。

信道容量是指信道的极限传输能力。我们把信道无差错传输信息的最大信息速率R称为信道容量，记之为C，即

$$C = \max_{[P(x)]} R = \max_{[P(x)]} [H_t(x) - H_t(x/y)] \tag{4.6.8}$$

式中，max表示对所有可能的输入概率分布来说的最大值。

4.6.2 连续信道的信道容量

在连续信道中，假设信道的带宽为B(Hz)，信道输出的信号平均功率为S(W)及输出加性高斯白噪声平均功率为N(W)，该信道的信道容量为

$$C = B\log_2\left(1 + \frac{S}{N}\right)(\text{bit/s}) \tag{4.6.9}$$

式(4.6.9)就是著名的香农(Shannon)公式。它表明了当信号与作用在信道上的起伏噪声的平均功率给定时，在具有一定频带宽度B的信道上，理论上单位时间内可能传输的信息量的极限数值。

由于噪声功率N与信道带宽B有关，故若噪声单边功率频谱密度为n_0，则噪声功率N等于$n_0 B$。因此，香农公式的另一形式为

$$C = B\log_2\left(1 + \frac{S}{n_0 B}\right)(\text{bit/s}) \tag{4.6.10}$$

由式(4.6.10)可见，一个连续信道的信道容量受"三要素"——B、n_0、S的限制。只要这3个要素确定，则信道容量也就随之确定。

现在来讨论信道容量 C 与"三要素"之间的关系：

① 若提高信噪比 S/N，则信道容量 C 也提高；

② 若 $n_0 \to 0$，则 $C \to \infty$，这意味着无干扰信道容量为无穷大；

③ 若增加信道带宽 B，则信道容量 C 也增加，但不能无限制地增加，即当 $B \to \infty$ 时，$C \to 1.44 \dfrac{S}{n_0}$；

④ C 一定时，B 与 S/N 可进行互换；

⑤ 若信息源的信息速率 R 小于或等于信道容量 C，则理论上可实现无误差（任意小的差错率）传输。若 $R>C$，则不可能实现无误差传输。

通常，把实现了极限信息速率传输（达到信道容量值）且能做到任意小差错率的通信系统，称为理想通信系统。但是，香农定理只证明了理想通信系统的"存在性"，却没有指出这种通信系统的实现方法。因此，理想通信系统通常只能作为实际系统的理论界限。另外，上述讨论都是在信道噪声为高斯白噪声的前提下进行的，对于其他类型的噪声，需要对香农公式加以修正。

【例 4.6.1】 应用上述概念来计算传输电视图像信号时所需的带宽。

每帧电视图像可以大致认为由 3×10^5 个像素组成。对于一般要求的对比度，每个像素大约取 10 个可辨别的亮度电平（例如，对应黑色、深灰色、浅灰色、白色等）。现假设对于任何像素，10 个亮度电平是等概率出现的，每秒发送 30 帧图像；还已知，为了满意地重现图像，要求信噪比 S/N 为 1000（30dB）。在这种条件下，计算传输上述信号所需的带宽。

首先计算每个像素所含的信息量。因为每一像素能以等概率取 10 个亮度电平，所以每个像素的信息量为 $\log_2 10 = 3.32 \text{bit}$。每帧图像的信息量为 $3 \times 10^5 \times 3.32 = 9.96 \times 10^5 \text{bit}$；又因为每秒有 30 帧，所以每秒内传送的信息量为 $9.96 \times 10^5 \times 30 = 29.9 \times 10^6 \text{bit}$。显然，这就是需要传送的信息速率。为了传输这个信号，信道容量 C 至少必须等于 $29.9 \times 10^6 \text{bit/s}$，因为已知 $S/N = 1000$，因此，将 C、S/N 代入式(4.6.10)，可得所需信道的传输带宽 B 为

$$B \geqslant \frac{C}{\log_2(1+S/N)} \approx \frac{29.9 \times 10^6}{\log_2 1000} = 3.02 \times 10^6 \text{(Hz)}$$

可见，所求带宽 B 至少约为 3MHz。

习　题　4

4.1　恒参信道的幅频特性和相频特性分别为

$$\begin{cases} |H(\omega)| = K_0 \\ \varphi(\omega) = -\omega t_d \end{cases}$$

其中，K_0、t_d 都是常数。试确定信号 $f(t)$ 通过该信道后的输出信号的时域表示式，并讨论之。

4.2　假定某恒参信道的传输特性具有幅频特性，但无相位失真，它的传递函数可写成

$$H(\omega) = K(1 + a\cos\omega T_0) e^{-j\omega t_d}$$

其中，K、a、T_0 和 t_d 均为常数。试求脉冲信号通过该信道后的输出波形（用 $S(t)$ 来表示）。

4.3　一信号 $s(t) = A\cos\Omega t \cos\omega_0 t$ 通过衰减为固定常数值、存在相移的网络，试证明：若 $\omega_0 \gg \Omega$，且 $\omega_0 \pm \Omega$ 附近的相频特性可近似为线性，则该网络对 $s(t)$ 的迟延等于它的包络的迟延（这一原理常用于测量群迟延特性）。

4.4　设某恒参信道的传输特性为

$$H(\omega) = (1 + \cos\omega T_0) e^{-j\omega t_d}$$

其中，t_d 为常数。试确定信号 $f(t)$ 通过该信道后的输出信号表示式，并讨论之。

4.5　如题图 4.1 所示的传号和空号之间的数字信号通过一随参信道，已知接收信号是通过该信道两条路径的信号之和。设两径的传输衰减相等（均为 d_0），且时延差 $\tau = T/4$。试画出接收信号的波形示意图。

4.6　设某一恒参信道可用题图 4.2 所示的线性二端网络来等效。求它的传输函数 $H(\omega)$，并说明信号通过

该信道时会产生哪些失真。

4.7 将均值为零,功率谱密度为 $n_0/2$ 的高斯白噪声加入如题图4.3所示的低通滤波器的输入端,求输出噪声的功率谱密度及其自相关函数。

题图 4.1　　　　题图 4.2　　　　题图 4.3

4.8 假设某随参信道的两径时延差 τ 为 1ms,试求该信道在哪些频率上传输损耗最大?选用哪些频率传输信号最有利?

4.9 设某随参信道的最大多径时延差等于 3ms,为了避免发生选择性衰落,试估算在该信道上传输的数字信号的码元脉冲宽度。

4.10 有两个恒参信道,其等效模型分别如题图 4.4(a)、(b)所示,试求这两个信道的群迟延特性,画出它们的群迟延曲线,并说明信号通过它们时有无群迟延失真。

4.11 二进制无记忆编码信道模型如题图 4.5 所示,如果码元传输速率为 1000B,且 $p(x_1)=p(x_2)=1/2$,求信道传输信息的速率。

题图 4.4　　　　　　　　　题图 4.5

4.12 设高斯信道的带宽为 4kHz,信噪比为 63,试确定利用这种信道的理想通信系统的信息传输速率和差错率。

4.13 某一待传输的图片约含 $2.25×10^6$ 个像素。为了很好地重现图片,需要 12 个亮度电平。假设所有这些亮度电平等概率出现,试计算用 3min 传送一张图片时所需的信道带宽(设信道中信噪比为 20dB)。

4.14 已知每帧彩色电视图像由 $5×10^5$ 个像素组成,设每个像素有 64 种彩色度,每种彩色度有 16 个亮度等级。假设所有彩色度和亮度等级的组合机会均等,并统计独立。

(1) 试计算每秒传送 100 帧画面所需的容量。

(2) 如果接收机的信噪比为 30dB,为了传送彩色图像所需信道带宽为多少?(注:$\log_2 x = 3.32 \lg x$)

4.15 计算机终端通过电话信道传输数据,电话信道带宽为 3.2kHz,信道输出信噪比 $S/N=30$dB,该终端输出 256 个符号,且各符号相互独立,等概率出现。试求:

(1) 信道容量;

(2) 无误码传输的最高码元速率。

4.16 假设在一个信道中采用二进制方式传送数据,码元速率为 2000B,信道带宽为 4000Hz,为了保证差错率 $p_b \leqslant C$,要求信道输出信噪比 $S/N \geqslant 31$(约合 15dB),试估计该系统的潜力。(系统潜力即为实际系统传输信息的速率与该系统信道容量的比值,比值越小,潜力越大。)

4.17 已知某信道无差错传输的最大信息速率为 R_{max},信道的带宽为 $B=R_{max}/2$,设信道中噪声为高斯白噪声,单边功率谱密度为 n_0(W/Hz),试求此时系统中信号的平均功率。

4.18 已知电话信道的带宽为 3.4kHz,试求:

(1) 接收端信噪比为 30dB 时的信道容量;

(2) 若要求信道能传输 4800bit/s 的数据,则接收端要求的最小信噪比为多少?

第5章 模拟调制系统

5.1 引　　言

所谓调制,就是在发送端将所要传送的基带信号"附加"在高频振荡信号上,也就是使高频振荡信号的某一个或几个参数随基带信号的变化规律而变化。这里,原始基带信号称为调制信号;高频振荡信号就是携带信息的"运载工具",称为载波,也称为被调制信号;经过调制的高频振荡信号称为已调信号。在接收端,则需要把载波携带的信号提取出来,从而得到原基带信号。这个过程实际上是调制的逆过程,称为解调。调制与解调的本质实际上是频谱的搬移。

调制可分为两大类,一类是用高频正弦信号作为载波的正弦波调制,另一类是用脉冲串构成一组信号作为载波的脉冲调制。通常,正弦波调制又分为模拟调制和数字调制两种。所谓模拟调制,就是调制信号为连续型的模拟信号;数字调制是调制信号为脉冲型的数字信号。脉冲调制也分为脉冲模拟调制和脉冲数字调制。本章主要讨论以正弦信号作为载波的模拟调制。

正弦波有3个参数:振幅、频率和相位,根据调制信号所控制参数的不同,模拟连续波调制可分为调幅、调频和调相。

根据频谱特性的不同,通常可把调幅分为标准调制(AM)、抑制载波的双边带调制(DSB-SC,以下简称 DSB)、单边带调制(SSB)和残留边带调制(VSB)等。而调频和调相都会使载波的相位偏移发生变化,因此两者又统称为角度调制。

5.2　幅度调制与解调

5.2.1　标准调制

1. AM 信号的波形及频谱

幅度调制是用调制信号去控制高频载波信号的振幅,使其随调制信号呈线性变化的过程。

在 AM 调制中,调制信号 $m(t)$ 含有直流分量 m_0。加入直流后,信号可表示为直流分量 m_0 与交流分量 $m'(t)$ 之和,即

$$m(t) = m_0 + m'(t) \tag{5.2.1}$$

载波为

$$s(t) = A_c \cos(\omega_c t + \varphi_0) \tag{5.2.2}$$

式中,A_c 为载波的幅度;ω_c 为载波角频率;φ_0 为载波的初始相位。

根据定义,标准调幅波的时域表示式为

$$\begin{aligned} s_{AM}(t) &= [m_0 + m'(t)]\cos(\omega_c t + \varphi_0) \\ &= m_0 \cos(\omega_c t + \varphi_0) + m'(t)\cos(\omega_c t + \varphi_0) \end{aligned} \tag{5.2.3}$$

所对应的频域表示式为

$$S_{AM}(\omega) = \pi m_0 [\delta(\omega - \omega_c) + \delta(\omega + \omega_c)] + \frac{1}{2}[M'(\omega - \omega_c) + M'(\omega + \omega_c)] \text{(设 } \varphi_0 = 0) \tag{5.2.4}$$

式中,$m'(t) \leftrightarrow M'(\omega)$。AM 信号的波形和频谱如图 5.1 所示。

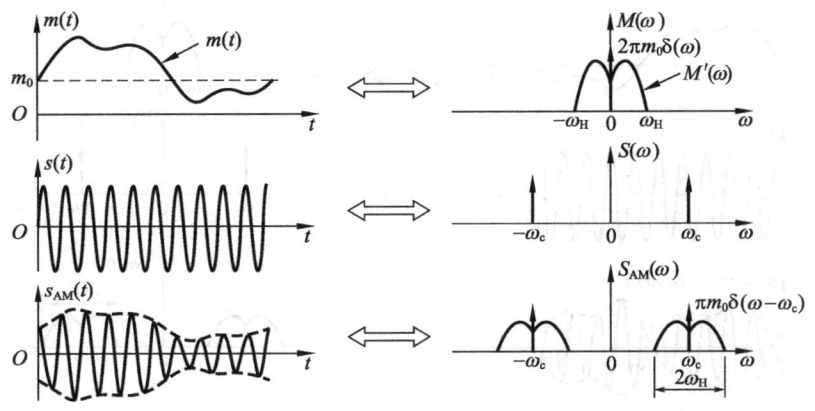

图 5.1 AM 信号的波形和频谱图

从图 5.1 可以看出,AM 信号的频谱 $S_{AM}(\omega)$ 由载频分量和上、下两个边带组成。其中,边带的频谱结构与原调制信号的频谱结构相同。所以,AM 信号所占的频带带宽 B_{AM} 是调制信号最高频率 f_H 的 2 倍,即 $B_{AM}=2f_H$。

2. AM 信号的产生

因为 $s_{AM}(t)=[m_0+m'(t)]\cos(\omega_c t+\varphi_0)$,所以,AM 信号也可以看成是将交变调制信号 $m'(t)$ 与直流信号 m_0 相加然后与 $\cos(\omega_c t+\varphi_0)$ 进行乘法运算而获得的。故标准调幅波 AM 信号产生的数学模型如图 5.2 所示。

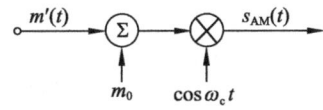

图 5.2 AM 信号产生的数学模型

5.2.2 抑制载波双边带调制

AM 调制最突出的优点是能采用包络解调(非相干解调),因此 AM 调制的接收机非常简单,在公共电台广播中常常采用 AM 调制。但是 AM 调制的效率很低,因为 AM 信号中存在不携带信息的载波分量。为了提高调制效率,可将不携带信息的载波分量抑制掉,而仅传输携带信息的两个边带,这就是抑制载波双边带调制(DSB)。

1. DSB 信号的波形与频谱

如果输入的基带信号没有直流分量,即令式(5.2.3)中 $m_0=0$,便得到 DSB 信号的时域表达式

$$s_{DSB}(t)=m(t)\cos\omega_c t \tag{5.2.5}$$

所对应的频域表示式为

$$S_{DSB}(\omega)=\frac{1}{2}[M(\omega-\omega_c)+M(\omega+\omega_c)] \tag{5.2.6}$$

其波形和频谱图如图 5.3 所示。

DSB 信号的特点:时域波形在调制信号过零处有反相点;频域无载频分量,只有上、下两个边带。

不难推知,DSB 信号所占据的频带宽度与标准调幅波完全相同,也为最高调制频率的 2 倍,即 $B_{DSB}=2f_H$。

2. DSB 信号的产生

根据式(5.2.5)可以得到 DSB 信号产生的数学模型,如图 5.4 所示。

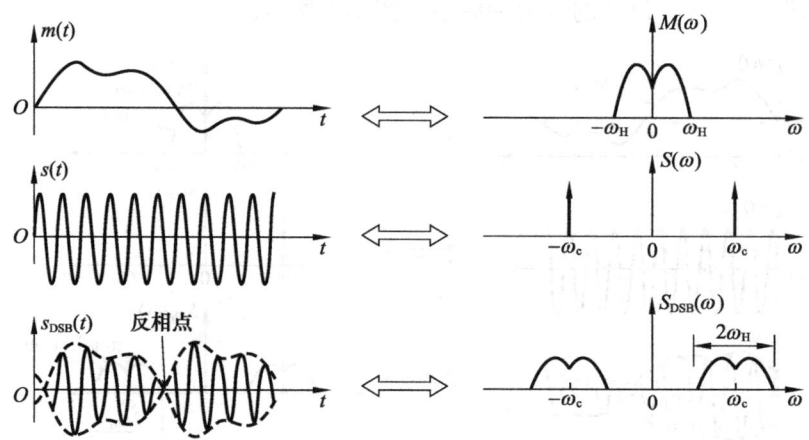

图 5.3 DSB 信号的波形和频谱图

由式(5.2.5)可知,DSB 信号的产生实际是完成一次乘法运算,因此一般的乘法器就能用来产生 DSB 信号。常用的模拟乘法器集成电路有 MC1496、MC1596 等,图 5.5 所示为使用 MC1496 芯片产生 DSB 信号的电路图。

图 5.4 DSB 信号产生的数学模型　　图 5.5 MC1496 芯片产生 DSB 信号的电路图

5.2.3 单边带调制

从信息传输的角度来考虑,由于双边带信号的两个边带完全对称,所含信息重复,因此传输两个边带对信道带宽是一种浪费,只传输一个边带就够了。这种只传送一个边带的调制方式称为单边带调制(SSB)。

单边带调制按所选取边带的不同,可以分为上边带调制和下边带调制两种。单边带信号产生的数学模型如图 5.6 所示。

1. SSB 信号的时域与频域表示式

SSB 信号的时域表示式一般需要借助希尔伯特(Hilbert)变换来表述。现以形成下边带的单边带调制为例来说明单边带信号的产生过程。

由图 5.6 可见,下边带 SSB 信号可以由一个 DSB 信号通过图 5.7(b)所示的低通滤波器获得。若令此单边带信号的频谱为

$$S_{SSB}(\omega)=\frac{1}{2}[M(\omega-\omega_c)+M(\omega+\omega_c)]H_{SSB}(\omega) \qquad (5.2.7)$$

图 5.6 SSB 信号产生的数学模型　　　　图 5.7 形成 SSB 信号的滤波特性

式中

$$H_{SSB}(\omega) = \frac{1}{2}[\mathrm{sgn}(\omega+\omega_c) - \mathrm{sgn}(\omega-\omega_c)] \quad (5.2.8)$$

$$\mathrm{sgn}(\omega) = \begin{cases} +1, & \omega \geqslant 0 \\ -1, & \omega < 0 \end{cases}$$

这就是图 5.7(b) 所示的滤波器特性。

将式(5.2.8)代入式(5.2.7),可得

$$S_{SSB}(\omega) = \frac{1}{4}[M(\omega+\omega_c) + M(\omega-\omega_c)] +$$

$$\frac{1}{4}[M(\omega+\omega_c)\mathrm{sgn}(\omega+\omega_c) - M(\omega-\omega_c)\mathrm{sgn}(\omega-\omega_c)] \quad (5.2.9)$$

由于

$$\frac{1}{4}[M(\omega+\omega_c) + M(\omega-\omega_c)] \leftrightarrow \frac{1}{2}m(t)\cos\omega_c t \quad (5.2.10)$$

因此

$$\frac{1}{4}[M(\omega+\omega_c)\mathrm{sgn}(\omega+\omega_c) - M(\omega-\omega_c)\mathrm{sgn}(\omega-\omega_c)] \leftrightarrow \frac{1}{2}\hat{m}(t)\sin\omega_c t \quad (5.2.11)$$

式中,$\hat{m}(t)$ 是 $m(t)$ 的希尔伯特变换。故可得下边带 SSB 信号的时域表示式为

$$s_{SSB下}(t) = \frac{1}{2}m(t)\cos\omega_c t + \frac{1}{2}\hat{m}(t)\sin\omega_c t \quad (5.2.12)$$

同理,可得上边带 SSB 信号的时域表示式为

$$s_{SSB上}(t) = \frac{1}{2}m(t)\cos\omega_c t - \frac{1}{2}\hat{m}(t)\sin\omega_c t \quad (5.2.13)$$

将以上两个式子合并,则为

$$s_{SSB}(t) = \frac{1}{2}m(t)\cos\omega_c t \mp \frac{1}{2}\hat{m}(t)\sin\omega_c t \quad (5.2.14)$$

式中,"—"号表示上边带,"+"号表示下边带。

单边带信号的频谱如图 5.8 所示。

2. SSB 信号的产生

SSB 信号的产生方法有很多,其中最基本的方法有滤波法和相移法,下面分别介绍。

(1) 滤波法

滤波法产生 SSB 信号前面已介绍过了。从图 5.7 可以看出,频率较低时滤波器的锐截止特性易实现,频率较高时的 SSB 信号要想通过一个边带而滤除另一个边带,就对滤波器提出了严格的要求。可采用多次调制,使载波频率逐步提高到所需要的数值。

(2) 相移法

根据式(5.2.14),可以画出产生 SSB 信号的框图,如图 5.9 所示。

图 5.8 SSB 信号的频谱

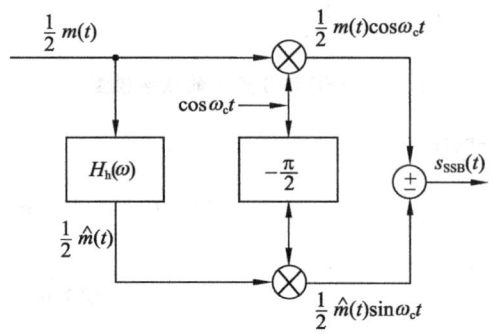

图 5.9 相移法产生 SSB 信号的框图

相移法的优点:可将两个相距很近的边带分开;不需多次调制;省掉了复杂的滤波器;由于不采用边带滤波器,在进行载频选择时受到的限制较小,因此可以在较高的频率上形成。

相移法的缺点:将 $m(t)$ 信号中所有频率分量都能准确地移相 90°,制作这样的宽带移相器是相当困难的。采用相移滤波合成法可以比较好地解决这个问题。

图 5.10 MAX2452 内部电路

相移法 SSB 调制目前已有专用的集成电路芯片,如美国 Maxim 公司的 MAX2452,其内部电路如图 5.10 所示。由图可知,载频振荡信号一路除以 2 以后直接送乘法器,另一路除以 2 并移相 90°以后送另一个乘法器。MAX2452 的 I、Q 端为调制信号输入端。如果将音频基带调制信号一路直接送入 I 端,另一路经 RC 移相网络移相 90°以后送入 Q 端,则为相移法产生 SSB 信号的情况;如果将音频基带调制信号先经过一次相乘滤波后,分别送入 I、Q 端,则为相移滤波合成法产生 SSB 信号的情况。

5.2.4 残留边带调制

由以上分析可知,双边带信号浪费边带,而产生单边带信号所需要的具有锐截止特性的滤波器不容易实现,这样就产生了残留边带调制。这种调制方法是介于 SSB 和 DSB 之间的一个折中方案。在这种调制中,一个边带几乎完全通过,而另一个边带只有少量通过(或叫残留)。为了保证残留边带在解调时不失真,要求残留边带滤波器的特性为:在 $|\omega_c|$ 附近具有滚降特性,且要求这段特性对 $|\omega_c|$ 点具有互补滚降特性(奇对称,又称中心对称),而在边带范围内其他处是平坦的。这种调制方法称为残留边带调制(VSB)。

如图 5.11 所示,VSB 信号的产生是由 DSB 波形通过一个合适的残留边带滤波器 $H_{VSB}(\omega)$ 来完成的,即

$$S_{VSB}(\omega) = \frac{1}{2}[M(\omega+\omega_c)+M(\omega-\omega_c)]H_{VSB}(\omega) \tag{5.2.15}$$

为了在接收端准确地恢复原基带信号,要求残留边带滤波器特性必须满足

$$H_{VSB}(\omega+\omega_c)+H_{VSB}(\omega-\omega_c)=c, \quad |\omega|<\omega_H \tag{5.2.16}$$

式中,c 为常数;ω_H 是基带信号的截止角频率。残留边带滤波器特性如图 5.12 所示。

图 5.11 滤波法产生 VSB 信号

(a) 残留部分上边带滤波器特性　　(b) 残留部分下边带滤波器特性

图 5.12 残留边带滤波器特性

5.2.5 调幅系统的解调

根据输入的调幅信号的不同特点,解调电路可分为两大类,即非相干解调和相干解调。

非相干解调就是在接收端解调信号时不需要本地载波,而是利用已调信号中的包络信息来恢复原始信号。因此,非相干解调一般只适用 AM 信号的解调。AM 信号非相干解调方法通常有 3 种:一是平方律检波;二是整流检波;三是包络检波。这 3 种方法已在高频电路中做过详细讨论,在此不再叙述。

相干解调的特点是在接收端必须有一个频率和相位都与发送端载波相同的本地载波。相干解调适用于各种调幅系统,它的一般数学模型如图 5.13 所示。

图 5.13 幅度调制信号相干解调的一般数学模型

下面以 DSB 信号为例说明相干解调的过程。设已调信号为

$$s_{DSB}(t)=m(t)\cos(\omega_c t+\varphi_0)$$

乘法器输出

$$p(t)=m(t)\cos(\omega_c t+\varphi_0)\cos(\omega_c t+\varphi)$$
$$=\frac{1}{2}m(t)\cos(\varphi_0-\varphi)+\frac{1}{2}m(t)\cos(2\omega_c t+\varphi_0+\varphi) \tag{5.2.17}$$

通过低通滤波器后

$$m_o(t)=\frac{1}{2}m(t)\cos(\varphi_0-\varphi) \tag{5.2.18}$$

当 $\varphi=\varphi_0=$ 常数时,得

$$m_o(t)=\frac{1}{2}m(t) \tag{5.2.19}$$

由上面推导可知,只有当本地载波与接收的已调信号同频同相时,信号才能正确地恢复,否则就会产生失真。

AM、SSB 信号均可采用相干解调方法,其原理完全与 DSB 信号的相同。

VSB 信号的解调方法有相干解调和非相干解调两种。在电视信号发送中使用了 VSB 调制,并与大载波一起进行发送,这就使得在接收机中可以使用简单的包络检波器来进行解调。

5.3 线性调制系统的抗噪声性能

5.3.1 通信系统抗噪声性能的分析模型

有加性噪声时的解调系统的数学模型如图 5.14 所示。本节将着重讨论在噪声干扰的背景

下,各种调幅系统的抗噪声性能。

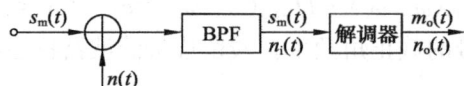

图 5.14　有加性噪声时的解调系统的数学模型

调制系统的抗噪声性能主要由解调器的抗噪声性能来衡量。讨论它们的抗噪声性能通常采用信噪比增益 G 来表示,即

$$G = \frac{\text{输出信噪比}}{\text{输入信噪比}} = \frac{S_o/N_o}{S_i/N_i}$$

式中,S_i、S_o 分别表示解调器输入端和输出端有用信号的平均功率;N_i、N_o 分别表示解调器输入端和输出端的噪声功率。

G 越大,表明解调器的抗噪声性能越好。对于不同类型的调制系统,通常在解调器的输入端信号规律相同的情况下,用输出端信噪比的高低来衡量。

$s_m(t)$ 表示模型输入端的已调信号,$n(t)$ 表示加性白噪声。$s_m(t)$ 及 $n(t)$ 首先经过一带通滤波器,滤出有用信号,滤除带外噪声,这样使噪声 $n(t)$ 由白噪声变为窄带噪声 $n_i(t)$,然后经解调器解调。于是解调器输入端的噪声带宽就与已调信号的带宽相同。

对于不同的调幅系统,将有不同形式的信号 $s_m(t)$,但解调器输入端的噪声形式却都是相同的。由式(3.7.2)可知,高斯窄带噪声表示为

$$n_i(t) = n_c(t)\cos\omega_c t - n_s(t)\sin\omega_c t \tag{5.3.1}$$

或者写成

$$n_i(t) = V(t)\cos[\omega_c t + \theta(t)] \tag{5.3.2}$$

如果解调器输入噪声 $n_i(t)$ 的带宽为 B,其噪声双边功率谱密度为 $n_0/2$,则解调器输入端的噪声功率为

$$N_i = \overline{n_i^2(t)} = \overline{n_c^2(t)} = \overline{n_s^2(t)} = \frac{n_0}{2} \times B \times 2 = n_0 B \tag{5.3.3}$$

若将经解调器解调后得到的有用基带信号记为 $m_o(t)$,解调器输出噪声记为 $n_o(t)$,则解调器输出信号平均功率 S_o 与输出噪声 N_o 之比可表示为

$$\frac{S_o}{N_o} = \frac{\overline{m_o^2(t)}}{\overline{n_o^2(t)}} \tag{5.3.4}$$

解调器的信噪比增益为

$$G = \frac{S_o/N_o}{S_i/N_i} \tag{5.3.5}$$

5.3.2　线性调制系统相干解调的抗噪声性能

线性调制系统相干解调的数字模型如图 5.15 所示,下面分别讨论不同线性调制系统的抗噪声性能。

图 5.15　线性调制系统相干解调的数字模型

1. DSB 调制系统的性能

DSB 信号的时域表达式为

$$s_{\text{DSB}}(t) = m(t)\cos\omega_c t \tag{5.3.6}$$

则其平均功率为

$$S_i = \overline{s_{\text{DSB}}^2(t)} = \overline{[m(t)\cos\omega_c t]^2} = \frac{1}{2}\overline{m^2(t)} \tag{5.3.7}$$

因此解调器的输入信噪比为

$$\left(\frac{S_i}{N_i}\right)_{\text{DSB}} = \frac{\overline{m^2(t)}}{2n_0 B} \tag{5.3.8}$$

解调器输出端的信号为

$$m_o(t) = \frac{1}{2}m(t) \tag{5.3.9}$$

于是,输出端的信号平均功率为

$$S_o = \overline{m_o^2(t)} = \overline{\left[\frac{1}{2}m(t)\right]^2} = \frac{1}{4}\overline{m^2(t)} \tag{5.3.10}$$

为了计算解调器输出端的噪声功率,我们先求出相干解调的乘法器输出的噪声,即

$$n_i(t)\cos\omega_c t = [n_c(t)\cos\omega_c t - n_s(t)\sin\omega_c t]\cos\omega_c t$$
$$= \frac{1}{2}n_c(t) + \frac{1}{2}[n_c(t)\cos 2\omega_c t - n_s(t)\sin 2\omega_c t]$$

经低通滤波器滤除高频分量后,解调器输出端噪声为

$$n_o(t) = \frac{1}{2}n_c(t) \tag{5.3.11}$$

则解调器的输出噪声平均功率为

$$N_o = \overline{n_o^2(t)} = \frac{1}{4}\overline{n_c^2(t)} = \frac{1}{4}\overline{n_i^2(t)} = \frac{1}{4}N_i = \frac{1}{4}n_0 B \tag{5.3.12}$$

解调器的输出信噪比为

$$\left(\frac{S_o}{N_o}\right)_{\text{DSB}} = \frac{\frac{1}{4}\overline{m^2(t)}}{\frac{1}{4}N_i} = \frac{\overline{m^2(t)}}{N_i} \tag{5.3.13}$$

解调器的信噪比增益为

$$G_{\text{DSB}} = \frac{(S_o/N_o)_{\text{DSB}}}{(S_i/N_i)_{\text{DSB}}} = 2 \tag{5.3.14}$$

由此可见,对 DSB 调制系统来说,解调器输出端的信噪比是输入端信噪比的 2 倍。DSB 调制系统信噪比改善的原因可以解释如下:由于高斯窄带噪声不仅含有与 DSB 信号相同的同相分量,而且还有正交分量,经相干解调后,正交分量被抑制了,使得解调器输出端噪声功率降低了一半,因而产生了两倍的增益。

2. SSB 调制系统的性能

由于 SSB 信号的带宽是 DSB 信号带宽的一半,因此相干解调器之前带通滤波器的带宽也应是解调双边带时带宽的一半。

SSB 信号的时域表达式为

$$s_{\text{SSB}}(t) = \frac{1}{2}m(t)\cos\omega_c t \mp \frac{1}{2}\hat{m}(t)\sin\omega_c t$$

先以 SSB 信号的上边带为例,计算它在解调器输入端和输出端的平均信号功率。首先计算

单边带解调器的输入信号功率

$$S_i = \overline{s_{SSB上}^2(t)} = \overline{\left[\frac{1}{2}m(t)\cos\omega_c t - \frac{1}{2}\hat{m}(t)\sin\omega_c t\right]^2}$$
$$= \frac{1}{8}\overline{m^2(t)} + \frac{1}{8}\overline{\hat{m}^2(t)} \tag{5.3.15}$$

由于$\hat{m}(t)$是$m(t)$的希尔伯特变换,因此两者具有相同的平均功率,故上式变为

$$S_i = \frac{1}{8}\overline{m^2(t)} + \frac{1}{8}\overline{\hat{m}^2(t)} = \frac{1}{4}\overline{m^2(t)} \tag{5.3.16}$$

因此解调器的输入信噪比为

$$\left(\frac{S_i}{N_i}\right)_{SSB} = \frac{\frac{1}{4}\overline{m^2(t)}}{n_0 B} = \frac{\overline{m^2(t)}}{4n_0 B} \tag{5.3.17}$$

单边带信号经解调器的乘法器后输出为

$$s_{SSB上}(t)\cos\omega_c t = \left[\frac{1}{2}m(t)\cos\omega_c t - \frac{1}{2}\hat{m}(t)\sin\omega_c t\right]\cos\omega_c t$$
$$= \frac{1}{4}m(t) + \frac{1}{4}m(t)\cos2\omega_c t - \frac{1}{4}\hat{m}(t)\sin2\omega_c t$$

经低通滤波器,后两项被滤除,解调器的最终输出为

$$m_o(t) = \frac{1}{4}m(t)$$

因此,解调器输出的基带信号平均功率为

$$S_o = \overline{m_o^2(t)} = \overline{\left[\frac{1}{4}m(t)\right]^2} = \frac{1}{16}\overline{m^2(t)} \tag{5.3.18}$$

单边带解调器输出端的噪声功率计算方法与双边带的计算方法相同,其表达式也为

$$N_o = \frac{1}{4}N_i = \frac{1}{4}n_0 B \tag{5.3.19}$$

不过,式中的B是单边带的带通滤波器的带宽。因此解调器的输出信噪比为

$$\left(\frac{S_o}{N_o}\right)_{SSB} = \frac{\frac{1}{16}\overline{m^2(t)}}{\frac{1}{4}n_0 B} = \frac{\overline{m^2(t)}}{4n_0 B} \tag{5.3.20}$$

由此可得到解调器的信噪比增益为

$$G_{SSB} = \frac{(S_o/N_o)_{SSB}}{(S_i/N_i)_{SSB}} = 1 \tag{5.3.21}$$

可见,SSB信号通过相干解调后,信噪比并没有改善。原因是信号和噪声都有同相分量和正交分量,相干解调后,正交分量都被抑制掉,所以它们的平均功率也同时减少一半,结果导致了输出信噪比不变。

从上述两种调制系统信噪比增益来看,双边带系统信噪比是单边带系统信噪比的2倍,因而会误认为双边带性能优于单边带,其实,双边带系统的输入信号功率为单边带的2倍,故在同样的输入信号功率的条件下,单边带调制的输入信噪比是双边带调制的2倍,结果输出端信噪比是一样的。这就是说,从抗噪声的角度看,单边带的解调性能和双边带的解调性能是相同的。

3. AM 调制系统的性能

AM调制系统若采用相干解调,解调器的框图与图5.15相同。已调信号和高斯白噪声经过带通滤波器加到解调器的输入端,于是可以求出信号功率和噪声功率。

AM 信号的时域表示式为

$$s_{AM}(t)=[m_0+m'(t)]\cos\omega_c t \tag{5.3.22}$$

则其平均功率为

$$S_i=\overline{s_{AM}^2(t)}=\frac{1}{2}\overline{m'^2(t)}+\frac{1}{2}m_0^2 \tag{5.3.23}$$

因此解调器的输入信噪比为

$$\left(\frac{S_i}{N_i}\right)_{AM}=\frac{\frac{1}{2}[\overline{m'^2(t)}+m_0^2]}{n_0 B} \tag{5.3.24}$$

解调器输出端有用信号平均功率和噪声功率的分析方法与 DSB、SSB 调制系统的相同,其表示式分别为

$$S_o=\overline{m_o^2(t)}=\frac{1}{4}\overline{m'^2(t)} \tag{5.3.25}$$

$$N_o=\overline{n_o^2(t)}=\frac{1}{4}n_0 B \tag{5.3.26}$$

因此解调器的输出信噪比为

$$\left(\frac{S_o}{N_o}\right)_{AM}=\frac{\frac{1}{4}\overline{m'^2(t)}}{\frac{1}{4}n_0 B}=\frac{\overline{m'^2(t)}}{n_0 B} \tag{5.3.27}$$

进而可得到解调器的信噪比增益为

$$G_{AM}=\frac{(S_o/N_o)_{AM}}{(S_i/N_i)_{AM}}=\frac{2\times\overline{m'^2(t)}}{\overline{m'^2(t)}+m_0^2} \tag{5.3.28}$$

由上述可知,对 AM 调制系统来说,为了不产生过调幅而要求 $|m'(t)|_{max}\leqslant m_0$,AM 调制系统的信噪比增益 $G_{AM}\leqslant 1$。当调制信号为单一频率的正弦波,且在满调幅时,可求得 $G_{AM}=2/3$。由于 AM 调制系统中存在不含信息的载波分量 m_0,因此,在输入信号功率相同的情况下,AM 调制系统解调器输出端信噪比最多只有 DSB、SSB 调制系统的一半。

4. VSB 调制系统的性能

VSB 调制系统的抗噪声性能的分析与 DSB、SSB 调制系统的分析相似。但由于采用的残留边带滤波器的频率特性不同,因此抗噪声性能的计算是比较复杂的。在 VSB 调制系统的残留边带滤波器滚降范围不大的情况下,可以近似地认为与 SSB 调制系统的抗噪声性能相同。

5.3.3 线性调制系统非相干解调的抗噪声性能

AM 信号最常用的解调方法是包络检波器,属于非相干解调器的一种。有噪声时包络检波器的数学模型如图 5.16 所示。

图 5.16 有噪声时包络检波器的数学模型

信号和高斯白噪声通过带通滤波器,加到包络检波器输入端,即

$$s_i(t)=[m_0+m'(t)]\cos\omega_c t \tag{5.3.29}$$

$$n_i(t)=n_c(t)\cos\omega_c t-n_s(t)\sin\omega_c t \tag{5.3.30}$$

检波器输入端的信号平均功率和噪声功率分别为

$$S_\mathrm{i} = \frac{1}{2}\overline{m'^2(t)} + \frac{1}{2}m_0^2 \tag{5.3.31}$$

$$N_\mathrm{i} = \overline{n_\mathrm{i}^2(t)} = n_0 B \tag{5.3.32}$$

因此解调器的输入信噪比为

$$\left(\frac{S_\mathrm{i}}{N_\mathrm{i}}\right)_\mathrm{AM} = \frac{\frac{1}{2}\left[\overline{m'^2(t)} + m_0^2\right]}{n_0 B} \tag{5.3.33}$$

现在讨论包络检波器输出端的信号功率和噪声功率。由于采用包络检波器作为解调器,因此要先求出解调器之前的信号和噪声的合成包络。

$$\begin{aligned}
s_\mathrm{i}(t) + n_\mathrm{i}(t) &= [m_0 + m'(t)]\cos\omega_\mathrm{c}t + n_\mathrm{c}(t)\cos\omega_\mathrm{c}t - n_\mathrm{s}(t)\sin\omega_\mathrm{c}t \\
&= [m_0 + m'(t) + n_\mathrm{c}(t)]\cos\omega_\mathrm{c}t - n_\mathrm{s}(t)\sin\omega_\mathrm{c}t \\
&= E(t)[\cos\omega_\mathrm{c}t + \varphi(t)]
\end{aligned}$$

其中

$$E(t) = \sqrt{[m_0 + m'(t) + n_\mathrm{c}(t)]^2 + n_\mathrm{s}^2(t)} \tag{5.3.34}$$

$$\varphi(t) = \arctan\left[\frac{n_\mathrm{s}(t)}{m_0 + m'(t) + n_\mathrm{c}(t)}\right] \tag{5.3.35}$$

显然,$E(t)$ 便是所求的合成包络,而 $\varphi(t)$ 则是相位。当包络检波器的传输系数 $K_\mathrm{d} \approx 1$ 时,则检波器的输出就是 $E(t)$。

现在分以下两种情况进行讨论。

(1) 大信噪比情况

所谓大信噪比是指满足下列条件,即

$$|m_0 + m'(t)| \gg \sqrt{n_\mathrm{c}^2(t) + n_\mathrm{s}^2(t)}$$

于是,式(5.3.34)可变为

$$\begin{aligned}
E(t) &= \sqrt{[m_0 + m'(t)]^2 + 2[m_0 + m'(t)]n_\mathrm{c}(t) + n_\mathrm{c}^2(t) + n_\mathrm{s}^2(t)} \\
&\approx \sqrt{[m_0 + m'(t)]^2 + 2[m_0 + m'(t)]n_\mathrm{c}(t)} \\
&= [m_0 + m'(t)]\left[1 + \frac{2n_\mathrm{c}(t)}{m_0 + m'(t)}\right]^{\frac{1}{2}}
\end{aligned} \tag{5.3.36}$$

利用近似公式

$$(1+x)^{1/2} \approx 1 + \frac{x}{2}, \quad |x| \ll 1$$

式(5.3.36)可进一步化简得

$$E(t) \approx [m_0 + m'(t)]\left[1 + \frac{n_\mathrm{c}(t)}{m_0 + m'(t)}\right] = m_0 + m'(t) + n_\mathrm{c}(t) \tag{5.3.37}$$

滤除直流成分 m_0 后,包络检波器则输出有用信号 $m'(t)$ 和噪声 $n_\mathrm{c}(t)$,故输出的信号平均功率和噪声平均功率分别为

$$S_\mathrm{o} = \overline{m'^2(t)} \tag{5.3.38}$$

$$N_\mathrm{o} = \overline{n_\mathrm{c}^2(t)} = \overline{n_\mathrm{i}^2(t)} = n_0 B \tag{5.3.39}$$

因此检波器的输出信噪比为

$$\left(\frac{S_\mathrm{o}}{N_\mathrm{o}}\right)_\mathrm{AM} = \frac{\overline{m'^2(t)}}{n_0 B} \tag{5.3.40}$$

由此可得到包络检波器的信噪比增益为

$$G_{\text{AM}} = \frac{(S_o/N_o)_{\text{AM}}}{(S_i/N_i)_{\text{AM}}} = \frac{2\overline{m'^2(t)}}{m_0^2 + \overline{m'^2(t)}} \tag{5.3.41}$$

将式(5.3.41)与式(5.3.28)进行比较，可以看出，两者的 G_{AM} 表示式形式完全一样。这说明：标准调幅系统采用包络检波，在大信噪比情况下，与相干解调时的性能几乎一样。

(2) 小信噪比情况

所谓小信噪比是指满足下列条件，即

$$|m_0 + m'(t)| \ll \sqrt{n_c^2(t) + n_s^2(t)}$$

式(5.3.34)可变为

$$\begin{aligned} E(t) &\approx \sqrt{n_c^2(t) + n_s^2(t) + 2[m_0 + m'(t)]n_c(t)} \\ &= \sqrt{[n_c^2(t) + n_s^2(t)]\left\{1 + \frac{2n_c(t)[m_0 + m'(t)]}{n_c^2(t) + n_s^2(t)}\right\}} \\ &= R(t)\sqrt{1 + \frac{2[m_0 + m'(t)]}{R(t)}\cos\theta(t)} \end{aligned} \tag{5.3.42}$$

其中，$R(t)$、$\theta(t)$ 分别代表噪声 $n_i(t)$ 的包络及相位，有

$$R(t) = \sqrt{n_c^2(t) + n_s^2(t)},\ \theta(t) = \arctan\frac{n_s(t)}{n_c(t)},\ \cos\theta(t) = \frac{n_c(t)}{R(t)}$$

由于 $R(t) \gg |m_0 + m'(t)|$，因此仍利用近似公式 $(1+x)^{1/2} \approx 1 + \frac{x}{2}(|x| \ll 1)$，进一步把式(5.3.42)化简为

$$\begin{aligned} E(t) &\approx R(t)\left[1 + \frac{m_0 + m'(t)}{R(t)}\cos\theta(t)\right] \\ &= R(t) + [m_0 + m'(t)]\cos\theta(t) \end{aligned} \tag{5.3.43}$$

式(5.3.43)表明，在小信噪比情况下，包络检波器输出端没有单独的信号项，只有受到 $\cos\theta(t)$ 调制的 $m(t)\cos\theta(t)$ 项。由于 $\cos\theta(t)$ 是一个依赖于噪声变化的随机函数，故实际上它就是一个随机噪声，因而不能通过包络检波器来恢复信号。我们把在小信噪比情况下包络检波器无法提取信息的现象称为门限效应，通常用门限值表示。当输入信噪比低于这个值时，检波器噪声性能急剧下降，无法再进行解调。需要指出，门限效应是所有非相干解调都存在的一种性质，而在相干解调器中不存在这种效应，因此在噪声条件恶劣的情况下常采用相干解调。

5.4 角度调制

角度调制属非线性调制。所谓非线性是指已调信号频谱的结构与调制信号频谱相比，两者之间呈现出非线性变换关系。相反地，线性调制是指已调信号频谱是调制信号频谱在频率轴上的线性搬移，其频谱结构并未发生变化。

频率调制(FM)和相位调制(PM)都属于角度调制，但模拟相位调制应用较少，本节着重讨论频率调制与解调。

5.4.1 角度调制的基本概念

按照角度调制的定义，角调波的一般表示式可以写为

$$s_m(t) = A\cos\theta(t) \tag{5.4.1}$$

式中，A 为振幅，$\theta(t)$ 为瞬时相角。而瞬时频率 $\omega(t)$ 和瞬时相角 $\theta(t)$ 有如下关系

$$\omega(t)=\frac{\mathrm{d}\theta(t)}{\mathrm{d}t} \tag{5.4.2}$$

$$\theta(t)=\int \omega(t)\mathrm{d}t \tag{5.4.3}$$

1. 频率调制

按照调频的定义，频率调制（FM）就是载波的振幅保持不变，而瞬时频率与调制信号 $m(t)$ 呈线性关系，即

$$\omega_{\mathrm{FM}}(t)=\omega_{\mathrm{c}}+K_{\mathrm{F}}m(t) \tag{5.4.4}$$

式中，ω_{c} 为未调载波频率；K_{F} 为调频灵敏度（rad/s·V）。

FM 的瞬时相角为

$$\theta_{\mathrm{FM}}(t)=\int_{-\infty}^{t}\omega_{\mathrm{FM}}(\tau)\mathrm{d}\tau=\omega_{\mathrm{c}}t+K_{\mathrm{F}}\int_{-\infty}^{t}m(\tau)\mathrm{d}\tau \tag{5.4.5}$$

式(5.4.5)说明 FM 的瞬时相角与调制信号的积分呈线性关系。将式(5.4.5)代入式(5.4.1)可得 FM 波的时域表示式为

$$s_{\mathrm{FM}}(t)=A\cos\left[\omega_{\mathrm{c}}t+K_{\mathrm{F}}\int_{-\infty}^{t}m(\tau)\mathrm{d}\tau\right] \tag{5.4.6}$$

由式(5.4.4)可知，FM 波的最大角频偏为

$$\Delta\omega_{\mathrm{FM}}=K_{\mathrm{F}}\left|m(t)\right|_{\max} \tag{5.4.7}$$

由式(5.4.5)可知，FM 波的最大相偏为

$$\Delta\theta_{\mathrm{FM}}(t)=\left|K_{\mathrm{F}}\int_{-\infty}^{t}m(\tau)\mathrm{d}\tau\right|_{\max} \tag{5.4.8}$$

若调制信号为单一频率的正弦波，即

$$m(t)=A_{\mathrm{m}}\cos\omega_{\mathrm{m}}t$$

则 FM 波的表示式为

$$\begin{aligned}s_{\mathrm{FM}}(t)&=A\cos\left[\omega_{\mathrm{c}}t+K_{\mathrm{F}}\int_{-\infty}^{t}A_{\mathrm{m}}\cos\omega_{\mathrm{m}}\tau\mathrm{d}\tau\right]\\&=A\cos\left[\omega_{\mathrm{c}}t+\theta_{0}+\frac{A_{\mathrm{m}}K_{\mathrm{F}}}{\omega_{\mathrm{m}}}\sin\omega_{\mathrm{m}}t\right]\\&=A\cos[\omega_{\mathrm{c}}t+\theta_{0}+m_{f}\sin\omega_{\mathrm{m}}t]\end{aligned} \tag{5.4.9}$$

式中，$A_{\mathrm{m}}K_{\mathrm{F}}$ 为最大角频偏，记为 $\Delta\omega$；m_{f} 称为调频指数，表示为

$$m_{f}=\frac{K_{\mathrm{F}}A_{\mathrm{m}}}{\omega_{\mathrm{m}}}=\frac{\Delta\omega}{\omega_{\mathrm{m}}}=\frac{\Delta f}{f_{\mathrm{m}}} \tag{5.4.10}$$

2. 相位调制

按照调相定义，相位调制（PM）就是载波的振幅保持不变，而瞬时相角与调制信号 $m(t)$ 呈线性关系，即

$$\theta_{\mathrm{PM}}(t)=\omega_{\mathrm{c}}t+K_{\mathrm{P}}m(t) \tag{5.4.11}$$

于是，PM 波的时域表示式为

$$s_{\mathrm{PM}}(t)=A\cos[\omega_{\mathrm{c}}t+K_{\mathrm{P}}m(t)] \tag{5.4.12}$$

由式(5.4.11)还可得到 PM 波的瞬时频率为

$$\omega_{\mathrm{PM}}(t)=\frac{\mathrm{d}\theta_{\mathrm{PM}}(t)}{\mathrm{d}t}=\omega_{\mathrm{c}}+K_{\mathrm{P}}\frac{\mathrm{d}m(t)}{\mathrm{d}t} \tag{5.4.13}$$

式(5.4.13)说明 PM 波的瞬时频率 $\omega_{\mathrm{PM}}(t)$ 与调制信号 $m(t)$ 的微分呈线性关系。

调频波与调相波之间的关系:若把调制信号 $m(t)$ 先积分,然后进行调相,得到的恰好是 $m(t)$ 的调频波。同样,若把 $m(t)$ 先微分,然后去调频,得到的恰是 $m(t)$ 的调相波。由此可见,调频和调相并无本质上的区别。鉴于在实际应用中多采用 FM 波,下面将集中讨论频率调制。

5.4.2 窄带调频

如果调频波的最大相位偏移满足如下条件

$$\Delta\theta_{\text{FM}}(t) = \left| K_F \int_{-\infty}^{t} m(\tau)\mathrm{d}\tau \right|_{\max} \ll \frac{\pi}{6} \tag{5.4.14}$$

称为窄带调频(NBFM)。在这种情况下,调频波的频谱只占比较窄的频带宽度。

由上面分析可知,调频波的时域表示式为

$$s_{\text{FM}}(t) = A\cos\left[\omega_c t + K_F \int_{-\infty}^{t} m(\tau)\mathrm{d}\tau\right]$$

运用三角公式 $\cos(\alpha+\beta)=\cos\alpha\cos\beta-\sin\alpha\sin\beta$,则上式变为

$$s_{\text{FM}}(t) = A\cos\omega_c t \cdot \cos\left[K_F \int_{-\infty}^{t} m(\tau)\mathrm{d}\tau\right] - A\sin\omega_c t \cdot \sin\left[K_F \int_{-\infty}^{t} m(\tau)\mathrm{d}\tau\right] \tag{5.4.15}$$

由于 $K_F \left|\int_{-\infty}^{t} m(\tau)\mathrm{d}\tau\right|_{\max}$ 较小,运用公式 $\cos x \approx 1$ 和 $\sin x \approx x$,因此式(5.4.15)可简化为

$$s_{\text{FM}}(t) \approx A\cos\omega_c t - AK_F\sin\omega_c t \cdot \int_{-\infty}^{t} m(\tau)\mathrm{d}\tau \tag{5.4.16}$$

根据式(5.4.16)可以画出实现 NBFM 的数学模型,如图 5.17 所示。所对应的频谱为

$$S_{\text{NBFM}}(\omega) = \pi A[\delta(\omega-\omega_c)+\delta(\omega+\omega_c)] - \frac{AK_F}{2}\left[\frac{M(\omega+\omega_c)}{\omega+\omega_c} - \frac{M(\omega-\omega_c)}{\omega-\omega_c}\right] \tag{5.4.17}$$

图 5.17 实现 NBFM 的数学模型

将式(5.4.17)与式(5.2.4)进行比较,可看出 NBFM 与 AM 的频谱相类似,都包含载波和两个边带,且已调信号的带宽都为调制信号的 2 倍。两者的不同点是:NBFM 信号边带分量受到 $\frac{1}{\omega+\omega_c}$ 和 $\frac{1}{\omega-\omega_c}$ 的衰减,而 AM 信号只是将 $M(\omega)$ 在频率轴上进行线性搬移;NBFM 信号的两个边带的相位相差 180°,而在 AM 频谱中不存在相位反转;AM 调制只有幅度变化,却无角度变化,而可以认为 NBFM 只有角度变化,并无幅度变化。正因为有这几点区别,才形成了两种性质完全不同的已调波。

若调制信号为单一频率,即 $m(t)=A\cos\omega_m t$,且 $\theta_0=0$,则可求得 NBFM 的频谱为

$$S_{\text{NBFM}}(\omega) = \pi A[\delta(\omega-\omega_c)+\delta(\omega+\omega_c)] +$$

$$\frac{\pi A m_f}{2}[\delta(\omega-\omega_m-\omega_c)-\delta(\omega+\omega_m-\omega_c)] +$$

$$\frac{\pi A m_f}{2}[\delta(\omega+\omega_m+\omega_c)-\delta(\omega-\omega_m+\omega_c)] \tag{5.4.18}$$

NBFM 在无线电通信系统中主要用于业务通信、军用通信、业余通信等。一般取最大频偏为 1.5~15kHz,取信道宽度为 3~30kHz。另一个重要用途是数字通信中的频移键控。

5.4.3 宽带调频

如果调频波的最大相位偏移不满足式(5.4.14),则调频信号就不能像窄带调频那样简化为式(5.4.16)的形式,此时调制信号对载波进行频率调制将产生较大的频偏,使已调信号在传输时占用较宽的频带,因此称为宽带调频(WBFM)。

一般信号的宽带调频时域表示式非常复杂。为使分析简便,我们只研究单一频率宽带调频的情况,在此基础上再推广到调制信号为一般的情况。

1. 单频调制时 WBFM 的频域分析

由式(5.4.9)可知,在单频调制时调频波的表示式为

$$s_{FM}(t) = A\cos(\omega_c t + m_f \sin\omega_m t) \tag{5.4.19}$$

运用三角公式 $\cos(\alpha+\beta) = \cos\alpha\cos\beta - \sin\alpha\sin\beta$,则式(5.4.19)变为

$$s_{FM}(t) = A[\cos\omega_c t \cdot \cos(m_f \sin\omega_m t) - \sin\omega_c t \cdot \sin(m_f \sin\omega_m t)] \tag{5.4.20}$$

将上式中的两个因子展开成贝塞尔级数形式

$$\cos(m_f \sin\omega_m t) = J_0(m_f) + 2\sum_{n=1}^{\infty} J_{2n}(m_f)\cos 2n\omega_m t \tag{5.4.21}$$

$$\sin(m_f \sin\omega_m t) = 2\sum_{n=0}^{\infty} J_{2n-1}(m_f)\sin(2n-1)\omega_m t \tag{5.4.22}$$

式中,$J_n(m_f)$ 称为 n 阶第一类贝塞尔函数,它是调频指数 m_f 的函数。贝塞尔函数曲线如图 5.18 所示。

利用三角函数积化和差公式及贝塞尔函数性质有

$$J_n(m_f) = (-1)^n J_{-n}(m_f) \tag{5.4.23}$$

则可得到调频信号的三角级数形式为

$$\begin{aligned} s_{FM}(t) = & A\{J_0(m_f)\cos\omega_c t - J_1(m_f)[\cos(\omega_c - \omega_m)t - \cos(\omega_c + \omega_m)t]\} + \\ & A\{J_2(m_f)[\cos(\omega_c - 2\omega_m)t - \cos(\omega_c + 2\omega_m)t]\} + \\ & A\{-J_3(m_f)[\cos(\omega_c - 3\omega_m)t - \cos(\omega_c + 3\omega_m)t]\} + \\ & \cdots \\ = & A\sum_{n=-\infty}^{\infty} J_n(m_f)\cos(\omega_c - n\omega_m)t \end{aligned} \tag{5.4.24}$$

对式(5.4.24)进行傅里叶变换,即可得到 WBFM 的频谱表示式为

$$S_{FM}(\omega) = \pi A \sum_{n=-\infty}^{\infty} J_n(m_f)[\delta(\omega - \omega_c + n\omega_m) + \delta(\omega + \omega_c - n\omega_m)] \tag{5.4.25}$$

由式(5.4.25)和图 5.19 可以看出,在单频调制下,宽带调频的频谱由载频分量和无穷多个边频分量组成。这些边频分量对称地分布在载频的两侧,相邻频率之间的间隔为 ω_m。对称的边频分量幅度相等,但 n 为偶数时的上、下边频幅度的符号相同,而 n 为奇数时,其上、下边频的符号相反。由此可见这是一种非线性调制。

2. 单频调制时的频带宽度

由于调频信号的频谱包含无穷多个边频分量,因此从理论上讲,调频信号所占的频带宽度为无限宽。但是,当 n 增大时,其边频幅度逐渐减小,高次边频分量可忽略不计,以致滤除这些边频分量对调频波不会产生显著的影响。因此,调频信号的频带宽度实际上可以认为是有限的。由贝塞尔函数曲线可看出,当 $m_f \gg 1$ 时,$n > m_f$ 项的贝塞尔函数值趋于 0。至于有效带宽计算到哪一次边频为止,这取决于工程上容许的精度。通常规定:凡是幅度小于未调制载波幅度的 1%

（或10%）的边频分量均可忽略不计，保留下来的频谱分量就确定了调频波的有效频带宽度。

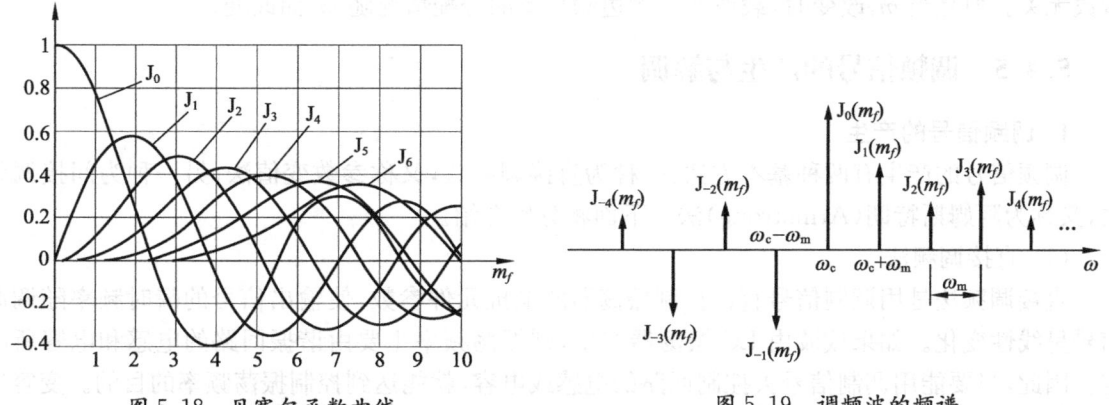

图5.18 贝塞尔函数曲线　　　　图5.19 调频波的频谱

在 m_f 确定的情况下，如果将小于未调制载波幅度 10% 的边频分量略去不计（此时 $n > m_f + 1$ 阶的边频分量的幅度都小于未调制载波幅度的 10%），则有效的上、下边频分量总数为 $2(m_f+1)$ 个。由此可知调频波的有效频带宽度为

$$B_{FM} \approx 2(m_f+1)f_m = 2(\Delta f + f_m) \tag{5.4.26}$$

这个关系式称为卡森(Carson)公式。

$$\text{若 } m_f \ll 1, \text{则 } B_{FM} \approx 2f_m \text{ (NBFM)} \tag{5.4.27}$$

$$\text{若 } m_f \gg 1, \text{则 } B_{FM} \approx 2\Delta f \text{ (WBFM)} \tag{5.4.28}$$

在传输高质量的调频波或调制信号是高频信号时，上述条件得出的带宽可能不够。这时，可以增加有效边频的数目。

以上讨论的是单一频率情况，对于多个频率或其他任意信号调制的调角波的频谱带宽，可根据经验把卡森公式推广为

$$B_{FM} = 2(D+1)f_m$$

式中，D 是最大频偏与 f_m 的比值。经测量，在实际应用中，当 D 较大时，用公式

$$B_{FM} = 2(D+2)f_m$$

更符合实际情况。

可把单频调制信号的分析方法推广到多频调制的分析中，由于具体推导过于复杂，仅将结论叙述如下：

① 多频调制的宽带调频信号包括载波、各种频率的各次边频及各种交叉组合谐波，它们分布于载波的两侧，形成一个无限宽的频谱。

② 高次边频及高次交叉组合谐波幅度可以忽略。

宽带调频主要应用于调频广播、电视伴音和高质量的通信系统，如微波通信或卫星通信等。

5.4.4 调频信号的功率分布

由帕塞瓦尔定理可知，调频信号的平均功率等于它所包含的各分量的平均功率之和，即

$$S_{FM} = \overline{s_{FM}^2(t)} = \frac{A^2}{2}\sum_{n=-\infty}^{\infty} J_n^2(m_f) \tag{5.4.29}$$

根据贝塞尔函数性质 $\sum_{n=-\infty}^{\infty} J_n^2(m_f) = 1$，则很容易求出调频信号的功率，即

$$S_{FM} = \frac{A^2}{2} \tag{5.4.30}$$

式(5.4.30)说明已调频信号的总功率等于未调制载波的功率,其总功率与调制信号及调制指数无关。但是当 m_f 改变时,载波及各次边频功率的分配情况随 m_f 而改变。

5.4.5 调频信号的产生与解调

1. 调频信号的产生

调频信号的产生有两种基本方法:一种为直接调频法,又称参数变值法;另一种为间接调频法,又称为阿姆斯特朗(Armstrong)法。下面将分别介绍。

(1) 直接调频法

直接调频法是用调制信号直接控制振荡器的电抗元件参数,使输出信号的瞬时频率随调制信号呈线性变化。如果载波由 LC 振荡器产生,则振荡频率主要由谐振回路的电感和电容所决定。因此,只要能用调制信号去控制回路的电感或电容,就能达到控制振荡频率的目的。变容二极管或反向偏置的半导体 PN 结,可以作为电压控制可变电容。具有铁氧体磁心的电感线圈,可以作为电流控制可变电感。由晶体管或其他放大器件组成的所谓电抗管电路,可以等效为可控电容和可控电感。若将以上元件或电路并联在振荡回路上(或直接代替某一个回路元件),即可实现直接调频。

直接调频法的优点是可以得到很大的频偏。主要的缺点是受控振荡器的频率稳定度不会太高,因此往往需要采用自动频率控制(AFC)系统来稳定中心频率。

(2) 间接调频法

间接调频法是首先产生窄带调频波,再通过倍频器和混频器将最大频偏提高到较大的值,从而产生宽带调频信号。间接调频法产生 WBFM 的数学模型如图 5.20 所示。

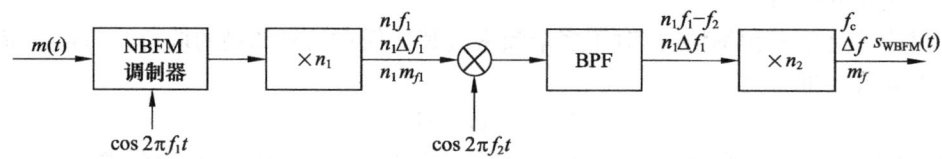

图 5.20　间接调频法产生 WBFM 的数学模型

设 NBFM 产生的载波为 f_1,产生的最大频偏为 Δf_1,调频指数为 m_{f_1},若要获得 WBFM 的载波频率为 f_c,最大频偏为 Δf,调频指数为 m_f,可根据图 5.20 列出它们的关系式,即

$$f_c = n_2(n_1 f_1 - f_2), \quad \Delta f = n_1 n_2 \Delta f_1, \quad m_f = n_1 n_2 m_{f_1}$$

间接调频法的优点是调频波的中心频率稳定度高。缺点是需要多次倍频和混频,因此电路较复杂。

2. 调频信号的解调

(1) NBFM 信号的解调

窄带调频(NBFM)信号和调幅信号一样,可以采用相干解调和非相干解调两种方法来恢复原调制信号,而 NBFM 信号多采用相干解调。其相干解调的原理图如图 5.21 所示。

图 5.21　NBFM 信号的相干解调原理图

设输入的 NBFM 信号为

$$s_{\text{NBFM}}(t) = A\cos\omega_c t - AK_F\sin\omega_c t \int_{-\infty}^{t} m(\tau)d\tau \qquad (5.4.31)$$

经过乘法器之后

$$s_p(t) = \left[A\cos\omega_c t - AK_F\sin\omega_c t \int_{-\infty}^{t} m(\tau)d\tau\right](-\sin\omega_c t)$$

$$= -\frac{A}{2}\sin2\omega_c t + \frac{A}{2}K_F(1-\cos2\omega_c t)\int_{-\infty}^{t} m(\tau)d\tau$$

经 LPF 滤除高频分量之后

$$s_d(t) = \frac{A}{2}K_F\int_{-\infty}^{t} m(\tau)d\tau$$

经过微分之后，得输出信号

$$m_o(t) = \frac{ds_d(t)}{dt} = \frac{1}{2}AK_F m(t) \qquad (5.4.32)$$

可见，相干解调可以恢复原调制信号。这里需要注意，本地参考载波的频率和相位必须与调制载波完全同步，否则就会产生解调失真。

(2) WBFM 信号的解调

宽带调频（WBFM）信号的解调主要采用非相干解调，非相干解调的电路类型很多。例如，相位鉴频器、比例鉴频器、斜率鉴频器、晶体鉴频器等，这些电路的工作原理在"高频电子线路"课程中已做了详细介绍，这里不再赘述。非相干解调有一个共同特点，都是将幅度恒定的调频波变换为调幅调频波，这时调幅调频波的幅度与频率均随调制信号变化，因此就可以用包络检波器将调幅调频波的包络变化提取出来，达到恢复出原调制信号的目的。这一类鉴频器又称为调频—调幅变换式鉴频器。

鉴频器的数学模型可等效为一个带微分器的包络检波器，如图 5.22 所示。

图 5.22 鉴频器的数学模型

设输入调频波为

$$s_{\text{FM}}(t) = A\cos\left[\omega_c t + K_F\int_{-\infty}^{t} m(\tau)d\tau\right] \qquad (5.4.33)$$

经过微分器后，有

$$\frac{d[s_{\text{FM}}(t)]}{dt} = -A[\omega_c + K_F m(t)]\sin\left[\omega_c t + K_F\int_{-\infty}^{t} m(\tau)d\tau\right] \qquad (5.4.34)$$

可见，调频信号经微分后变成了调幅调频波，且幅度和频率都携带原调制信号的信息。其幅度变化为

$$A(t) = A[\omega_c + K_F m(t)] \qquad (5.4.35)$$

经过包络检波器并滤除直流分量以后，输出为

$$m_o(t) = AK_F m(t) \qquad (5.4.36)$$

得到的输出信号 $m_o(t)$ 正比于原调制信号 $m(t)$，从而完成了调频波的解调任务。

5.5 调频系统的抗噪声性能

前面在讨论窄带调频系统中已经指出，窄带调频信号的解调可以采用相干解调和非相干解

调，而宽带调频信号只能采用非相干解调。下面首先讨论窄带调频采用相干解调时的抗噪声性能，而窄带调频非相干解调的性能和宽带调频一起讨论。

5.5.1 NBFM 的抗噪声性能

当接收端考虑噪声影响时，NBFM 信号的相干解调模型如图 5.23 所示。

图 5.23 有噪声时 NBFM 信号的相干解调模型

由于调频波是一个等幅波，因此接收机解调器输入端的信号功率为

$$S_i = \frac{A^2}{2} \tag{5.5.1}$$

对于 NBFM 信号，其带宽为 $B = 2f_m$。设噪声功率谱为 $n_0/2$，则通过同样带宽的带通滤波器后，解调器输入端的噪声功率为

$$N_i = \frac{1}{\pi} \int_{\omega_c - \omega_m}^{\omega_c + \omega_m} \frac{n_0}{2} d\omega = \frac{n_0 \omega_m}{\pi} = n_0 B \tag{5.5.2}$$

因此解调器的输入信噪比为

$$\left(\frac{S_i}{N_i}\right)_{NBFM} = \frac{A^2/2}{n_0 \omega_m / \pi} = \frac{\pi A^2}{2 n_0 \omega_m} = \frac{A^2}{2 n_0 B} \tag{5.5.3}$$

由图 5.23 可求出输出信号的功率为

$$S_o = \frac{1}{4} A^2 K_F^2 \overline{m^2(t)} \tag{5.5.4}$$

我们已知，平稳随机过程通过乘法器后，其功率谱为

$$P_{np}(\omega) = \frac{1}{4} [P_{ni}(\omega + \omega_c) + P_{ni}(\omega - \omega_c)] \tag{5.5.5}$$

把微分器看成一个滤波网络，网络的传递函数为 $H(\omega) = j\omega$。由于输出功率谱密度是输入功率谱密度和 $|H(\omega)|^2$ 的乘积，因此 $P_{np}(\omega)$ 的信号通过低通滤波器和微分器后，其功率谱为

$$P_{nd}(\omega) = |H(\omega)|^2 P_{np} = \frac{1}{4} [P_{ni}(\omega + \omega_c) + P_{ni}(\omega - \omega_c)] \omega^2, \quad |\omega| < \omega_m \tag{5.5.6}$$

由此可见，输出端的噪声功率谱密度在频带内不再是均匀的，而是呈抛物线形状。

假定输入为白噪声，则可求得输出噪声功率为

$$N_o = \frac{1}{2\pi} \int_{-\omega_m}^{\omega_m} P_{nd}(\omega) d\omega = \frac{n_0}{12\pi} \omega_m^3 \tag{5.5.7}$$

因此解调器的输出信噪比为

$$\left(\frac{S_o}{N_o}\right)_{NBFM} = \frac{\frac{1}{4} A^2 K_F^2 \overline{m^2(t)}}{\frac{n_0}{12\pi} \omega_m^3} = \frac{3\pi A^2 K_F^2 \overline{m^2(t)}}{n_0 \omega_m^3} \tag{5.5.8}$$

最后可得到解调器的信噪比增益为

$$G_{NBFM} = \frac{(S_o/N_o)_{NBFM}}{(S_i/N_i)_{NBFM}} = \frac{3 K_F^2 \overline{m^2(t)}}{2\pi^2 f_m^2} = \frac{6 K_F^2 \overline{m^2(t)}}{\omega_m^2} \tag{5.5.9}$$

当单音调制时，$\Delta\omega = K_F |m(t)|_{max}$，$m_f = \frac{\Delta\omega}{\omega_m} = \frac{\Delta f}{f_m}$，则式(5.5.9)可变为

$$G_{NBFM} = 6\left(\frac{\Delta\omega}{\omega_m}\right)^2 \frac{\overline{m^2(t)}}{|m(t)|_{max}^2} \tag{5.5.10}$$

又因为在单音调制时 $\overline{m^2(t)} = A^2/2$，$|m(t)|_{max}^2 = A^2$，所以，式(5.5.10)可简化为

$$G_{NBFM} = 3m_f^2 \tag{5.5.11}$$

当 $m_f = 0.5$ 时，$G_{NBFM} = 0.75$，说明相干解调窄带调频波的噪声性能并未得到改善。

5.5.2 WBFM 的抗噪声性能

宽带调频一般是用非相干解调，通常最常用的是鉴频器。含有噪声的 WBFM 非相干解调器数学模型如图 5.24 所示。

图 5.24 有噪声时的 WBFM 非相干解调器数学模型

由于调频是非线性过程，因而在计算信号功率和噪声功率时，应考虑信号与噪声之间的相互影响。但为了简化计算，可以假定输入信噪比足够大。在这个条件下，上述互相影响可以忽略，即在计算输出信号功率时可以假定噪声为零，而在计算输出噪声功率时可以假定调制信号为零。

因为宽带调频信号也是等幅波，故其输入信号功率为

$$S_i = \frac{A^2}{2} \tag{5.5.12}$$

又因为宽带调频波的带宽 $B \approx 2\Delta f$。设白噪声的功率谱密度为 $n_0/2$，则通过同样带宽的带通滤波器后，解调器输入端的噪声功率为

$$N_i = \frac{1}{\pi}\int_{\omega_c-\Delta\omega}^{\omega_c+\Delta\omega}\frac{n_0}{2}d\omega = \frac{n_0\Delta\omega}{\pi} = n_0 B \tag{5.5.13}$$

因此解调器的输入信噪比为

$$\left(\frac{S_i}{N_i}\right)_{WBFM} = \frac{A^2/2}{n_0\Delta\omega/\pi} = \frac{\pi A^2}{2n_0\Delta\omega} = \frac{A^2}{2n_0 B} \tag{5.5.14}$$

为了计算输出信号功率，令 $n(t) = 0$，此时鉴频器输出电压与输入调频波的瞬时频偏成正比。假设鉴频器的灵敏度为 K_D，K_D 的单位是 V/Hz，则输出信号为

$$m_o(t) = K_D K_F m(t) \tag{5.5.15}$$

由此可得输出的信号功率为

$$S_o = \overline{m_o^2(t)} = K_D^2 K_F^2 \overline{m^2(t)} \tag{5.5.16}$$

为了计算输出噪声功率，令 $m(t) = 0$。此时鉴频器的总输入为未调制的载波信号加带通噪声，即

$$A\cos(\omega_c t + \theta_0) + n_i(t) = [A + n_c(t)]\cos(\omega_c t + \theta_0) - n_s(t)\sin(\omega_c t + \theta_0)$$
$$= A(t)\cos[\omega_c t + \varphi(t)] \tag{5.5.17}$$

为简化计算，令 $\theta_0 = 0$，则包络变化为

$$A(t) = \{[A + n_c(t)]^2 + n_s^2(t)\}^{1/2} \tag{5.5.18}$$

相位变化为

$$\varphi(t)=\arctan\left[\frac{n_s(t)}{A+n_c(t)}\right] \quad (5.5.19)$$

鉴频器的输出决定于频偏,即 $\varphi(t)$ 的变化率。而频偏对于包络变化是不重要的,因为解调器本身含有一个限幅器,包络的变化将被消除,所以在大信噪比情况下,即 $A(t)\gg|n_s(t)|$, $A(t)\gg|n_c(t)|$,式(5.5.19)可近似为

$$\varphi(t)\approx\frac{n_s(t)}{A} \quad (5.5.20)$$

由前面分析可知,鉴频器由一个微分器和一个包络检波器组成,微分器的输出为

$$n_d(t)=K_D\frac{d\varphi(t)}{dt}=\frac{K_D}{A}\frac{dn_s(t)}{dt} \quad (5.5.21)$$

为了计算输出的平均噪声功率,需要求出 $\frac{dn_s(t)}{dt}$ 的功率谱密度。我们知道,若已知 $n_s(t)$ 的功率谱密度为 $P_{ns}(\omega)$,则 $\frac{dn_s(t)}{dt}$ 的功率谱密度等于 $\omega^2 P_{ns}(\omega)$。

由前面所学到的知识可知,窄带高斯噪声的功率谱密度为

$$P_{ns}(\omega)=\begin{cases}P_{ni}(\omega+\omega_c)+P_{ni}(\omega-\omega_c), & |\omega|\leqslant\Delta\omega \\ 0, & |\omega|>\Delta\omega\end{cases} \quad (5.5.22)$$

上述功率谱的情况如图 5.25 所示。由图可知,窄带高斯噪声的功率谱密度在 $2\Delta\omega$ 带宽内为

$$P_{ns}(\omega)=n_0 \quad |\omega|\leqslant\Delta\omega \quad (5.5.23)$$

由以上分析可知,鉴频器输出端的噪声功率谱密度为

$$P_{nd}(\omega)=\begin{cases}\dfrac{K_D^2}{A^2}\omega^2 n_0, & |\omega|\leqslant\Delta\omega \\ 0, & |\omega|>\Delta\omega\end{cases} \quad (5.5.24)$$

由式(5.5.24)可知,鉴频器输出端的噪声功率谱密度与 ω^2 成正比,噪声功率谱如图 5.26 所示,呈抛物线形状。这是调频的一个重要特性,以后将利用这个特性来改善信噪比。

图 5.25 带限白噪声功率谱

图 5.26 鉴频器输出的噪声功率谱

通过截止频率为 f_m 的低通滤波器,最后输出的噪声功率为

$$N_\mathrm{o} = \overline{n_0^2(t)} = \frac{1}{2\pi}\int_{-\omega_\mathrm{m}}^{\omega_\mathrm{m}} P_\mathrm{nd}(\omega)\mathrm{d}\omega = \frac{K_\mathrm{D}^2 n_0 \omega_\mathrm{m}^3}{3\pi A^2} \tag{5.5.25}$$

因此解调器的输出信噪比为

$$\left(\frac{S_\mathrm{o}}{N_\mathrm{o}}\right)_\mathrm{WBFM} = \frac{3\pi A^2 K_\mathrm{F}^2 \overline{m^2(t)}}{n_0 \omega_\mathrm{m}^3} \tag{5.5.26}$$

最后可得到解调器的信噪比增益为

$$G_\mathrm{WBFM} = \frac{(S_\mathrm{o}/N_\mathrm{o})_\mathrm{WBFM}}{(S_\mathrm{i}/N_\mathrm{i})_\mathrm{WBFM}} = \frac{6\Delta\omega K_\mathrm{F}^2 \overline{m^2(t)}}{\omega_\mathrm{m}^2} \tag{5.5.27}$$

考虑到 $\Delta\omega = K_\mathrm{F}|m(t)|_\mathrm{max}$，于是有

$$G_\mathrm{WBFM} = 6\left(\frac{\Delta\omega}{\omega_\mathrm{m}}\right)^3 \frac{\overline{m^2(t)}}{|m(t)|_\mathrm{max}^2} \tag{5.5.28}$$

当单音调制时，$m_f = \frac{\Delta\omega}{\omega_\mathrm{m}} = \frac{\Delta f}{f_\mathrm{m}}$，$\frac{\overline{m^2(t)}}{|m(t)|_\mathrm{max}^2} = \frac{1}{2}$，于是，式(5.5.28)可简化为

$$G_\mathrm{WBFM} = 3m_f^3 \tag{5.5.29}$$

由此可见，宽带调频系统的信噪比增益 G_WBFM 与最大频偏 $\Delta\omega$ 的三次方成正比，这说明 $\Delta\omega$ 越大，宽带调频系统的抗噪声性能就越好。当然这是以增加带宽为代价的。

由式(5.5.14)可知，输入信噪比与 $\Delta\omega$ 的一次方成反比，即 $\Delta\omega$ 增加，输入信噪比减小。考虑到 $\Delta\omega = K_\mathrm{F}|m(t)|_\mathrm{max}$，并结合式(5.5.26)可知，输出信噪比与 $\Delta\omega$ 的平方成正比。这就是说，输出信噪比提高的速度要比输入信噪比降低的速度快，因此，通过增加带宽有可能提高抗噪声性能。不过，当输入信噪比降低到某一数值，上述大输入信噪比的假设条件不再满足时，上述分析就不再成立。在这种情况下，增加频偏不仅不会有好处，反而使系统的输出信噪比迅速恶化，性能严重变坏，这种现象称为门限效应，这个数值称为宽带调频系统的门限值。实践和理论计算均表明，应用普通鉴频器解调调频信号时，其门限效应与输入信噪比有关，一般发生在输入信噪比 $S_\mathrm{i}/N_\mathrm{i} = 10\mathrm{dB}$ 左右处。该值是大信噪比条件和小信噪比条件的分界线，即当解调器实际输入信噪比大于该值时，称为大信噪比条件，这时输出信噪比的分贝值与输入信噪比的分贝值成线性关系，且 m_f 越大，性能越好。但当输入信噪比低于该值时，称为小信噪比条件，这时输出信噪比将随输入信噪比的下降而急剧下降。在大输入信噪比条件下，有可能听到接收机输出端"沙沙"的噪声，这是正常的起伏噪声；在小输入信噪比条件下，有可能会在输出端听到"喀嚓"声或"劈啪"声。进一步分析可知，这是由于输出端产生一些随机尖脉冲之故。同时发现 m_f 越大，出现门限效应的输入信噪比门限值越高。为了降低接收调频波的门限值，可采用带有负反馈的 FM 解调器或采用锁相环解调器，它们均有良好的抗噪声性能。

5.6 调频系统的预加重和去加重

由式(5.5.24)可知，解调器中鉴频器的输出噪声功率谱呈抛物线形状，频率愈高，噪声功率谱密度愈大。但是，实际中的许多信号，如语言、音乐等，它们的功率谱密度随频率的增加而减小，就是说这一类信号的大部分能量集中在低频范围内。这就造成高频端的信噪比可能降到不能容许的程度。

为了解决这一问题，在调频系统中普遍采用了一种称为预加重和去加重措施，其原理是利用信号特性和噪声特性的差别有效地对信号进行处理，即在噪声引入之前采用预加重网络，人为地加重发送端输入信号 $m(t)$ 的高频分量。在接收端则要进行相反的处理，即采用去加重网络把高频分量去加重，以便恢复出原来的信号功率分布，从而有效地改善调频系统的输出信噪比。带有

加重网络的调频系统数学模型如图 5.27 所示。

图 5.27 带有加重网络的调频系统数学模型

图 5.27 中，$H_p(\omega)$ 表示预加重网络的传递函数；$H_d(\omega)$ 表示去加重网络的传递函数；K 为增益常数，其作用在下面讨论。显然，如果 $H_p(\omega)$ 和 $H_d(\omega)$ 如果满足如下关系

$$H_d(\omega) = \frac{1}{H_p(\omega)} \tag{5.6.1}$$

则信号通过系统以后不仅不会产生频率失真，也不会产生幅度失真。

在调频系统加入预加重和去加重后，解调输出信噪比必然有所改善。通常用信噪比改善系数来衡量这种改善程度。信噪比改善系数 R_{FM} 定义为：未采用预加重、去加重技术的输出信噪比与采用预加重、去加重技术以后的输出信噪比的比值。由于采取预加重和去加重以后输出信号不受影响，因此输出信号功率也不变化。

由式(5.5.24)可知，解调器输出噪声功率谱密度为

$$P_{nd}(\omega) = \frac{K_D^2}{A^2} \omega^2 n_0$$

因此

$$R_{FM} = \frac{\frac{1}{\pi}\int_0^{\omega_m} P_{nd}(\omega) d\omega}{\frac{1}{\pi}\int_0^{\omega_m} P_{nd}(\omega) |H_d(\omega)|^2 d\omega} = \frac{\omega_m^3}{3\int_0^{\omega_m} \omega^2 |H_d(\omega)|^2 d\omega} \tag{5.6.2}$$

式中，ω_m 为信号的最高频率。

下面以常用的 RC 低通滤波器作为去加重网络进行讨论。RC 低通滤波器及其幅频特性如图 5.28 所示，它的传递函数为

$$H_d(\omega) = \frac{1}{1 + j\omega/\omega_1} \Rightarrow |H_d(\omega)| = \frac{1}{\sqrt{1+(\omega/\omega_1)^2}} \tag{5.6.3}$$

式中，$\omega_1 = \frac{1}{R_1 C}$。这样就得到

$$R_{FM} = \frac{\omega_m^3}{3\int_0^{\omega_m} \omega^2 \frac{1}{1+(\omega/\omega_1)^2} d\omega} = \frac{1}{3} \frac{(\omega_m/\omega_1)^3}{(\omega_m/\omega_1) - \arctan(\omega_m/\omega_1)} \tag{5.6.4}$$

(a) 预加重网络　(b) 预加重网络的幅频特性　(c) 去加重网络　(d) 去加重网络的幅频特性

图 5.28 预加重和去加重网络

去加重后的噪声功率谱如图 5.29 所示。例如，调频广播中 $f_m = 15\text{kHz}$，$H_d(\omega)$ 的 3dB 带宽 $f_1 = 2.1\text{kHz}$，则可算出信噪比改善系数为 13dB。R_{FM} 随 ω_m/ω_1 的变化曲线如图 5.30 所示，此图说明了去加重后的信噪比改善。

图 5.29 去加重后的噪声功率谱

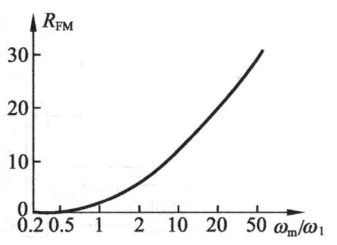

图 5.30 去加重后的信噪比改善

如前所述,采用预加重网络的作用是为了提升高频分量,但在采用预加重网络后,高频分量的幅度就要提高。这将导致调频信号频偏的增加,使信号带宽增加。为了保持在采用预加重网络情况下调频信号频偏不变,需要在预加重后加入信号衰减因子 K,而 K 的大小应根据预加重前后信号功率相等为条件来确定。对于如图 5.28(a)所示的 RC 预加重网络,在考虑衰减因子 K 后,可以求得实际的信噪比改善系数 R_{FM} 为

$$R_{FM} = \frac{1}{3} \frac{K^2(\omega_m/\omega_1)^3}{(\omega_m/\omega_1)-\arctan(\omega_m/\omega_1)} \tag{5.6.5}$$

这样必然会使信噪比的改善有所下降。例如,当 $f_m=15\text{kHz}$,$f_1=2.1\text{kHz}$ 时,$K=-7\text{dB}$。因此,信噪比实际改善值不是 13dB,而是 6dB。

需要指出的是,预加重和去加重技术不但在调频系统中得到了普遍应用,而且也普遍用于唱片录音技术中以降低针尖摩擦噪声。实际上,一切调制系统都可用加重技术来改善接收机的输出信噪比。

5.7 调频系统的专用芯片

5.7.1 低功耗调频调制器芯片

MC2831A 和 MC2833 是用于无线电话和调频通信设备的单片调频单元,两种芯片的功能相近。这里主要介绍 MC2833,它主要包括音频放大器和压控振荡器,并有两只辅助晶体管用作信号的放大,此电路的特点是:

① 工作电源电压范围宽(2.8~9.0V);
② 低的漏极电流($I_{cc}=2.9\text{mA}$);
③ 外围元件少;
④ 可实现 600MHz 以下直接射频输出,输出功率为 -30dBm;
⑤ 若使用片上的晶体管进行功率放大,可获得 $+10\text{dBm}$ 功率输出。

图 5.31 所示是用 MC2833 构成的。一种实际调频电路,它的载波频率为 49.7MHz。

5.7.2 高增益低功耗解调器芯片

调频解调器芯片有 MC3357、MC3359、MC3361 等。下面主要介绍 MC3359 芯片,此芯片包括振荡器、限幅器、自动频率控制(AFC)电路、正交鉴频器、运算放大器、静噪开关、扫描控制电路等,主要用于语音通信的扫描接收机中(其应用电路见图 5.32),也可以用于窄带数据传输设备中。此芯片特点是:供电电压低,$V_{CC}=6\text{V}$,电流为 3.6mA,灵敏度高,外接元件少,功能强。

图 5.32 所示电路的工作过程:频率为 10.7MHz 一中频信号经 $0.1\mu\text{F}$ 电容耦合至 18 脚,在 MC3359 片内与 10.245MHz 本振信号相混产生 455kHz 二中频(下变频)信号。455kHz 中频信

图 5.31 用 MC2833 构成的一种实际调频电路

图 5.32 MC3359 典型应用电路

号经 3 脚送至中心频率为 455kHz、带宽为 10kHz 左右的陶瓷滤波器,滤波以后的二中频信号由 5 脚送入片内进行限幅放大,并送至鉴频电路。8 脚外接 LC 正交鉴频线圈,68kΩ 电阻是为降低 LC 回路的 Q 值而并接的,鉴频解调输出的音频信号由 10 脚送出。图中音频输出 12 脚、13 脚、14 脚及 16 脚接有静噪控制外围电路,实现其静噪功能。

5.8 各种模拟调制系统的性能比较

表 5.1 所示为各种模拟调制系统在占据带宽、调制增益、设备复杂程度等方面的比较,并指

出了它们的一些主要优缺点和应用场合。

表 5.1　各种模拟调制性能的比较（其中 f_m 是调制信号最高频率）

调制方式	占据带宽	调制增益	主要优缺点	设备复杂程度	主要应用场合
AM	$2f_m$	2/3	优点：接收设备简单 缺点：功率利用率低，抗干扰能力差	简单	中短波无线电广播
DSB	$2f_m$	2	优点：功率利用率高，发送设备简单 缺点：接收设备复杂	中等	较少应用
SSB	f_m	1	优点：功率利用率和频带利用率都较高 缺点：发送和接收设备都复杂	复杂	短波无线电广播， 语音频分多路
VSB	略大于 f_m	近似 SSB	性能与 SSB 相当	复杂	商用电视广播
FM	$2(m_f+1)f_m$	$3m_f^2(m_f+1)$	优点：抗噪声能力强 缺点：频带利用率低，存在门限效应	中等	超短波小功率电台， 微波中继，调频立体声广播

习　题　5

5.1　设一调幅信号由载波电压 $100\cos(2\pi\times10^6 t)\mathrm{V}$ 加上电压 $50\cos12.56 t \cdot \cos(2\pi\times10^6 t)\mathrm{V}$ 组成。
(1) 画出已调波的时域波形。
(2) 试求并画出已调信号的频谱。
(3) 求已调信号的总功率和边带功率。

5.2　试画出双音调制时双边带信号的频谱。其中调制信号为 $m_1(t)=A\cos\omega_m t, m_2(t)=A\cos 2\omega_m t$，且 $\omega_c \gg \omega_m$。

5.3　已知调幅信号频谱如题图 5.1(a)所示，采用相移法产生 SSB 信号。根据题图 5.1(b)画出调制过程各点的频谱图。

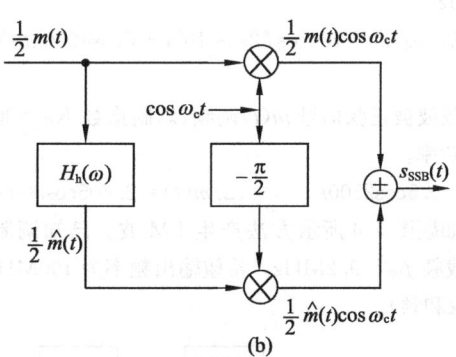

题图 5.1

5.4　设一 DSB 信号 $s_{DSB}(t)=m(t)\cos\omega_c t$，用相干解调恢复 $m(t)$，本地载波为 $\cos(\omega_c t+\varphi)$，如果所恢复的信号是其最大可能的 90%，相位的最大允许值是多少？

5.5　某基带信号 $m(t)$ 的频谱如题图 5.2 所示，此信号先经过 DSB 调制，又经过一个带通滤波器变成了 VSB 信号 $s_{VSB}(t)$。请画出 $s_{VSB}(t)$ 的频谱。

5.6　试给出题图 5.3 所示三级产生上边带信号的频谱搬移过程，其中 $f_{01}=50\mathrm{kHz}, f_{02}=5\mathrm{MHz}, f_{03}=100\mathrm{MHz}$，调制信号为语音频谱 300～3000Hz。

题图 5.2

题图 5.3

5.7 某接收机的输出噪声为 10^{-9}W,输出信噪比为 20dB,发射机到接收机之间的总传输损耗为 100dB。

(1) 用 DSB 调制,发射功率应为多少?

(2) 若改用 SSB 调制,发射功率应为多少?

5.8 已知 DSB 系统的已调信号功率为 10kW,调制信号 $m(t)$ 的频带限制在 5kHz,载频频率为 100kHz,信道噪声双边带功率谱为 $n_0/2=0.5\times 10^{-3}$W/Hz,接收机输入信号通过一个理想带通滤波器加到解调器。

(1) 写出理想带通滤波器传输函数的表达式。

(2) 试求解调器输入端的信噪比。

(3) 试求解调器输出端的信噪比。

(4) 求解调器的噪声功率谱,并画出曲线。

5.9 已知调制信号 $m(t)=\cos(10\pi\times 10^{-3}t)$V,对载波 $s(t)=\cos(20\pi\times 10^6 t)$V 进行单边带调制,已调信号通过噪声双边带功率密度谱为 $n_0/2=0.5\times 10^{-3}$W/Hz 的信道传输,信道衰减为 1dB/km,若接收机输出信噪比为 20dB,发射机设在离接收机 100km 处,此发射机最低发射功率应为多少?

5.10 已知调制信号 $m(t)=\cos(10\pi\times 10^{-3}t)$V,现分别采用 AM($m(t)$振幅与载波振幅之比为 0.5)、DSB 及 SSB 传输,已知信道衰减为 40dB,噪声双边功率谱 $n_0/2=50\times 10^{-9}$W/Hz。

(1) 求采用各种调制方式时的已调波功率。

(2) 当均采用相干解调时,求各系统的输出信噪比。

(3) 若输入信噪比 S_i 相同(以 SSB 接收端的 S_i 为标准),再求各系统的输出信噪比。

5.11 100MHz 的载波,由频率为 100kHz、幅度为 20V 的信号进行调频,设 $K_F=50\pi\times 10^3$ rad/V。试用卡森原则确定已调信号带宽。

5.12 已知 $s_{FM}(t)=10\cos(\omega_c t+3\cos\omega_m t)$V,其中 $f_m=1$kHz。

(1) 若 f_m 增加到 $4f_m$(4kHz),或 f_m 减小为 $1/4 f_m$(250Hz),求已调波的 m_f 及 B_{FM}。

(2) 若 A_m 增加到 $4A_m$,求 m_f 及 B_{FM}。

5.13 用 10kHz 的正弦信号调制 100MHz 的载波,试求产生 AM、SSB 及 FM 波的带宽各为多少?假定最大频偏为 50kHz。

5.14 已知 $s_{FM}(t)=100\cos(2\pi\times 10^6 t+5\cos 4000\pi t)$V,求已调波信号功率、最大频偏、最大相移和信号带宽。

5.15 一载波被正弦信号 $m(t)$ 调频,调制指数 $K_F=30000$。对下列各种情况确定载波携带的功率和所有边带携带的总功率。

(1) $m(t)=0.5\cos 2500t$ (2) $m(t)=2.405\cos 3000t$

5.16 用如题图 5.4 所示方法产生 FM 波。已知调制信号频率为 1kHz,调频指数为 1,第一载频 $f_{01}=100$kHz,第二载频 $f_{02}=9.2$MHz。希望输出频率为 100MHz、频偏为 80kHz 的 FM 波。试确定两个倍频次数 n_1 和 n_2(变频后取和频)。

题图 5.4

5.17 某 FM 波 $s_{FM}(t)=A\cos(\omega_c t+25\sin 6000\pi t)$V 加于鉴频跨导为 $K_b=0.1$V/kHz 的鉴频器上,试求其输出信号的平均功率。

5.18 用鉴频器来解调 FM 波,调制信号为 2kHz,最大频偏为 75kHz,信道中的 $n_0/2=5$mW/Hz,若要求得到 20dB 的输出信噪比,调频波的幅度是多少?

5.19 设用正弦信号进行调频,调制频率为 15kHz,最大频偏为 75kHz,用鉴频器解调,输入信噪比为 20dB,试求输出信噪比。

5.20 设发射已调波 $s_{FM}(t)=10\cos(10^7 t+4\cos 200\pi t)$V,信道噪声双边带功率谱为 $n_0/2=2.5\times 10^{-10}$W/Hz,信道衰减为 0.4dB/km,试求接收机正常工作时可以传输的最大距离。

第6章 模拟信号数字化

6.1 引 言

通信系统可以分为模拟通信系统和数字通信系统。与模拟通信相比,数字通信具有抗干扰能力强、便于与计算机连接、保密性强、易于集成化等优点,其应用日益广泛,已成为现代通信发展的主流。然而自然界的信息源多数产生的是模拟信号,如人类的语言信息、图像信息、温度、速度、位移、压力等都是模拟信号。那么在利用数字通信系统传输模拟信号时,首先要将模拟信号采样,使其成为一系列时间上离散的"采样值",再将这些采样值量化、编码,从而完成模拟信号的数字化过程(A/D 转换),然后用数字通信方式传输。在接收端,则要进行相反的变换(D/A 转换),将接收到的数字信号恢复成模拟信号。由于 A/D 或 D/A 转换的过程通常由信源编、译码器实现,因此我们把发送端的 A/D 转换称为信源编码,而接收端的 D/A 转换称为信源译码。

本章主要介绍有关采样、量化和编码的基本理论,在此基础上着重讨论模拟信号数字化的方法,即脉冲编码调制和增量调制,并分析它们的抗噪声性能。

6.2 采 样 定 理

6.2.1 低通信号采样定理

一个频带限制在 $(0, f_H)$ 内的时间连续信号 $m(t)$,如果以不低于 $2f_H$ 的速率对 $m(t)$ 进行采样,则 $m(t)$ 可由采样值完全确定。这就是低通信号采样定理。

关于该定理,其要点有以下 3 个。
- $m(t)$ 是低通信号,其最高频率为 f_H。
- 该定理中提到的"采样"是等间隔的采样,因此该定理称为均匀采样定理。
- 该定理中"以不低于 $2f_H$ 的速率对 $m(t)$ 进行采样"也可以说成"在信号最高频率分量的每一个周期内至少应采样两次"。

下面就来证明这个定理。

设 $\delta_T(t)$ 为周期性冲激函数,其周期为 T_s。将 $m(t)$ 和 $\delta_T(t)$ 相乘,得到的信号便是均匀间隔为 T_s 的冲激序列,这些冲激序列的强度等于相应的 $m(t)$ 的瞬时值,它表示对 $m(t)$ 的采样,其数学模型如图 6.1(a)所示。采样后的信号用 $m_s(t)$ 来表示,即

$$m_s(t) = m(t)\delta_T(t) \tag{6.2.1}$$

假设 $m(t)$、$\delta_T(t)$ 和 $m_s(t)$ 的频谱分别为 $M(\omega)$、$\delta_T(\omega)$、$M_s(\omega)$。根据卷积定理,时域的乘积对应频域的卷积,可得 $m_s(t)$ 的傅里叶变换

$$M_s(\omega) = \frac{1}{2\pi}[M(\omega) * \delta_T(\omega)] \tag{6.2.2}$$

因为

$$\delta_T(\omega) = \frac{2\pi}{T_s} \sum_{n=-\infty}^{\infty} \delta_T(\omega - n\omega_s) \tag{6.2.3}$$

图 6.1 采样定理的时间函数和对应的频谱图

$$\omega_s = \frac{2\pi}{T_s} \tag{6.2.4}$$

所以

$$M_s(\omega) = \frac{1}{T_s}\left[M(\omega) * \sum_{n=-\infty}^{\infty} \delta_T(\omega - n\omega_s)\right] = \frac{1}{T_s}\sum_{n=-\infty}^{\infty} M(\omega - n\omega_s) \tag{6.2.5}$$

该式表明,采样后信号的频谱 $M_s(\omega)$ 等于把原信号的频谱 $M(\omega)$ 搬移到 0、$\pm\omega_s$、$\pm 2\omega_s$…处。这就意味着 $M_s(\omega)$ 包含 $M(\omega)$ 的全部信息。由图 6.1 可以看出,只要 $\omega_s \geqslant 2\omega_H$ 或 $T_s \leqslant 1/2f_H$,$M(\omega)$ 就周期性地重复且不会出现频谱重叠,因而可以用截止角频率为 ω_H 的理想低通滤波器从 $m_s(t)$ 的频谱 $M_s(\omega)$ 中滤出原基带信号的频谱 $M(\omega)$,即不失真地恢复出原基带信号 $m(t)$。反之,若采样频率 ω_s 低于 $2\omega_H$,或者说若采样间隔 T_s 大于 $1/2f_H$,则 $M(\omega)$ 和 $\delta_T(\omega)$ 的卷积在相邻的周期内发生重叠,此时不能由 $M_s(\omega)$ 恢复出 $M(\omega)$。可见,$\omega_s = 2\omega_H$ 是最小的采样角频率,称为奈奎斯特速率。$T_s = 1/2f_H$ 是采样的最大间隔,称为奈奎斯特间隔。各点波形和对应频谱如图 6.1

(b)～(f)所示。

如果可由 $M_s(\omega)$ 恢复出 $M(\omega)$，则理想低通滤波器的输出为

$$M_s(\omega)H(\omega)=\frac{1}{T_s}M(\omega)$$

即
$$M(\omega)=T_s M_s(\omega)H(\omega) \tag{6.2.6}$$

由于理想低通滤波器的传递函数为

$$H(\omega)\leftrightarrow h(t)=\frac{\omega_H}{\pi}\text{Sa}(\omega_H t) \tag{6.2.7}$$

因此由时间卷积定理可得

$$M_s(\omega)\leftrightarrow m_s(t)=\sum_{n=-\infty}^{\infty}m(nT_s)\delta(t-nT_s) \tag{6.2.8}$$

故

$$\begin{aligned}
m(t) &= T_s m_s(t) * \frac{\omega_H}{\pi}\text{Sa}(\omega_H t) \\
&= \frac{T_s\omega_H}{\pi}\sum_{n=-\infty}^{\infty}m(nT_s)\delta(t-nT_s) * \text{Sa}(\omega_H t) \\
&= \frac{T_s\omega_H}{\pi}\sum_{n=-\infty}^{\infty}m(nT_s)\text{Sa}[\omega_H(t-nT_s)]
\end{aligned} \tag{6.2.9}$$

若以奈奎斯特速率进行采样，即

$$\omega_s=2\omega_H \quad \text{或} \quad T_s=\frac{2\pi}{\omega_s}=\frac{2\pi}{2\omega_H}=\frac{\pi}{\omega_H}$$

则
$$\frac{T_s\omega_H}{\pi}=1$$

在这种情况下，有

$$m(t)=\sum_{n=-\infty}^{\infty}m(nT_s)\text{Sa}[\omega_H(t-nT_s)] \tag{6.2.10}$$

由式(6.2.10)可见，任何一个有限频带的信号 $m(t)$ 在时域中都可以展开成以采样函数 $\text{Sa}(x)$ 为基本信号的无穷级数，即将每个采样值和一采样函数相乘后得到的所有波形叠加起来便是 $m(t)$。换句话说，任何一个带限的连续信号完全可以用其采样值表示。这样就证明了低通信号采样定理。但需要指出，在实际中，由于不存在严格的带限信号和理想低通滤波器(即使存在，采样频率为 $2f_H$ 时，采样结果也不稳定)，因此实际的采样频率一般都大于 $2f_H$。

6.2.2 带通信号采样定理

上面讨论了频带限制在 $(0,f_H)$ 的低通信号采样定理，而实际中遇到的许多信号都是带通信号。如果采用低通信号采样定理的采样速率 $f_s\geq 2f_H$，对频率限制在 $f_L\sim f_H$ 的带通信号进行采样，则一定能满足频谱不混叠的要求，如图 6.2 所示。但此时所选择的采样速率 f_s 太高了，这使得 $0\sim f_L$ 一大段频谱空隙得不到利用。为了提高信道利用率，同时又确保采样后的信号频谱不混叠，其采样速率应如何选择呢？带通信号采样定理将回答这个问题。

带通信号采样定理告诉我们，一个频带限制在 $f_L\sim f_H$ 的带通信号 $m(t)$，如果以如下的采样速率进行采样

$$f_s=2B\left(1+\frac{k}{n}\right) \tag{6.2.11}$$

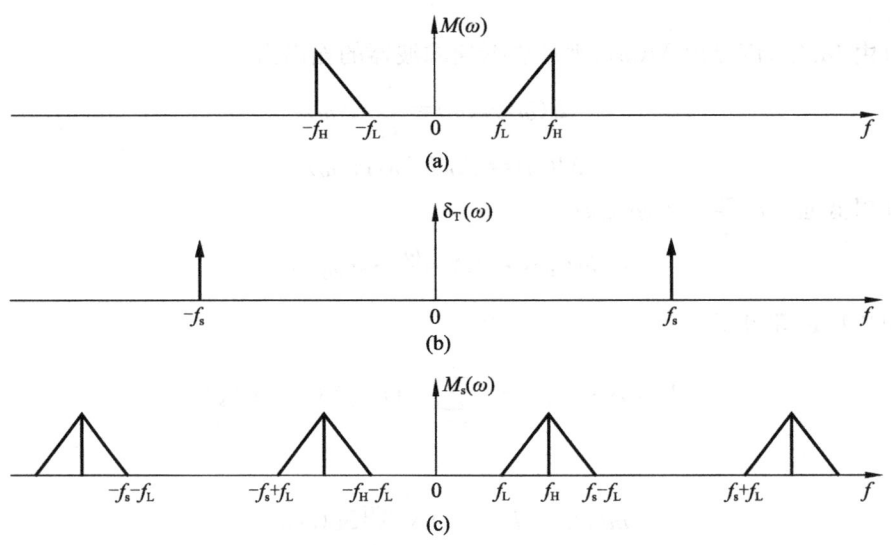

图 6.2 带通信号的采样频谱($f_s=2f_H$)

那么,$m(t)$ 可完全由其采样值确定。此时频谱空隙最小,且频谱不重叠。

式(6.2.11)中,$B=f_H-f_L$ 为带通信号的带宽;$k=f_H/B-n$,n 是小于 f_H/B 的最大正整数。由此可知,必有 $0 \leqslant k < 1$。

图 6.3 f_s 与 f_L 的关系曲线

由 B 和 k 的表达式,可将式(6.2.11)变换为

$$f_s = \frac{2}{n}f_L + \frac{2B}{n} \qquad (6.2.12)$$

根据式(6.2.12)可以画出 f_s 与 f_L 的关系曲线,如图 6.3 所示。

从图 6.3 和式(6.2.12)可见,当 $f_L \gg B$ 时,即 n 较大时,有

$$f_s \approx 2B \qquad (6.2.13)$$

上式说明,实际中应用广泛的高频窄带信号,其采样速率近似等于 $2B$,这样可大大降低采样速率。顺便指出,对频带受限的广义平稳随机信号进行采样,也服从带通信号采样定理。

6.3 脉冲振幅调制(PAM)

前面讨论的连续波调制是以连续的正弦信号作为载波的。然而正弦信号并非是唯一的载波形式,时间上离散的脉冲序列同样可以作为载波。如果是以时间上离散的脉冲序列作为载波,用模拟基带信号 $m(t)$ 去控制脉冲参数(幅度、宽度或前后位置),使其按 $m(t)$ 的规律变化,这样的调制方式就称为脉冲调制。通常,按调制信号改变脉冲参数的不同,把脉冲调制分为脉冲振幅调制(PAM)、脉冲宽度调制(PDM 或 PWM)和脉冲位置(相位)调制(PPM)。图 6.4 所示为 PAM、PDM、PPM 信号波形。虽然这 3 种已调波在时间上都是离散的,但脉冲参数的变化是连续的,因此仍属于模拟调制。限于篇幅,这里仅介绍 PAM,因为它是脉冲编码调制的基础。

PAM 是脉冲的幅度随基带信号变化的一种调制方式。如果载波是由冲激脉冲序列组成

的,则按采样定理得到的信号 $m_s(t)$ 就是一个 PAM 信号。需要指出,用冲激脉冲序列进行采样是一种理想情况,是不可能实现的。即使能实现,由于采样后信号的频谱为无限宽,对有限带宽的信道而言也无法传输。因此,在实际中通常采用有限宽度的窄脉冲序列近似代替冲激脉冲序列。常见的两种基本采样形式是自然采样和平顶采样。

图 6.4 PAM、PDM、PPM 信号波形

6.3.1 自然采样

设采样脉冲 $s(t)$ 为矩形脉冲序列,其脉冲宽度为 τ、幅度为 A、重复周期为 T_s。那么,自然采样就可通过 $s(t)$ 与信号 $m(t)$ 直接相乘来实现。采样后信号的时域表示式为

$$m_s(t) = m(t)s(t) = m(t)\frac{A\tau}{T_s}\sum_{n=-\infty}^{\infty}\mathrm{Sa}(n\omega_s\tau/2)\mathrm{e}^{\mathrm{j}n\omega_s t} \tag{6.3.1}$$

对应的频域表示式为

$$M_s(\omega) = \frac{A\tau}{T_s}\sum_{n=-\infty}^{\infty}\mathrm{Sa}(n\omega_s\tau/2)M(\omega - n\omega_s) \tag{6.3.2}$$

由式(6.3.2)可见,自然采样以后,$m_s(t)$ 的频谱是由一系列位于 $n\omega_s$ 各点上的基带信号频谱组成的,它的各个频谱的幅度取决于 $n\omega_s$ 处采样函数值的大小,或者说受到采样函数的加权。在接收端,只要满足采样定理 $\omega_s \geq 2\omega_H$,则它们的频谱就不会重叠,$m_s(t)$ 就可通过带宽为 ω_H 的理想低通滤波器(LPF)无失真地恢复出原来信号 $m(t)$。此时低通滤波器的输出为

$$M_o(\omega) = \frac{A\tau}{T_s}M(\omega) \leftrightarrow m_o(t) = \frac{A\tau}{T_s}m(t) \tag{6.3.3}$$

可见,由自然采样恢复出的信号 $m_o(t)$ 与原被采样信号 $m(t)$ 只有大小的差别,而不会产生失真。

自然采样的优点是:当脉冲宽度 τ 增加时,$\frac{A\tau}{T_s}\mathrm{Sa}(n\omega_s\tau/2)$ 幅度相应增加,但衰减加快,它表示采样后信号的频谱向低频集中,并且随频率升高衰减加快。这意味着在较高频率上其能量可以忽略,因此采样后信号带宽随 τ 增加而减小,这有利于采样信号的传输。

需要说明的是,对于式(6.3.2),当 $A \to \infty$,$\tau \to 0$,$A\tau \to 1$ 时,$\frac{A\tau}{T_s}\mathrm{Sa}(n\omega_s\tau/2) = \frac{1}{T_s}$。这时,式(6.3.2)就变成了式(6.2.5),即由自然采样变成了理想采样,因此可以认为理想采样是自然采样的极限情况。图 6.5 所示为自然采样的数学模型、时域波形与频域波形。

6.3.2 平顶采样

平顶采样也称为瞬时采样,其特点是采样以后的信号脉冲序列有一定宽度,且具有相同的形状,而不随信号 $m(t)$ 变化,它的幅度正比于信号 $m(t)$ 的瞬时采样值。和自然采样一样,平顶采样可以选择任意形状脉冲。为了分析方便,假设采样脉冲为理想矩形脉冲。平顶采样的数学模型、时域波形与频域波形如图 6.6 所示。

图 6.5 自然采样的数学模型、时域波形与频域波形

图 6.6 平顶采样的数学模型、时域波形与频域波形

由图 6.6(a)可知,可以把平顶采样视为信号 $m(t)$ 经理想采样后,再通过一个脉冲形成网络的结果。下面分析其采样过程。

设脉冲形成电路的传递函数为 $H(\omega)$,时间函数相应为 $h(t)$,它们分别为

$$h(t)=A\text{rect}\left(\frac{t}{\tau}\right)\Leftrightarrow H(\omega)=A\tau\text{Sa}\left(\frac{\omega\tau}{2}\right) \tag{6.3.4}$$

式中,A 为矩形脉冲的幅度;τ 为矩形脉冲的宽度。

另设脉冲形成电路的输出信号频谱为 $M'_s(\omega)$,因为有

$$M'_s(\omega)=M_s(\omega)H(\omega) \tag{6.3.5}$$

而且已知理想采样信号的频谱为

$$M_s(\omega)=\frac{1}{T_s}\sum_{n=-\infty}^{\infty}M(\omega-n\omega_s) \tag{6.3.6}$$

由此可以得到平顶采样信号的时域和频域表示式,它们分别为

$$m'_s(t)=\sum_{n=-\infty}^{\infty}m(nT_s)\delta(t-nT_s)*h(t)=\sum_{n=-\infty}^{\infty}m(nT_s)h(t-nT_s) \tag{6.3.7}$$

$$M'_s(\omega)=\left[\frac{1}{T_s}\sum_{n=-\infty}^{\infty}M(\omega-n\omega_s)\right]H(\omega)=\frac{A\tau}{T_s}\sum_{n=-\infty}^{\infty}\text{Sa}\left(\frac{\omega\tau}{2}\right)M(\omega-n\omega_s) \tag{6.3.8}$$

由式(6.3.8)和图 6.6(d)可以看出,平顶采样频谱也是由一系列频谱 $M(\omega)$ 组成的。将平顶采样频谱与自然采样频谱相比较,可以发现两者虽然相似,但实际上差别很大。在自然采样中,采样后信号的频谱被 $\frac{A\tau}{T_s}\text{Sa}\left(\frac{n\omega_s\tau}{2}\right)$ 加权,该加权系数仅随 n 的变化而变化。当 n 确定后,该加权系为常数,n 不同,该常数的取值不同,因此 n 不相同时仅频谱的幅度不同,即频谱的形状保持不变。而在平顶采样中,采样后信号的频谱被 $\frac{A\tau}{T_s}\text{Sa}\left(\frac{\omega\tau}{2}\right)$ 加权,它是频率 ω 的函数,因此频谱的基本形状也发生了改变,即产生了频率失真。

如图 6.6(a)所示,为了消除由 $H(\omega)$ 引起的频率失真,可在低通滤波器之前用传输函数为 $1/H(\omega)$ 的网络加以修正,则低通滤波器输入信号的频谱变成

$$M_s(\omega)=\frac{1}{H(\omega)}M_H(\omega)=\frac{1}{T_s}\sum_{n=-\infty}^{\infty}M(\omega-n\omega_s) \tag{6.3.9}$$

这样低通滤波器便能无失真地恢复出 $M(\omega)$。

6.4 脉冲编码调制(PCM)

脉冲编码调制(PCM)是一种最常用的模拟信号数字化方法,其最大特征是把连续的输入信号变换为在时间域和振幅域上都离散的量,然后把它变换为代码进行传输。在 PCM 系统中,由于信息是用数字信号来表示的,因此在远距离再生中继传输中噪声不积累;整个系统可全部采用数字电路技术,为通信系统的有效性、可靠性和保密性的提高提供了良好的保证。PCM 的缺点是传输带宽较宽、系统较复杂。但是,随着数字技术的飞速发展,这些缺点已不重要。

PCM 主要由采样、量化、编码 3 部分组成。PCM 系统框图如图 6.7 所示。

图 6.7 PCM 系统框图

前面讲过,经过采样以后的信号,只是在时间上被离散化了,但其幅度仍是连续取值的,因而无法用有限状态的数字信号表示。为了用有限状态的数字信号表示,还需要将采样后的每个采样值用振幅域上离散的值来近似。这种利用预先规定的有限个离散值来表示模拟采样值的过程称为"量化"。可以说量化过程实现了模拟信号向数字信号的实质转换。把经量化得到的信号电平值转换成数字代码的过程称为"编码"。通常采用二进制编码。

经过采样、量化、编码3个步骤后,则完成了发送端的模数(A/D)转换过程。经译码、低通滤波器后,则又完成了接收端数模(D/A)转换过程。下面分别讨论信号量化、编码和译码的工作原理。

6.4.1 量化

根据量化定义,在量化时,先对输入信号的取值范围进行"分级"或"分层",得到 M 个离散电平值,然后把模拟采样信号归入最接近的电平值。把相邻两个离散电平值之间的差距称为量化间隔,或量化阶距(量阶)。量化一般分为均匀量化和非均匀量化。

1. 均匀量化

如果采用相等的量化间隔对采样得到的信号进行量化,称为均匀量化。其特点是:量化间隔是一个常数,它的大小由输入信号的变化范围和量化电平数决定。当信号的取值范围和量化电平数确定之后,量化间隔也就确定了,图 6.8 即是量化的例子。

若输入信号的最小值和最大值分别用 a 和 b 表示,量化电平数为 M,则均匀量化间隔为

$$\Delta v = \frac{b-a}{M} \tag{6.4.1}$$

通常,量化器输入是将随机信号 $m(t)$ 进行采样后的模拟信号 $m_s(t)=m(kT_s)$,量化过程将采样值 $m(kT_s)$ 变换成 M 个量化电平 $q_1,q_2,\cdots,q_M$ 之一,即有

$$m_q(kT_s)=q_i, \quad m_{i-1} \leqslant m(kT_s) \leqslant m_i \tag{6.4.2}$$

式中,m_i 为第 i 个量化区间的终点值,并有 $m_0=a, m_M=b$。m_i 大小可表示为

$$m_i = a + i\Delta v \tag{6.4.3}$$

q_i 为第 i 个量化区间的量化电平,其大小可表示为

$$q_i = \frac{m_i + m_{i-1}}{2} \quad (i=1,2,\cdots,M) \tag{6.4.4}$$

由上面分析可知,信号的量化过程实质上是用阶梯信号来近似原信号的过程,因此信号的采样值和量化值之间存在一定的误差。这种舍零取整造成的误差称为量化误差,并且把量化误差产生的噪声称为量化噪声。这种噪声在接收端无论用什么办法也不能消除。在电声系统中,量化噪声表现为一些"沙沙"声;在图像传输中,量化噪声会使连续变化的灰度值出现不连续的情况,因此应采取措施尽量使它减小。由图 6.9 可见,量化误差为

$$e_q(t) = m(t) - m_q(t) \tag{6.4.5}$$

若采用四舍五入的量化方法,则量化误差的范围是 $-\Delta v/2 \leqslant e_q(t) \leqslant \Delta v/2$。

下面来分析均匀量化时的量化噪声和量化信噪比。

设输入信号 $m(t)$ 在 $[a,b]$ 范围内取值,并被划分为 M 个量化级,量化间隔为 Δv。根据式(6.4.5),可以得到量化噪声功率为

$$N_q = E[(m-m_q)^2] = \int_a^b (x-m_q)^2 f(x)dx$$

$$= \sum_{i=1}^{M} \int_{m_{i-1}}^{m_i} (x-q_i)^2 f(x)dx \tag{6.4.6}$$

图 6.8 量化过程示意图

图 6.9 均匀量化特性及量化误差曲线

式中,E 为求统计平均;$f(x)$ 为信号 $m(t)$ 值出现的概率密度函数;$m_i = a + i\Delta v$,$q_i = a + i\Delta v - \Delta v/2$。

量化器输出的信号功率为

$$S_o = E[(m_q)^2] = \sum_{i=1}^{M} (q_i)^2 \int_{m_{i-1}}^{m_i} f(x) \mathrm{d}x \tag{6.4.7}$$

显然,若已知信号 $m(t)$ 幅度的概率密度函数,便可计算出量化器输出信噪比 S_q/N_q。

【例 6.4.1】 设一均匀量化器有 M 个量化电平,其输入信号在区间 $[-a, a]$ 具有均匀概率密度函数,试求量化器输出端的平均信号功率与量化噪声功率比 S_q/N_q。

解:由于输入信号在区间 $[-a, a]$ 具有均匀概率密度函数,因此其概率密度函数为

$$f(x) = \frac{1}{a - (-a)} = \frac{1}{2a}$$

再由式(6.4.6),可以得到量化噪声功率为

$$\begin{aligned} N_q &= \int_a^b (x - q_i)^2 \left(\frac{1}{2a}\right) \mathrm{d}x \\ &= \sum_{i=1}^{M} \int_{-a+(i-1)\Delta v}^{-a+i\Delta v} \left(x + a - i\Delta v + \frac{\Delta v}{2}\right)^2 \frac{1}{2a} \mathrm{d}x \\ &= \sum_{i=1}^{M} \left(\frac{1}{2a}\right)\left(\frac{\Delta v^3}{12}\right) = \frac{M(\Delta v)^3}{24a} \end{aligned} \tag{6.4.8}$$

对于均匀量化,有 $M \cdot \Delta v = 2a$
因此

$$N_q = \frac{(\Delta v)^2}{12} \tag{6.4.9}$$

又由式(6.4.7),可以得到输出信号功率为

$$S_o = \sum_{i=1}^{M} (q_i)^2 \left(\frac{\Delta v}{2a}\right) = \frac{M^2 - 1}{12} (\Delta v)^2 \tag{6.4.10}$$

最后可得量化器输出信噪比为

$$\frac{S_o}{N_q} = M^2 - 1 \tag{6.4.11}$$

当 $M \gg 1$ 时，式(6.4.11)变为

$$\frac{S_o}{N_q} \approx M^2 \quad (6.4.12)$$

若取 $M=2^N$，即用 N 位二进制码来表示一个采样值，以 dB 表示的量化信噪比为

$$\left(\frac{S_o}{N_q}\right)_{dB} = 20\lg M = 20N\lg 2 \approx 6N(\text{dB}) \quad (6.4.13)$$

式(6.4.12)表明，量化器的输出信噪比随量化电平数 M 的增加而提高；式(6.4.13)表明，对于二进制编码，每增加一位编码，信噪比可提高 6dB。通常量化电平数应根据对量化器输出信噪比的要求来确定。

由式(6.4.5)和(6.4.9)可知，在均匀量化中，无论采样值大小如何，量化误差的最大值都是常数 $\Delta v/2$，而且量化噪声功率的均方根也为常数 $\Delta v/\sqrt{12}$。这说明，信号电平越低，量化信噪比越小。例如，量化阶距为 1V，那么最大量化误差为 0.5V。当信号幅度为 5V 时，那么量化误差为信号幅度的 10%；信号幅度为 1V 时，那么量化误差为信号幅度的 50%。该例子说明，若大信号刚好满足量化信噪比要求，则小信号肯定不能满足要求。若要确保小信号也能满足量化信噪比要求，则必须大大提高量化级数。

例如，电话传输标准要求在信号动态范围大于 40dB 的条件下信噪比不低于 26dB。根据这一要求，由式(6.4.13)可得

$$26 \leqslant 6N - 40$$

求得编码位数 $N \geqslant 11$。这样多的编码位数不仅使设备的复杂性增加，而且又使传输速率和传输带宽也相应地增加。采用非均匀量化可解决此问题。

2. 非均匀量化

量化间隔可变的量化称为非均匀量化。具体来讲，就是使量化间隔随信号幅度的大小变化。在大信号时，量化间隔取得大一点；而小信号时，量化间隔取得小一点。这样就可以保证量化噪声对大小信号的影响大致相同，即改善了小信号时的量化信噪比，相当于扩大了输入信号的动态范围。

实际中，非均匀量化可以采用先对信号压缩，而后均匀量化来实现。所谓压缩，是指将大信号衰减大、小信号衰减小的一种算法(下面会详细介绍)。接收端则要采用译码、扩张才能恢复信号。图 6.10 所示为非均匀量化的 PCM 系统框图。

图 6.10 非均匀量化的 PCM 系统框图

为了进一步理解压缩与扩张的原理，可参见如图 6.11 所示的压缩与扩张特性曲线。压缩特性曲线具有对小信号放大量较大、大信号放大量较小这样一种特性，其结果等效于对输入信号进行非均匀量化。由于小信号的幅度得到了较大的放大，从而使小信号的信噪比大为改善。为了避免信号失真，在输出端，要求扩张特性与压缩特性恰好相反。

对输入信号压缩后，将压缩器的输出再进行均匀量化，如把图 6.11 的纵坐标分成 4 等份，即 $\Delta y_1 = \Delta y_2 = \Delta y_3 = \Delta y_4$，把各分点对应到输入端，即对应到横坐标，则发现 $\Delta x_1 < \Delta x_2 < \Delta x_3 < \Delta x_4$。这说明在压缩器输出端进行均匀量化，等效到输入端则为非均匀量化，而且是大信号为大阶距、小信号为小阶距，正好符合对非均匀量化阶距的要求。图 6.12 所示为对信号脉冲进行压缩和扩张的过程。

图 6.11 压缩与扩张特性曲线   图 6.12 对信号脉冲进行压缩和扩张的过程

压缩特性的选取与信号的统计特性有关。理论上，具有不同概率分布的信号都有一个相对应的最佳压缩特性，使量化噪声达到最小。但在实际中，还应考虑压缩特性易于在电路中实现及压缩特性的稳定性等问题。世界各国广泛采用的两种对数压缩律是 μ 律和 A 律。ITU-T（国际电信联盟）在 G.711 建议中给出了这两种压缩率的标准，并规定国际间通信一律采用 A 律。

μ 律的数学表达式为

$$y=\frac{\ln(1+\mu x)}{\ln(1+\mu)}, \quad 0 \leqslant x \leqslant 1 \tag{6.4.14}$$

A 律的数学表达式为

$$y=\begin{cases} \dfrac{Ax}{1+\ln A}, & 0<x \leqslant \dfrac{1}{A} \\ \dfrac{1+\ln(Ax)}{1+\ln A}, & \dfrac{1}{A} \leqslant x \leqslant 1 \end{cases} \tag{6.4.15}$$

式中，y 为归一化的压缩输出电压，它是压缩器输出电压与最大输出电压之比，即

$$y=\frac{压缩器的输出电压}{压缩器可能的最大输出电压} \tag{6.4.16}$$

x 为归一化的压缩输入电压，它是压缩器输入电压与最大输入电压之比，即

$$x=\frac{压缩器的输入电压}{压缩器可能的最大输入电压} \tag{6.4.17}$$

A 和 μ 为压扩参数，它表示压缩的程度。

对于 μ 律，由式(6.4.14)可知，当 $\mu=0$ 时，压缩特性是通过原点的一条直线，没有压缩，对应于均匀量化。一般当 $\mu=100$ 时，压缩的效果就比较理想了。μ 越大，小信号压缩效果越好。

对于 A 律，由式(6.4.15)可知，当 $A=1$ 时，没有压缩，对应于均匀量化。A 的取值在 100 附近，可以得到满意的压缩特性。A 越大，小信号压缩效果越好。

压缩对量化信噪比的影响可以用下面的式子来说明，即

$$y'|_x=\frac{\mathrm{d}y}{\mathrm{d}x}\Big|_x=\frac{\Delta y}{\Delta x} \tag{6.4.18}$$

式中，Δy 为均匀量化的量化间隔；Δx 为非均匀量化时信号落入的量化级的量化间隔，Δx 是随信号大小变化的。该式子表示了非均匀量化对均匀量化的信噪比改善程度，用分贝表示为

$$[Q]_{\mathrm{dB}}=20\lg\left(\frac{\mathrm{d}y}{\mathrm{d}x}\right)=20\lg\left(\frac{\Delta y}{\Delta x}\right) \tag{6.4.19}$$

例如，当 $\mu=100$ 时，对于小信号，在 $x=0$ 处有

$$\left(\frac{\mathrm{d}y}{\mathrm{d}x}\right)_{x=0}=\frac{\mu}{(1+\mu x)\ln(1+\mu)}\bigg|_{x=0}=\frac{\mu}{\ln(1+\mu)}=\frac{100}{4.62}$$

这时量化信噪比的改善程度为

$$[Q]_{\text{dB}} = 20\lg\left(\frac{dy}{dx}\right) = 26.7\text{dB}$$

对于大信号,在 $x=1$ 处有

$$\left(\frac{dy}{dx}\right)_{x=1} = \frac{\mu}{(1+\mu x)\ln(1+\mu)}\bigg|_{x=1} = \frac{100}{(1+100)\times\ln(1+100)} = \frac{1}{4.67}$$

$$[Q]_{\text{dB}} = 20\lg\left(\frac{dy}{dx}\right) = 20\lg\left(\frac{1}{4.67}\right) = -13.3\text{dB}$$

即大信号时质量损失约 13dB。这里,最大允许输入电平为 0dB($x=1$);$[Q]_{\text{dB}}>0$ 表示提高的信噪比,而 $[Q]_{\text{dB}}<0$ 表示损失的信噪比。

图 6.13 有无压扩的比较

以上计算的是两个极端的情况,若取中间任一点,如输入信号为 $x=0.3162$(用分贝表示,则为 -10dB),根据上式可求得 $[Q]_{\text{dB}}=-3.6$dB。按照上述方法,可以求出任意一点信噪比的改善量。均匀量化和非均匀量化信噪比的比较如图 6.13 所示。

随着数字电路和大规模集成电路的发展,出现了利用折线来逼近对数压缩特性的压缩和编码一体化的数字压扩技术。在实际中,ITU-T 建议采用的有 A 律 13 折线($A=87.6$)和 μ 律 15 折线($\mu=255$)。15 折线 μ 律主要用于美国、加拿大等国的 PCM-24 路基群中;A 律 13 折线主要用于英国、法国、德国等欧洲各国的 PCM30/32 路基群中,我国的 PCM30/32 路基群也采用 A 律 13 折线。下面对 A 律 13 折线法加以说明。

图 6.14 所示为 A 律 13 折线压缩特性曲线。图中 x 和 y 分别为归一化的输入和输出信号幅度。它先将 x 轴上 0~1 区间不均匀地分为 8 段,分段的规律是每次以 1/2 取段,即分段点依次为 $1/2,1/4,\cdots,1/128$。然后将 y 轴上 0~1 区间均匀地分为 8 段,与 x 轴的 8 段一一对应,即每段长 1/8。最后把 x 轴和 y 轴上对应分段的交点连接起来,便可得到由 8 段直线构成的一条折线。从各段的斜率计算可知,除第 1 段和第 2 段外,其他各段直线的斜率都不相同,它们的关

图 6.14 A 律 13 折线压缩特性曲线

系如表 6.1 所示。由于这样一条折线为奇对称,因此正向和负向各有 8 条线段。又由于正向和负向第 1 段和第 2 段的斜率相同,因此这 4 段实际上是一条直线。因而,在正、负两个方向上得到了 13 段直线,这就是所谓的"13 折线"。

表 6.1 13 折线各分段参数

Y	0	1/8	2/8	3/8	4/8	5/8	6/8	7/8	1
按折线分段时的 x	0	1/128	1/64	1/32	1/16	1/8	1/4	1/2	1
段落		1	2	3	4	5	6	7	8
量化间隔		1/2048	1/2048	1/1024	1/512	1/256	1/128	1/64	1/32
量化间隔(以 Δ 计)		Δ	Δ	2Δ	4Δ	8Δ	16Δ	32Δ	64Δ
段落长度		1/128	1/128	1/64	1/32	1/16	1/8	1/4	1/2
段落长度(以 Δ 计)		16Δ	16Δ	32Δ	64Δ	128Δ	256Δ	512Δ	1024Δ
斜率		16	16	8	4	2	1	1/2	1/4

对于每一直线段,再均匀地分为 16 等份,这样 y 被分成了 $8 \times 16 = 128$ 个量化级。由于 y 是均匀分割的,因此每段的量化间隔都是 1/128。对于 x 轴上的 8 段,由于每段的长度不同,因此每段的量化间隔也不同。具体来讲,在 13 折线中,第 1 段和第 2 段最短,只有归一化的 1/128,再将它 16 等分后,每一小段长度为 $\frac{1}{128} \times \frac{1}{16} = \frac{1}{2048}$,这就是最小的量化间隔,记为 Δ,它仅有归一化值的 1/2048。第 8 段最长,它是归一化值的 1/2,将它 16 等分后得每一小段的长度为 1/32。这表明第 8 段与第 1 段的量化间隔相差 64 倍,即大信号的量化间隔是小信号量化间隔的 64 倍。按照上述方法,可计算出每一段落的长度和相应段落内每一小段的长度。

在 A 律特性分析中可以看出,取 $A = 87.6$ 的目的有两个:①使特性曲线原点附近的斜率凑成 16;②使 13 折线逼近时,x 的 8 个段落量化分界点近似地按 2 的幂次递减分割,有利于数字化处理。

6.4.2 编码和译码

在发送端,模拟信源输出的模拟信号经采样和量化后得到的脉冲序列是一个多进制的多电平数字信号,如果直接传输,则抗噪声能力很差,因此还要将其转换成具有抗干扰能力强、易于产生等优点的二进制数字信号后,再经数字信道传输。在接收端,则要将接收到的二进制码字还原成多进制的量化信号,并经低通滤波器恢复出原模拟基带信号。

在讨论编码和译码原理之前,需要明确常用的编码码型及码位数的选择与安排。

1. 常用的二进制码型

常用的二进制码型有自然二进制码、格雷码和折叠二进制码,如表 6.2 所示。

表 6.2 常用二进制码型

采样值脉冲极性	自然二进制码	格雷码	折叠二进制码	量化值
正极性部分	1111	1000	1111	15
	1110	1001	1110	14
	1101	1011	1101	13
	1100	1010	1100	12
	1011	1110	1011	11
	1010	1111	1010	10
	1001	1101	1001	9
	1000	1100	1000	8

续表

采样值脉冲极性	自然二进制码	格雷码	折叠二进制码	量化值
负极性部分	0 1 1 1	0 1 0 0	0 0 0 0	7
	0 1 1 0	0 1 0 1	0 0 0 1	6
	0 1 0 1	0 1 1 1	0 0 1 0	5
	0 1 0 0	0 1 1 0	0 0 1 1	4
	0 0 1 1	0 0 1 0	0 1 0 0	3
	0 0 1 0	0 0 1 1	0 1 0 1	2
	0 0 0 1	0 0 0 1	0 1 1 0	1
	0 0 0 0	0 0 0 0	0 1 1 1	0

自然二进制码就是一般的十进制正整数的二进制表示,编码简单、易记,而且译码可以逐比特独立进行。

格雷码的特点是相邻两个量化电平的码字之间的汉明距离始终为1,因此把这种码称为单位距离码。所谓汉明距离是指两个等长码字之间对应取值不同的个数。在传输过程中,如果格雷码的某一码元判决有误,则原码字会被其相邻的码字所代替,故在这种情况下所造成的误码值较小。

仔细观察表6.2可以发现,正极性和负极性两部分的码字,除最高位之外,余下部分是以量化范围的一半为中线对折而成的。最高位上半部分为"1",表示信号为正,最高位下半部分为"0",表示信号为负。利用这个特点来对双极性码进行编码就非常简单。

折叠二进制码与自然二进制码相比,还有一个优点是,在传输过程中如果出现误码,对小信号的影响较小。如由大信号1111误传为0111,从表6.2可见,对于自然二进制码译码后得到的采样值脉冲与原信号相比,误差为8个量化级。而对于折叠二进制码,误差为15个量化级。如果误码发生在小信号,由1000误传为0000,这时情况就不同了。对于自然二进制码,误差是8个量化级,而对于折叠二进制码,误差却只有一个量化级。折叠二进制码的这一特性是很有价值的,因为实际中语音信号小幅度出现的概率比大幅度出现的概率大得多。

2. 码位数的选择与安排

为了保证较好的通信质量,应该选择合适的编码位数,这不仅关系到通信质量的好坏,而且还关系到实现的复杂程度。编码位数的多少,决定了量化分级数的多少。换句话说,若量化分级数一定,则编码所需的位数也就被确定了。在信号变化范围一定时,用的码位数越多,量化误差就越小,通信质量也就越好。但码位数越多,设备越复杂,同时还会使总的传码率增加,传输带宽加大。PCM多路电话机常采用8位非线性编码,其中1位为极性码。

关于码位的安排,具体来讲,在逐次比较型编码方式中,无论采用几位码,一般均按极性码、段落码、段内码的顺序排列。下面结合13折线的编码来加以说明。

在13折线中,无论是正向或负向,都有8个直线段,因此要区分信号落在哪一段,就需要3位码。在每个直线段中又均匀分为16个量化级,要表示信号落在某一级,则需4位码。因此,可以用8位二进制码对一个信号的采样量化值进行编码。设每次编的8位码分别用 $C_7 C_6 C_5 C_4 C_3 C_2 C_1 C_0$ 表示,则各码位安排如下。

C_7:极性码,表示信号采样值的极性。正极性时 $C_7 = 1$,负极性时 $C_7 = 0$。

$C_6 C_5 C_4$:段落码,表明信号采样值被归入哪一段,并指出8个段落的起点电平。

$C_3 C_2 C_1 C_0$:段内码,代表每一段落中的16个均匀划分的量化级。

表6.3给出了段落码、段内码及相应电平值的关系,其中电平值的大小均以最小量化间隔 Δ(第一段的量化间隔)为单位。

表 6.3 段落码、段内码及相应电平值的关系

段落序号	段落码			段落起点电平(Δ)	段内码对应电平(Δ)				段内量化级数(Δ)	量化间隔(Δ)
	C_6	C_5	C_4		C_3	C_2	C_1	C_0		
1	0	0	0	0	8	4	2	1	16	1
2	0	0	1	16	8	4	2	1	16	1
3	0	1	0	32	16	8	4	2	32	2
4	0	1	1	64	32	16	8	4	64	4
5	1	0	0	128	64	32	16	8	128	8
6	1	0	1	256	128	64	32	16	256	16
7	1	1	0	512	256	128	64	32	512	32
8	1	1	1	1024	512	256	128	64	1024	64

以上讨论的是非均匀量化的情况,现在将它与均匀量化作一比较。假设以非均匀量化时的最小量化间隔作为均匀量化时的量化间隔,那么从 13 折线的第 1 段到第 8 段各段所包含的均匀量化级数分别为 16、16、32、64、128、256、512、1024,总共有 2048 个均匀量化级,而非均匀量化时只有 128 个量化级。因此,均匀量化需要编 11 位码,非均匀量化只要 7 位码。可见,在保证小信号区间量化间隔相同的条件下,7 位非线性编码与 11 位线性编码等效。由于非线性编码的位数减少,因此实现起来简单,所需传输系统带宽减小。

3. 逐次比较型编码原理

编码工作由编码器来完成,而编码器目前通常由大规模集成电路来实现。实际应用的编码器种类较多,下面只简要介绍 A 律 13 折线逐次比较型编码器的编码原理。

编码器的任务就是将输入的采样值脉冲变换成相应的 8 位二进制代码。在这 8 位代码中,除第 1 位作为极性码外,其余 7 位二进制代码是通过逐次与预先规定好的标准电流(或电压)进行比较而确定的。这些标准电流(或电压)称为权值电流(或电压),用符号 I_w 表示。

逐次比较的过程与用天平称物体重量的过程很相似。天平称重量时,一边放被测物体,一边放砝码。设天平的称重范围为 0~128g,它有 7 个砝码,分别为 64g、32g、16g、8g、4g、2g、1g,且设被测物体的重量为 102g。如何确定这一重量呢?其过程如下:在天平的一边先放 64g 的砝码,看被测物体比这一砝码重还是轻。如果重,就保留这一砝码,否则就去掉这一砝码。接着用同样的方法来依次确定 32g、16g、8g、4g、2g、1g 的砝码是保留还是去掉。那么,在称重 102g 物体过程中,所用的 7 个砝码去、留情况如下:

64g(留)+32g(留)+16g(去)+8g(去)+4g(留)+2g(留)+1g(去)=102g

如果以二进制码的 0 和 1 分别代表砝码的去和留,则可得到自然二进制码 1100110。

逐次比较型编码工作原理与天平称重过程有如下的对应的关系:

    采样值的取值域⇔天平的称重范围
    某一时刻的量化采样值⇔被测物体的重量
    7 位二进制码的权值⇔天平的 7 个砝码

图 6.15 所示为逐次比较型编码器的原理图。它由采样保持电路、整流电路、极性判决电路、比较器、本地译码器等组成。下面结合天平称重过程来说明逐次比较型编码器的工作原理。

首先,将采样后的 PAM 信号分成两路信号,一路通过极性判决电路,确定出它的极性。当采样值为正时,$C_7=1$;当采样值为负时,$C_7=0$。另一路通过全波整流电路,将它变为单极性信号 I_s。比较器是编码器的核心,它将采样值电流 I_s 和标准电流 I_w 进行比较,从而完成对输入信

号采样值的非线性量化和编码。每比较一次,输出一位二进制代码。当 $I_s > I_w$ 时,比较器输出"1"码,反之输出"0"码。由于在 13 折线中用了 7 位二进制码代表段落和段内码,因此对一个输入信号的采样值需要进行 7 次比较。本地译码器提供每次所需的标准电流 I_w。编码顺序是:先编出 3 位段落码 $C_6C_5C_4$,然后编出 4 位段内码 $C_3C_2C_1C_0$。

图 6.15 逐次比较型编码器的原理图

本地译码器是由记忆电路、7/11 变换电路和恒流源组成。记忆电路用来存储二进制代码,因为除第一次比较之外,其余各次比较都要依据前面的比较结果来确定 I_w 的值。7/11 变换电路就是前面讨论的数字压缩器。因为 7 位非线性码与 11 位线性码等效,而比较器只能编 7 位码,反馈到本地译码器的全部码也只有 7 位。另外,恒流源有 11 个基本权值电流支路,需要 11 个控制脉冲来进行控制,因此必须经过变换,即将非均匀量化的 7 位非线性码变换为 11 位线性码。恒流源用于产生各种标准电流值。采样保持电路的作用是使输入信号的采样值在整个比较过程中保持其幅度不变。

PCM 接收端译码器的任务是根据 A 律 13 折线压扩特性将接收到的 PCM 信号还原为 PAM 信号。其工作原理与编码器中的本地译码器基本相同,唯一不同之处是接收端译码器在译出的同时,还要恢复出信号的极性,这里不再赘述。常用的译码器大致可分为 3 种类型,即加权网络型、级联型和混合型。

段落码的具体编码过程如表 6.4 所示。经过 3 次比较后,就确定了信号采样值处于哪一段,即确定了段落码 $C_6C_5C_4$。每一次比较时,标准电流 I_w 的选取原则:在前一次比较后已知该采样值处于哪几段的基础上,取这几段的分界值即为本次比较时的 I_w。例如,第一次比较时,由于段落码的 1~4 段与 5~8 段的分界值是 128Δ,因此 $I_w = 128\Delta$。

表 6.4 段落码的编码过程

$I_s > I_w = 128\Delta$?							
(是)$C_6=1$ 采样值在 5~8 段				(否)$C_6=0$ 采样值在 1~4 段			
$I_s > I_w = 512\Delta$?				$I_s > I_w = 32\Delta$?			
(是)$C_5=1$ 采样值在 7、8 段		(否)$C_5=0$ 采样值在 5、6 段		(是)$C_5=1$ 采样值在 3、4 段		(否)$C_5=0$ 采样值在 1、2 段	
$I_s > I_w = 1024\Delta$?		$I_s > I_w = 256\Delta$?		$I_s > I_w = 64\Delta$?		$I_s > I_w = 16\Delta$?	
(是)$C_4=1$ 采样值在 8 段	(否)$C_4=0$ 采样值在 7 段	(是)$C_4=1$ 采样值在 6 段	(否)$C_4=0$ 采样值在 5 段	(是)$C_4=1$ 采样值在 4 段	(否)$C_4=0$ 采样值在 3 段	(是)$C_4=1$ 采样值在 2 段	(否)$C_4=0$ 采样值在 1 段

段内码的编码方法与段落码类似,同样可确定 $C_3C_2C_1C_0$。

下面举例说明这一编码过程。

【例 6.4.2】 设输入信号采样值为 $+436\Delta$，若进行 PCM 编码，求所编的 8 位码。

解：(1) 确定极性码 C_7

由于 $+436$ 为正，因此极性码 $C_7=1$。

(2) 确定段落码 $C_6C_5C_4$（参见表 6.4）

第 1 次比较，取 $I_w=128\Delta$。因为 $I_s=436\Delta>I_w=128\Delta$，故 $C_6=1$，采样值在 5～8 段。

第 2 次比较，取 $I_w=512\Delta$。因为 $I_s=436\Delta<I_w=512\Delta$，故 $C_5=0$，采样值在 5～6 段。

第 3 次比较，取 $I_w=256\Delta$。因为 $I_s=436\Delta>I_w=256\Delta$，故 $C_4=1$，采样值在 6 段。

(3) 确定段内码 $C_3C_2C_1C_0$（参见表 6.3）

段内码是在已确定输入信号所处段落的基础上，用来表示输入采样值信号处于该段的哪一量化级上。上面已经确定输入信号处于第 6 段，该段有 16 个量化级。由表 6.3 可知，该段的量化间隔为 16Δ。故 C_3 的标准电流应选为

$$I_w = 段落起点电平 + 8 \times (该段量化间隔) = 256\Delta + 8 \times 16\Delta = 384\Delta$$

第 4 次比较，$I_s=436\Delta>I_w=384\Delta$，故 $C_3=1$，说明采样值处于第 6 段的后 8 级（第 9～16 级）。

同理，C_2 的标准电流应选为

$$I_w = 段落起点电平 + 12 \times (该段量化间隔) = 256\Delta + 12 \times 16\Delta = 448\Delta$$

第 5 次比较，$I_s=436\Delta<I_w=448\Delta$，故 $C_2=0$，说明采样值处于第 6 段的前 4 级（第 9～12 级）。

C_1 的标准电流应选为

$$I_w = 段落起点电平 + 10 \times (该段量化间隔) = 256\Delta + 10 \times 16\Delta = 416\Delta$$

第 6 次比较，$I_s=436\Delta>I_w=416\Delta$，故 $C_1=1$，说明采样值处于第 6 段的第 11～12 级。

C_0 的标准电流应选为

$$I_w = 段落起点电平 + 11 \times (该段量化间隔) = 256\Delta + 11 \times 16\Delta = 432\Delta$$

第 7 次比较，$I_s=436\Delta>I_w=432\Delta$，故 $C_0=1$，说明采样值处于第 6 段的第 12 级。

经过 7 次比较，最后得到 $+436$ 的编码为 $C_7C_6C_5C_4C_3C_2C_1C_0=11011011$，它位于第 6 段第 12 量化级。需要注意的是，由于编码结果是对 432Δ 的编码，与原采样值 436Δ 相比存在 4Δ 的误差，这就是前面介绍过的"量化误差"。另外，还可计算出 432Δ 对应的 11 位线性编码为 00110110000。

【例 6.4.3】 设码字的 8 位编码为 01011001，求量化电平为多少？

解：$C_7=0$，说明采样值为负极性。段落码为 101，说明在第 6 段。第 6 段的段落起点电平为 256 个量化单位。段内码为 1001，段内电平为 $128+16=144$ 个量化单位，故该 8 位非线性码所代表的信号采样量化值为 $256+144=400$ 个量化单位（取的是所在量化间隔的起点）。

值得注意的是，从理论上说，为了降低平均误差，译码电平应该取所在量化间隔的中点。例如上题中，理论上最佳译码电平应为 408 个量化单位。但是，实际上应根据芯片型号的不同，译码有时也会采用该量化区间的起点。

6.4.3　PCM 集成编译码器简介

PCM 编译码器采用 MC145557 专用大规模集成电路。MC145557 采用 A 律压扩编码方式，含发送带宽和接收低通开关电容滤波器，内部提供基准电压源，采用 CMOS 工艺。MC145557 的引脚如图 6.16(a)所示，内部组成图如图 6.16(b)所示。

MC145557 的引脚定义简述如下。

图 6.16 MC145557 的引脚图和内部组成图

V−：输入−5V 电压。
GNDA：模拟地。
FR0：接收信号输出。
V+：输入+5V 电压。
FSr：接收 8kHz 帧同步输入。
DIr：接收数据输入。
CPrd/CPs：接收数据时钟输入/时钟选择控制。
CPr/PDN：接收主时钟输入/降低功耗控制。在固定速率工作模式下为 2048kHz。
CPt：发送主时钟输入。在固定速率工作模式下为 2048kHz。
CPtd：发送数据时钟输入。
DOt：发送数据时钟输出。
FSt：发送 8kHz 帧同步输入。
TSt：发送时隙指示。
GSt：发送增益控制。
IN+：发送信号同相输入。
IN−：发送信号反相输入。

MC145557 所需的定时脉冲均由定时部分提供。由 74LS04、74LS74 时钟源产生 2048kHz 的主时钟信号，由 74LS161、74LS20 和 74LS138 产生两个时序相差 $3.91\mu s$(1/256000s) 的 8kHz 帧同步信号。

6.4.4 PCM 系统的抗噪声性能

PCM 系统存在两种噪声,一种是在量化过程中形成的量化噪声 $n_q(t)$,另一种是在传输过程中经信道混入的加性高斯白噪声 $n_e(t)$。这样,在接收端低通滤波器的输出中,除有输出信号 $m_o(t)$ 成分外,还存在上面所述的两种噪声,即

$$\hat{m}(t) = m_o(t) + n_q(t) + n_e(t)$$

为了衡量 PCM 系统的抗噪声性能,通常将系统输出端总的信噪比定义为

$$\frac{S_o}{N_o} = \frac{E[m_o^2(t)]}{E[n_q^2(t)] + E[n_e^2(t)]} \tag{6.4.20}$$

虽然两种噪声最终的结果都使恢复后的信号与原信号存在差异,但是两种噪声却有着本质的区别。下面分别进行讨论。

1. 量化噪声的影响

设输入信号 $m(t)$ 在 $[-a, a]$ 上的概率密度均匀分布,对 $m(t)$ 进行均匀量化,其量化级数为 M,量化噪声功率 N_q' 与前面讨论的式(6.4.9)结果相同,即

$$N_q' = \frac{(\Delta v)^2}{12}$$

需要指出,N_q' 不是系统最终输出的量化噪声功率 N_q,因为量化噪声还要经过信道传输和低通滤波器才能到达输出端。

可以证明,在不考虑信道噪声条件下,量化噪声 $n_q(t)$ 通过截止频率为 f_H 的理想低通滤波器后,其功率谱密度为

$$G_{n_q}(f) = \frac{1}{f_s} \cdot N_q' = \frac{1}{f_s} \cdot \frac{(\Delta v)^2}{12}, \quad |f| < f_H \tag{6.4.21}$$

假设 $f_s = 2f_H$,则可求得低通滤波器输出端的量化噪声功率为

$$N_q = E[n_q^2(t)] = \int_{-f_H}^{f_H} G_{n_q}(f) df = \frac{1}{f_s^2} \cdot \frac{(\Delta v)^2}{12} \tag{6.4.22}$$

同理,可以求得接收端低通滤波器输出端的信号功率密度为

$$G_{S_o}(f) = \frac{1}{f_s} \cdot \frac{(M^2-1)(\Delta v)^2}{12}, \quad |f| < f_H \tag{6.4.23}$$

故低通滤波器输出的信号功率为

$$S_o = E[m_o^2(t)] = \int_{-f_H}^{f_H} G_{S_o}(f) df = \frac{1}{f_s^2} \cdot \frac{(M^2-1)(\Delta v)^2}{12} \tag{6.4.24}$$

通常在 $M^2 \gg 1$ 的情况下,式(6.4.24)可简化为

$$S_o = \frac{1}{f_s^2} \cdot \frac{M^2 (\Delta v)^2}{12} \tag{6.4.25}$$

在上面求得输出信号功率和输出量化噪声功率的基础上,很容易求得 PCM 系统输出端平均信号量化噪声功率比为

$$\frac{S_o}{N_q} = \frac{E[m_o^2(t)]}{E[n_q^2(t)]} = M^2 = 2^{2N} \tag{6.4.26}$$

式中,二进制码位数 N 与量化级数 M 的关系为 $M = 2^N$。

由式(6.4.26)可见,PCM 系统输出端平均信号量化噪声功率比仅仅依赖于每一个码字的位数 N,其比值与 N 成指数关系。若信号 $m(t)$ 的频带被限制在 f_H 以内,按照奈奎斯特采样间隔采样,则每秒应有 $2f_H$ 个采样值,对这些采样值进行量化,每个量化后的采样值用 N 位二进制数进行编码,则每秒需发 $2Nf_H$ 个脉冲。换句话说,对于一个每秒发送 $2Nf_H$ 个脉冲的系统,其带

宽至少等于 Nf_H，即有 $B=Nf_H$，或 $N=B/f_H$，因此式(6.4.26)又可写为

$$\frac{S_o}{N_q}=2^{2B/f_H} \tag{6.4.27}$$

可见，PCM 系统输出端的信号量化噪声功率比与系统带宽 B 成指数关系。

2. 加性噪声的影响

加性噪声对 PCM 系统的影响表现在 PCM 译码的错误，即造成误码。误差的大小对各码位来说是不均匀的。在一个长为 N 位的自然编码字中，假定自最低位到最高位的权值分别为 2^0，$2^1,2^2,\cdots,2^{i-1},2^i,\cdots,2^{N-1}$，量化间隔为 Δv，则第 i 位码对应的采样值为 $2^{i-1}\Delta v$。若第 i 位码发生了误码，则其误差为 $\pm(2^{i-1}\Delta v)$。这样，如果误码发生在最低位，则误差只为一个 Δv，而如果误码发生在最高位，则造成的误差最大，为 $\pm(2^{N-1}\Delta v)$。

在加性噪声为高斯白噪声的情况下，每个码元出现的误码都是相互独立的，并设每个码元的误码率都为 P_e。另外，考虑到实际中 PCM 系统的每个码字中出现多于一位误码的概率很低，因此通常只研究码字中出现一位误码所产生的误码率就可以了。在这种情况下，一个码字由于误码在译码器输出端产生的平均功率为

$$N'_e=P_e\sum_{i=1}^{N}(2^{i-1}\Delta v)^2=\frac{2^{2N}-1}{3}\cdot(\Delta v)^2\cdot P_e\approx\frac{2^{2N}}{3}\cdot(\Delta v)^2\cdot P_e \tag{6.4.28}$$

同样需要指出，N'_e 不是系统最终输出的量化噪声功率 N_e，因为加性噪声还要经过低通滤波器才能到达输出端。

可以证明，加性噪声 $n_e(t)$ 通过截止频率为 f_H 的理想低通滤波器后，其功率谱密度为

$$G_{n_e}(f)=\frac{1}{T_s}\cdot N'_e=\frac{P_e}{T_s}\cdot\frac{2^{2N}}{3}\cdot(\Delta v)^2,\quad|f|<f_H \tag{6.4.29}$$

仍假设 $f_s=2f_H$，则可求得低通滤波器输出端的加性噪声功率为

$$N_e=E[n_e^2(t)]=\int_{-f_H}^{f_H}G_{n_e}(f)\mathrm{d}f=\frac{2^{2N}P_e}{3T_s^2}(\Delta v)^2 \tag{6.4.30}$$

由式(6.4.25)及式(6.4.30)可以得到仅考虑信道加性噪声时 PCM 系统的输出信噪比为

$$\frac{S_o}{N_e}=\frac{1}{4P_e} \tag{6.4.31}$$

可见，由误码引起的信噪比与误码率成反比。

前面已经指出，传输模拟信号的 PCM 系统的性能用接收端输出的平均信噪比来度量。将式(6.4.22)、式(6.4.25)和式(6.4.30)代入式(6.4.20)得

$$\frac{S_o}{N_o}=\frac{E[m_o^2(t)]}{E[n_q^2(t)]+E[n_e^2(t)]}=\frac{M^2}{1+4P_e 2^{2N}}=\frac{2^{2N}}{1+4P_e 2^{2N}} \tag{6.4.32}$$

式(6.4.32)说明，在误码率较低时，PCM 系统输出的信噪比 S_o/N_o 主要取决于量化信噪比的大小，而与加性噪声的影响几乎无关。这说明 PCM 系统抗加性噪声的能力是非常强的。

6.5 增量调制(ΔM)

在 PCM 系统中，信号的采样值是用多位二进制码来代表的。为了提高系统的质量，则需减小量化间隔。这样一来，码长就要增加，使设备复杂化。能否用较短的码长，甚至只用一位码来反映相邻采样信号的变化情况，使编码、译码设备大大地简化呢？增量调制(ΔM)就是在这个背景下提出来的。

6.5.1 增量调制的基本原理

所谓增量调制就是将信号瞬时值与前一个采样时刻的量化值之差进行量化,而且只对这个差值的符号进行编码。因此量化只限于正电平和负电平,也就是说用一位码来传输一个采样值。如果差值为正,则发"1"码;如果差值为负,则发"0"码。显然,数码"1"和"0"只是表示信号相对于前一时刻的增减,而不代表信号值的大小。这种将差值编码用于通信的方式就称为"增量调制"。下面借助于图 6.17 来进一步理解增量调制的基本原理。

图 6.17 中,$m(t)$ 是一个频带有限的模拟信号,时间轴 t 被分成许多相等的时间间隔 Δt,如果 Δt 很小,则 $m(t)$ 在间隔为 Δt 的时刻上得到的相邻的差值也将很小。如果把代表 $m(t)$ 幅度的纵轴也分成许多相等的小区间(量阶)σ,那么模拟信号 $m(t)$ 就可用如图 6.17 所示的阶梯波形 $m'(t)$ 来逼近。显然,只要时间间隔 Δt 和量阶 σ 都很小,则 $m(t)$ 和 $m'(t)$ 将会非常接近。阶梯波形只有上升一个量阶 σ 或下降一个量阶 σ 两种情况,因此可以把上升一个量阶 σ 用"1"码来表示,下降一个量阶 σ 用"0"码来表示,这样图中连续变化的模拟信号 $m(t)$ 就可以用一串二进制码序列来表示,从而实现了模数转换。在接收端,只要每收到一个"1"码就使输出上升一个 σ 值,每收到一个"0"码就使输出下降一个 σ 值,这样就可以恢复出与原模拟信号 $m(t)$ 近似的阶梯波形 $m'(t)$,从而实现了数模转换。

图 6.18 是 ΔM 系统的实现框图。发送端的编码器由相减器、判决器、积分器及采样脉冲组成。其工作过程如下:将模拟信号与积分器输出的斜变波形 $m'(t)$ 进行比较,为了获得这个比较结果,先通过相减器进行相减得到二者的差值,然后在采样脉冲作用下将这个差值进行极性判决。如果在给定采样时刻 t_i 有 $m(t)|_{t=t_i} - m'(t)|_{t=t_{i-}} > 0$,则判决器输出"1"码;如果两者的差值小于 0,则输出"0"码。这里,t_{i-} 是 t_i 时刻的前一瞬间,即相当于在阶梯波形跃变点的前一瞬间。于是,编码器就输出一个二进制码序列。

如图 6.18 所示,接收端的译码器由积分器和低通滤波器组成,其中的积分器与编码器中的积分器完全相同。译码器的工作过程如下:积分器遇到"1"码(有 $+E$ 脉冲电压),就以固定斜率上升一个 ΔE,并让 $\Delta E = \sigma$;遇到"0"码(有 $-E$ 脉冲电压),就以固定斜率下降一个 ΔE。图 6.19 所示为积分器的输入与输出波形。由图可以看到,积分器的输出波形并不是阶梯波形,而是一个斜变波形。但因 $\Delta E = \sigma$,故在所有采样时刻 t_i 上斜变波形与阶梯波形有完全相同的值。因而,斜变波形与原来的模拟信号相似。积分器输出的斜变波经低通滤波器之后就变得十分接近于信号 $m(t)$。

图 6.17 增量调制波形及编码

图 6.18 ΔM 系统的实现框图

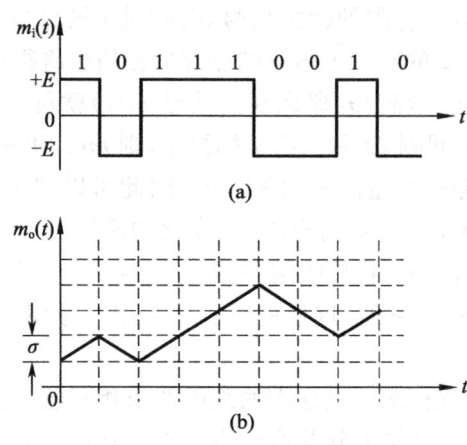

图 6.19 积分器的输入与输出波形

6.5.2 增量调制系统中的量化噪声和过载噪声

1. 量化噪声

由于 ΔM 信号是按 σ 来量化的,因而也必然存在量化误差 $e_q(t)$,也就是所谓的量化噪声,如图 6.20 所示。量化误差可以表示为

$$e_q(t) = m(t) - m'(t) \tag{6.5.1}$$

在正常情况下,$e_q(t)$ 在 $(-\sigma, +\sigma)$ 范围内变化。现假设随时间变化的 $e_q(t)$ 在区间 $(-\sigma, +\sigma)$ 上均匀分布,则 $e_q(t)$ 的一维概率密度 $f_q(e)$ 可表示为

$$f_q(e) = \frac{1}{2\sigma}, \quad -\sigma \leqslant e \leqslant +\sigma \tag{6.5.2}$$

因而 $e_q(t)$ 的平均功率可表示成

$$E[e_q^2(t)] = \int_{-\sigma}^{+\sigma} e^2 f_q(e) de = \frac{1}{2\sigma} \int_{-\sigma}^{+\sigma} e^2 de = \frac{\sigma^2}{3} \tag{6.5.3}$$

需要指出的是,上述的量化噪声功率并不是系统最终输出的量化噪声功率。这是因为 $e_q(t)$ 的最小周期等于采样周期 T_s,即其最高频率为 f_s。但 $e_q(t)$ 的最大周期可以是任意大,或者说其最低频率可为任意小。因此从频谱角度来看,$e_q(t)$ 的频谱将从很低的频率一直延伸到 f_s。为便于分析,我们假设量化误差的功率谱密度 $G_q(f)$ 在 $0 \sim f_s$ 之间均匀分布,则可得到 $G_q(f)$ 的表示式为

$$G_q(f) = \frac{\sigma^2}{3f_s} \tag{6.5.4}$$

经截止频率为 f_m 的低通滤波器之后的量化噪声功率为

$$N_q = G_q(f) f_m = \frac{\sigma^2}{3} \left(\frac{f_m}{f_s} \right) \tag{6.5.5}$$

由此可见，ΔM 系统输出的量化噪声功率与量阶 σ 及比值(f_m/f_s)有关。因此，若要想减小 N_q，就应减小量阶 σ 和比值(f_m/f_s)。

2. 过载噪声

在 ΔM 系统中，还存在一种噪声——斜率过载噪声。它的产生原因与 PCM 系统不同。在 PCM 系统中，过载是由于输入信号幅度超出量化范围引起的。而在 ΔM 系统中，过载却是由于译码器输出的斜变波形 $m'(t)$ 跟不上输入模拟信号 $m(t)$ 的变化所引起的，如图 6.21 所示。这是因为在 ΔM 系统中，量阶 σ 取的是固定值，而每秒中的量阶数为 $f_s = 1/\Delta t$ (f_s 实际上就是采样频率)也是固定值，所以译码器输出信号 $m'(t)$ 的斜率 K 为

$$K = \frac{\sigma}{\Delta t} = \sigma \cdot f_s \tag{6.5.6}$$

通过对量化噪声和过载噪声的分析可知，量阶 σ 大，则产生的量化噪声大，σ 小，则产生的噪声小；采用大的 σ 能减小过载噪声，但 σ 的增大却使得量化噪声增加了。因此，σ 应适当选取。

图 6.20 量化噪声　　　　图 6.21 过载量化噪声

由上述分析可知，要想避免发生过载噪声，必须使信号的最大可能斜率小于斜变波的斜率，即要求

$$\left|\frac{dm(t)}{dt}\right|_{max} \leqslant \frac{\sigma}{\Delta t} = \sigma \cdot f_s \tag{6.5.7}$$

当输入为单音频信号 $m(t) = A\sin\omega_k t$ 时，有

$$\left|\frac{dm(t)}{dt}\right|_{max} = A\omega_k \tag{6.5.8}$$

为了不发生过载现象，必须满足

$$A\omega_k \leqslant \sigma \cdot f_s \tag{6.5.9}$$

由式(6.5.9)可见，当模拟信号的幅度或频率增加时，都可能引起过载。在采样频率 f_s 和量阶 σ 都一定的情况下，为了避免过载发生，输入信号的频率和幅度关系应保持在图 6.22 过载特性所示的过载特性临界线之下的工作区内。临界的过载振幅 A_{max} 由式(6.5.10)给定，即

$$A_{max} = \frac{\sigma \cdot f_s}{\omega_k} = \frac{\sigma \cdot f_s}{2\pi f_k} \tag{6.5.10}$$

图 6.22 过载特性

可见，在 ΔM 系统中，临界的过载振幅 A_{max} 与量阶 σ 和采样频率 f_s 成正比，与信号角频率 ω_k 成反比为 ΔM 所特有的。

在临界条件下，系统将有最大的信号功率输出。这时的信号功率为

$$S_o = \frac{A_{max}^2}{2} = \frac{\sigma^2 f_s^2}{2\omega_k^2} = \frac{\sigma^2 f_s^2}{8\pi^2 f_k^2} \qquad (6.5.11)$$

利用式(6.5.5)、式(6.5.11),可求得临界条件下译码器输出端的最大信噪比为

$$\frac{S_o}{N_q} = \frac{3 f_s^3}{8\pi^2 f_k^2 f_m} \approx 0.04 \frac{f_s^3}{f_k^2 f_m} \qquad (6.5.12)$$

由此可见,最大信噪比 S_o/N_q 与采样频率 f_s 的三次方成正比,而与信号频率 f_k 的二次方成反比。因此,对于 ΔM 系统而言,提高采样频率将能明显地提高量化信噪比。

另外,由式(6.5.10)可知,若要避免过载噪声,在信号幅度和频率都一定的情况下,需提高采样频率,即让 f_s 满足

$$f_s \geq \frac{A\omega_k}{\sigma} \qquad (6.5.13)$$

一般情况下,$A \gg \sigma$,为了不发生过载失真,f_s 的取值要远远高于 PCM 系统的采样频率。例如,ΔM 系统的动态范围 $(D)_{\Delta M}$ 定义为最大允许编码幅度 $A_{max} = \frac{\sigma \cdot f_s}{2\pi f_k}$ 与最小可编码电平 $A_{min} = \sigma/2$ 的之比,即

$$(D)_{\Delta M} = 20\lg \frac{A_{max}}{A_{min}} = 20\lg \frac{f_s}{\pi \cdot f_k} \qquad (6.5.14)$$

若设语音信号的频率为 $f_k = 1\text{kHz}$,并要求其变化的动态范围为 40dB,则有

$$(D)_{\Delta M} = 20\lg \frac{f_s}{\pi \cdot f_k} = 40$$

由此可求得采样频率 $f_s \approx 300\text{kHz}$。而在 PCM 系统中,对频率为 1kHz 的信号进行采样,采样频率仅为 2kHz。与之相比,ΔM 系统的采样频率比 PCM 系统的采样频率大得多。

需要特别指出的是,当输入信号 $m(t)$ 为零,或为某一个固定电平时,ΔM 系统的发送端将输出"0""1"交替码。从理论上讲,即使输入信号不是直流,只要信号变化范围不超过 $\sigma/2$,ΔM 系统仍输出"0""1"交替码,即对于变化非常缓慢的输入信号,ΔM 系统的编码输出不会有所反映,我们把这种失真称为空载失真。当输入信号为正弦音频信号时,不出现 ΔM 空载失真的条件为

$$A_{min} > \frac{\sigma}{2} \qquad (6.5.15)$$

式中,A_{min} 为正弦信号的最小振幅。

综上所述,为了不产生过载失真和空载失真,对于正弦音频输入信号而言,应要求其输入信号的幅度满足

$$A_{min} = \frac{\sigma}{2} < A < A_{max} = \frac{\sigma \cdot f_s}{2\pi f_k} \qquad (6.5.16)$$

6.5.3 增量调制系统中加性高斯白噪声的影响

与 PCM 系统一样,加性高斯白噪声对 ΔM 系统的影响最终表现在误码上。由于误码,使译码后输出的信号产生误差。图 6.23 以双极性码为例,示出了正确的发送码波形、因加性噪声而产生错误的接收码波形及误差脉冲。在这 3 个波形中,可以认为图 6.23(b)是由图 6.23(a)与图 6.23(c)叠加而成的。显然,图 6.23(c)中误码脉冲是在每个误码位置上与正确码极性相反,幅度为 $2E$ 的脉冲。

若假设每个误码相互独立,且误码的可能性相等,误码率为 P_e,则误码脉冲产生的平均噪声功率为

$$N'_e = (2E)^2 P_e \qquad (6.5.17)$$

同样需要指出，N'_e 也不是系统最终的输出误差功率 N_e。因为误差脉冲还要经过积分器和低通滤波器才能到达输出端，为此，需要先求得误码脉冲的功率谱密度 $G_e(\omega)$。

由于误码脉冲的宽度等于 T_s，因此它的单边谱主要集中在 $0 \sim f_s$ 之间。误码脉冲的单边功率谱密度曲线如图 6.24 所示。

这种脉冲的等效功率谱带宽为 $f_s/2$，于是积分器输入端误码脉冲的功率谱为

$$G_e(f) = \frac{N'_e}{f_s/2} = \frac{8E^2 P_e}{f_s} \qquad (6.5.18)$$

误码脉冲经过积分器后，输出的功率谱密度为

$$G_o(\omega) = G_e(\omega) \cdot |H(\omega)|^2 \qquad (6.5.19)$$

式中，$H(\omega)$ 是积分器的传递函数。积分器的作用是将幅度为 E、宽度为 T_s 的矩形脉冲转换成量阶为 σ 的三角波，如图 6.25 所示。

图 6.23 ΔM 系统误码波形说明

图 6.24 误码脉冲的单边功率谱密度

图 6.25 积分器的输入、输出波形

积分器的传递函数为

$$H(\omega) = \frac{M_2(\omega)}{M_1(\omega)} = \frac{\sigma}{ET_s} \cdot \frac{1}{j\omega} \qquad (6.5.20)$$

将式(6.5.18)和式(6.5.20)代入式(6.5.19)，得到积分器的噪声功率谱密度为

$$G_o(\omega) = \frac{8E^2 P_e}{f_s} \cdot \left(\frac{\sigma}{ET_s}\right)^2 \cdot \left|\frac{1}{j\omega}\right|^2 = \frac{2\sigma^2 P_e f_s}{\pi^2 f^2} \qquad (6.5.21)$$

设低通滤波器的通频带为 $f_L \sim f_m$，则系统最终的输出噪声功率为

$$N_e = \int_{f_L}^{f_m} G_o(f) df = \int_{f_L}^{f_m} \frac{2\sigma^2 P_e f_s}{\pi^2 f^2} df = \frac{2\sigma^2 P_e f_s}{\pi^2} \left(\frac{1}{f_L} - \frac{1}{f_m}\right) \qquad (6.5.22)$$

实际中总有 $f_L \gg f_m$，因此上式可简化为

$$N_e = \frac{2\sigma^2 P_e f_s}{\pi^2 f_L} \qquad (6.5.23)$$

由式(6.5.11)和式(6.5.23)，可求得由加性噪声所决定的信噪比为

$$\frac{S_o}{N_e} = \frac{\sigma^2 f_s^2}{8\pi^2 f_k^2} \bigg/ \frac{2\sigma^2 P_e f_s}{\pi^2 f_L} = \frac{f_s f_L}{16 P_e f_k^2} \qquad (6.5.24)$$

若同时考虑量化噪声和加性噪声的影响，则由式(6.5.5)和式(6.5.23)求得 ΔM 系统总的输出信噪比为

$$\left(\frac{S_o}{N_q + N_e}\right)_{\Delta M} = \frac{3 f_L f_s^3 / f_k^2}{8\pi^2 f_L f_m + 48 P_e f_s^2} \qquad (6.5.25)$$

6.5.4 PCM 和 ΔM 的性能比较

前面对最基本的 PCM 系统和 ΔM 系统进行了较为详细的分析,下面主要从 3 个方面比较它们的性能。

1. 无误码或误码率极低的情况

对于 PCM 系统而言,其性能可用式(6.4.13)估计,该式为

$$\frac{S_o}{N_q} \approx 6N \text{(dB)} \tag{6.5.26}$$

对于 ΔM 系统来说,其性能则按式(6.5.12)估计,即有

$$\frac{S_o}{N_q} \approx 0.04 \frac{f_s^3}{f_k^2 f_m}$$

用分贝表示,上式变为

$$\frac{S_o}{N_q} \approx 10\lg\left(0.04 \frac{f_s^3}{f_k^2 f_m}\right) \text{(dB)} \tag{6.5.27}$$

显然,很难直接根据式(6.5.26)和式(6.5.27)来比较二者的性能。但我们可以假定它们有相同的信道带宽,也就是有相同的信道传输速率(设这个传输速率为 f_b)。在这样的条件下,对于 ΔM 系统,f_b 就等于系统的采样频率,即 $f_b = f_s$;对于 PCM 系统而言,通常有 $f_b = 2Nf_m$,其中 f_m 是基带信号的最高频率,N 是编码位数。将 $f_b = 2Nf_m$ 代入式(6.5.27),可得

$$\frac{S_o}{N_q} \approx 10\lg\left(0.04 \frac{(2Nf_m)^3}{f_k^2 f_m}\right) = 10\lg\left[0.32N^3 \left(\frac{f_m}{f_k}\right)^2\right] \text{(dB)} \tag{6.5.28}$$

因为 $f_k \leqslant f_m$,且语音信号的能量主要集中在 0.8~1kHz 范围内,所以取 $f_k = 1\text{kHz}$,$f_m = 3\text{kHz}$,则式(6.5.28)变为

$$\frac{S_o}{N_q} \approx 30\lg 1.42N \text{(dB)}$$

在不同的 N 值下,PCM 与 ΔM 系统的性能比较如图 6.26 所示。由图可以看出,在相同的信道传输速率下,如果 PCM 系统的编码位数 $N < 4$,则它的性能比 $f_k = 1\text{kHz}$,$f_m = 3\text{kHz}$ 的 ΔM 系统差;如果 $N > 4$,PCM 的性能超过 ΔM 系统,且随 N 的进一步增大,其性能越来越好。

图 6.26 不同 N 值的 PCM 和 ΔM 的性能比较

2. 考虑信道误码影响的情况

由于在 ΔM 系统中,一个码元只代表一个量阶,因此一个码元的误码只损失一个增量,这就是说它对误码不太敏感,故对信道误码率的要求较低,一般为 $10^{-3} \sim 10^{-4}$。对于 PCM 系统而言,误码的影响要严重得多,尤其高位码元,错一位将造成许多量阶的损失,因此对信道误码率的要求较高,一般为 $10^{-5} \sim 10^{-6}$。

3. 考虑设备的复杂程度的情况

ΔM 系统最突出的优点是设备简单,特别是在单路应用时不需要收发同步设备。但多路应用时,每路需要一套调制和解调设备,因此路数增多时设备成倍增加。而在 PCM 系统中,即使是单路应用,为了区分码元在码字中的位置,也需要同步设备,因此单路 PCM 比 ΔM 复杂得多。但是 PCM 多路传输时可公用一套 A/D 和 D/A 转换器,故多路 PCM 比单路 PCM 增加设备不

多。因此,路数多时用 PCM 合适,路数少时用 ΔM 较合适。

随着集成电路的发展,ΔM 的优点已不再是关键因素。在传输语音信号时,ΔM 的语音清晰度和自然度方面都不如 PCM。因此,目前在通用多路系统中很少用或不用 ΔM。ΔM 一般用于通信容量小和质量要求不高的场合。

6.6 改进型增量调制

通过前面对 ΔM 系统的讨论可知,由于 ΔM 系统的量阶 σ 保持不变,因此存在以下问题:①频率特性差,输入信号频率提高,量化信噪比下降(见式(6.5.12));②编码的动态范围$(D)_{\Delta M}$与输入信号频率成反比(参见式(6.5.14)),往往不能满足通信质量的要求,除非采样频率很高。为此,人们对 ΔM 系统提出了许多改进措施。下面主要介绍几种改进型增量调制。

6.6.1 总和增量调制(Δ-ΣM)

我们知道,对于高频成分丰富的输入信号 $m(t)$,由于其在波形上急剧变化的时刻比较多,因此,如果直接进行 ΔM 调制,则往往造成阶梯波形 $m'(t)$ 跟不上 $m(t)$ 的变化,产生比较严重的过载噪声;而对低频成分丰富的输入信号 $m(t)$,由于其在波形上缓慢变化的时刻比较多,当幅度的变化在 $\sigma/2$ 以内时,又会出现连续的"0""1"交替码,导致信号平稳期间幅度信息的丢失。总和增量调制(Δ-ΣM)技术解决这一问题的基本思想是:在发送端让输入信号 $m(t)$ 先通过一个积分器,然后进行增量调制。这里,积分器的作用是使 $m(t)$ 波形中原来变化急剧的部分变得缓慢,而原来变化平直的部分变得比较陡峭,这样就可以解决原输入信号急剧变化时易出现过载失真和缓慢变化时易出现空载失真的问题。由于对 $m(t)$ 先积分再进行增量调制,因此在接收端解调以后要再增加一级微分器,以便恢复出原信号。实际上,由于接收端的积分器和微分器的相互抵消作用,因此,在 Δ-ΣM 系统的接收端只需要一个低通滤波器就可以恢复出原信号。Δ-ΣM 系统构成的数学模型如图 6.27 所示。

图 6.27 Δ-ΣM 系统构成的数学模型

与 ΔM 系统类似,Δ-ΣM 系统也会发生过载现象。我们已经知道,在 ΔM 系统中,不发生斜率过载的条件是

$$\left|\frac{dm(t)}{dt}\right|_{max} \leqslant \sigma \cdot f_s \tag{6.6.1}$$

而在 Δ-ΣM 系统中,输入信号先经过积分器,然后进行增量调制。这时图 6.27 中减法器的输入信号为

$$g(t) = \int m(t)dt \tag{6.6.2}$$

因此,Δ-ΣM 系统不发生斜率过载的条件应为

$$\left|\frac{dg(t)}{dt}\right|_{max} \leqslant \sigma \cdot f_s \tag{6.6.3}$$

由于 $\left|\dfrac{\mathrm{d}g(t)}{\mathrm{d}t}\right|_{\max} = |m(t)|_{\max}$，因此上式又可写为

$$|m(t)|_{\max} \leqslant \sigma \cdot f_s \tag{6.6.4}$$

为了与 ΔM 系统比较，仍设输入为单音频信号 $m(t)=A\sin\omega_k t$。若要求不发生过载现象，则必须满足

$$A \leqslant \sigma \cdot f_s \tag{6.6.5}$$

或写为

$$f_s \geqslant \dfrac{A}{\sigma} \tag{6.6.6}$$

由此看出，Δ-ΣM 系统不发生过载的条件与信号频率 f_k 无关。这意味着 Δ-ΣM 系统不仅适合于传输缓慢变化的信号，也适合于传输高频信号。实际上，输出信号功率 S_o 和量化信噪比 S_o/N_q 也都与输入信号频率 f_k 无关。只要信号的最大幅度不超过 σf_s，系统就能正常工作。正由于如此，Δ-ΣM 系统对于预加重的语音信号（具有近似平坦功率谱的信号）比较合适。当然，语音信号经过预加重后，还需在接收端加上去加重电路。

由于两个信号积分后的结果相减，与先相减后积分是等效的，因此图 6.27 中的差值信号 $e(t)$ 可以写成

$$e(t) = \int m(t)\mathrm{d}t - \int p(t)\mathrm{d}t = \int [m(t)-p(t)]\mathrm{d}t \tag{6.6.7}$$

这样，就可以把发送端的两个积分器合并成为在相减器后的一个积分器。合并后的 Δ-ΣM 系统组成如图 6.28 所示。

图 6.28 合并后的 Δ-ΣM 系统组成

6.6.2 自适应增量调制(ADM)

自适应增量调制(ADM)是解决 ΔM 系统可能出现过载失真的一种方案。它的基本思想是要求量阶 σ 随输入信号 $m(t)$ 的变化而自动地调整，即在检测到斜率过载时开始增大量阶 σ，斜率减小时降低量阶 σ。目前，自适应增量调制的方法有多种，采用较为广泛的是数字压扩自适应增量调制，它是数字检测、音节压缩与扩张自适应增量调制的简称，其工作原理图如图 6.29 所示。

与 ΔM 系统相比，这里增加了数字检测电路、平滑电路和脉冲幅度调制电路(PAM)。这 3 部分电路的共同作用就是音节的压缩。

图 6.29 数字压扩自适应增量调制框图

数字检测电路的作用就是产生改变量阶 σ 的控制信息。音节是指输入信号包络变化的一个周期。这个周期一般是随机的,但大量统计证明,这个周期趋于某一固定值。确切来讲,音节指的就是这个固定值。对于语音信号而言,一个音节一般约为 10ms。那么,音节压扩指的是量阶 σ 并不瞬时地随输入信号幅度变化,而是随输入信号的音节变化。研究表明,量阶 σ 的变化时间为一个音节的效果最好。

由 ΔM 系统的原理可知,在输入信号斜率的绝对值很大时,ΔM 系统的编码输出中就会出现很多的连"1"码(对应正斜率)或连"0"码(对应负斜率)。由于这种情况与输入信号的斜率有关,因此,一个音节时间内平均斜率的信息可以从码流中提取。数字检测电路的实质就是检测连"1"码或连"0"码的数目。若该数目大,说明信号平均斜率的绝对值大,于是产生一个增大量阶 σ 的控制信号;若该数目小,则产生一个减小量阶 σ 的控制信号。这个控制信号是一个脉冲信号,其宽度反映了连"1"或连"0"码的数目。这样的脉冲信号加到平滑电路,其作用是进行音节平均,并将带有平均斜率的输出电平作为 PAM 的控制电平。由于控制电平在音节内已被平滑,故可看成是基本不变的,但在不同音节上将可能有不同的控制电平。控制电平越高,PAM 的输出脉冲幅度就越高;反之,其输出脉冲幅度就越低。这就相当于本地译码器输出的量阶 σ 将随控制电平的变化而变化,即量阶 σ 的大小直接反映了重建模拟信号所需的斜率 σ/T_s,因而达到了音节压缩的目的。

数字压扩自适应增量调制与 ΔM 相比,编码器正常工作的动态范围有了很大的改善。进一步分析可知,动态范围改善的程度与两个参数有关:①连码检测的数目,其值越大,改善越大;②脉冲压缩比 $\sigma_{min}/\sigma_{max}$,其值越小,改善越大,但该值不能太小,一般为 $-40dB$ 左右,即 σ_{max} 与 σ_{min} 相差 100 倍左右。在语音信号中,当 $f_s=32kHz$ 时,可用四连码检测,也就是当连"1"或连"0"码数目大于 4 时,量阶 σ 增大,直到设计的最大值 σ_{max};而当连"1"或连"0"码数目小于 4 时,量阶 σ 减小,直到设计的最小值 σ_{min}。当 $\sigma_{min}/\sigma_{max}$ 达到 $-40dB$ 时,可扩大动态范围 40dB,满足了语音传输动态范围的要求。

6.6.3 差分脉冲编码调制(DPCM)

对于图像信号而言,由于它的瞬时斜率变化比较大,因此不宜采用 ΔM 系统进行编码,否则容易产生过载。又由于图像信号从黑变白有些是突变的,幅度特性没有类似语音信号那样的音节特性,因此不宜采用音节压扩方法。如果采用 PCM,则信息速率太高。例如,对于图像基带为 $6 \sim 8MHz$ 的电视信号,若按采样定理采样,并按 8 位编码,则信息速率将大于 100Mbit/s。因此,在图像编码中一般采用差分脉冲编码调制(DPCM)来压缩信息速率,其工作原理如图 6.30 所示。DPCM 综合了 PCM 和 ΔM 的特点。DPCM 与 PCM 的区别是:PCM 是对信号采样值进行独立编码,与其他采样值无关,而 DPCM 则是对信号采样值与信号预测值的差值进行量化、编码。DPCM 与 ΔM 的区别是:ΔM 是用一位二进制码表示增量,而在 DPCM 中是用 N 位二进制码表示增量。所以说它是介于 PCM 和 ΔM 之间的一种调制方式。

图 6.30 DPCM 工作原理

由于 DPCM 是对差值进行编码的,而差值信号的幅度要比原始信号的幅度小得多,因此可以用较少的位数对差值信号进行编码。在较好图像质量的情况下,每一采样值只需 4 比特就够了,所以大大压缩了传送的信息速率。另外,在信息速率相同的条件下,DPCM 比 PCM 信噪比改善 14～17dB。与 ΔM 相比,由于它增加了量化级,因此它的信噪比改善程度也优于 ΔM。DPCM 的缺点是抗传输噪声的能力差,即在抑制信道噪声方面不如 ΔM。因为发生误码时,在 ΔM 中只产生一个量阶的变化,而在 DPCM 中就可能产生几个量阶的变化,从而输出较大的输出噪声。因此,DPCM 很少独立使用,一般要结合其他的编码方法使用。

6.6.4 增量调制解调器芯片

Motorola 公司生产的连续可变斜率增量调制解调器(CVSD)芯片有 MC3417、MC3418、MC3517 和 MC3518。相同功能的芯片还有 HARRIS 公司生产的 HC55564、HC55536 等。这些芯片主要应用在低传输信息速率的军事、野外及保密数字电话通信设备和 ΔM 程控数字交换机中。图 6.31 所示为 MC3418 的原理图。

图 6.31 MC3418 原理图

MC3418 电路由模拟比较器、数字比较器、电压或电流变换电路、积分运算放大器、斜率极性开关、4 位移位寄存器及逻辑电路等组成。

编码时,模拟比较器与移位寄存器接通,从 ANI 端输入的音频模拟信号与从 ANF 端输入的本地译码信号相减并放大得到误差信号,然后根据该信号极性编成信码从 DOT 端输出。该信码在片内经过 4 位移位寄存器及逻辑电路,监视过去 4 位信码是否为连"1"或连"0"。当移位寄存器各级输出为全"0"或全"1"时,表明积分运放增益过小,逻辑电路从 CCN 端输出负极性脉冲,经过外接的音节滤波器平滑后得到量阶控制电压输入到 SYL 端,这由内部电路决定。GC 端电压与 SYL 端相同,这就相当于量阶控制电流加到 GC 端。该端外接调节电阻,调整到某一固定电位,改变此电阻即改变 GC 端的输入电流,以此控制积分量阶的大小从而改变环路增益,提高动态范围。

GC 端输入电流经 V/I 变换,斜率极性开关则由信码控制。外接积分滤波器与片积分运放相连,可以用单积分,也可以用双积分,其形式与参数由使用要求而定。在积分器上得到的本地译码信号送回到 ANF 端,与输入信号再进行比较,以此完成整个编码过程。

译码时,E/D端接低电平,模拟比较器与后面电路断开,而数字比较器与后面电路接通。信码由 DIR 端输入,经数字比较器整形后送到移位寄存器,后面的工作过程与编码时相同,只是解调后不再送回 ANF 端,而直接送入接收滤波器而获得音频输出。

这种模拟语音数字方法具有电路简单、信息速率低(通常为 16～32kbit/s)等特点,但音质不如 PCM 数字语音。MC3417、MC3418 与 MC3517、MC3518 除工作温度不同外(前者为 0～75℃,后者为-55～125℃),其他性能和引出端均互相兼容。

6.7 语音与图像压缩编码简介

6.7.1 语音压缩编码简介

根据应用场合的不同,可以将音频信号分为语音信号和声音信号两大类。语音信号是指人讲话时发出的声音,其频率范围通常为 0.3～3.4kHz。语音信号是公用电话交换网传输的对象。在信息速率一定的情况下,衡量语音压缩算法好坏的主要指标是重建信号的可懂度和自然度。而声音信号是指人的听觉器官所能分辨的声音,通常又称其为自然声,其频谱从 3Hz、4Hz 一直扩展到 20kHz 以上。对声音压缩的基本要求是高采样率和高分辨率,大的动态范围和低的失真度,且对音源的性质没有任何假设。

从编码方法上讲,语音压缩编码可以分为波形编码、参量编码和混合编码 3 大类。波形编码方法可以获得较高的语音质量,但数据压缩量不大。常见的语音编码国际标准有脉冲编码调制(PCM)的 μ 律或 A 律压缩,即 ITU-T 的 G.711 标准;自适应差分脉码调制(ADPCM),即 ITU-T 的 G.721 标准;子带编码的自适应脉码调制(SB-ADPCM),即 ITU-T 的 G.722 标准等。

参量编码是根据输入语音信号分析出模型参数,并传送给接收端,接收端根据得到的模型参数重新合成语音信号。这种编码方法并不是忠实地反映输入信号的原始波形,而是着眼于人耳的听觉特性,以保证译码语音信号的可懂度和自然度为目标。参量编码可以大大降低信息速率,如可低于 2.4kbit/s,这时人耳主观感觉尚可,但合成的语音波形与原始波形相差很远,故语音质量下降很大。最常用的参量编码方法有线性预测编码(Linear Prediction Coding,LPC)。

混合编码是把波形编码的高质量和参量编码的低信息速率相结合,因此可以得到较高的语音质量和较好的压缩效果,是语音编码的发展方向。其中效果较好的混合编码方法有多脉冲线性预测编码(MPLPC)、码激励线性预测编码(Code Excited Liner Prediction Coding,CELPC)、规则脉冲激励长时预测 LPC 编码(Regular Pulse Excited-Long Term Prediction,RPE-LTP)、低延时码激励 LPC 编码(Low Delay-CELPC,LD-CELPC)等。它们靠传输语音的基本参数,如基音周期、共振峰、语音谱或声强等来压缩语音信号的冗余度,因此压缩比一般都较高。相应的国际标准有 1992 年 ITU-T 推荐的低延时码激励 LPC 编码(LD-CELPC)标准 G.728,其传输速率为 16kbit/s,延时小于 2ms,音质可以达到 ADPCM 的 32kbit/s 编码水平。1996 年,ITU-T 推出了 G.723 极低码率语音压缩编码标准,信息速率为 5.27kbit/s 和 6.3kbit/s,采用 ACELPC 方法。与其他相同码率的语音编码方法相比较,这两种编码方法都具有较高的语音质量和较低的编码延时(30～40ms)。

对于声音压缩编码,国际标准化组织(ISO)推出的 MPEG-1(Moving Picture Experts Group)声音编码算法作为一种开放、先进、可分级的编码技术,是高保真声音压缩领域的第一个国际标准(ISO11172-3)。MPEG 系列标准是关于视频和音频的压缩标准,有关图像压缩的内容将在后面介绍。MPEG-1 声音编码算法按照复杂度和压缩比递增分为一、二、三层。第一层的复杂度最低,可在每声道 192kbit/s 的速率提供高质量的声音;第二层有中等复杂度,可在 128kbit/s 的速率提供近 CD 质量的声音;第三层结合了 MUSICAM(Masking Patern Universal Subband Integrated Coding And Multiplexing)和 ASPEC 的优点,可在每声道低于 128kbit/s 的速率获得满意的质量。在使用时,可以根据不同的应用要求,使用不同的层来构成音频编码器。

由于 MUSICAM 只能传送两个声道,为此 MPEG 开展了低信息速率多声道编码方面的研究,将多声道扩展信息附加到 MPEG-1 音频数据帧结构的辅助数据段中,这样可以将声道扩展到 5.1 个,即 3 个前声道(左 L、中 C 和右 R)、2 个环绕声道(左 LS 和右 RS)和 1 个超低音声道 LFE(常称为 0.1),由此形成了 MPEG-2 音频编码标准(ISO13818-3)。MPEG-2 音频编码标准通常被称为 MUSICAM 环绕声。

ISO 于 1998 年公布的 MPEG-4 声音编码标准将语音合成与自然音编译码相结合,更加注重多媒体系统的交互性和灵活性。MPEG-4 支持 2~64kbit/s 的自然声编码,在技术上借鉴了已有的音频编码标准,如 G.732、G.728、MPEG-1、MPEG-2 等。为了在整个传输速率范围内得到较高的音频质量,规定了 3 种类型的编译码器:①参量编译码器,用于比特率从 2~10kbit/s 的语音编码;②码激励线性预测编译码器,用于中比特率 6~16kbit/s 的语音编码;③采用以 MPEG-2 音频编码和矢量化技术的编译码器,用于高达 64kbit/s 的声音编码。

表 6.5 所示为几种音频压缩编码的比较。表中,语音质量是采用主观评价标准对编码算法评价的结果。国际上最常采用的语音编码主观评价标准是平均评价分(Mean Opinion Score,MOS),它将语音分为 5 个等级:5 分为优,4 分为良,3 分为中,2 分为差,1 分为不可接受。4 分表示语音编码的质量高,又称为"网络级质量"。若语音编码使可懂度很高,但自然度(讲话人的特征)不够,以至于难以分辨讲话人时,这里称此语音编码为"合成级质量",MOS 不会超过 3 分。而 3.5 分则可达到"通信级质量",这时,虽然可以发现语音质量下降,但不影响自然交谈。

表 6.5 几种音频压缩编码的比较

	算法	名称	比特率	标准	应用范围	语音质量
波形编码	PCM	脉冲编码调制	64kbit/s	G.711	公用电话 ISDN	4.3
	ADPCM	自适应差分脉码调制	32kbit/s	G.721		4.1
	SB-ADPC	子带—自适应差分脉码调制	48/56/64kbit/s	G.722		4.5
参量编码	LPC	线性预测编码	2.4kbit/s		保密话音	2.5
混合编码	CELPC	码极激励 LPC	8kbit/s		移动通信 语音信箱	3.0
	RPE-LTP	规则脉冲激励长时预测 LPC	12.2kbit/s			3.8
	LD-CELP	低延时码激励 LPC	16kbit/s	G.728	ISDN	4.0
声音编码	MPEG		128kbit/s		CD	5.0

6.7.2 图像压缩编码简介

由于图像信号经过数字化以后,数码率极高,可达 216Mbit/s,因此,如果将 PCM 数字图像用于传输与存储显然是不可取的,因而必须进行数据压缩。

1. 图像压缩机理

图像压缩的机理主要有两个方面:一是图像信号中存在着大量的冗余度可供压缩,这种冗余度在译码之后可无失真地恢复;二是利用人眼的视觉特性,在不被主观视觉察觉的容限内,通过减少信号的精度,以一定的客观失真换取数据压缩。

图像信号的冗余度存在于结构和统计两个方面。图像信号结构上的冗余度表现为很强的空间(帧内的)和时间(帧间的)相关性。图像信号统计上的冗余度来源于被编码信号概率分布的不均匀性。

由于图像的最终接受者是人的眼睛,因此充分利用人眼的视觉特性,是实现码率压缩的第二途径。人眼对图像细节、运动及对比度的分辨能力都有一定的限度,超过这个限度将毫无意义。如果编码压缩方案能与人眼的视觉特性相匹配,就可以得到较高的压缩比。

2. 图像压缩编码标准简介

近年来,图像编码技术得到了迅速的发展和广泛的应用,并且趋于成熟,其标志就是关于图像编码的国际标准的制定。这些图像编码标准融合了各种传统的图像编码算法的优点,是对传统图像编码技术的总结,代表了当前图像编码的发展水平。

(1) JPEG 静止图像编码标准

JPEG(Joint Photographic Experts Group)是联合图像专家组的简称,成立于 1986 年。JPEG 采用的是帧内编码技术,它规定了基本系统和扩展系统两部分。在基本系统中,每幅图像都被分解为相邻的 8×8 图像块。对每个图像块采用离散余弦变换(DCT),得到 64 个变换系数,它们代表了该图像块的频率成分。然后用一个非均匀量化器来量化变换系数。对 DCT 系数量化后,用 Z 字形扫描将系数矩阵变成一维符号序列,然后进行 Huffman 编码,分配较长的码字给那些出现概率较小的符号。除基本系统外,JPEG 还包括扩展系统,它可提供更多的算法、更高精度的像素值和更多的 Huffman 码表等。

(2) H.261 会议电视图像编码标准

H.261 是 ITU-T 第十五研究组针对可视电话和会议电视、窄带 ISDN 等要求实时编译码和低延时提出的一个编码标准。该标准的比特率为 $P\times64{\rm kbit/s}$,这里 P 是整数,取值范围为 1~30,对应的比特率从 64kbit/s 到 1.92Mbit/s。

H.261 采用的是一个典型的混合编码方案。它大体上分为两种编码模式:帧内模式和帧间模式。对于平缓运动的人物图像,帧间模式将占主导地位;而对于画面切换频繁和运动剧烈的序列图像,则采用帧内模式。具体采用哪一种模式,由编码器作出判断。基本的判断准则是:哪一种模式给出较小的编码比特,那么就采用这种模式。

(3) MPEG-1 存储介质图像编码标准

MPEG(Moving Picture Experts Group)是活动图像专家组的简称,是从属于 ISO 的一个工作组。MPEG-1 标准于 1992 年通过,主要是为了数字存储介质中的视频、音频信息压缩,应用于 CD-ROM、数字录音带、计算机硬盘、可擦写光盘等存储介质。比特率不超过 1.5Mbit/s,传输信道可以是 ISDN、LAN 等。

MPEG-1 对视频图像的编码过程类似于 H.261 标准,不同点是在 MPEG-1 中引入了双向运动补偿。

(4) MPEG-2 一般视频编码标准

尽管 MPEG-1 标准通过参数变更途径可以提供很宽的比特率范围,但该标准主要是为了低于 1.5Mbit/s 的 CD-ROM 的应用。为了满足高比特率、高质量的视频应用,MPEG 在 1994 年发布了 MPEG-2 标准,它特别适用于数字电视,比特率在 3~10Mbit/s 之间,也可以进一步扩展到高清晰度电视(HDTV),比特率不超过 30Mbit/s。

MPEG-2 与 MPEG-1 的主要差别在于对隔行视频的处理方式上。此外,MPEG-2 标准还提供了图像等级选择编码方式,支持扩充到高清晰度电视格式图像编码的能力。

(5) H.263 极低比特率的编码标准

H.263 建议是用于实现比特率低于 20kbit/s 的窄带视频压缩的国际标准。它是在 H.261

基础上发展起来的,因而两者有许多相似之处。除与 H.261 相类似的混合编码器外,H.263 还参照 MPEG 标准,引入了 I 帧、P 帧和 PB 帧 3 种帧模式和帧间编码、帧内编码两种编码模式。为了进一步提高压缩比,H.263 较 H.261 又采取了一些新的措施,如取消了 H.261 中的可选环路滤波器,将运动补偿精度提高到半像素;改进了运动估值方法,充分利用了运动矢量的相干性来提高预测质量,减轻块效应;精简了部分附加信息的编码,提高了编码效率;采用三维 Huffman 编码、算术编码来进一步提高压缩比等。

(6) MPEG-4 多媒体通信编码标准

1998 年 11 月公布的 MPEG-4 是针对多媒体通信制定的国际标准。MPEG-4 旨在建立一种能被窄带、宽带网络、无线网络、多媒体数据库等各种存储和传输设备所广泛支持的通用音、视频数据格式,它不仅针对一定比特率下的音、视频编码,同时更加注重多媒体系统的交互性和灵活性。

与音频编码类似,MPEG-4 视频编码也支持自然和合成视频对象。合成视频对象包括 2D、3D 动画和人面部表情动画。对于静止视频对象,MPEG-4 采用小波编码,可提供多达 11 级的空间分辨率和质量可伸缩性。对于运动视频对象,为了支持基于对象的编码,引入了形状编码模型;为了支持高的压缩比,MPEG-4 仍然采用了 MPEG-1、MPEG-2 中的变换、预测混合编码框架。

纵观 MPEG 的发展过程,MPEG-1 使得 VCD 取代了传统的录像带;MPEG-2 使数字电视最终完全取代了模拟电视,而高画质和音质的 DVD 也取代了 VCD。MPEG-4 对数字电视、动态图像、万维网(WWW)、实时多媒体键控、低比特率下的移动多媒体通信、内容存储和检索多媒体系统、Internet/Intranet 上的视频流和可视游戏、DVD 上的交互多媒体应用、演播电视等将产生较大的推动作用,从而使数据压缩和传输技术更加规范化。

习 题 6

6.1 已知信号为 $m(t)=\cos 100\pi t+\cos 200\pi t$,对其进行理想采样。为了在接收端能不失真地从已采样信号 $m_s(t)$ 中恢复 $m(t)$,试问采样间隔应为多少?

6.2 设以每秒 3600 次的采样速率对信号 $m(t)=10\cos(400\pi t)\cdot\cos(2000\pi t)$ 进行采样。

(1) 画出采样信号 $m_s(t)$ 的频谱图。

(2) 确定由采样信号恢复 $m(t)$ 所用理想低通滤波器的截止频率。

(3) 试问 $m(t)$ 信号的奈奎斯特采样速率是多少?

(4) 若将 $m(t)$ 作为带通信号考虑,则此信号能允许的最小采样速率是多少?

6.3 设输入采样器的信号为门函数 $D_\tau(t)$,宽度 $\tau=20$ms,若忽略其频谱第 10 个零点以外的频率分量,试求最小采样速率。

6.4 已知信号频谱为理想矩形,如题图 6.1(a)所示,当它通过如题图 6.1(b)所示 $H_1(\omega)$ 网络后再理想采样。

(1) 采样速率是多少?

(2) 若采样速率 $f_s=3f_1$,采样后的频谱组成如何?

(3) 接收网络 $H_2(\omega)$ 应该如何设计才没有信号失真。

题图 6.1

6.5 信号 $m(t)$ 的最高频率为 f_m，由矩形脉冲进行瞬时采样，矩形脉冲宽度为 2τ，幅度为 1，采样频率 $f_s = 2.5f_m$。试求已采样信号的时间表达式和频谱表达式。

6.6 如果传送信号 $A\sin\omega t, A \leqslant 10V$。按线性 PCM 编码，分成 64 个量化级，试问：

(1) 需要多少位编码？

(2) 量化信噪比是多少？

6.7 信号 $m(t) = 9 + A\cos 2\omega_m t, A \leqslant 10, m(t)$ 被量化到 41 个精确的二进制电平，一个电平置于 $m(t)$ 的最小值。

(1) 试求所需要的编码位数 n。

(2) 如果量化电平范围的中心尽可能接近信号变化的中心，试求量化电平的极值。

6.8 试说明下列函数哪些具有压缩特性，哪些具有扩张特性。式中 x 为输入信号幅度，y 为输出信号幅度。

(1) $y = x^2$ (2) $y = \tanh\left(\dfrac{x}{2}\right)$ (3) $y = \displaystyle\int_0^x a^{-2x} dx$

6.9 某信号波形如题图 6.2 所示，用 $n=3$ 的 PCM 传输，假定采样频率为 8kHz，并从 $t=0$ 时刻开始采样。试表示：

题图 6.2

(1) 各采样时刻的位置；

(2) 各采样时刻的采样值；

(3) 各采样时刻的量化值；

(4) 将各量化值编成折叠二进制码和格雷码。

6.10 采用 A 律 13 折线编码，设最小的量化级为一个单位，已知采样值为 +635 单位。

(1) 试求编码器输出的 8 位码字，并计算量化误差；

(2) 写出对应 7 位码（不包括极性码）的均匀量化 11 位码。

6.11 采用 A 律 13 折线编码电路，设接收端收到的码为 01010011，若已知段内码为自然二进制码，最小量化单位为 1 个单位。

(1) 译码器输出为多少单位电平（设译码电平采用对应量化间隔的起点）？

(2) 写出对应 7 位码（不包括极性码）的均匀量化 11 位码。

6.12 信号 $m(t)$ 的最高频率为 $f_m = 25$kHz，按奈奎斯特速率进行采样后，采用 PCM 方式传输，量化级数 $N = 258$，采用自然二进制码，若系统的平均误码率 $P_e = 10^{-3}$。

(1) 求传输 10s 后误码的数目；

(2) 若 $m(t)$ 为频率 $f_m = 25$kHz 的正弦波，求 PCM 系统的总输出信噪比 $(S_o/N_o)_{PCM}$。

6.13 已知语音信号的最高频率 $f_m = 3400$Hz，今用 PCM 系统传输，要求量化信噪比 S_o/N_q 不低于 30dB。试求此 PCM 系统所需的频带宽度。

6.14 设模拟信号 $f(t) = 4\sin 2000\pi t$(V)，今对其进行 ΔM 编码和 A 律 13 折线 PCM 编码。

(1) ΔM 编码器的量化阶矩 $\Delta = 0.1$V，求不过载时编码器输出的码元速率；

(2) 当 PCM 编码时，其最小量化阶矩 $\Delta = 0.003125$，试求 $f(t)$ 为最大值和 $f(t)$ 为 −1.2V 时编码器输出的码字。

6.15 信号 $m(t) = A\sin 2\pi f_k t$ 进行 ΔM 调制，若量化阶矩 Δ 和采样频率选择得既保证不过载，又保证不至于因信号振幅太小而使增量调制器不能正常编码，试证明此时要求 $f_s > \pi f_k$。

6.16 设将频率为 f_m，幅度为 A_m 的正弦波加在量化阶距为 Δ 的增量调制器，且采样周期为 T_s，试求不发生斜率过载时信号的最大允许发送功率。

6.17 用 Δ-ΣM 系统分别传输信号 $m_1(t) = A_m\sin\Omega_1 t$ 和 $m_2(t) = A_m\sin\Omega_2 t$，在两种情况下，取量化阶距 Δ 相同，为了不发生过载，试求其采样速率，并与 ΔM 系统的情况进行比较。

第7章 数字基带传输系统

7.1 引　　言

数字通信系统所传输的原始电信号是数字信号,如计算机输出的数字码流,各种文字、图像的二进制代码,传真机、打字机或其他数字设备输出的各种代码,以及由数字电话终端机送出的 PCM 脉冲编码信号等。这些信号具有较低的频谱分量,所占据的频谱通常是从直流和低频开始的,其带宽是有限的,因此又被称为数字基带信号。在传输距离不太远的情况下,数字基带信号可以不经调制,直接在有线电缆中传输,利用中继方式也可以实现长距离的直接传输。事实上,从通信的有效性考虑,基带传输不如频带传输用得广泛,但在基带传输中要讨论的许多问题在频带传输中也必须考虑,因此掌握好数字信号的基带传输原理是十分重要的。

图 7.1 所示为一个典型的数字基带信号传输系统的原理图,它是很多实际应用的基带传输系统的概括。

图 7.1　数字基带信号传输系统的原理图

对照第 1 章图 1.3 给出的数字通信系统模型,发送端除信源编码和信道编码外,还应包含基带码型编码,接收端除信道译码和信源译码外,还应包含基带码型译码。可以认为图 7.1 中的发送滤波器和接收滤波器在图 1.3 中是合并在信道中的,现将其提出,重画于图 7.2 中。

图 7.2　数字基带通信系统模型

本章首先介绍在数字基带传输中经常用到的几种传输码型,然后围绕数字基带信号传输中的误码问题,讨论如何消除或减小码间串扰和噪声。

对于怎样选择数字基带传输码型及对所选码型用什么样的波形送往信道传输,在数字基带传输系统中也是必须考虑的问题。

7.2　数字基带传输的常用码型

由于不同码型的数字基带信号有不同的频谱结构,而具有不同传输特性的信道对欲传输信号的频谱结构的要求又各不相同,于是就存在一个如何选择码型的问题。随着数字通信的迅速发展,人们先后设计了各种适合于不同线路传输的码型。正确地设计传输码型,不但可以改善传输性能,提高通信质量,而且可以延长中继段的距离,提高经济效益。

7.2.1 码型设计的原则

虽然数字基带信号占据的频谱通常是从直流和低频开始的,但是不同码型的数字基带信号具有的频谱结构并不相同,因此要根据传输条件综合考虑。例如,信号中的高频能量会对邻近线对造成串音,远距离传输时信号中的高频能量又会随着传输距离的增加而迅速衰减;经终端机输出的信号要经过变压器与电缆相连接,因此信号中的直流分量和低频分量会被阻挡。

归纳起来,设计适用于传输的数字基带信号码型时应考虑以下原则:
① 对信源具有透明性(编码方案要适合于所有的二进制信号,即与信源的统计特性无关);
② 接收端必须能正确译码;
③ 没有显著的直流分量,低、高频分量也要小;
④ 易于从基带信号中提取位同步(位定时)信息;
⑤ 有在线误码检测功能;
⑥ 编译码设备简单可靠。

其中①、②两项必须满足,其余各项可根据实际情况尽可能满足。

7.2.2 常用码型

1. 单极性码

单极性码又称单极性不归零码,如图 7.3(a)所示,是最简单的二进制码。它的高电平代表二进制符号的"1",0 电平代表二进制符号的"0",在整个码元时隙内电平维持不变。

单极性码的缺点:①有直流成分,因此不适用于有线信道(有线信道的低频特性差,很难传送零频率附近的分量);②判决电平取接收到的高电平的一半,由于会受到信道衰减等多种因素的影响,单极性码的判决电平不易稳定在最佳值,因此抗噪声性能不好;③不能直接提取位同步信号(详见 7.3.2 节);④传输时要求信道的一端接地。

2. 单极性归零码

单极性归零码如图 7.3(b)所示,其代表二进制符号"1"的高电平在整个码元时隙持续一段时间后要回到 0 电平,根据高电平持续时间 τ 在此码元时隙 T 中所占之百分数 x,又可将归零码称为"百分之 x 占空比的单极性码"(占空比 $x\%=\tau/T<1$)。

单极性归零码的最大优点是可以直接提取位同步信号,其他特性同单极性码。

3. 双极性码

双极性码又称双极性不归零码,如图 7.3(c)所示,它用正电平代表二进制符号"1",负电平代表二进制符号"0"。双极性码与单极性码的相同之处是在整个码元时隙内电平维持不变。

双极性码与单极性码相比,其优点有:判决电平为 0,容易设置、易稳定,抗噪声性能好,无接地问题,因此可在电缆等无接地的传输线上传输,并且当二进制符号序列中的"1"和"0"等概率出现时,序列中的直流分量为 0。

双极性码的主要缺点是不能直接提取位同步信号。

4. 双极性归零码

双极性归零码如图 7.3(d)所示,其代表二进制符号"1"和"0"的正、负电平在整个码元时隙持续一段时间之后都要回到 0 电平,同单极性归零码一样,也可将其称之为百分之 x 占空比的双极性码。

它的优缺点与双极性不归零码基本相同。

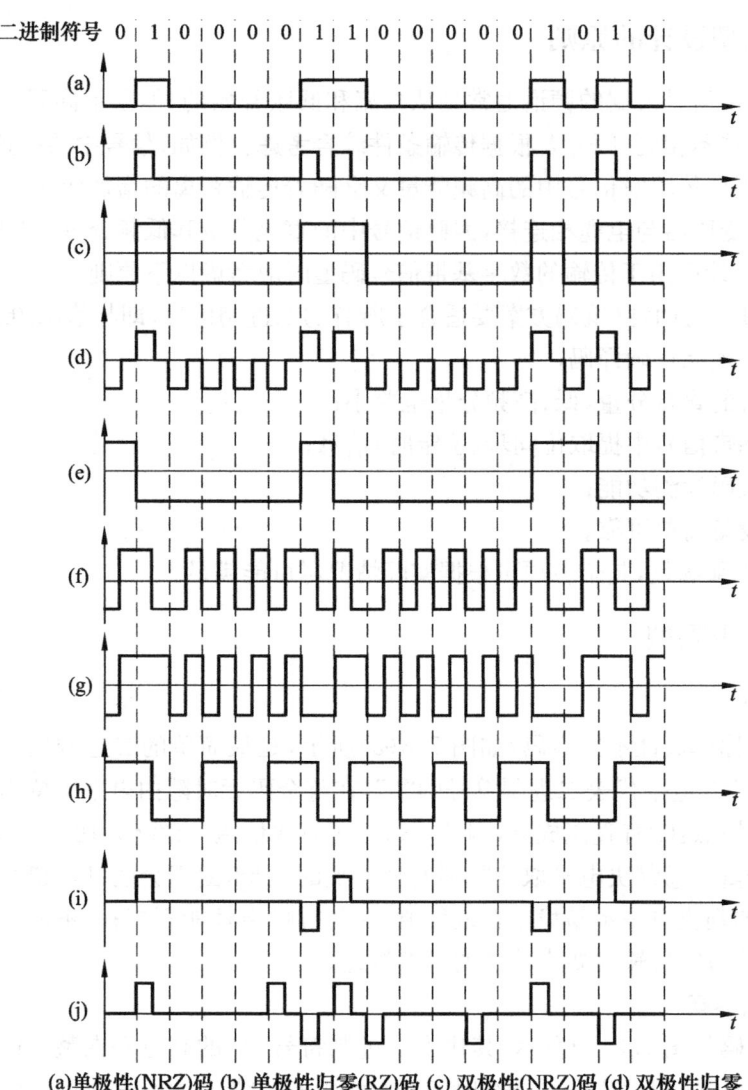

(a)单极性(NRZ)码 (b) 单极性归零(RZ)码 (c) 双极性(NRZ)码 (d) 双极性归零(RZ)码 (e) 差分码 (f) 数字双相码 (g)CMI码 (h)密勒码 (i) AMI码 (j) HDB$_3$码

图 7.3 几种常用二进制码型

5. 差分码

在差分码中,二进制符号"1"和"0"分别对应着相邻码元电平符号的"变"与"不变"。若用电平变化表示"1",则称为传号差分码(在电报通信中,把"1"称为传号、"0"称为空号);若用电平变化表示"0",则称为空号差分码。若不特别指出,通常所说的差分码指的是传号差分码,如图 7.3(e)所示。由于差分码用电平的相对变化传输信息,它的电平只有相对意义,因而又称为相对码。

差分码的高、低电平不再与二进制符号的"1""0"直接对应,即使接收端收到的码元极性与发送端完全相反也不影响正确判决,因此在数字相位调制系统中被用来解决"1""0"极性倒 π 问题(详见 8.2.3 节),用途极广。

差分码可以由一个模 2 加电路和一级移位寄存器来实现,其逻辑关系为 $b_i=a_i\oplus b_{i-1}$,其中,a_i 为绝对码,b_i 为相对码(差分码),"$\oplus$"为模 2 加运算符号。

6. 数字双相码

数字双相码(Digital Diphase)又称分相码(Biphase,Split-phase)或曼彻斯特码(Manchester),如图 7.3(f)所示。它属于 1B2B 码,即在一个二进制码元时隙内有两种电平,或者说有两种相位,如"1"码可以用"+-"脉冲、"0"码用"-+"脉冲表示,也可以相反设置。

数字双相码在每个码元时隙的中心都有电平跳变,因此频谱中含有很强的定时分量,并且由于在一个码元时隙内的两种电平各占一半,因此不存在直流分量。缺点是线路码元速率增加了一倍,因而频带展宽了一倍,但是对于以有线电缆为传输介质的短距离传输来说,传输频带变宽不是一个主要问题。

数字双相码可以用单极性码和定时脉冲模 2 运算获得。

7. CMI 码

CMI 码是传号反转码的简称,也属于 1B2B 码,其编码规则是"1"码交替地采用"++""--"表示,"0"码一律用"-+"表示,如图 7.3(g)所示。

CMI 码没有直流分量,却有较多的电平跳变,因此含有丰富的定时信息。从波形上不难看出,负跳变可以被提取为"位同步信息"。CMI 码的另一个优点是有在线错误检测功能,如果传输正确,则接收码流中出现的最大脉冲宽度是一个半码元时隙;反之,若在接收端收到超过一个半码元时隙长度的信号,则说明存在误码。CMI 码以其优良的性能被原 CCITT 建议作为 PCM 四次群的接口码型,在光纤通信中也常被选为线路传输码型。

8. 密勒码

密勒(Miller)码又称延迟调制码,它是数字双相码的一种变形。它的"1"码要求码元起点电平与前 1 个相邻码元的末相(结束电平)一致,并且在码元时隙的中点位置有极性跳变(要根据具体情况决定是选用"+-"还是"-+");"0"码分两种情况,单个"0"码的电平取其前 1 个码元的末相,并且在整个码元时隙中电平不发生跳变;遇到连"0"情况,相邻的两个"0"码在边界处要有跳变,如图 7.3(h)所示。

密勒码数字流中出现的最大脉冲宽度是两个码元时隙,最小宽度是一个码元时隙,利用这一特点可以进行误码检测。

用数字双相码再加一级触发电路就可得到密勒码,故密勒码是数字双相码的差分形式,它能克服数字双相码中存在的相位不确定问题,而频带宽度仅是数字双相码的一半,常在低速率的数传机中使用。

9. AMI 码

AMI 码又称传号交替反转码。所谓传号交替反转是指在 AMI 码中原二进制码流里的"1"采用交替出现的"+""-"电平表示,"0"仍用 0 电平,即在 AMI 码中总共出现了 3 种电平(并不代表三进制数据),因此又称伪三元码,如图 7.3(i)所示。

AMI 码的优点:功率谱中无直流分量,低频分量较小,能量集中在 1/2 码速处;译码很容易,通过整流电路就可将接收码恢复成单极性归零码;利用传号是否符合极性交替原则,可以检测误码。

AMI 码的缺点:其性能与信源统计特性相关,功率谱形状随码流中的传号率("1"码出现的概率)变化,图 7.4 中示出了不同传号率时的功率谱形状,其中 p 为传号率。它的另一个缺点是当码流中出现长连"0"码时,AMI 码中不出现电平跳变,给定时提取带来了困难(通常 PCM 传输线中连"0"码不允许超过 15 个)。如何既能保持 AMI 码的优点又能克服缺点,有许多改进思想,其中被采纳且应用最广的是 HDB_3 码。

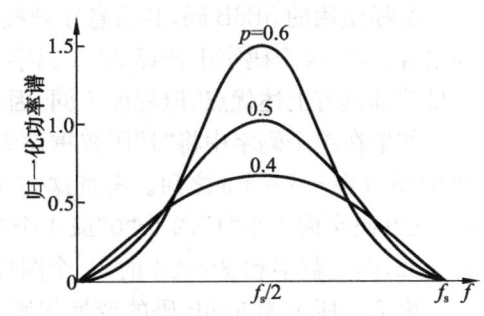

图 7.4 不同传号率(p)时 AMI 码的功率谱

10. HDB₃码

HDB₃码也属于一种伪三元码,将其推广到一般情况就是 HDB$_n$码,n代表此类码编码后码流中最大的连"0"数目。

以 HDB₃码为例,如图 7.3(j)所示,HDB₃的全称是三阶高密度双极性码。如果原二进制码流中连"0"的数目不大于 3,那么编码后的 HDB₃码与 AMI 码将完全一样("1"码按 AMI 编码规则产生的"±"电平在 HDB₃码中称为"±B"码)。当码流里连"0"数目大于或等于 4 时,将每 4 个连"0"划分成一个取代节,每个节作为一个整体处理,编码规则如下。

① 码流中的"1"码用"±B"码表示;0000 用 000V 取代,V 称为破坏脉冲,它破坏 B 码遵循的极性交替原则,即 V 码的极性应与其前方相邻 B 码的极性相同,且 V 码后面第 1 个出现的 B 码极性与 V 码相反。

② 为了使其功率谱中不含直流成分,规定在相邻取代节中,V 码之间应保持极性交替。

③ 当 V 码之间 B 脉冲的个数为奇数时,按①、②编制的 B、V 码满足各自的极性交替原则,但是当 V 码之间 B 脉冲的个数成偶数时,为了既保证 V 码之间的极性交替,又能与各自前方相邻的 B 码极性相同,需要将取代节 000V 改成 B'00V,B'与 B 码之间满足极性交替原则,因此每个取代节中的 V 与 B'同极性。

HDB₃的编码规则保证了编制后的码流中不含直流分量,并且不再出现长连"0"码,给接收端的定时信息提取工作提供了方便;HDB₃码的另一个优点是具有在线误码检测能力。可见,HDB₃码较综合地满足了对传输码型的各项要求,因此被大量应用于复接设备中,在 ΔM、PCM 等终端机中也采用 HDB₃码作为接口码型。

HDB₃码的缺点:如果译码方案不当,会出现误码增殖,即由单个误码而引发出多个误码的现象。

与 HDB₃类似的还有 BnZS 码等,限于篇幅这里不做介绍。

11. 二元分组码($mBnB$ 码)

前面介绍的数字双相码和 CMI 码均属于 1B2B 码。1B2B 码的缺点是码元速率增加一倍,频谱宽度也随之增加一倍。把 1B2B 码推广到一般情况就是 $mBnB$ 码($m<n$)。编码时,将输入信息序列每 m 个比特分为一组,再将 m 个比特编成 n 个比特的码字输出,只要适当地选取 m、n 值,就可以减小线路码元速率的增加比例。比较常用的有 3B4B 码、5B6B 码等,近年来在高速光纤通信中常用作线路传输码型。

以 5B6B 码为例,它是在 2^6 种组合中选择 2^5 种作为传输码的情况。此码综合考虑了频带利用率和设备复杂性,频带宽度仅为原基带信号带宽的 1.2 倍,虽然增加了 20% 的码速,却换取了便于提取定时信息、低频分量小、可在线误码检测、迅速同步等优点。我国规定在 140Mbit/s 系统中采用 5B6B 码。

实际使用的 5B6B 码,其信息序列按 5B 分组,共有 2^5(32)种组合,输出 6 比特,共有 2^6(64)种组合。在 64 个码字中选择 32 个码字与信息码组一一对应的方案很多,不同组合方案的 5B6B 码虽然都具有上述优点,但程度不同,因此如何编制码表是一个关键问题。

如果在单个码字中将"1"码权重设为 1,"0"码权重设为 −1,那么 6 个码元的权重之和(数字和)d 应该在 −6~+6 之间。考查这 2^6 个码字,$d=0$(码字内 3 个"1",3 个"0")的有 $3_6^3=20$ 个,$d=\pm2$(码字内 4 个"1",2 个"0"或 4 个"0",2 个"1")的各有 $C_6^2=C_6^4=15$ 个,二者之和 $20+2\times15\geqslant32$,因此数字和 $d=\pm4$ 的 12 个图样和 $d=\pm6$ 的 2 个图样不需考虑。

表 7.1 所示为 5B6B 码的变换规则,有正、负两种模式。如果输出 6 个码元的数字和 $d=0$ 时,则停留在原模式不变;遇到 $d=\pm2$ 时,为了使编码输出的若干个 6B 码字的累计数字和达到

平衡,从而消除直流,需要正、负模式交替采用。

按表7.1变换的5B6B码有如下特性:

① 最长连"0"或连"1"数为5;
② 相邻码元由"1"变"0"或由"0"变"1"的转移概率为0.5915;
③ 误码增值系数的平均值为1.281;
④ 同步时,每个码字结束时数字和的可能值为0或±2。

进行不中断通信业务的误码监测时码组是连起来的,运行数字和应在一定范围($-4\sim+4$)内变化,若超出此范围,就意味着发生了误码。

表7.1 5B6B码表

输入二元码组(5B码)	输出二元码组(6B码)			
	正模式	数字和	负模式	数字和
00000	110010	0	110010	0
00001	110011	+2	100001	-2
00010	110110	+2	100010	-2
00011	100011	0	100011	0
00100	110101	+2	100100	-2
00101	100101	0	100101	0
00110	100110	0	100110	0
00111	100111	+2	000111	0
01000	101011	+2	101000	-2
01001	101001	0	101001	0
01010	101010	0	101010	0
01011	001011	0	001011	0
01100	101100	0	101100	0
01101	101101	+2	000101	-2
01110	101110	+2	000110	-2
01111	001110	0	001110	0
10000	110001	0	110001	0
10001	111001	+2	010001	-2
10010	111010	+2	010010	-2
10011	010011	0	010011	0
10100	110100	0	110100	0
10101	010101	0	010101	0
10110	010110	0	010110	0
10111	010111	+2	010100	-2
11000	111000	0	011000	-2
11001	011001	0	011001	0
11010	011010	0	011010	0
11011	011011	+2	001010	-2
11100	011100	0	011100	0

续表

输入二元码组(5B码)	输出二元码组(6B码)			
	正模式	数字和	负模式	数字和
11101	011101	+2	001001	−2
11110	011110	+2	001100	−2
11111	001101	0	001101	0

另外,可以利用每个输出码字结束时的累计数字和,建立正确的分组同步,若多次出现错误的数字和,则分组同步位置移动一位再重新搜索。平均来说,经过3次移位,就可以建立正确的分组同步。

类似地,还有PST码、4B3T码等,都有正、负两种模式。

表7.2 PST码表

二进制代码	正模式	负模式
0 0	− +	− +
0 1	0 +	0 −
1 0	+ 0	− 0
1 1	+ −	+ −

PST码的全称是成对选择三进制码,编码时先将输入的二进制码两两分组,然后采用+、−、0中的两个符号取代,即在9种状态(两位三进制数字3^2)中为输入的4个状态找对应。表7.2中示出了PST码较常用的一种格式,编码时当组内只有1个"1"码时,两种模式交替采用。

4B3T码则是把4个二进制码变换成3个三进制码,是在2^4与3^3之中确定对应关系的一种编码方式。读者若想深入了解其编码规则,可查阅参考文献[2]。

7.3 数字基带信号的频谱特性分析

选择传输码型时,应确知所选码型的带宽及该码型中是否含有可供接收端提取的同步信息,这就需要研究基带信号的频谱特性。

通信的内容是瞬息万变的,因此所传送的数据序列都是随机脉冲序列,属于功率信号。求功率信号的频谱特性很复杂,为简化分析(参阅参考文献[1]),我们把随机脉冲序列的波形分解成稳态分量和交变分量并分开讨论。推导过程不作为重点,但对分析的结论要求能透彻理解、熟练运用。

7.3.1 数字基带信号的频谱特性

1. 数字基带信号的一般表示式

图7.3所示数字基带信号的单个脉冲波形都是矩形的,事实上根据需要可以有多种形状(如升余弦脉冲、高斯脉冲等)。为寻其共性,用$g_1(t)$、$g_2(t)$分别代表二进制码流中的"1""0"码,出现概率分别设为P和$1-P$,并且假设二者的出现彼此统计独立,码元宽度为T_s,那么任何一个数字基带脉冲序列的一般表示式可写为

$$s(t) = \sum_{n=-\infty}^{\infty} s_n(t) \tag{7.3.1}$$

式中,$s_n(t)$代表第n个码元的脉冲波形

$$s_n(t) = \begin{cases} g_1(t-nT_s), & \text{以概率}P\text{出现} \\ g_2(t-nT_s), & \text{以概率}1-P\text{出现} \end{cases} \tag{7.3.2}$$

图7.5(b)为某一随机信号序列的波形示意图,图7.5(a)中$g_1(t)$是宽度为T_s的矩形波,

$g_2(t)$是底宽为T_s的三角形波(选任意形状的波形均可,不影响讨论结果)。

图 7.5 随机脉冲序列的波形分解图

2. 随机脉冲序列的分解

将图 7.5(b)所示的随机脉冲序列$s(t)$分解成稳态分量$v(t)$和交变分量$u(t)$,即$s(t)=v(t)+u(t)$。稳态分量$v(t)$是随机信号序列中的平均成分,如图 7.5(c)所示;交变分量$u(t)$是随机序列中的随机成分,如图 7.5(d)所示。

(1) 稳态分量$v(t)$

由于已经假设信息码流中出现"1""0"码的概率分别为P和$1-P$,因而任一码元时隙内的平均分量为$Pg_1(t)+(1-P)g_2(t)$,因此码流中的稳态分量为

$$v(t) = P\sum_{n=-\infty}^{\infty} g_1(t-nT_s) + (1-P)\sum_{n=-\infty}^{\infty} g_2(t-nT_s)$$

$$= \sum_{n=-\infty}^{\infty} [Pg_1(t-nT_s) + (1-P)g_2(t-nT_s)] \quad (7.3.3)$$

显然,$v(t)$是一个以码元宽度T_s为周期的周期函数。

(2) 交变分量$u(t)$

$u(t)=s(t)-v(t)$,如果只在1个码元时隙$[-T_s/2,\ T_s/2]$内讨论,$u(t)$有两种可能。

$$u(t)=\begin{cases} g_1(t)-v(t)=g_1(t)-[Pg_1(t)+(1-P)g_2(t)], & \text{以概率}P\text{出现} \\ g_2(t)-v(t)=g_2(t)-[Pg_1(t)+(1-P)g_2(t)], & \text{以概率}1-P\text{出现} \end{cases}$$

$$= \begin{cases} (1-P)[g_1(t)-g_2(t)], & \text{以概率 } P \text{ 出现} \\ -P[g_1(t)-g_2(t)], & \text{以概率 } 1-P \text{ 出现} \end{cases} \tag{7.3.4}$$

扩展到整个序列

$$u(t) = \sum_{n=-\infty}^{\infty} u_n(t) \tag{7.3.5}$$

其中

$$u_n(t) = \begin{cases} (1-P)[g_1(t-nT_s)-g_2(t-nT_s)], & \text{以概率 } P \text{ 出现} \\ -P[g_1(t-nT_s)-g_2(t-nT_s)], & \text{以概率 } 1-P \text{ 出现} \end{cases} \tag{7.3.6}$$

令

$$a_n = \begin{cases} (1-P), & \text{以概率 } P \text{ 出现} \\ -P, & \text{以概率 } 1-P \text{ 出现} \end{cases} \tag{7.3.7}$$

则

$$u_n(t) = a_n[g_1(t-nT_s)-g_2(t-nT_s)] \tag{7.3.8}$$

故

$$u(t) = \sum_{n=-\infty}^{\infty} a_n[g_1(t-nT_s)-g_2(t-nT_s)] \tag{7.3.9}$$

可见，交变分量 $u(t)$ 是序列中的随机成分，是非周期出现的。

3. 数字基带信号的功率谱密度

下面分别求稳态分量和交变分量的功率谱密度。

(1) 稳态分量 $v(t)$ 的功率谱密度

式(7.3.3)表示的稳态分量 $v(t)$ 是一个以 T_s 为周期的周期函数，可以直接写出其功率谱密度 $P_v(f)$ 为

$$P_v(f) = \sum_{m=-\infty}^{\infty} |f_s[PG_1(mf_s)+(1-P)G_2(mf_s)]|^2 \delta(f-mf_s) \tag{7.3.10}$$

式中

$$\begin{aligned} G_1(mf_s) &= \int_{-\infty}^{\infty} g_1(t) e^{-j2\pi mf_s t} dt \\ G_2(mf_s) &= \int_{-\infty}^{\infty} g_2(t) e^{-j2\pi mf_s t} dt \end{aligned} \tag{7.3.11}$$

式(7.3.10)与式(7.3.11)中的 f_s 是码元周期的倒数，即 $f_s = 1/T_s$。

由式(7.3.10)可知，稳态分量 $v(t)$ 的功率谱密度 $P_v(f)$ 为离散谱。分析离散谱可知序列中是否含有直流成分和基波成分。

(2) 交变分量 $u(t)$ 的功率谱密度

$u(t)$ 是功率型的随机信号，因此求它的功率谱密度 $P_u(f)$ 时要采用截短函数的方法。

$$P_u(f) = \lim_{T \to \infty} \frac{E[|U_T(f)|^2]}{T} \tag{7.3.12}$$

式中，T 是对 $u(t)$ 进行任意截取的时间段，$T=(2N+1)T_s$；E 代表取统计平均；$U_T(f)$ 是截短信号 $u_T(t)$ 的频谱。由式(7.3.5)可得

$$u_T(t) = \sum_{n=-N}^{N} u_n(t) \tag{7.3.13}$$

故

$$U_T(f) = \int_{-\infty}^{\infty} u_T(t) e^{-j2\pi ft} dt$$

$$= \sum_{n=-N}^{N} a_n \int_{-\infty}^{\infty} [g_1(t-nT_s) - g_2(t-nT_s)] e^{-j2\pi ft} dt$$

$$= \sum_{n=-N}^{N} a_n e^{-jn2\pi fT_s} [G_1(f) - G_2(f)] \tag{7.3.14}$$

式中，$G_1(f)$、$G_2(f)$ 分别为 $g_1(t)$、$g_2(t)$ 的傅里叶变换，于是

$$|U_T(f)|^2 = U_T(f) U_T^*(f)$$

$$= \sum_{m=-N}^{N} \sum_{n=-N}^{N} a_m a_n e^{j(n-m)2\pi fT_s} [G_1(f) - G_2(f)][G_1^*(f) - G_2^*(f)] \tag{7.3.15}$$

其统计平均值

$$E[|U_T(f)|^2] = \sum_{m=-N}^{N} \sum_{n=-N}^{N} E[a_m a_n] e^{j(n-m)2\pi fT_s} [G_1(f) - G_2(f)][G_1^*(f) - G_2^*(f)]$$

$$\tag{7.3.16}$$

当 $m=n$ 时
$$a_m a_n = a_m^2 = \begin{cases} (1-P)^2, & 以概率 P 出现 \\ P^2, & 以概率 1-P 出现 \end{cases}$$

$$E[a_n^2] = P(1-P)^2 + (1-P)P^2 = P(1-P) \tag{7.3.17}$$

当 $m \neq n$ 时
$$a_m a_n = \begin{cases} (1-P)^2, & 以 P^2 出现 \\ P^2, & 以 (1-P)^2 出现 \\ -P(1-P), & 以 2P(1-P) 出现 \end{cases}$$

$$E[a_n a_m] = P^2(1-P)^2 + (1-P)^2 P^2 - 2P^2(1-P)^2 = 0 \tag{7.3.18}$$

因此对式(7.3.16)只需考虑 $m=n$ 的情况，即

$$E[|U_T(f)|^2] = (2N+1)P(1-P) |G_1(f) - G_2(f)|^2 \tag{7.3.19}$$

与 $T=(2N+1)T_s$ 一同代入式(7.3.12)，化简得到

$$P_u(f) = \lim_{N \to \infty} \frac{P(1-P) |G_1(f) - G_2(f)|^2}{T_s} = f_s P(1-P) |G_1(f) - G_2(f)|^2 \tag{7.3.20}$$

此式说明 $u(t)$ 的功率谱密度 $P_u(f)$ 是连续谱，与 $g_1(t)$、$g_2(t)$ 的频谱及出现概率有关。由连续谱可以确定信号的带宽。

(3) 随机基带序列 $s(t)$ 的总功率谱密度

对于截短信号 $s_T(t) = u_T(t) + v_T(t)$

当 $T \to \infty$ 时，它的功率谱密度为

$$P_s(f) = P_u(f) + P_v(f)$$

$$= f_s P(1-P) |G_1(f) - G_2(f)|^2 +$$

$$f_s^2 \sum_{m=-\infty}^{\infty} |PG_1(mf_s) + (1-P)G_2(mf_s)|^2 \delta(f - mf_s) \tag{7.3.21}$$

若用单边功率谱密度表示，为

$$P_{s单}(f) = 2f_s P(1-P) |G_1(f) - G_2(f)|^2 + f_s^2 |PG_1(0) + (1-P)G_2(0)|^2 \delta(f) +$$

$$2f_s^2 \sum_{m=1}^{\infty} |PG_1(mf_s) + (1-P)G_2(mf_s)|^2 \delta(f - mf_s), \quad f \geq 0 \tag{7.3.22}$$

4. 对功率谱密度 $P_s(f)$ 的讨论

功率谱密度表达式由于运算上比较复杂，因此不要求掌握推导过程，但对于推导结果即式(7.3.22)，应给予足够的重视，不仅要理解式中所有符号的意义，还要清楚每一项的物理意义。

$f_s = 1/T_s$（T_s 是码元宽度）是离散谱中的基频，也是码元重复频率，在数值上等于码元速率。P 是"1"码出现的概率，$(1-P)$ 是"0"码出现的概率。

$g_1(t)$ 和 $g_2(t)$ 是"1"码和"0"码的基本波形函数，$G_1(f)$ 和 $G_2(f)$ 为与其对应的频谱函数，即傅里叶变换；而 $G_1(mf_s)$ 和 $G_2(mf_s)$ 是当 $f=mf_s$ 时 $g_1(t)$ 和 $g_2(t)$ 的频谱函数的函数值，m 为正整数，mf_s 是 f_s 的各次谐波。

第一项：$2f_sP(1-P)|G_1(f)-G_2(f)|^2$ 是由交变分量 $u(t)$ 产生的连续谱，由于信息码流中不可能出现全"0"、全"1"的情况，因此 $P\neq 0$，$P\neq 1$，并且 $g_1(t)\neq g_2(t)$、$G_1(f)\neq G_2(f)$，所以连续谱永远存在。分析连续谱可以知道信号的能量主要集中在哪个频段，并由此确定信号的带宽。

第二项：$f_s^2|PG_1(0)+(1-P)G_2(0)|^2\delta(f)$，是由稳态分量 $v(t)$ 产生的直流成分。这一项不一定存在，如双极性码 $g_1(t)=-g_2(t)$、$G_1(0)=-G_2(0)$，此时若"1""0"码等概率出现，则此项为零，说明等概率情况下的双极性码流中不含直流成分。

第三项：$2f_s^2\sum_{m=1}^{\infty}|PG_1(mf_s)+(1-P)G_2(mf_s)|^2\delta(f-mf_s)$，是由稳态分量 $v(t)$ 产生的离散频谱。这一项，特别是基波成分 f_s 如果存在，则位同步信号的提取将很容易。对等概率出现的双极性码，此项也不存在。

7.3.2 常用数字基带信号功率谱密度

1. 单极性不归零二进制序列的功率谱密度

单极性不归零二进制序列如图 7.6(a)所示，为推导方便，设"1""0"码等概率出现，其中码元宽度 $\tau=T_s$，单个脉冲的时域表达式

$$g_1(t)=\begin{cases}A, & -T_s/2\leqslant t\leqslant T_s/2\\ 0, & |t|>T_s/2\end{cases} \quad (7.3.23)$$
$$g_2(t)=0$$

相应的频域表达式

$$G_1(f)=A\tau\text{Sa}(\omega\tau/2)=AT_s\text{Sa}(\pi fT_s) \quad (7.3.24)$$
$$G_2(f)=0$$

$G_1(f)$ 的最大值出现在 $f=0$ 处：$G_1(0)=AT_s$；采样函数 $\text{Sa}(\pi fT_s)$ 的 0 点位置分别位于 $\pi fT_s=k\pi$，即 $f=kf_s$ 处(k 为非 0 整数)，通常取第 1 个过 0 点作为频带带宽，即 $B=f_s$，如图 7.6(b)所示。

(a) 单极性不归零序列波形　(b) $g_1(t)$ 的频谱　(c) 单极性不归零序列的单边功率谱密度

图 7.6　单极性不归零序列的波形和频谱示意图

将 $P=1/2$、$G_1(f)$ 和 $G_1(0)$ 等代入式(7.3.22)进行整理。第一项，即由交变分量 $u(t)$ 产生的连续谱为 $(1/2)A^2T_s\text{Sa}^2(\pi fT_s)$；第二项，由稳态分量 $v(t)$ 产生的直流成分的功率谱密度，只剩下 $(1/4)A^2\delta(f)$；由于 $G_2(f)$ 恒为 0，$G_1(f)$ 在 $f=mf_s$ 处也为 0，因此第三项不存在。

至此，求出"1""0"码等概率时单极性不归零二进制序列的单边功率谱密度为

$$P_{s\text{单}}(f)=\frac{1}{2}A^2T_s\text{Sa}^2(\pi fT_s)+\frac{1}{4}A^2\delta(f) \quad (7.3.25)$$

如图 7.6(c)所示。功率谱中无基波分量,故不能提取同步信息。

2. 单极性归零二进制序列的功率谱密度

令 $\tau=T_s/2$,就构成了 50%占空比的单极性二进制随机脉冲序列。此时

$$G_1(f)=A\tau\text{Sa}\left(\frac{\omega\tau}{2}\right)=\frac{AT_s}{2}\text{Sa}\left(\frac{\pi fT_s}{2}\right) \tag{7.3.26}$$

$$G_2(f)=0$$

$G_1(f)$的最大值 $G_1(0)=AT_s/2$,采样函数 $\text{Sa}(\pi fT_s/2)$ 的 0 点分别位于 $\pi fT_s/2=k\pi$,即 $f=2kf_s$ 处(k 为非 0 整数),仍取第 1 个过 0 点为频带宽度,则 $B=2f_s$(比不归零码大了一倍),如图 7.7(b)所示。

(a) 单极性归零序列波形　　(b) $g_1(t)$的频谱　　(c) 单极性归零序列的功率谱密度

图 7.7　单极性归零序列的波形和频谱示意图

可见,由其交变分量 $u(t)$产生的连续谱主瓣宽度是不归零二进制序列的 2 倍;稳态分量 $v(t)$ 除产生直流分量外,还产生了奇数倍于基波频率的谐波。$P=1/2$ 时,其单边功率谱密度为

$$P_{s\text{单}}(f)=\frac{A^2T_s}{8}\text{Sa}^2\left(\frac{\pi fT_s}{2}\right)+\frac{A^2}{16}\delta(f)+\frac{A^2}{8}\sum_{m=1}^{\infty}\text{Sa}^2\left(\frac{m\pi}{2}\right)\delta(f-mf_s),\quad f\geqslant 0 \tag{7.3.27}$$

如图 7.7(c)所示。在 m 为非 0 偶数时,上式中 $\text{Sa}^2(m\pi/2)$ 等于 0,因此离散频谱只出现在 f_s 的奇数倍上。因为接收端的位同步信号从基波中提取,所以单极性归零序列中含有位同步信息。

3. 双极性码的功率谱密度

双极性码一般满足 $g_1(t)=-g_2(t)$,$G_1(f)=-G_2(f)$,"1""0"码等概率出现时,不论归零与否,稳态分量 $v(t)$ 都是 0,因此都没有直流成分和离散谱。

等概率双极性不归零码的单边功率谱密度为

$$P_{s\text{单}}(f)=P_u(f)=2f_s|G_1(f)|^2=2A^2T_s\text{Sa}^2(\pi fT_s),\quad f\geqslant 0 \tag{7.3.28}$$

等概率双极性归零码(占空比为 50%)的单边功率谱密度为

$$P_{s\text{单}}(f)=P_u(f)=2f_s|G_1(f)|^2=\frac{A^2T_s}{2}\text{Sa}^2\left(\frac{\pi fT_s}{2}\right),\quad f\geqslant 0 \tag{7.3.29}$$

虽然双极性归零码与不归零码的功率谱密度表达式中都没有基波频率,不含位同步信息,但是对于双极性归零码,只要在接收端设置一个全波整流电路,将接收到的序列变换为单极性归零码序列,就可以利用脉冲的前沿起动信号,后沿终止信号而无须特别定时,相当于提供了位定时信号。

7.4　基带传输的码间串扰与无码间串扰的基带传输

7.4.1　数字基带信号传输系统模型

前面介绍了数字基带信号的常用码型,这些码型的形状常常画成矩形,矩形脉冲的频谱在整

个频域是无穷延伸的,因此其对应的基带信号的带宽是无穷大的,采用矩形脉冲做传输码型常见于早期性能要求不高的数字通信系统。虽然所有的实际物理信道都是频带有限的,但是在某些工程场景中,信道的带限约束可以近似地忽略。此时,只需要信道的频域保持平坦的宽度远大于通信信号功率分布的主要范围,我们就可以近似认为信道具有无限的带宽,这一假设在许多工程系统中是存在的。例如,短距离的计算机和数字设备之间的数据通信就是使用高低电平实现的,用矩形脉冲进行通信,此时信道的带宽远大于信号主瓣的宽度,因此可以近似认为缆线信道对于通信信号没有产生失真,光纤系统中带宽相对于信号频谱较大,有时也可以忽略带限效应。但当数字通信的信息速率不断提升,如果还采用矩形脉冲做传输码型,会因为实际信道的频带有限而使接收到的信号波形发生严重畸变,所以本节的任务是寻找能使误码率最小的传输系统及其传输特性。

一个实际的数字基带信号的传输模型如图 7.8 所示。

图 7.8 数字基带信号的传输模型

① 基带码型编码输出的是携带着基带传输的典型码型信息的 δ 脉冲或窄脉冲序列 $\{a_n\}$,我们只关注其取值是 0、1 还是 +1、-1。

② 发送滤波器的作用是限制发送信号频带,并将 $\{a_n\}$ 转换为适合信道传输的基带波形,所以又叫信道信号形成网络。

③ 信道既可以是电缆等有线信道,也可以是带调制器的广义信道,一般都不理想,会引起传输波形的失真,还会被信道中的窄带高斯噪声所叠加,造成随机畸变。

④ 接收滤波器的作用是滤除带外噪声和由信道引入的噪声,对失真波形进行补偿(均衡),提高信噪比。然而即使在经过接收滤波器处理后的输出信号里,或多或少地还留有畸变和噪声。

⑤ 采样判决器是一个识别电路,为进一步提高接收系统的可靠性,要将接收滤波器输出的信号 $y(t)$ 波形放大、限幅、整形后再加以识别。

⑥ 码型译码将采样判决器送出的 $\{a'_n\}$ 还原成原始信码。

7.4.2 基带传输的码间串扰

数字信号传输的主要质量指标是码元速率和误码率,而码元速率和误码率之间又是密切相关和互相影响的。当信道一定时,码元速率和误码率成正比,即码元速率越高,误码率越大。如果码元速率一定,那么误码率就成为数字信号传输中最主要的性能指标。从数字基带信号传输的物理过程看,误码是由接收端采样判决器错误判决所致,而造成判决错误的主要原因是码间串扰和信道噪声。

1. 码间串扰的概念

基带数字脉冲序列通过系统时,由于系统的滤波作用或者信道不理想,会使脉冲展宽,甚至重叠(串扰)到邻近时隙中。若重叠(串扰)到邻近时隙中,则成为干扰,就称为码间串扰。可见,码间串扰是传输各符号间的相互干扰。

设 $\{a_n\}$ 中的单个"1"码,经过发送滤波器后,变成了正的升余弦波形,如图 7.9(a)所示。将此波形送入信道,如果不产生延迟和失真,就不会影响后续码元的接收判决。遗憾的是实际信道不可能理想,经过信道的信号都会产生延迟和失真,设图 7.9(a)波形经过信道后产生拖尾,如

图 7.9(b)所示,我们看到这个"1"码的拖尾延伸到了下一个码元时隙内,并且采样判决时刻也应向后推移至出现波形最高峰处(设为 t_1)。

假如传输的一组码元是 1110,采用双极性码,经发送滤波器后变为升余弦波形,在送入信道前它们的形状如图 7.10(a)所示。经过信道后产生码间串扰,前 3 个"1"码的拖尾相继侵入到第 4 个"0"码的时隙中,如图 7.10(b)所示。图中 a_1、a_2、a_3 分别为第 1、2、3 个码元在 t_1+3T_s 时刻对第 4 个码元产生的码间串扰值,a_4 为第 4 个码元在采样判决时刻的幅度值。当 $a_1+a_2+a_3<|a_4|$ 时,判决正确;当 $a_1+a_2+a_3>|a_4|$ 时,发生错判造成误码。

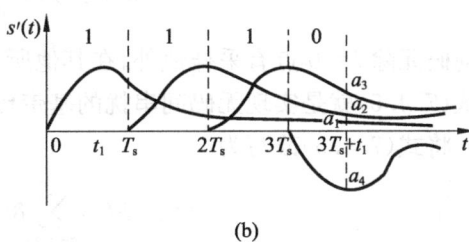

图 7.9 传输单个波形失真示意图 图 7.10 传输信息序列时波形失真示意图

2. 码间串扰的数学分析

图 7.8 中,设 $\{a_n\}$ 为送入发送滤波器的输入符号序列,在二进制的情况下,$\{a_n\}$ 的取值为 0、1 或者 +1、−1,用冲激函数序列表示,即

$$\{a_n\} = \sum_{n=-\infty}^{\infty} a_n \delta(t-nT_s) \tag{7.4.1}$$

式中,a_n 为冲激脉冲的强度,经发送滤波器 $G_T(\omega)$ 后,有

$$s(t) = \sum_{n=-\infty}^{\infty} a_n g_T(t-nT_s) \tag{7.4.2}$$

其中 $g_T(t)$ 为发送码元波形,也是发送滤波器 $G_T(\omega)$ 的时域冲激响应。

经过信道和接收滤波器后

$$y(t) = \sum_{n=-\infty}^{\infty} a_n h(t-nT_s) + n_R(t) \tag{7.4.3}$$

其中 $h(t)=g_T(t)*c(t)*g_R(t)$,$g_T(t)$、$c(t)$ 和 $g_R(t)$ 分别对应发送滤波器 $G_T(\omega)$、信道 $C(\omega)$ 和接收滤波器 $G_R(\omega)$ 的时域冲激响应;$n_R(t)$ 为传输过程中混入的噪声。

假如第 k 个码元达到最大值的时刻(最佳采样时刻)为 kT_s+t_0,代入上式得

$$\begin{aligned} y(kT_s+t_0) &= \sum_{n=-\infty}^{\infty} a_n h(kT_s+t_0-nT_s) + n_R(kT_s+t_0) \\ &= a_k h(t_0) + \sum_{\substack{n=-\infty \\ n \neq k}}^{\infty} a_n h(kT_s+t_0-nT_s) + n_R(kT_s+t_0) \end{aligned} \tag{7.4.4}$$

式中,第一项是第 k 个码元在最佳采样时刻 kT_s+t_0 时的幅度值;第二项是 kT_s+t_0 时刻序列中其他码元对第 k 个码元的码间串扰值;第三项是随机噪声对第 k 个码元采样值的干扰。可见,第二项和第三项叠加后的值如果大于第一项,就有可能发生错判,从而造成误码。

7.4.3 无码间串扰的基带传输特性

一个好的基带传输系统,应在传输有用信号的同时能尽量抑制码间串扰和噪声,使二者之和足够小,从数学表达式看,就是希望式(7.4.4)中的第二项和第三项之和足够小。

图 7.11 简化的基带传输系统模型图

下面寻找能解决码间串扰问题的理想化的基带传输特性,为了讨论方便,先忽略信道噪声。把图 7.8 进行简化,如图 7.11 所示。图中 $H(\omega)=G_T(\omega)C(\omega)G_R(\omega)$ 为整个系统的基带传输特性(发送滤波器、信道、接收滤波器)的总和。

假设信道对信号的时间延时 $t_0=0$,如果要实现无码间串扰,基带传输系统的冲激响应 $h(t)$ 应满足

$$h(kT_s) = \begin{cases} 1, & k=0 \\ 0, & k \text{ 为其他整数} \end{cases} \tag{7.4.5}$$

即当前码元除 $k=0$ 点有采样值外,在其他所有采样点上的取值均应为 0。

式(7.4.5)就是实现无码间串扰的基带传输系统的时域表示条件,下面推导对应的频域表示条件。将式(7.4.5)改写为

$$h(t)\sum_{k=-\infty}^{+\infty}\delta(t-kT_s) = \delta(t) \tag{7.4.6}$$

利用第 2 章中例 2.2.2 的结论,可得周期单位冲激序列 $\delta_T(t) = \sum_{k=-\infty}^{+\infty}\delta(t-kT_s)$ 的傅里叶变换为

$$F[\delta_T(t)] = \frac{2\pi}{T_s}\sum_{i=-\infty}^{\infty}\delta\left(\omega-\frac{2\pi i}{T_s}\right) \tag{7.4.7}$$

对式(7.4.6)等号两边进行傅里叶变换,利用频域卷积性质 $F[f_1(t)f_2(t)] = \frac{1}{2\pi}[F_1(\omega)*F_2(\omega)]$ 和 $F[\delta(t)]=1$ 可得

$$\frac{1}{2\pi} \cdot H(\omega)*\left[\frac{2\pi}{T_s}\sum_{i=-\infty}^{\infty}\delta\left(\omega-\frac{2\pi i}{T_s}\right)\right] = 1 \tag{7.4.8}$$

整理可得

$$\sum_{i=-\infty}^{\infty} H\left(\omega-\frac{2\pi i}{T_s}\right) = T_s \tag{7.4.9}$$

满足式(7.4.9)的 $H(\omega)$ 就能实现无码间串扰,这就是奈奎斯特(Nyquist)第一准则,也叫采样值无失真准则。

因为 $\sum_{i=-\infty}^{\infty} H\left(\omega-\frac{2\pi i}{T_s}\right)$ 是 $H(\omega)$ 以 $\frac{2\pi}{T_s}$ 为周期进行重复的结果,所以它一定是周期为 $\frac{2\pi}{T_s}$ 的函数,因此只需要观察一个周期 $(-\pi/T_s, \pi/T_s)$ 上的波形就可以作出判断。

定义基带传输系统 $H(\omega)$ 的等效基带传输特性 $H_{eq}(\omega)$ 为

$$H_{eq}(\omega) = \begin{cases} \sum_{i=-\infty}^{\infty} H\left(\omega-\frac{2\pi i}{T_s}\right), & |\omega| \leqslant \pi/T_s \\ 0, & |\omega| > \pi/T_s \end{cases} \tag{7.4.10}$$

根据奈奎斯特第一准则,如果一个基带传输系统 $H(\omega)$ 的等效基带传输特性 $H_{eq}(\omega)$ 满足

$$H_{eq}(\omega) = \begin{cases} \sum_{i=-\infty}^{\infty} H\left(\omega - \frac{2\pi i}{T_s}\right) = T_s, & |\omega| \leqslant \pi/T_s \\ 0, & |\omega| > \pi/T_s \end{cases} \quad (7.4.11)$$

就能实现无码间串扰。

奈奎斯特第一准则为我们确定某基带传输系统是否存在码间串扰提供了理论依据。为了更好地利用上述准则,必须首先理解式(7.4.11)的物理意义。式(7.4.11)表明,从频域看,只要将一个基带传输系统的传输特性 $H(\omega)$ 按 $2\pi/T_s$ 间隔分段,再搬回 $(-\pi/T_s, \pi/T_s)$ 区间叠加,叠加后若其幅度为一常数,就说明此基带传输系统可以实现无码间串扰。

下面用图 7.12 所示的实例来帮助理解。假设某基带传输系统的传输特性 $H(\omega)$ 如图 7.12(a)所示,将 $H(\omega)$ 分为以 $2\pi i/T_s (i=0, \pm 1, \pm 2, \cdots)$ 为中心、宽度为 $2\pi/T_s$ 的不同分段。注意,T_s 为码元间隔,等于码元速率 R_B 的倒数,即

$$R_B = 1/T_s (\text{Bd}) \quad (7.4.12)$$

由图 7.12(a)可以看出,$H(\omega)$ 的所有分段只有 $i=-1$、0、1 对应的 3 个分段非零,将这 3 个分段平移到 $(-\pi/T_s, \pi/T_s)$ 区间叠加(把图 7.12(c)、(d)移至图 7.12(b)中),叠加成的等效的基带传输特性 $H_{eq}(\omega)$ 正好为矩形,如图 7.12(e)所示。$H_{eq}(\omega)$ 的数学表达式可写为

$$H_{eq}(\omega) = H(\omega - 2\pi/T_s) + H(\omega) + H(\omega + 2\pi/T_s)$$
$$= \begin{cases} T_s, & |\omega| \leqslant \pi/T_s \\ 0, & |\omega| > \pi/T_s \end{cases} \quad (7.4.13)$$

图 7.12 满足无码间串扰的传输特性

根据奈奎斯特第一准则,若码元速率 $R_B = 1/T_s (\text{Bd})$,则此基带传输系统可以实现无码间串扰。注意:一个基带传输系统能否实现无码间串扰传输,既与基带传输特性 $H(\omega)$ 有关,又与码元速率 R_B 有关。

7.4.4 无码间串扰的理想低通基带传输系统

符合奈奎斯特第一准则的、最简单的传输特性是理想低通基带传输系统的传输特性

$$H(\omega) = \begin{cases} K e^{-j\omega t_0}, & |\omega| \leqslant \pi/T_s \\ 0, & |\omega| > \pi/T_s \end{cases} \quad (7.4.14)$$

式中,K 为常数,代表带内衰减,这里为推导方便,设其为 1。其冲激响应

$$h(t) = \frac{1}{2\pi} \int_{-\infty}^{\infty} H(\omega) e^{j\omega t} d\omega = \frac{1}{2\pi} \int_{-\pi/T_s}^{\pi/T_s} e^{-j\omega t_0} e^{j\omega t} d\omega$$
$$= \frac{1}{2\pi} \int_{-\pi/T_s}^{\pi/T_s} e^{j\omega(t-t_0)} d\omega = \frac{1}{T_s} \text{Sa}\left(\frac{\pi(t-t_0)}{T_s}\right) \quad (7.4.15)$$

采样函数的最大值出现在 $t=t_0$ 时刻(t_0 反映了理想低通滤波器对信号的时间延迟)。变换坐标系统,令 $t' = t - t_0$,则

$$h(t') = \frac{1}{T_s} \text{Sa}\left(\frac{\pi t'}{T_s}\right) \quad (7.4.16)$$

波形如图 7.13(a)所示。

图 7.13 采样函数示意图

可以看到在 t' 轴上,采样函数出现最大值的时间仍在坐标原点,如果传输的信号是一个脉冲串,那么在 $t'=0$ 有最大采样值的这个码元在其他码元采样时刻 $kT_s(k=0,\pm1,\pm2,\cdots)$ 上的样值均为 0,如图 7.13(b)所示,可见它对其相邻码元的采样值无干扰。这就是说,对于带宽为

$$B_N = \frac{W_N}{2\pi} = \frac{\pi/T_s}{2\pi} = \frac{1}{2T_s} \quad \text{(Hz)} \tag{7.4.17}$$

的理想低通基带传输系统只要输入数据以 $1/T_s$(Bd)的速率传输,就可使接收到的信号在各采样点上无码间串扰。反之,数据若以高于 $1/T_s$(Bd)的速率传输,则码间串扰不可避免。无码间串扰的理想低通传输系统的频带利用率为

$$\eta = R_B/B_N = 2(\text{Bd/Hz}) \tag{7.4.18}$$

这也是所有无码间串扰传输系统的最高频带利用率。

对于无码间串扰的理想低通传输系统,其带宽 $B_N(W_N)$ 为奈奎斯特带宽;采样间隔 T_s 为奈奎斯特间隔;码元速率 $R_B=1/T_s=f_s=2B_N$ 为奈奎斯特速率,即最高码元速率。

虽然在用理想低通基带传输系统传输基带脉冲序列时,只要码元速率取其截止频率的 2 倍就能消除码间串扰,且达到极限性能,但是对理想低通基带传输系统的研究却只有理论意义。因为:①理想 LPF 所要求的传递函数,其过渡带无限陡峭,这是物理上无法实现的;②即使可以找到相当逼近的理想特性,但由于其冲激响应是采样函数,拖尾振荡起伏较大,衰减特性很差,仅按照 $1/t$ 的速度衰减,如果存在定时偏差,将会引起显著的码间串扰,极易造成判决错误。所以还需要寻找符合式(7.4.11)实用的、物理上可以实现的等效传输系统。

7.4.5 无码间串扰的滚降系统

在实际中得到广泛应用的传递函数是在奈奎斯特带宽截止频率两侧以 π/T_s 为中心,频谱特性具有奇对称升余弦形状过渡带的传递函数,即

$$H(\omega) = \begin{cases} T_s, & 0 \leqslant |\omega| \leqslant \frac{(1-\alpha)\pi}{T_s} \\ \frac{T_s}{2}\left[1+\sin\frac{T_s}{2\alpha}\left(\frac{\pi}{T_s}-\omega\right)\right], & \frac{(1-\alpha)\pi}{T_s} \leqslant |\omega| \leqslant \frac{(1+\alpha)\pi}{T_s} \\ 0, & |\omega| \geqslant \frac{(1+\alpha)\pi}{T_s} \end{cases} \tag{7.4.19}$$

式中,α 为滚降系数($0 \leqslant \alpha \leqslant 1$),用以描述滚降程度,即

$$\alpha = 扩展量/奈奎斯特带宽 \tag{7.4.20}$$

在式(7.4.19)描述的传递函数中,奈奎斯特带宽 W_N 为奇对称点的值 π/T_s。扩展量为超出奈奎斯特带宽的部分,设为 x,那么式(7.4.19)中的 α 可表示为

$$\alpha = \frac{x}{W_N} \tag{7.4.21}$$

若在频域描述,则分子、分母同时除以 2π,有

$$\alpha = \frac{x'}{B_N} \tag{7.4.22}$$

注意,式中 x' 和 B_N 的单位是 Hz。

具有不同滚降系数 α 时的传递函数波形示于图 7.14(a)中。

不同 α 时对应的冲激响应为

$$h(t) = \frac{\sin(\pi t/T_s)}{\pi t/T_s} \cdot \frac{\cos(\alpha \pi t/T_s)}{1-4\alpha^2 t^2/T_s^2} \tag{7.4.23}$$

其波形如图 7.14(b)所示。

(a) 不同 α 时的传递函数波形　　(b) 不同 α 时的冲激响应波形

图 7.14　滚降特性的构成及示意图(仅画正频率部分)

由图 7.14 可见,$\alpha=0$ 对应的图形正好是理想低通基带传输系统,α 越大,采样函数的拖尾振荡起伏越小、衰减越快。$\alpha=1$ 时对应的冲激响应 $h(t)$ 不仅保持了理想低通响应的所有零点,而且还在理想低通响应的两个零点之间增加了新的零点,它的拖尾按 t^{-3} 速率衰减,比理想低通衰减也快,这样对减少码间串扰和降低定时精度的要求都有好处。当然,这些优点是以增加系统带宽、牺牲频带利用换取的,与理想低通相比,它的带宽增大了一倍。

引入滚降系数 α 后,系统的最高码元速率不变,但是由于系统的带宽扩展为 $B=(1+\alpha)B_N$,因此最高频带利用率的表达式要相应地改为

$$\eta = \frac{R_B}{B} = \frac{2B_N}{(1+\alpha)B_N} = \frac{2}{1+\alpha} \quad (\text{Bd/Hz}) \tag{7.4.24}$$

把 $\alpha=1$ 代入式(7.4.19)中整理得到的具有升余弦滚降特性传递函数的低通滤波器就是图 7.12介绍的例子。例中 3 个相邻段 $H(\omega-2\pi/T_s)$、$H(\omega)$、$H(\omega+2\pi/T_s)$ 在 $(-\pi/T_s, \pi/T_s)$ 区间叠加成的 $H_{eq}(\omega)$ 正好为矩形,如图 7.12(e)所示,所以说,这种具有升余弦滚降特性的滤波器满足奈奎斯特第一准则即采样值无失真条件,其带宽为

$$B = (1+\alpha)B_N = 2B_N = 1/T_s(\text{Hz})$$

码元速率为 $R_B=1/T_s$(Bd),频带利用率为 $\eta=2/(1+\alpha)=1$(Bd/Hz),比理想低通基带传输系统的频带利用率低了一半。

7.5　部分响应技术

前面讨论了具有理想低通滤波特性的传输系统,虽然这一系统的频带利用率最高,但它的频谱过渡带宽度为 0,是物理上不可实现的系统,而且时域波形的拖尾振荡幅度大、衰减慢,从而对定时精度要求十分严格,若定时稍有偏差,极易引起严重的码间串扰。之后讨论了升余弦滚降系统($\alpha=1$),这是物理上能够实现的系统,其时域波形衰减快(按 t^{-3} 速率衰减)、拖尾起伏也减小

了,对定时精度要求可适当放松一些,但它牺牲了系统的频带利用率。

本节介绍部分响应技术,又叫奈奎斯特第二准则,它综合了上述两个系统的优点,不但能够较好地抑制码间串扰、易于实现,而且它的频带利用率也可以达到 $\eta=2\text{Bd/Hz}$ 的极限数值,所以在高速、大容量的传输系统中得到了推广与应用。

具体地说,部分响应技术即是在一个以上的码元时隙中,人为地引入一定数量的码间串扰,以达到改变传输序列频谱分布、压缩传输频带的目的。

7.5.1 第Ⅰ类部分响应

以采样函数为例,如果只是把两个时间上相邻1个码元时隙 T_s 的 $\text{Sa}(t)$ 波形相加,合成为一个部分响应波形 $g(t)$,如图 7.15(a)所示,则称之为第Ⅰ类部分响应技术,其数学表达式为

$$g(t)=\text{Sa}\left[\frac{\pi(t+T_s/2)}{T_s}\right]+\text{Sa}\left[\frac{\pi(t-T_s/2)}{T_s}\right]=\frac{4}{\pi}\cos\left(\frac{\pi t/T_s}{1-4t^2/T_s^2}\right) \tag{7.5.1}$$

合成波的频谱函数

$$G(\omega)=\begin{cases} 2T_s\cos(\omega T_s/2), & |\omega|\leqslant \pi/T_s \\ 0, & |\omega|>\pi/T_s \end{cases} \tag{7.5.2}$$

是余弦形、具有缓变的滚降过渡特性,如图 7.15(b)所示。

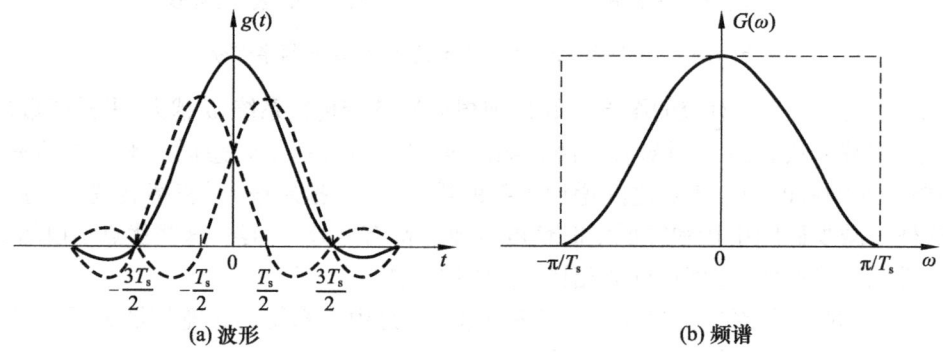

图 7.15 第Ⅰ类部分响应信号

由图 7.15 可见,用 $g(t)$ 作传输波形,码元间隔仍为 T_s,因此码元速率 $R_B=1/T_s(\text{Bd})$ 不变,余弦型谱的带宽 $B=1/2T_s(\text{Hz})$,所以频带利用率仍然达到 $\eta=2\text{Bd/Hz}$ 的极限数值。另外,$g(t)$ 波形的拖尾按照 t^{-2} 速率衰减,比 $\text{Sa}(t)$ 波形的衰减快了1个数量级。

由于接收端采样判决器的定时脉冲间隔仍取 T_s,因而所得的采样值中仅含有前一码元对本码元采样值的干扰,而前一码元的符号是已知的、可控的,只要减去它,就相当于消除了人为引入的码间串扰。

7.5.2 差错传播和预编码

采用第Ⅰ类部分响应技术编码,合成波为

$$c_k=a_{k-1}+a_k \tag{7.5.3}$$

信息序列 $\{a_k\}$ 为双极性二元码,因此发送序列 $\{c_k\}$ 有 0 和 ± 2 三个电平。接收端对 $\{\hat{c}_k\}$ 采样之后做减法

$$\hat{a}_k=\hat{c}_k-\hat{a}_{k-1} \tag{7.5.4}$$

判决时刻若前一码元 $\hat{a}_{k-1}$ 发生误判,会直接影响到下一个码元 $\hat{a}_k$ 的正确判决,出现一连串

的错误,这叫误码增值,也叫差错传播。这一现象的产生是因为$\{c_k\}$在发送端经过了相关编码,即接收端在采样判决时刻的取值$\hat{c}_k$是由a_k和a_{k-1}两个码元共同决定的。

例如,设要发送的二进制信息序列为 101101001100011100,按式(7.5.3)、式(7.5.4)计算填入表 7.3。

表 7.3 采用第 I 类部分响应技术编码取值表

发	a_k	1	−1	1	1	−1	1	−1	−1	1	1	−1	−1	−1	1	1	1	−1	−1
	c_k		0	0	2	0	0	0	−2	0	2	0	−2	−2	0	2	2	0	−2
收	$\hat{c}_k$		0	0	2	0	0	0	−2	0	<u>2</u>	0	−2	−2	0	2	2	0	−2
	$\hat{a}_k$	1*	−1	1	1	−1	1	−1	−1	1	1	−1	−1	−1	1	1	1	−1	−1

表中的 1* 是由接收端采样判决器预置的码元。由于接收序列$\hat{c}_k$中未产生误码,因此通过运算恢复出的信息序列$\{\hat{a}_k\}$是正确的。但是如果信道不理想,出现误码,设$\{\hat{c}_k\}$中第 9 位 2 错成 0,那么

$\hat{c}_k$　　 0　0　2　0　0　0　−2　0　<u>0</u>　0　0　−2　−2　0　2　2　0　−2

$\hat{a}_k$　 1*　−1　1　1　−1　1　−1　−1　1　<u>−1</u>　1　−3　1　−1　3　−1　1　−3

被恢复的$\{\hat{a}_k\}$序列从第 9 位错码开始出现了一连串错误。

为避免因相关编码引起的差错传播现象,通常在发送端先给二进制码元序列$\{a_k\}$加预编码。图 7.16 为加了预编码的第 I 类部分响应编码系统的原理图。图中预编码器的核心部分是模 2 运算,预编码规则是

$$a_k = [b_k + b_{k-1}]_{\mathrm{mod}2} \quad (7.5.5)$$

即

$$b_k = [a_k + b_{k-1}]_{\mathrm{mod}2} \quad (7.5.6)$$

因为是模运算,所以上面两式中的a_k为单极性码。

现在,送入发送滤波器的输入码元序列

$$c_k = b_k + b_{k-1} = [a_k + b_{k-1}]_{\mathrm{mod}2} + [a_{k-1} + b_{k-2}]_{\mathrm{mod}2} \quad (7.5.7)$$

对c_k作模 2 运算

$$[c_k]_{\mathrm{mod}2} = [a_k + a_{k-1} + b_{k-1} + b_{k-2}]_{\mathrm{mod}2} = [a_k + a_{k-1} + a_{k-1}]_{\mathrm{mod}2} = a_k$$

上式表明接收端对$\hat{c}_k$作模 2 判决即可恢复出信息序列

$$\hat{a}_k = [\hat{c}_k]_{\mathrm{mod}2} \quad (7.5.8)$$

图 7.16 加了预编码的第 I 类部分响应编码系统的原理图

仍以二进制信息序列$\{a_k\}$=101101001100011100为例,采用预编码后取值如表7.4所示。

表7.4 预编码后取值表

发	a_k		1	0	1	1	0	1	0	0	1	1	0	0	0	1	1	1	0 0
	b_k	1*	0	0	1	0	0	1	1	1	0	1	1	1	1	0	1	0	0
	c_k		1	0	1	1	0	1	2	2	1	1	2	2	2	1	1	1	0
收	$\hat{c}_k$		1	0	1	1	0	1	2	2	<u>1</u>	1	2	2	2	1	1	1	0
	$\hat{a}_k$		1	0	1	1	0	1	0	0	1	1	0	0	0	1	1	1	0

$\{b_k\}$中的1*是发送端预编码器预置的码元(预置成0*也可)。仍假设误码发生在第9位(1错成0),则

$\hat{c}_k$ 1 0 1 1 0 1 2 2 <u>0</u> 1 2 2 2 1 1 1 0 0

$\hat{a}_k$ 1 0 1 1 0 1 0 0 <u>0</u> 1 0 0 0 1 1 1 0 0

恢复的$\{\hat{a}_k\}$只在第9位出错,没有影响其他码元,可见在发送端加预编码器后解决了差错传播问题。

7.5.3 第Ⅳ类部分响应波形

第Ⅰ类部分响应信号的频谱是余弦形的,频率越低功率谱能量越集中,适用于传输系统中信道频带高端受限的情况。如果遇到含变压器或耦合电容等低频特性不好的电路,会使低端的信号波形产生失真。另外,如果基带信号还要经过单边带调制,也希望基带信号的低频分量越小越好,这时就应该采用第Ⅳ类部分响应技术,它产生的频谱形状为正弦形,无直流分量且低频成分很小。

第Ⅳ类部分响应波形由时间上错开$2T_s$的两个Sa(t)波形相减得到,即令相隔$2T_s$的码元在采样时刻引入反极性的码间串扰,其时域表达式为

$$g(t)=\text{Sa}[\pi(t+T_s)/T_s]-\text{Sa}[\pi(t-T_s)/T_s]=\frac{2T_s^2\sin(\pi t/T_s)}{\pi(t^2-T_s^2)} \qquad (7.5.9)$$

波形的拖尾按t^{-2}速率衰减,其频域表达式为

$$G(\omega)=\begin{cases}2T_s\sin(\omega T_s), & |\omega|\leqslant\pi/T_s \\ 0, & |\omega|>\pi/T_s\end{cases} \qquad (7.5.10)$$

相应的时域波形及功率谱形状可在表7.5中查得。这里的$G(\omega)$不论在高端还是低端都呈缓慢变化的滚降特性,传输带宽$B=1/(2T_s)$Hz,码元速率$R_B=1/T_s$(Bd)不变,因此频带利用率也达到2Bd/Hz。

第Ⅳ类部分响应编码系统也有差错传播问题,故也要采用预编码电路,其实际组成框图如图7.17所示。接收机的判决规则:0判为"0"码;±1判为"1"码。仿照第Ⅰ类部分响应的例题,读者可自行分析计算。

图7.17 第Ⅳ类部分响应编码系统的实际组成框图

目前常用的部分响应波形有5类,应用最广的是第Ⅳ类。每类的相关编码规则、波形、频谱及二进制输入时c_k的采样电平数,均示于表7.5中。为便于比较,将理想采样函数Sa(t)波形也

列入表内并称其为第 0 类。

采样电平数除第 0 类是 2 个,与输入电平数相同外,第 Ⅰ 类、第 Ⅳ 类有 3 个,其余是 5 个,电平数目多会给判决门限的设置带来困难,并且影响系统的抗噪声性能。所以部分响应系统的优点是以牺牲系统可靠性为代价换取的。

表 7.5 部分响应波形的波形、频谱及加权系数

类别	R_1	R_2	R_3	R_4	R_5	$R(t)$	$\|G(\omega)\| \mid \|\omega\|<\frac{\pi}{T}$	二进制输入时采样值电平数
0	1							2
Ⅰ	1	1					$2T_s\cos\frac{\omega T_s}{2}$	3
Ⅱ	1	2	1				$4T_s\cos^2\frac{\omega T_s}{2}$	5
Ⅲ	2	1	−1				$2T_s\cos\frac{\omega T_s}{2}\sqrt{5-4T\cos\omega T_s}$	5
Ⅳ	1	0	−1				$2T_s\sin\omega T_s$	3
Ⅴ	−1	0	2	0	−1		$4T_s\sin^2\omega T_s$	5

7.6 无码间串扰的基带传输系统的抗噪声性能

讨论基带传输系统的抗噪声性能时,要先假定所讨论的基带传输系统是一个理想系统,所以下面的讨论是在不考虑码间串扰的前提下,研究信道噪声可能对数字基带信号的正确传输产生的影响。

对于单极性基带信号而言,如果不存在信道噪声,那么在接收端采样判决器中的采样值只可能是 0 或 A;但是考虑到实际情况,信道不可能理想,加性高斯白噪声总是存在,因此接收端采样判决器中的采样值

$$x(t)=\begin{cases}A+n_R(t), & \text{发"1"码}\\ n_R(t), & \text{发"0"码}\end{cases} \tag{7.6.1}$$

若设判决门限为 V_d，则

$$x(t) > V_d, \quad \text{判接收信号为"1"码}$$
$$x(t) < V_d, \quad \text{判接收信号为"0"码}$$

设式(7.6.1)中的信道噪声 $n_R(t)$ 是均值为 0、方差为 σ_n^2 的加性高斯白噪声，它的一维概率密度分布为

$$f(n) = \frac{1}{\sqrt{2\pi}\sigma_n} e^{-n^2/2\sigma_n^2} \tag{7.6.2}$$

它描述了噪声瞬时值的统计特性。

发"0"码时，因为发送电平为 0，所以接收端收到的只有噪声，此时 $x(t)$ 的概率密度分布即是 $n_R(t)$ 的概率密度分布，如图 7.18 所示。

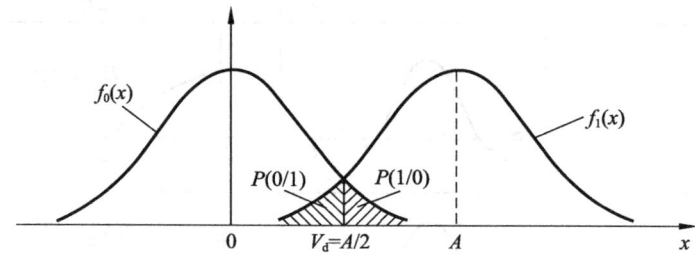

图 7.18　$x(t)$ 的概率密度分布曲线

$$f_0(x) = \frac{1}{\sqrt{2\pi}\sigma_n} e^{-x^2/2\sigma_n^2} \tag{7.6.3}$$

$x(t) = n_R(t) > V_d$ 时发生错判，发"0"错判为"1"的概率为

$$P(1/0) = \int_{V_d}^{\infty} f_0(x) dx \tag{7.6.4}$$

对应图 7.18 中 V_d 右边的阴影面积。

发"1"码时，发送电平为 A，接收端叠加上噪声，实际收到的是 $A + n_R(t)$，此时 $x(t)$ 的概率密度分布仍为高斯分布，但均值为 A。

$$f_1(x) = \frac{1}{\sqrt{2\pi}\sigma_n} \exp\left[-\frac{(x-A)^2}{2\sigma_n^2}\right] \tag{7.6.5}$$

$x(t) = A + n_R(t) < V_d$ 时发生错判，发"1"错判为"0"的概率为

$$P(0/1) = \int_{-\infty}^{V_d} f_1(x) dx \tag{7.6.6}$$

对应图 7.18 中 V_d 左边的阴影面积。由图可见，$V_d = A/2$ 时，图中阴影部分的总面积最小，故最佳判决门限应选 $V_d = A/2$。

二进制传输系统的总误码率为

$$P_e = P(0)P(1/0) + P(1)P(0/1)$$

假设发"0"码的概率与发"1"码的概率相等，则

$$P_e = \frac{1}{2}[P(1/0) + P(0/1)] \tag{7.6.7}$$

因为都是高斯分布，具有对称性，两个条件概率的阴影面积也对称相等，所以总误码率为

$$P_e = P(0/1) = P(1/0) = \int_{V_d}^{\infty} f_0(x) dx = \frac{1}{2}\left(1 - \text{erf}\left(\frac{A}{2\sqrt{2}\sigma_n}\right)\right) \tag{7.6.8}$$

或

$$P_e = \frac{1}{2}\text{erfc}\left(\frac{A}{2\sqrt{2}\sigma_n}\right) \tag{7.6.9}$$

只要已知 $\dfrac{A}{2\sqrt{2}\sigma_n}$,就可利用式(7.6.9),通过查误差函数或互补误差函数表(见附录 A),求出总误码率 P_e。

对于双极性二进制码,当"1""0"码的电平分别取 $\pm A$ 时,误码率为

$$P_e = \frac{1}{2}P(1/0) + \frac{1}{2}P(0/1) = \frac{1}{2}\left(1 - \mathrm{erf}\left(\frac{A}{\sqrt{2}\sigma_n}\right)\right) \tag{7.6.10}$$

或

$$P_e = \frac{1}{2}\mathrm{erfc}\left(\frac{A}{\sqrt{2}\sigma_n}\right) \tag{7.6.11}$$

比较式(7.6.8)和式(7.6.10)可知,使用双极性二进制码的抗噪声性能要优于使用单极性二进制码。即便是对于只取 $\pm A/2$ 幅度电平的双极性二进制码,它的误码率表达式 P_e 虽然与式(7.6.8)相同,但由于其信号功率仅为 $A^2/4$,因此抗噪声性能还是比单极性二进制码好。

7.7 眼 图

一个实际的数字基带传输系统,无论怎样精心设计,都不可能完全消除码间串扰的影响,尤其是在信道不可能完全确知的情况下,要想计算误码率是非常困难的。评价系统性能的实用方法是利用实验手段进行眼图分析,即利用示波器观察接收信号波形的质量。操作时只要将示波器的水平扫描周期调整为所接收信号序列码元宽度 T_s 的整数倍,从示波器的 y 轴输入接收码元序列,荧光屏上就可以看到由码元重叠产生的类似人眼的图形。

由于荧光屏的余辉作用,示波器呈现的图形并不是一次扫描所及的码元,而是若干个码元重叠后的图案。只要示波器扫描频率和信号同步,不存在码间串扰和噪声时,如图 7.19(a)所示,每次重叠上去的迹线都会和原来的重合,这时的迹线既细又清晰,如图 7.19(c)所示;若存在码间串扰,序列波形变坏,如图 7.19(b)所示,就会造成眼图迹线杂乱,眼皮厚重,甚至可能看到眼睛的部分闭合,如图 7.19(d)所示。

图 7.19 基带信号波形及眼图

为了进一步说明眼图和系统性能之间的关系,我们把眼图简化成一个模型,如图 7.20 所示。说明如下:

① 最佳采样判决时刻为眼睛张开最大的时刻;
② 判决门限电平对应于眼图的横轴;
③ 最大信号失真量即信号畸变范围用眼皮厚度(图 7.20 中上、下阴影区的垂直厚度)表示;

图 7.20 眼图的模型

④ 噪声容限也叫噪声边际,它体现了系统抗噪声能力的大小,其值为采样判决时刻除去上、下阴影区之后的距离之半;

⑤ 过零点畸变为压在横轴上的阴影长度,有些接收机的定时标准是由经过判决门限点的平均位置决定的,所以过零点畸变大,对定时标准的提取不利;

⑥ 对定时误差的灵敏度由斜边的斜率反映,斜边越陡,灵敏度越高,对系统的影响越大。

总之,掌握了眼图的各个指标后,在利用均衡器对接收信号波形进行均衡处理时,只需观察眼图就可以判断均衡效果,确定信号传输的基本质量。

7.8 均 衡

前面提到在传输基带信号的过程中,除信道会产生噪声外,码间串扰是影响传输质量的主要因素。尽管在设计系统形成滤波器时已充分考虑了奈奎斯特准则的要求,但在实际通信时,总的传输特性还会偏离理想特性,引起码间串扰。要克服这种偏离,一般采用在基带传输系统中插入可调滤波器(又称均衡器)的做法。

均衡器分为频域均衡器和时域均衡器。频域均衡是利用均衡器的频率特性去补偿传输系统的幅频和相频缺陷,使包括均衡器在内的整个系统的总传输函数满足无失真传输条件;而时域均衡则是在时域内利用接收信号波形在均衡器产生的响应波形去补偿各采样点上已发生畸变的波形,使包括均衡器在内的整个系统的冲激响应满足无码间串扰条件。

时域均衡是一种能使数字基带系统中码间串扰降到最小程度的行之有效的技术,比较直观且易于理解,在当今日趋完善的数字通信中占有相当重要的地位。

7.8.1 时域均衡器的基本工作原理

以图 7.8 所示的数字基带信号传输模型为例,其总传输函数 $H(\omega)$ 是发送滤波器、信道和接收滤波器传输特性之总和。当 $H(\omega)$ 偏离了奈奎斯特准则,即不满足式(7.4.11)时,就有可能存在码间串扰。

设在接收滤波器 $G_R(\omega)$ 后面插入一个称之为横向滤波器的可调滤波器(这是时域均衡器的一个具体实现),其冲激响应为

$$h_T(t) = \sum_{n=-\infty}^{\infty} c_n \delta(t - nT_s) \tag{7.8.1}$$

如果式中的 c_n 完全由 $H(\omega)$ 决定,就有可能抵消由于 $H(\omega)$ 的偏离而产生的码间串扰。设此插入滤波器的频率特性为 $T(\omega)$,即 $h_T(t) \leftrightarrow T(\omega)$,那么包括此插入滤波器在内的总传输函数 $H'(\omega)$ 为

$$H'(\omega) = H(\omega) T(\omega) \tag{7.8.2}$$

如果 $H'(\omega)$ 满足式(7.4.11),即满足

$$H'_{eq}(\omega) = \begin{cases} \sum_i H'\left(\omega + \dfrac{2\pi i}{T_s}\right) = T_s, & |\omega| \leqslant \dfrac{\pi}{T_s} \\ 0, & |\omega| > \dfrac{\pi}{T_s} \end{cases} \tag{7.8.3}$$

时,这个包括 $T(\omega)$ 在内的总频率特性 $H'(\omega)$ 就可在采样时刻消除码间串扰。现将式(7.8.2)分段处理后代入式(7.8.3),得

$$\sum_i H'\left(\omega+\frac{2\pi i}{T_s}\right) = \sum_i H\left(\omega+\frac{2\pi i}{T_s}\right)T\left(\omega+\frac{2\pi i}{T_s}\right) = T_s, \quad |\omega| \leqslant \frac{\pi}{T_s} \tag{7.8.4}$$

看右边两项:设 $T(\omega+2\pi i/T_s)$ 是以 $2\pi/T_s$ 为周期的周期函数,当其在$(-\pi/T_s,\pi/T_s)$内,有

$$T(\omega) = \frac{T_s}{\sum_i H\left(\omega+\frac{2\pi i}{T_s}\right)}, \quad |\omega| \leqslant \frac{\pi}{T_s} \tag{7.8.5}$$

成立时,就能使

$$\sum_i H'\left(\omega+\frac{2\pi i}{T_s}\right) = T_s \tag{7.8.6}$$

成立。

对于一个以 $2\pi/T_s$ 为周期的周期函数 $T(\omega)$,可以用傅里叶级数表示,即

$$T(\omega) = \sum_{n=-\infty}^{\infty} c_n e^{-jnT_s\omega} \tag{7.8.7}$$

式中

$$c_n = \frac{T_s}{2\pi}\int_{-\pi/T_s}^{\pi/T_s} T(\omega) e^{jn\omega T_s} d\omega = \frac{T_s}{2\pi}\int_{-\pi/T_s}^{\pi/T_s} \frac{T_s}{\sum_i H\left(\omega+\frac{2\pi i}{T_s}\right)} e^{jn\omega T_s} d\omega \tag{7.8.8}$$

可见,$T(\omega)$ 的傅里叶系数 c_n 完全由 $H(\omega)$ 决定。

现在对式(7.8.7)进行傅里叶反变换,得到 $T(\omega)$ 的冲激响应为

$$h_T(t) = F^{-1}[T(\omega)] = \sum_{n=-\infty}^{\infty} c_n \delta(t-nT_s) \tag{7.8.9}$$

与在式(7.8.1)中构造的插入滤波器的冲激响应表达式一致。

可见,能在采样时刻消除码间串扰的插入滤波器的频率特性 $T(\omega)$ 完全由系统的总传输函数 $H(\omega)$ 决定;其冲激响应是一系列时间间隔为 T_s 的冲激函数之和,$T(\omega)$ 傅里叶展开式的系数即可调滤波器的加权系数 c_n 也由 $H(\omega)$ 决定。

根据式(7.8.9)画出的可调滤波器的结构图如图 7.21 所示。图中,T_s 方框为延时一个码元宽度 T_s 的延时电路,c_i 为可变增益放大器的抽头系数,即可调滤波器的结构是由 $2N$ 个横向排列的延时单元和 $2N+1$ 个抽头系数组成,因此可调滤波器又被称为横向滤波器。可以用它所产生的 $2N+1$ 个响应波形之和,去抵消采样时刻的码间串扰。

图 7.21 可调滤波器的结构图

设图 7.22(a)为一接收到的单个脉冲信号 $x(t)$,有拖尾。横向滤波器为其加上补偿波形,如图中虚线所示,可见校正后的波形 $y(t)$ 不再有"尾巴",如图 7.22(b)所示,达到了均衡的目的。

(a) 接收端有拖尾的单个脉冲信号   (b) 校正后的波形

图 7.22 时域均衡的波形

7.8.2 时域均衡器的输出及抽头系数的计算

时域均衡器的输出

$$y(t) = x(t) * h_T(t) = \sum_{i=-N}^{N} c_i x(t - iT_s) \tag{7.8.10}$$

设系统无延时,则各采样时刻

$$y(kT_s) = \sum_{i=-N}^{N} c_i x(kT_s - iT_s) = \sum_{i=-N}^{N} c_i x[(k-i)T_s] \tag{7.8.11}$$

可简写为

$$y_k = y(kT_s) = \sum_{i=-N}^{N} c_i x_{k-i} = c_{-N} x_{k+N} + \cdots + c_{-1} x_{k+1} + c_0 x_k + c_1 x_{k-1} + \cdots + c_N x_{k-N} \tag{7.8.12}$$

上式说明均衡器在第 k 个采样时刻得到的采样值 y_k 将由 $(2N+1)$ 个 c_i 与 x_{k-i} 的乘积确定。我们希望除 $k=0$ 点外的所有 y_k 都等于零,即希望式(7.8.12)中的 c_i 能满足采样值无失真条件

$$y_k = \begin{cases} 1, & k=0 \\ 0, & k \neq 0 \end{cases} \tag{7.8.13}$$

根据式(7.8.12)、式(7.8.13),可列出求解 y_k 或 c_i 的矩阵方程

$$[y_k] = \begin{bmatrix} x_0 & x_{-1} & \cdots & x_{-2N} \\ x_1 & x_0 & \cdots & x_{-2N+1} \\ \vdots & \vdots & & \vdots \\ \vdots & \vdots & & \vdots \\ x_N & x_{N-1} & \cdots & x_{-N} \\ \vdots & \vdots & & \vdots \\ \vdots & \vdots & & \vdots \\ x_{2N} & x_{2N-1} & \cdots & x_0 \end{bmatrix} \begin{bmatrix} c_{-N} \\ c_{-N+1} \\ \vdots \\ \vdots \\ c_0 \\ \vdots \\ \vdots \\ c_N \end{bmatrix} = \begin{bmatrix} 0 \\ 0 \\ \vdots \\ 0 \\ 1 \\ 0 \\ \vdots \\ 0 \end{bmatrix} \tag{7.8.14}$$

在采样值已知的情况下,调节各抽头系数 c_i,可以迫使 y_k 在 $k=0$ 点两边的 N 个值为零。因此,这样的均衡器又叫"迫零"均衡器。

【例 7.8.1】 设输入信号波形如图 7.23(a)所示,图中各采样值分别为 $x_{-2}=0.05$, $x_{-1}=-0.2$, $x_0=1$, $x_1=-0.3$, $x_2=0.1$(其他 $x_{k-i}=0$),设计一个三抽头的"迫零"均衡器,求 c_i 并验算相应的输出 y_k 值。

解:由 $2N+1=3$,知 $N=1$,根据式(7.8.14)列矩阵方程

$$\begin{bmatrix} y_{-1} \\ y_0 \\ y_1 \end{bmatrix} = \begin{bmatrix} x_0 & x_{-1} & x_{-2} \\ x_1 & x_0 & x_{-1} \\ x_2 & x_1 & x_0 \end{bmatrix} \begin{bmatrix} c_{-1} \\ c_0 \\ c_1 \end{bmatrix} = \begin{bmatrix} 0 \\ 1 \\ 0 \end{bmatrix} \tag{7.8.15}$$

解逆矩阵求抽头系数 c_i

$$\begin{bmatrix} c_{-1} \\ c_0 \\ c_1 \end{bmatrix} = \begin{bmatrix} x_0 & x_{-1} & x_{-2} \\ x_1 & x_0 & x_{-1} \\ x_2 & x_1 & x_0 \end{bmatrix}^{-1} \begin{bmatrix} 0 \\ 1 \\ 0 \end{bmatrix} = \begin{bmatrix} 1 & -0.2 & 0.05 \\ -0.3 & 1 & -0.2 \\ 0.1 & -0.3 & 1 \end{bmatrix}^{-1} \begin{bmatrix} 0 \\ 1 \\ 0 \end{bmatrix} = \begin{bmatrix} 0.209 \\ 1.126 \\ 0.317 \end{bmatrix}$$

抽头系数 c_i 分别为

$$c_{-1}=0.209, c_0=1.126, c_1=0.317$$

代入式(7.8.15),可验证得到相应的 y_{-1}、y_0、y_1,与预期结果 0、1、0 一致。但若将式(7.8.15)中的矩阵 $[x]$ 向上、下两端扩展,可求得从 $y_{-2} \sim y_2$ 的相邻 5 个输出值,即

$$\begin{bmatrix} y_{-2} \\ y_{-1} \\ y_0 \\ y_1 \\ y_2 \end{bmatrix} = \begin{bmatrix} x_{-1} & x_{-2} & x_{-3} \\ x_0 & x_{-1} & x_{-2} \\ x_1 & x_0 & x_{-1} \\ x_2 & x_1 & x_0 \\ x_3 & x_2 & x_1 \end{bmatrix} \begin{bmatrix} c_{-1} \\ c_0 \\ c_1 \end{bmatrix} = \begin{bmatrix} -0.2 & 0.05 & 0 \\ 1 & -0.2 & 0.05 \\ -0.3 & 1 & -0.2 \\ 0.1 & -0.3 & 1 \\ 0 & 0.1 & -0.3 \end{bmatrix} \begin{bmatrix} 0.209 \\ 1.126 \\ 0.317 \end{bmatrix} = \begin{bmatrix} 0.015 \\ 0 \\ 1 \\ 0 \\ 0.018 \end{bmatrix}$$

计算结果为 $y_0=1$ 而 $y_{-1}=y_1=0$,但 y_{-2}、y_2 并不为 0,出现了新的干扰,这是滤波器抽头太少的缘故。相应的输出波形如图 7.23(b)所示。

(a) 输入波形　　　　　　　　　(b) 输出波形

图 7.23　均衡器的输入与输出波形

理论上,横向滤波器应有无限多节,但考虑到一个码元波形只是对邻近几个码元的干扰比较严重,故实际上只要有一二十个抽头的滤波器就可以了,抽头太多一则会使设备复杂、成本增高,二则调整困难,所以有时盲目地增加长度对系统性能的改善并不明显。

最佳调整原则通常采用最小峰值畸变准则和最小均方畸变准则。峰值畸变的定义为

$$D = \frac{1}{y_0} \sum_{\substack{k=-\infty \\ k \neq 0}}^{\infty} |y_k| \tag{7.8.16}$$

即 $k=0$ 点以外的所有采样时刻码间串扰的绝对值之和 $\sum |y_k|$ 与 $k=0$ 点的采样值 y_0 之比。分子 $\sum |y_k|$ 反映的是信息传输中某采样时刻($k=0$)所受前、后码元干扰的最大可能值(峰值),它正比于 D,故越小越好。

均方畸变的定义为

$$e^2 = \frac{1}{y_0^2} \sum_{\substack{k=-\infty \\ k \neq 0}}^{\infty} y_k^2 \tag{7.8.17}$$

式中,各参数的定义与式(7.8.16)相同。

按照前面所举例题的参数,运用峰值畸变的定义,把均衡前、后的失真情况进行对比。

均衡前
$$D_x = \frac{1}{x_0} \sum_{\substack{k=-\infty \\ k \neq 0}}^{\infty} |x_k| = 0.05 + 0.2 + 0.3 + 0.1 = 0.65$$

均衡后
$$D = \frac{1}{y_0} \sum_{\substack{k=-\infty \\ k \neq 0}}^{\infty} |y_k| = 0.015 + 0.018 = 0.033$$

改善了近 20 倍。

习 题 7

7.1 设二进制序列为 1001110101110，以矩形脉冲为例，分别画出相应的单极性码、单极性归零码、双极性码、双极性归零码、差分码、CMI 码和数字双相码的波形。

7.2 将二进制序列 100110000100001 编成 AMI 和 HDB_3 码（设该序列前面相邻 B 码的极性为负）。

7.3 将上题中的代码换成全"0"、全"1"序列，再按 AMI 和 HDB_3 编码规则画图。

7.4 已知二元信息序列为 110101010111101100001，按表 7.1 写出 5B6B 码的输出（设参考码组模式为正）。

7.5 已知一 PCM30/32 路基群信号，通过 $\alpha=1$ 的实际信道传输，求该信号所占实际信道带宽。

7.6 已知某信道的截止频率为 1600Hz，滚降因子 $\alpha=1$。

(1) 为了得到无码间串扰的二进制信息接收，求系统的最大码元速率。

(2) 接收机采用的采样间隔应如何确定？

(3) 计算此系统的频带利用率。

7.7 设随机二进制脉冲序列以 $1/T_s$(Bd) 的速率进行数据传输，加到题图 7.1 所示的几种滤波器中，试指出哪些会引起码间串扰。

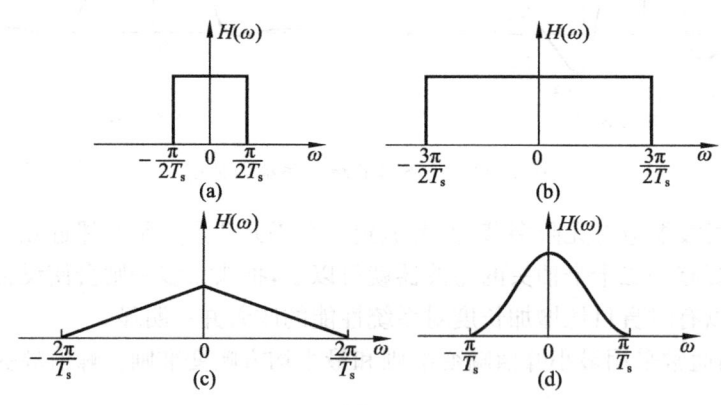

题图 7.1

7.8 已知某信道的截止频率为 80kHz，采用滚降因子 $\alpha=0.5$ 的余弦频谱滤波器，问在此信道中能否传输码元持续时间为 $10\mu s$ 的二元数据流？改 $\alpha=1$ 之后呢？

7.9 某二进制数字基带传输系统所传送的是"1""0"等概率出现的单极性码流。

(1) 求对应于"1"码时，接收滤波器的输出信号。

(2) 若要求误码率 P_e 不大于 10^{-5}，试确定 A 至少应该是多少。

7.10 若将上题中的单极性基带信号改为双极性基带信号，其他条件不变，重做上题。

7.11 二进制序列 $\{a_n\}$ 为 1001011001，通过加有预编码器的第 I 类部分响应系统，如题图 7.2 所示，写出序列响应电平、判决结果。

7.12 设某二进制数字基带信号中，数字信息"1"和"0"分别由 $g(t)$ 及 $-g(t)$ 表示，且"1"和"0"出现的概率

题图 7.2

相等，$g(t)$ 是升余弦频谱脉冲，即

$$g(t)=\frac{1}{2}\frac{\cos\left(\frac{\pi t}{T_s}\right)}{1-\frac{4t^2}{T_s^2}}\mathrm{Sa}\left(\frac{\pi t}{T_s}\right)$$

(1) 写出该数字基带信号的功率谱密度表示式，并画出功率谱密度图。
(2) 从该数字基带信号中能否提取频率 $f_s=1/T_s$ 的分量？
(3) 若码元间隔 $T_s=10^{-3}$s，试求该数字基带信号的传码率及频带宽度。

7.13 有一 24 路 PCM 系统，若码元间隔为 $0.625\mu s$，当采用二进制码元传输时。
(1) 采用理想低通信道传输时，需要信道带宽是多少？
(2) 采用 $\alpha=1$ 实际通信道传输时，其信道带宽是多少？
(3) 接收机以什么样的速率进行判决，可消除码间串扰？

7.14 有一个 3 抽头的时域均衡器，各抽头系数分别为 $-1/3$、1、$1/4$。若输入信号 $x(t)$ 的采样值 $x_{-2}=1/8$，$x_{-1}=1/3$，$x_0=1$，$x_{+1}=-1/4$，$x_{+2}=1/16$，求均衡器输入及输出波形的峰值畸变。

7.15 某数字基带传输系统在采样时刻的采样值存在码间串扰，该系统的冲激响应 $x(t)$ 的离散采样值为 $x_{-1}=0.3$，$x_0=0.9$，$x_1=0.3$。
(1) 若该系统与三抽头迫零均衡器相级联，求出抽头系数 c_{-1}、c_0、c_1。
(2) 计算出均衡前后的峰值畸变值。

第 8 章 数字调制系统

8.1 引言

在无线信道和光信道中,为了有效地利用频带资源,需要把数字基带信号调制到适当振幅、频率和相位再送入相应的信道中传输。与模拟信号对正弦波的调制类似,数字信号也可以对正弦波的 3 个参数(振幅、频率和相位)进行调制,称为数字调制,或称数字载波调制。为了与基带传输系统相对应,数字调制系统又称为频带传输系统。

数字调制的调制波是二进制或 M 进制已编码的数字基带脉冲序列。调制过程是用数字信号的离散值作为"电键"去控制载波的振幅、频率或相位,因而数字调制有 3 种最基本的调制方式:幅移键控(ASK)、频移键控(FSK)和相移键控(PSK)。

为适应通信领域的新发展,进一步提高信息传输的有效性和其他性能,研究人员不断推出各种调制的改进形式和新的调制技术,将在 8.6 节中进行简要介绍。

8.2 二进制数字调制原理

8.2.1 二进制幅移键控

二进制幅移键控(2ASK)信号是利用二进制数字基带脉冲序列中的"1""0"码去控制载波输出的有或无得到的。"1"码打开通路,送出载波;"0"码关闭通路,输出 0 电平,因此又称为通—断键控(On-Off Keying,OOK)。

一般情况下,调制信号是具有一定形状的二进制序列,即

$$s(t) = \sum_{n=-\infty}^{\infty} a_n g(t - nT_s) \tag{8.2.1}$$

式中,T_s 为码元间隔;$g(t)$ 为调制信号的脉冲序列表达式,为讨论方便,这里设其为单极性不归零的矩形脉冲;a_n 为二进制符号,服从下式

$$a_n = \begin{cases} 1, & \text{概率为 } P \\ 0, & \text{概率为 } (1-P) \end{cases} \tag{8.2.2}$$

借助于模拟幅度调制原理,二进制幅移键控信号的一般表达式为

$$e_{2\text{ASK}}(t) = s(t)\cos\omega_c t = \left[\sum_{n=-\infty}^{\infty} a_n g(t - nT_s)\right]\cos\omega_c t \tag{8.2.3}$$

设输入序列为 010010,相应的输出波形如图 8.1 所示。

幅移键控调制器可以用一个模拟乘法器(模拟法)实现,也可以用一个开关电路(键控法)来代替。两种调制电路分别如图 8.2(a)和(b)所示。

二进制幅移键控信号的解调,与模拟双边带 AM 信号的解调方法一样,可以用相干解调或包络检波(非相干解调)实现,分别如图 8.3(a)、(b)所示。设计电路时,考虑到成本等综合因素,2ASK 系统很少使用相干解调。

图 8.1 二进制幅移键控信号的波形

图 8.2 2ASK 信号的产生

图 8.3 2ASK 信号解调原理

8.2.2 二进制频移键控

用二进制数字序列中的"1"或"0"控制输出不同频率载波得到的信号,称为二进制频移键控(2FSK)信号。2FSK 信号的时域表达式为

$$e_{2\text{FSK}}(t) = \sum_{n=-\infty}^{\infty} a_n g(t-nT_s)\cos\omega_1 t + \sum_{n=-\infty}^{\infty} \bar{a}_n g(t-nT_s)\cos\omega_2 t \qquad (8.2.4)$$

式中,$g(t)$ 为单极性不归零的矩形脉冲信号;$\bar{a}_n$ 为 a_n 的反码。若只考虑在一个码元的持续时间内,则

$$e_{2\text{FSK}}(t) = \begin{cases} A\cos\omega_1 t, & \text{发"1"} \\ A\cos\omega_2 t, & \text{发"0"} \end{cases} \qquad (8.2.5)$$

式中,振幅 A 为常数。输入序列为 1001 时,2FSK 信号的输出波形如图 8.4 所示,图中 f_1 代表"1",f_2 代表"0"。

图 8.4 2FSK 信号的波形

对于矩形脉冲序列,频移键控调制器可以采用模拟信号调频电路实现,也可以采用键控法,即用输入二进制序列去控制两个独立的载波发生器,序列中的"1"码控制输出载波频率 f_1,"0"码控制输出载波频率 f_2。两种调制电路分别如图 8.5(a)、(b)所示。

频移键控信号的解调也可以采用相干解调或非相干解调,原理与二进制序列幅移键控信号的解调相同,只是必须使用两套 2ASK 接收电路,如图 8.6(a)、(b)所示。与选择幅移键控信号解调方式的理由相同,在 2FSK 系统中也很少使用相干解调。

为方便读者的理解,以图 8.6(b)为例画出了各点波形,示于图 8.6(c)中。图 8.6(a)、(b)中

(a) 模拟信号调频电路　　(b) 键控法

图 8.5　2FSK 的两种调制电路

(a) 相干解调原理图

(b) 非相干解调原理图

(c) 与图(b)对应的各点波形

图 8.6　2FSK 信号解调原理图及波形

的采样判决器是一个比较器，对上、下两支路低通滤波器送出的信号电平进行比较，如果上支路输出的信号大于下支路，则判为"1"码；反之则判为"0"码。

解调 2FSK 信号还可以用鉴频法、过零检测法、差分检测法等。鉴频法解调的原理已在第 5 章进行了介绍，这里不再赘述。

过零检测法的基本思想是：利用不同频率的正弦波在一个码元间隔内过零点数目的不同，来检测已调波中频率的变化。其原理图及各点波形如图 8.7 所示。

图 8.7 中的限幅器将接收序列整形为矩形脉冲，送入微分器和整流器，得到尖脉冲(尖脉冲的个数代表了过零点数)，在一个码元间隔内尖脉冲数目的多少直接反映载波频率的高低，因此

图 8.7 2FSK 信号的过零检测原理图及波形

只要将其展宽为具有相同宽度的矩形脉冲,经低通滤波器滤除高次谐波后,两种不同的频率就转换成了两种不同幅度的信号(见图中 f 点的波形),送入采样判决器即可恢复原信息序列。

8.2.3 二进制相移键控

相移键控(PSK)系统是用载波的相位变化来传递信息的,它有两种工作方式:绝对相移键控(PSK)和相对相移键控(DPSK)。

1. 二进制绝对相移键控

在二进制绝对相移键控(2PSK)中,以载波的固定相位为参考,通常用与载波相同的相位表示"1"码,与载波相差 π 相位(反相)表示"0"码。2PSK 也称为 BPSK。

2PSK 信号的时域表达式为

$$e_{2PSK}(t) = s(t)\cos\omega_c t = \Big[\sum_{n=-\infty}^{\infty} a_n g(t-nT_s)\Big]\cos\omega_c t \tag{8.2.6}$$

式中
$$a_n = \begin{cases} +1, & \text{概率为 } P \\ -1, & \text{概率为 } (1-P) \end{cases} \tag{8.2.7}$$

设 $g(t)$ 是幅度为 A 的单极性不归零矩形脉冲信号,则输出信号在每个码元间隔 T_s 内的值为

$$e_{2PSK}(t) = \pm A\cos\omega_c t = \begin{cases} A\cos\omega_c t, & \text{发"1"} \\ A\cos(\omega_c t + \pi), & \text{发"0"} \end{cases} \tag{8.2.8}$$

若 1 个码元内只画 1 个载波周期,设载波为 0 相位,则对应于输入序列 1011001 的 2PSK 信号波形如图 8.8 所示。

图 8.8 2PSK 信号波形

2PSK 调制波形的实现可以采用模拟法,也可以采用键控法,分别如图 8.9(a)、(b)所示。

图 8.9 2PSK 信号的调制原理图

由于 2PSK 使用相位携带信息,已调波的振幅和频率不变,故 2PSK 信号只能采用相干解调法进行解调。解调电路及波形如图 8.10 所示。

图 8.10 2PSK 信号的解调原理图及波形

2. 二进制相对相移键控

在 2PSK 解调器中,本地参考载波的相位必须和发送端调制器的载波同频同相。若本地参考载波偏移 π 相位,则解调得到的数据极性完全相反,这就是所谓的"倒 π 现象",这对于数据信号的传输是绝对不允许的。克服倒 π 现象的方法有两种,一是在发送端已调信号中加入导频(详见第 11 章),二是采用相对相移键控(DPSK)。

采用 DPSK 克服相位倒置现象实现起来并不困难,只需在 PSK 调制器的输入端加一级差分编码电路,因此 DPSK 又可称为差分相移键控,其应用广泛。

二进制相对相移键控(2DPSK)对信息序列码元所取相位的定义如下:以前一码元的末相为参考,序列中出现"1"码时,输出载波相位变化 π;序列中出现"0"码时,输出载波相位不变(相反定义亦可)。

设 $g(t)$ 为单极性不归零矩形脉冲信号,输入序列为 10010110,按照定义,2DPSK 信号波形如图 8.11 所示。

图 8.11 2DPSK 信号波形

2DPSK 调制电路模型及各点波形如图 8.12 所示。比较图 8.11 与图 8.12 可见,按调制电路原理图画出的调制波形和按定义画出的调制波形完全相同。

图 8.12 2DPSK 调制原理图及各点波形

对 DPSK 信号的解调有两种方案,其一是在如图 8.10 所示 PSK 相干解调电路采样判决器的后面加差分译码,用以抵消在调制器输入端增加差分编码的影响。由于 DPSK 的已调信号只与信息序列码元的相对相位有关,因此解调时即使本地参考载波出现相位倒置现象,影响的仅仅是相对码,经差分译码后恢复的原数据序列中不存在倒相问题。解调电路及各点波形如图 8.13 所示。

图 8.13 2DPSK 相干解调原理图及波形

DPSK 解调的另一种方案是差分相干解调,电路中不需要本地参考载波和差分译码,只要求载波频率是码元速率的整数倍。它将 DPSK 接收信号和自身延时一个码元间隔后的信号按位相乘,相乘结果反映了前后码元的相对相位关系,经低通滤波器后再采样判决,就可直接恢复出原信息序列。差分相干解调电路及各点波形如图 8.14 所示。注意图 8.14 中采样判决器的判决原则为:采样值大于 0 时判"0",采样值小于 0 时判"1"。

图 8.14 DPSK 差分相干解调原理图及波形

8.3 二进制数字调制信号的频谱特性

8.3.1 2ASK 信号的功率谱

重写 2ASK 信号的时域表达式(8.2.3),即

$$e_{2ASK}(t) = \left[\sum_{n=-\infty}^{\infty} a_n g(t-nT_s)\right]\cos\omega_c t = s(t)\cos\omega_c t$$

式中,$s(t)$是随机信息序列,且恰好是单极性不归零波;a_n 的定义如式(8.2.2)所示。

故已调信号 $e_{2ASK}(t)$的功率谱密度

$$P_{2ASK}(f) = \frac{1}{4}[P_s(f+f_c) + P_s(f-f_c)] \tag{8.3.1}$$

式中,$P_s(f)$为单极性不归零波 $s(t)$的功率谱密度,"1""0"等概率时,其单边谱 $P_{s单}(f)$即为式(7.3.25),为讨论方便,设其幅度 $A=1$,考虑到式(8.3.1)中的 $P_s(f)$为双边带功率谱,因此式(7.3.25)的连续谱部分要乘以 1/2 的因子,故

$$P_s(f) = \frac{1}{4}T_s Sa^2(\pi T_s f) + \frac{1}{4}\delta(f) \tag{8.3.2}$$

将式(8.3.2)代入式(8.3.1),则

$$P_{2ASK}(f) = \frac{T_s}{16}\{Sa^2[\pi(f+f_c)T_s] + Sa^2[\pi(f-f_c)T_s]\} + \frac{1}{16}[\delta(f+f_c) + \delta(f-f_c)]$$

$$\tag{8.3.3}$$

与其对应的功率谱密度如图 8.15 所示。由图 8.15 可见,传输 2ASK 信号的带宽是基带随机序列脉冲波形带宽的 2 倍,即

$$B_{2ASK}=2f_s=2R_B(\text{Hz}) \tag{8.3.4}$$

式中,f_s 是码元周期 T_s 的倒数,即 $f_s=1/T_s=R_B$。

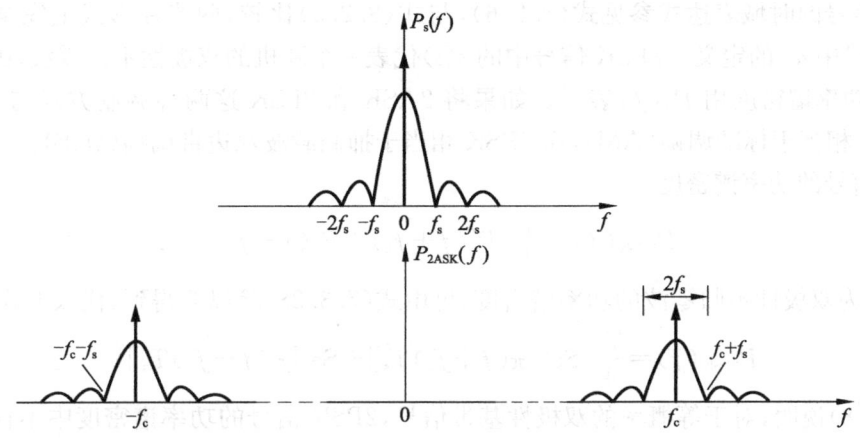

图 8.15　2ASK 信号的功率密度示意图

8.3.2　2FSK 信号的功率谱

2FSK 是非线性调制,分析它的信号频谱特性比较困难,通常只在一定条件下做近似分析。2FSK 信号的时域表达式参见式(8.2.4)。

对于相位不连续的 2FSK 信号,可以将其假定为两个幅移键控信号的叠加,参照 2ASK 信号功率谱密度的推导及假设,可写出等概率时的信号功率谱密度表达式,即

$$P_{2FSK}(f)=P_{2ASK}(f_1)+P_{2ASK}(f_2)$$
$$=\frac{T_s}{16}\{|\text{Sa}[\pi(f+f_1)T_s]|^2+|\text{Sa}[\pi(f-f_1)T_s]|^2+|\text{Sa}[\pi(f+f_2)T_s]|^2+$$
$$|\text{Sa}[\pi(f-f_2)T_s]|^2\}+\frac{1}{16}[\delta(f+f_1)+\delta(f-f_1)+\delta(f+f_2)+\delta(f-f_2)] \tag{8.3.5}$$

图 8.16 所示为两条功率谱密度曲线。图中两个连续谱的峰—峰距离由两个载频之差决定,若差值小于 f_s 则出现单峰(如波形 b 所示),波形 a 为差值等于 $2f_s$ 的情况,此时的两个载频 f_1、f_2 分别为 f_c+f_s 和 f_c-f_s。

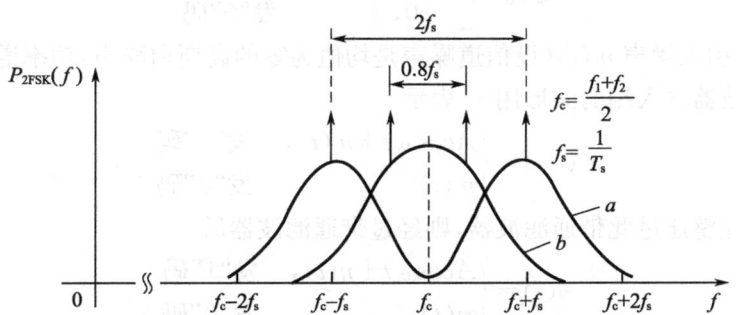

图 8.16　相位不连续 2FSK 信号的功率谱示意图(单边谱)

传输由单极性矩形脉冲序列调制产生的 2FSK 信号所需的带宽近似为

$$B_{2FSK}=|f_2-f_1|+2f_s(\text{Hz}) \tag{8.3.6}$$

8.3.3 2PSK 信号的功率谱

2PSK 信号的时域表达式参见式(8.2.6)，与式(8.2.3)比较，两式在形式上完全相同，不同的仅仅是对式中 a_n 的定义。2PSK 信号中的 $s(t)$ 代表一个随机的双极性不归零波，因此 a_n 的取值为 ± 1，其功率谱密度用 $P'_s(f)$ 表示。如果将 2ASK 和 2PSK 这两种调制方式与模拟调制类比，则 2ASK 相当于标准调幅(AM)，而 2PSK 相当于抑制载波双边带调幅(DSB)。

2PSK 信号的功率谱密度

$$P_{2PSK}(f) = \frac{1}{4}[P'_s(f+f_c) + P'_s(f-f_c)] \qquad (8.3.7)$$

式中，$P'_s(f)$ 为双极性不归零波的功率谱密度，可由式(7.3.28)除以 2 得到，代入上式

$$P_{2PSK}(f) = \frac{T_s}{4}\{\text{Sa}^2[\pi(f+f_c)T_s] + \text{Sa}^2[\pi(f-f_c)T_s]\} \qquad (8.3.8)$$

式(8.3.8)说明，对于等概率的双极性基带信号，2PSK 信号的功率谱密度中不存在离散谱。连续谱形状与 2ASK 信号基本相同，因此具有相同的带宽，即

$$B_{2PSK} = B_{2ASK} = 2f_s \text{(Hz)} \qquad (8.3.9)$$

8.4 二进制数字调制系统的抗噪声性能

数字信号载波传输系统的抗噪声性能用误码率来衡量。计算误码率通常是在忽略码间串扰的前提下，只考虑加性噪声对接收机造成的影响。这里所说的加性噪声主要是指信道噪声，也包括接收设备噪声折算到信道中的等效噪声。

8.4.1 2ASK 系统的抗噪声性能

2ASK 系统误码率的分析，要与图 8.3 所示 2ASK 信号的两种解调方式对应，即分为相干解调和非相干解调两种情况。但不论采用哪种解调方案，接收机的输入端都有带通滤波器(设其是高度为 1，中心频率为 f_c，带宽为 $2f_s$ 的理想矩形带通滤波器)。为此，我们先考虑 2ASK 信号与信道噪声一起通过带通滤波器的情况。

若只考虑在一个码元持续时间内，即 $0 \leq t \leq T_s$ 时，有

$$e_{2ASK}(t) = \begin{cases} A\cos\omega_c t, & \text{发"1"码} \\ 0, & \text{发"0"码} \end{cases} \qquad (8.4.1)$$

经过信道后，引入噪声 $n_i(t)$(设信道噪声是均值为零的高斯白噪声，功率谱密度为 $n_0/2$)，此时接收机带通滤波器输入端的波形用 y_i 表示

$$y_i(t) = \begin{cases} A\cos\omega_c t + n_i(t), & \text{发"1"码} \\ n_i(t), & \text{发"0"码} \end{cases} \qquad (8.4.2)$$

假设信号能完整通过此带通滤波器，则经过带通滤波器后

$$y(t) = \begin{cases} A\cos\omega_c t + n(t), & \text{发"1"码} \\ n(t), & \text{发"0"码} \end{cases} \qquad (8.4.3)$$

式中，$n(t)$ 是一个窄带高斯过程，利用式(3.7.2)，$n(t)$ 可进行如下的正交分解

$$n(t) = n_c(t)\cos\omega_c t - n_s(t)\sin\omega_c t \qquad (8.4.4)$$

式中，ω_c 是 2ASK 信号的载频，也是带通滤波器的中心频率；$n_c(t)$、$n_s(t)$ 分别为 $n(t)$ 的同相分量和正交分量，它们都是慢变化的高斯过程。将式(8.4.4)代入式(8.4.3)得到带通滤波器的输出

表达式为

$$y(t)=\begin{cases}[A+n_c(t)]\cos\omega_c t-n_s(t)\sin\omega_c t, & \text{发"1"码}\\ n_c(t)\cos\omega_c t-n_s(t)\sin\omega_c t, & \text{发"0"码}\end{cases} \quad (8.4.5)$$

下面按照图 8.3(a)、(b)所示的不同解调方案分别讨论。

1. 非相干解调系统(包络检波法)误码率的分析

先看图 8.3(b),设 $y(t)$ 经过包络检波器输出的包络为 $v(t)$,有

$$v(t)=\begin{cases}\sqrt{[A+n_c(t)]^2+n_s^2(t)}, & \text{发"1"码}\\ \sqrt{n_c^2(t)+n_s^2(t)}, & \text{发"0"码}\end{cases} \quad (8.4.6)$$

发"1"码时,包络的一维概率密度函数服从莱斯分布;而发"0"码时,包络的一维概率密度函数服从瑞利分布,即

$$f_1(v)=\frac{v}{\sigma_n^2}I_0\left(\frac{Av}{\sigma_n^2}\right)\exp\left[-\frac{(v^2+A^2)}{2\sigma_n^2}\right] \quad (8.4.7)$$

$$f_0(v)=\frac{v}{\sigma_n^2}\exp\left[-\frac{v^2}{2\sigma_n^2}\right] \quad (8.4.8)$$

式中,σ_n^2 为 $n(t)$ 的方差,也是带通滤波器输出端的噪声功率;v 为瞬时包络值;$I_0(x)$ 为第一类零阶修正贝塞尔函数。

图 8.17 所示为包络检波时误码率的几何表示。若发"1"、发"0"等概率,图中两条曲线相交处对应着最佳门限电平,设其为 b。大信噪比情况下,判决门限电平 b 可近似取 $A/2$。瞬时输出 $v>b$ 时,判为"1";$v<b$ 时,判为"0"。

发"1"码,错为"0"的概率为

$$p_{e1}=\int_0^b f_1(v)dv=\int_0^b\left[\frac{v}{\sigma_n^2}I_0\left(\frac{Av}{\sigma_n^2}\right)e^{-\frac{(v^2+A^2)}{2\sigma_n^2}}\right]dv \quad (8.4.9)$$

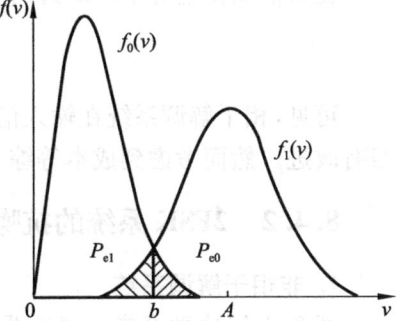

图 8.17 包络检波时误码率的几何表示

发"0"码,错为"1"的概率为

$$p_{e0}=\int_b^\infty f_0(v)dv=\int_b^\infty\left[\frac{v}{\sigma_n^2}e^{-\frac{v^2}{2\sigma_n^2}}\right]dv \quad (8.4.10)$$

总误码率在"1""0"等概率时为

$$P_e=P(1)P_{e1}+P(0)P_{e0}=\frac{1}{2}(P_{e1}+P_{e0})$$

$$=\frac{1}{2}\left\{\int_0^b\left[\frac{v}{\sigma_n^2}I_0\left(\frac{Av}{\sigma_n^2}\right)e^{-\frac{(v^2+A^2)}{2\sigma_n^2}}\right]dv+\int_b^\infty\left[\frac{v}{\sigma_n^2}e^{-\frac{v^2}{2\sigma_n^2}}\right]dv\right\} \quad (8.4.11)$$

P_e 为图 8.17 中两块阴影面积之和的一半,右边的阴影表示"0"错判为"1"的概率(虚报概率);左边的阴影表示"1"错判为"0"的概率(漏报概率)。

采用包络检波器的接收系统,通常是工作在大信噪比情况下,利用近似关系式

$$I_0(x)\approx\frac{e^x}{\sqrt{2\pi x}},\quad x\gg 1$$

$$\text{erfc}(x)\approx\frac{e^{-x^2}}{\sqrt{\pi}x},\quad x\gg 1 \quad (8.4.12)$$

P_e 可简化为

$$P_e \approx \frac{1}{2} e^{-r/4} \quad (8.4.13)$$

式中

$$r = \frac{A^2}{2\sigma_n^2} \quad (8.4.14)$$

为输入信噪比。该式表明,非相干解调系统的误码率在输入信噪比增大时近似地按指数规律下降。

2. 相干解调系统误码率的分析

对图 8.3(a)所示的相干解调系统,当 $y(t)$ 经过乘法器和低通滤波器后,在进入采样判决器之前信号的波形表达式为

$$x(t) = \begin{cases} A + n_c(t), & \text{发"1"码} \\ n_c(t), & \text{发"0"码} \end{cases} \quad (8.4.15)$$

原信号经过乘法器后,幅度已衰减为 $A/2$,这里为推导方便仍用 A 表示。注意到 $x(t)$ 是一个基带信号,对基带信号判决过程的分析已在第 7 章作过介绍。当噪声是均值为 0、方差为 σ_n^2 的高斯白噪声,且"1""0"码等概率时,系统的总误码率如式(7.6.9)所求,再将式(8.4.14)代入,则

$$P_e = \frac{1}{2} \text{erfc}\left(\frac{A}{2\sqrt{2}\sigma_n}\right) = \frac{1}{2} \text{erfc}\left(\frac{\sqrt{r}}{2}\right) \quad (8.4.16)$$

在大信噪比情况下,$r \gg 1$,P_e 可进一步简化为

$$P_e \approx \frac{1}{\sqrt{\pi r}} e^{-r/4} \quad (8.4.17)$$

可见,相干解调系统在输入信噪比增大时,误码率曲线的变化规律与非相干解调系统类似且略有改进。然而考虑到成本等综合因素,一般在大信噪比情况下多采用非相干解调系统。

8.4.2 2FSK 系统的抗噪声性能

1. 非相干解调系统

图 8.6(b)中两个带通滤波器的中心频率分别对应于 2FSK 信号的两个载波频率 ω_1、ω_2,按式(8.4.5)可写出在一个码元的持续时间内,2FSK 信号经过带通滤波器后的表达式为

$$y_1(t) = \begin{cases} [A + n_{c1}(t)]\cos\omega_1 t - n_{s1}(t)\sin\omega_1 t, & \text{发"1"码} \\ n_{c1}(t)\cos\omega_1 t - n_{s1}(t)\sin\omega_1 t, & \text{发"0"码} \end{cases} \quad (8.4.18)$$

$$y_2(t) = \begin{cases} n_{c2}(t)\cos\omega_2 t - n_{s2}(t)\sin\omega_2 t, & \text{发"1"码} \\ [A + n_{c2}(t)]\cos\omega_2 t - n_{s2}(t)\sin\omega_2 t, & \text{发"0"码} \end{cases} \quad (8.4.19)$$

经过包络检波器后,输出包络分别为

$$v_1(t) = \begin{cases} \sqrt{[A + n_{c1}(t)]^2 + n_{s1}^2(t)}, & \text{发"1"码} \\ \sqrt{n_{c1}^2(t) + n_{s1}^2(t)}, & \text{发"0"码} \end{cases} \quad (8.4.20)$$

$$v_2(t) = \begin{cases} \sqrt{n_{c2}^2(t) + n_{s2}^2(t)}, & \text{发"1"码} \\ \sqrt{[A + n_{c2}(t)]^2 + n_{s2}^2(t)}, & \text{发"0"码} \end{cases} \quad (8.4.21)$$

发"1"码时,包络 $v_1(t)$ 的一维概率密度函数服从莱斯分布;而包络 $v_2(t)$ 的一维概率密度函数服从瑞利分布。发"0"码时,包络 $v_2(t)$ 的一维概率密度函数服从莱斯分布;而包络 $v_1(t)$ 的一维概率密度函数服从瑞利分布。

显然,发"1"码时如果采样值 v_1 小于 v_2 则发生错判,直接给出错误概率密度的计算结果,有

$$P_{e1} = P(v_1 < v_2) \approx \frac{1}{2} e^{-r/2} \tag{8.4.22}$$

同理

$$P_{e0} = P(v_1 > v_2) \approx \frac{1}{2} e^{-r/2} \tag{8.4.23}$$

2FSK 非相干解调系统的总误码率在"1""0"码等概率情况下,有

$$P_e = \frac{1}{2}(P_{e1} + P_{e0}) = P_{e1} = P_{e0} \approx \frac{1}{2} e^{-r/2} \tag{8.4.24}$$

可见,采用包络解调时 2FSK 系统的总误码率将随输入信噪比的增加按指数规律下降。

2. 相干解调系统

对图 8.6(a)所示的相干解调系统,两路带通滤波器的输出表达式同式(8.4.18)、式(8.4.19),经过乘法器后,由两路低通滤波器输出的信号波形表达式分别为

$$x_1(t) = \begin{cases} A + n_{c1}(t), & \text{发"1"码} \\ n_{c1}(t), & \text{发"0"码} \end{cases} \tag{8.4.25}$$

$$x_2(t) = \begin{cases} n_{c2}(t), & \text{发"1"码} \\ A + n_{c2}(t), & \text{发"0"码} \end{cases} \tag{8.4.26}$$

若发送的是"1"码,则送入采样判决器进行比较的两路波形分别为

$$\begin{aligned} x_1(t) &= A + n_{c1}(t) \\ x_2(t) &= n_{c2}(t) \end{aligned} \tag{8.4.27}$$

经过乘法器后原信号幅度虽已减半,这里为推导方便仍用 A 表示,并且因为 $n_{c1}(t)$ 和 $n_{c2}(t)$ 都是高斯随机过程,所以采样值 $x_1 = A + n_{c1}(t)$ 是均值为 A、方差为 σ_n^2 的正态随机变量;而采样值 $x_2 = n_{c2}(t)$ 是均值为 0、方差为 σ_n^2 的正态随机变量。

经计算,当序列中的"1""0"码等概率时,2FSK 相干解调系统的总误码率为

$$P_e = P_{e0} = P_{e1} = \frac{1}{2} \text{erfc} \sqrt{\frac{r}{2}} \tag{8.4.28}$$

若 $r \gg 1$,则

$$P_e = \frac{1}{\sqrt{2\pi r}} e^{-r/2} \tag{8.4.29}$$

与式(8.4.24)比较,相干解调系统的性能优于非相干解调系统,但随着信噪比 r 的增大,二者之间差别变小,$r \gg 1$ 时,差别将不明显。与 2ASK 系统一样,大信噪比情况下多采用非相干解调系统,只有小信噪比情况下才选用相干解调系统。

8.4.3 2PSK 系统的抗噪声性能

1. 2PSK 系统的相干解调

设混入图 8.10 所示 2PSK 相干解调系统接收信号中的信道噪声为高斯白噪声,在一个码元时间内,带通滤波器输出(a 点的信号表达式)为

$$y(t) = \begin{cases} [A + n_c(t)] \cos\omega_c t - n_s(t) \sin\omega_c t, & \text{发"1"码} \\ [-A + n_c(t)] \cos\omega_c t - n_s(t) \sin\omega_c t, & \text{发"0"码} \end{cases} \tag{8.4.30}$$

低通滤波器的输出(d 点、未考虑幅度衰减)为

$$x(t) = \begin{cases} A + n_c(t), & \text{发"1"码} \\ -A + n_c(t), & \text{发"0"码} \end{cases} \tag{8.4.31}$$

$x(t)$ 呈高斯分布,有

$$f_1(x) = \frac{1}{\sqrt{2\pi}\sigma_n} e^{-\frac{(x-A)^2}{2\sigma_n^2}}, \quad 发"1"码$$

$$f_0(x) = \frac{1}{\sqrt{2\pi}\sigma_n} e^{-\frac{(x+A)^2}{2\sigma_n^2}}, \quad 发"0"码 \tag{8.4.32}$$

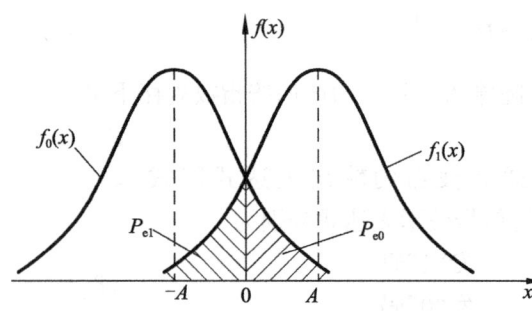

图 8.18　PSK 信号相干解调误码率几何表示

曲线如图 8.18 所示。判决门限电平为 0,x 大于 0 判为"1",x 小于 0 判为"0"。

在发送"1""0"码的概率相等时,系统总误码率为

$$P_e = P_{e1} = P_{e0} = \frac{1}{2}\operatorname{erfc}\sqrt{r} \tag{8.4.33}$$

当 $r \gg 1$ 时,有

$$P_e = \frac{1}{2\sqrt{\pi r}} e^{-r} \tag{8.4.34}$$

2. 2DPSK 系统的差分相干解调

加到图 8.14 乘法器中混有噪声的前后两码元信号(a、b 两点)的表达式,参照式(8.4.30)可直接写出

$$\begin{aligned} y_1(t) &= [A_1 + n_{c1}(t)]\cos\omega_c t - n_{s1}(t)\sin\omega_c t \\ y_2(t) &= [A_2 + n_{c2}(t)]\cos\omega_c t - n_{s2}(t)\sin\omega_c t \end{aligned} \tag{8.4.35}$$

式中,$y_1(t)$ 为无延迟支路的输入信号,$y_2(t)$ 为延迟支路的输入信号,发"1"码时,$A_1 = -A_2$;发"0"码时,$A_1 = A_2$。

相乘之后,经低通滤波器的输出(d 点)信号为

$$x(t) = \frac{1}{2}\{[A_1 + n_{c1}(t)][A_2 + n_{c2}(t)] + n_{s1}(t)n_{s2}(t)\} \tag{8.4.36}$$

$x(t)$ 小于 0 时判为"1"是正确判决,$x(t)$ 大于 0 时判为"1"是错误判决。仔细分析可以得出这种接收系统的误码性能,这里省去烦琐推导,直接给出结论。在发送"1""0"码字的概率相等时,总误码率为

$$P_e = P(1)P_{e1} + P(0)P_{e0} = \frac{1}{2}e^{-r} \tag{8.4.37}$$

与式(8.4.34)相比,差分相干 DPSK 系统的性能劣于相干解调 PSK 系统。

3. 2DPSK 系统的相干解调

2DPSK 系统的相干解调电路见图 8.13,它是在图 8.10 所示 2PSK 相干解调电路的输出端再加差分译码构成的,因此前面讨论的 2PSK 相干解调电路的误码率公式(8.4.34)不是最终结果。理论分析可以证明,接入码反变换器后会使误码率增加(1~2 倍)。如果仅就抗噪声性能而言,其误码率指标仍优于差分相干解调系统,但由于 2DPSK 系统的差分相干解调电路比相干解调电路简单得多,因此 2DPSK 系统中大都采用差分相干解调。

8.4.4　二进制数字调制系统的性能比较

通过前面的讨论,已经得出了各种二进制数字调制系统的频带宽度、调制解调方法及其与之对应的系统误码率,下面对不同二进制数字调制系统的基本性能作一比较。

1. 误码率

各种系统的误码率与接收机输入信噪比 r 的关系列于表 8.1 中,表中各公式均是在未考虑

码间串扰的前提下推导的。为便于比较,在图 8.19 中又示出了误码率 P_e 与输入信噪比 r 的关系曲线。由图 8.19 可见,r 增大,P_e 下降。对于同一种调制方式,相干解调的误码率小于非相干解调,但随着 r 的增大,二者差别减小。

当解调方式相同而调制方式不同时,在相同误码率条件下,相干 PSK 系统要求的信噪比 r 比 FSK 系统小 3dB,FSK 系统比 ASK 系统要求的 r 也小 3dB,并且 FSK、PSK、DPSK 系统的抗衰落性能均优于 ASK 系统。

表 8.1　二进制数字调制系统误码率公式表

调制方式	解调方式	误码率 P_e	近似 $P_e(r \gg 1)$
ASK	相干	$\frac{1}{2}\mathrm{erfc}\left(\frac{\sqrt{r}}{2}\right)$	$\frac{1}{\sqrt{\pi r}}e^{-r/4}$
	非相干		$\frac{1}{2}e^{-r/4}$
FSK	相干	$\frac{1}{2}\mathrm{erfc}\left(\sqrt{\frac{r}{2}}\right)$	$\frac{1}{\sqrt{2\pi r}}e^{-r/2}$
	非相干	$\frac{1}{2}e^{-r/2}$	
PSK	相干	$\frac{1}{2}\mathrm{erfc}(\sqrt{r})$	$\frac{1}{2\sqrt{\pi r}}e^{-r}$
DPSK	差分相干	$\frac{1}{2}e^{-r}$	

2. 判决门限

在 2FSK 系统中,不需要人为设置判决门限,而是根据两路解调信号的大小作出判决;2PSK 和 2DPSK 系统的最佳判决门限电平为 0,稳定性也好;ASK 系统的最佳门限电平与信号幅度有关,当信道特性发生变化时,最佳判决门限电平会相应地发生变化,不容易设置,还可能导致误码率增加。

3. 频带宽度

当传码率相同时,PSK、DPSK、ASK 系统具有相同的带宽,而 FSK 系统的频带利用率最低。

4. 设备复杂性

3 种调制方式的发送设备的复杂性相差不多。接收设备中,采用相干解调的设备要比非相干解调时复杂,因此除在高质量传输系统中采用相干解调外,一般应尽量采用非相干解调方法。

综合以上分析,在选择调制解调方式时,如果把系统的抗噪声性能放在首位,可选用 2PSK 系统;若考虑 2PSK 会出现倒相问题,则应选 2DPSK 系统;如果将频带利用率的指标放于首位,应在 2PSK、2DPSK 或 2ASK 系统中选择;但是对于数据传输率要求不高的场合(1200bit/s 或以下),特别是在衰落信道中传送数据时,2FSK 系统又可作为首选。

图 8.19　二进制频带传输系统 P_e-r 曲线

8.5　多进制数字调制系统

用多进制(码元符号数 $M>2$)数字基带信号去控制载波不同参数的调制,称为多进制数字调制。采用多进制数字调制系统的优点首先是传信率高,$R_b = R_B \log_2 M$(bit/s);其次,在传信率相同的情况下,与二进制数字调制系统进行比较,节省了带宽。

采用多进制数字调制的缺点是设备复杂,判决电平增多,误码率高于二进制数字调制系统。

8.5.1 MASK 调制原理

M 进制振幅键控(MASK)信号的一般表达式为

$$e_{\text{MASK}}(t) = \Big[\sum_{n=-\infty}^{\infty} a_n g(t-nT_s)\Big]\cos\omega_c t \tag{8.5.1}$$

式中,$g(t)$ 是高为 1、宽为 T_s 的矩形脉冲;

$$a_n = \begin{cases} 0, & \text{概率为 } P_0 \\ 1, & \text{概率为 } P_1 \\ \vdots \\ M-1, & \text{概率为 } P_{M-1} \end{cases} \tag{8.5.2}$$

满足 $P_0 + P_1 + \cdots + P_{M-1} = 1$。

MASK 信号波形如图 8.20 所示,图 8.20(b)所示波形是由图 8.20(c)中诸波形叠加构成的,即 MASK 信号是由 M 个不同振幅的 2ASK 信号叠加而成的。由此,MASK 信号的功率谱也是这 M 个 2ASK 信号功率谱之叠加。MASK 信号的功率谱结构虽然复杂,但所占带宽却与每一个 2ASK 信号相同。

$$B_{\text{MASK}} = 2f_s (\text{Hz}) \tag{8.5.3}$$

图 8.20 MASK 信号波形

MASK 信号与 2ASK 信号产生的方法相同,可利用乘法器实现,不过由发送端输入的 k 位二进制数字基带信号需要经过一个电平变换器,转换为 M 电平的基带脉冲再送入调制器。

解调也与 2ASK 信号相同,可采用相干解调和非相干解调两种方式。

8.5.2 MFSK 调制原理

多进制数字频率调制(MFSK)简称多频制,它基本上是 2FSK 调制方式的直接推广。对于相位不连续的多频制系统,其原理图如图 8.21 所示。

图 8.21 中,串/并变换和逻辑电路负责把 k 位二进制码转换成 M 进制码($2^k = M$),然后由逻辑电路控制选通开关,在每一码元时隙内只输出与本码元对应的调制频率的载波,经相加器衔接,送出 MFSK 已调波形。

MFSK 信号的解调器由多个带通滤波器、包络检波器及采样判决器、逻辑电路和并/串转换电路组成。M 个带通滤波器的中心频率与 M 个调制频率相对应,这样当某个调制频率到来时,只有一个 BPF 有信号加噪声通过,而其他的 BPF 中输出的只有噪声。因此采样判决器在判决时刻,要比较各 BPF 送出的采样值,选最大者作为输出,逻辑电路再将其转换成 k 位二进制并行码,最后由并/串变换电路转换成串行的二进制信息序列。

MFSK 信号也可以采用分路滤波、相干解调方式,读者可参照 2FSK 相干解调原理自行分析。

图 8.21 MFSK 系统原理图

相位不连续的 MFSK 信号带宽为

$$B_{\text{MFSK}} = f_H - f_L + 2f_s \text{(Hz)} \qquad (8.5.4)$$

式中,f_H 为 M 个载波中的最高载频;f_L 为 M 个载波中的最低载频;f_s 为码元速率。由式可见,MFSK 系统的频带利用率较低,只能用于调制速率不高的传输系统中。

8.5.3 MPSK 调制原理

多进制数字相位调制(MPSK)简称多相制,它是用正弦波的 M 个相位状态来代表 M 组二进制信息码元的调制方式,因此 MPSK 信号可表示为

$$e_{\text{MPSK}}(t) = \sum_{k=-\infty}^{\infty} g(t-kT_s)\cos(\omega_c t + \varphi_n) = \sum_{k=-\infty}^{\infty} a_k g(t-kT_s)\cos\omega_c t - \sum_{k=-\infty}^{\infty} b_k g(t-kT_s)\sin\omega_c t \tag{8.5.5}$$

式中

$$a_k = \cos\varphi_n, \quad b_k = \sin\varphi_n$$

φ_n 为受调相位,有 M 种取值。例如,可以设 $\varphi_n = n2\pi/M(n=0,1,2,\cdots,M-1)$,若取 $M=4$,就得到如表 8.2 所示 A 方式中的 4 个相位。A 方式称为 $\pi/2$ 系统,B 方式称为 $\pi/4$ 系统,也可以用矢量表示,如图 8.22 所示,图中虚线为参考(基准)相位。

表 8.2 双比特码元与载波相位的关系

双比特码元		载波相位	
a	b	A 方式	B 方式
0	0	0	$-3\pi/4$
1	0	$\pi/2$	$-\pi/4$
1	1	π	$\pi/4$
0	1	$-\pi/2$	$3\pi/4$

图 8.22 QPSK 信号的矢量表示

与 2PSK 一样,MPSK 也有绝对相移键控和相对相移键控两种调制方式。对绝对相移键控 MPSK 而言,基准相位是未调载波的初始相位,M 种码元的组合对应着载波的 M 个相位。对相对相移键控 MPSK 而言,基准相位是前一码元载波的末相。

这两种调制方式中的 φ_n 都是定值,a_k、b_k 均为常数,式(8.5.5)表明 MPSK 信号可以等效为两个正交载波进行多电平双边带调幅所产生的已调波之和,故多相调制的带宽计算与多电平振幅调制时相同,有

$$B_{\text{MPSK}} = B_{\text{MASK}} = 2f_s(\text{Hz}) \tag{8.5.6}$$

又因为调相时并不改变载波的幅度,所以与 MASK 相比,MPSK 大大提高了信号的平均功率,是一种高效的调制方式。

一般来说,在 MPSK 中,$M=4$、$M=8$ 较为常见,M 再大,则误码率的影响不容忽视。

下面讨论 $M=4$ 的情况,按照表 8.2 首先将二进制信息序列分成双比特码组,设 a 为前一个信息比特,b 为后一个信息比特。若调制码元宽度仍为 T_s,载波周期取 T_0,且 $T_s=T_0$,那么两个相位系统、两种调制方式的已调波形如图 8.23 所示。

1. 4 相绝对相移键控信号的产生和解调

四相绝对相移键控(QPSK 或 4PSK)调制波形可看作是两路正交双边带信号的合成,因此可由图 8.24 所示方法产生。首先,串/并变换电路将二进制信息序列分成双比特码组(A 路、B 路),再由单/双极性变换电路将 0、1 码转换为 ± 1 码送入调制器与载波相乘,形成正交的两路双边带信号 $I(t)$ 和 $Q(t)$,其波形示于图 8.25 中,加法器完成信号合成。显然,按图 8.24 所示产生的已调信号属于 $\pi/4$ 系统(如果需要产生 $\pi/2$ 系统的 PSK 信号,应将载波移相 $\pi/4$)。

图 8.23　4 相 PSK、DPSK 信号的调制波形

图 8.24　$\pi/4$ 系统 QPSK 信号产生原理图

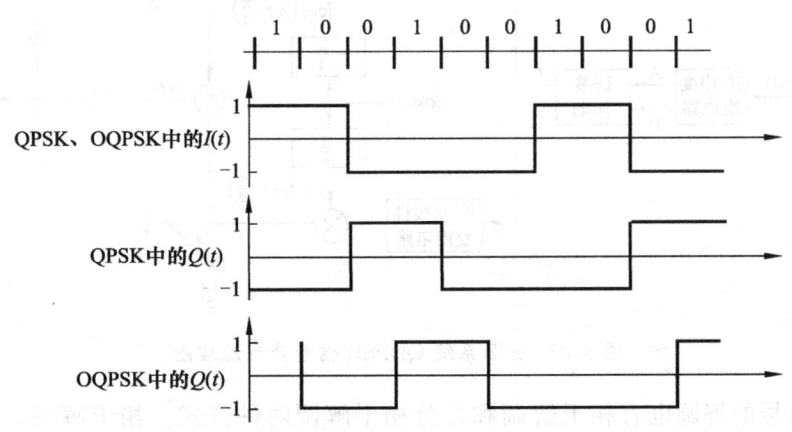

图 8.25　QPSK 和 OQPSK 信号中的同相和正交基带信号

对应上述 π/4 系统的解调,可参照 2PSK 信号的解调方法,用两个正交的相干载波分别与 A、B 两路接收信号相乘,经低通滤波器滤除高次谐波、采样判决之后,再由并/串变换电路将两路信号恢复成串行的二进制信息序列。解调方案如图 8.26 所示,判决准则如表 8.3 所示。

图 8.26 π/4 系统 QPSK 信号解调原理图

表 8.3 π/4 系统判决器判决准则

符号相位 φ_n	$\cos\varphi_n$ 的极性	$\sin\varphi_n$ 的极性	判决器输出	
			A	B
$\pi/4$	+	+	1	1
$3\pi/4$	−	+	0	1
$5\pi/4$	−	−	0	0
$7\pi/4$	+	−	1	0

2. 四相相对相移键控(QDPSK 或 4DPSK)信号的产生和解调

与 2PSK 相干解调一样,对 QPSK 信号相干解调也会出现相位模糊现象,因此更实用的相移键控方式应为 QDPSK。

能够产生 π/2 系统 QDPSK 信号的原理图如图 8.27 所示,图中在串/并变换电路的后面增加了一个码变换器,它负责把绝对码变换为相对码(差分码)。

图 8.27 π/2 系统 QDPSK 信号产生原理图

QDPSK 信号的解调也有相干解调和差分相干解调两种方式。相干解调时要加码反变换器,如图 8.28 所示,差分相干解调方案如图 8.29 所示。

图 8.28 π/2 系统 QDPSK 信号相干解调加码反变换器方式原理框图

图 8.29 π/2 系统 QDPSK 信号差分相干解调原理框图

8.5.4 M 进制数字调制系统的抗噪声性能

M 进制数字调制系统的抗噪声性能不做推导,误码率公式以表格形式给出,如表 8.4 所示,表中 r 为输入信噪比。

表 8.4 多进制数字调制系统的误码率

调制方式	解调方式	误码率 P_e
单极性 MASK	非相干	$P_e \approx \left(1 - \dfrac{3}{2M}\right) \mathrm{erfc}\left(\sqrt{\dfrac{3\rho}{2(M-1)(2M-1)}}\right) + \dfrac{1}{M} e^{-\frac{3\rho}{2(M-1)(2M-1)}}$
单极性 MASK	相干	$P_e = \dfrac{M-1}{M} \mathrm{erfc}\left(\sqrt{\dfrac{3\rho}{2(M-1)(2M-1)}}\right)$
双极性 MASK	相干	$P_e = \dfrac{M-1}{M} \mathrm{erfc}\left(\sqrt{\dfrac{3\rho}{M^2-1}}\right)$
MFSK	非相干	$P_e \approx \dfrac{M-1}{2} e^{-\frac{rM}{2}}$
MFSK	相干	$P_e \approx \dfrac{M-1}{2} \mathrm{erfc}\left(\sqrt{\dfrac{rM}{2}}\right)$
MPSK	相干	$P_e \approx \dfrac{1}{2} \mathrm{erfc}\left(\sqrt{rM} \sin \dfrac{\pi}{M}\right)$

注:式中 ρ 为平均信噪比。对幅移键控,是各电平等概率时的信号平均功率与噪声平均功率之比。

设 MASK 调制器发送端产生的 M 个电平(振幅)之间的间隔为 $2d$,接收端采样判决时,M 进制 ASK 的误码率通常远大于二进制 ASK。当功率受限时,M 越大,误码增加越严重。在图 8.30 中示出 $M=2,4,8,16$ 的情况,在满足相同 P_e 的前提下,4 电平系统比 2 电平系统所需信噪比要高出 5 倍(7dB)。

多进制频移键控系统的误码率与二进制系统相比增加不多,但是当 M 增加时,P_e 随之增加。

多相调制与多电平调制相比,虽然所占带宽、信息速率及频带利用率相同,但由于多相调制是恒包络调制,发射机的功率得到了充分利用,它的平均功率大于多电平调制。读者可比较图 8.30 与图 8.31,在相同误码率指标下,所需信噪比 $r_{PSK} < r_{ASK}$。目前,在卫星、微波等领域广泛采用多相调制。

图 8.30 MASK 系统的性能曲线

图 8.31 MPSK 系统的误码率性能曲线

8.6 现代数字调制技术

随着数字通信的迅速发展,出现了许多新问题,对传输频带的限制和对传输质量的要求越来越高。围绕着怎样进一步减小信道带宽、减小带外幅射、提高功率利用率等课题,研究人员在不断开发新技术。

8.6.1 正交幅度调制

正交幅度调制(Quadrature Amplitude Modulation, QAM)是一种幅度和相位联合键控(APK)的调制方式。它可以提高系统的可靠性,且能获得较高的频带利用率,是目前应用较为广泛的一种数字调制方式。

对于单纯的幅度调制,如果用矢量图表示,其矢量端点分布在一条直线上;对于单纯的相位调制,其矢量端点分布在一个圆上。随着 M 的增加,这些矢量端点之间的最小距离 d_0 也随之下降(d_0 大,说明系统的抗误码能力强)。如果想充分利用整个平面,需要将各矢量端点重新布局,以争取在不降低 d_0 的情况下,尽量增加信号矢量的端点数目,这时可以选择幅度与相位相结合的调制方式,即幅相键控(APK)。目前,被建议用于数字通信系统中的一种 APK 是十六进制和六十四进制的 QAM。

通常,把信号矢量端点的分布图称为星座图。以十六进制为例,在图 8.32 中所示的两个单位圆上分别画出了 16QAM 和 16PSK 信号的星座图。星座图上各端点之间的最小距离满足

$$d_{MPSK} = 2\sin\left(\frac{\pi}{M}\right)A$$

$$d_{MQAM} = \frac{\sqrt{2}}{L-1}A = \frac{\sqrt{2}}{\sqrt{M}-1}A$$

式中，M 为进制数；L 为星座图上信号点在 x 轴和 y 轴上的投影数目，$L=M^{1/2}$（这里考虑星座图为矩形，M 为 2 的偶数次幂的情况）。

在 16PSK 信号的星座图上，各信号点之间的距离 $d_{16\text{PSK}}=2A\sin(\pi/16)=0.39A$；在 16QAM 信号的星座图上，各信号点之间的距离 $d_{16\text{QAM}}=2^{1/2}/(L-1)A=2^{1/2}/(4-1)A=0.47A$。

如果 M 用 4 代入，则 $d_{4\text{PSK}}=d_{4\text{QAM}}=\sqrt{2}A$，从星座图上看四进制时的 QAM 和 4PSK 也是一样的。

MQAM 星座图如图 8.33 所示，一般当 M 为 2 的偶次幂（$M=4,16,64,256$ 等）时，选择矩形的星座图，而 M 为 2 的奇次幂（$M=32,128$ 等）时，选择十字形的星座图。

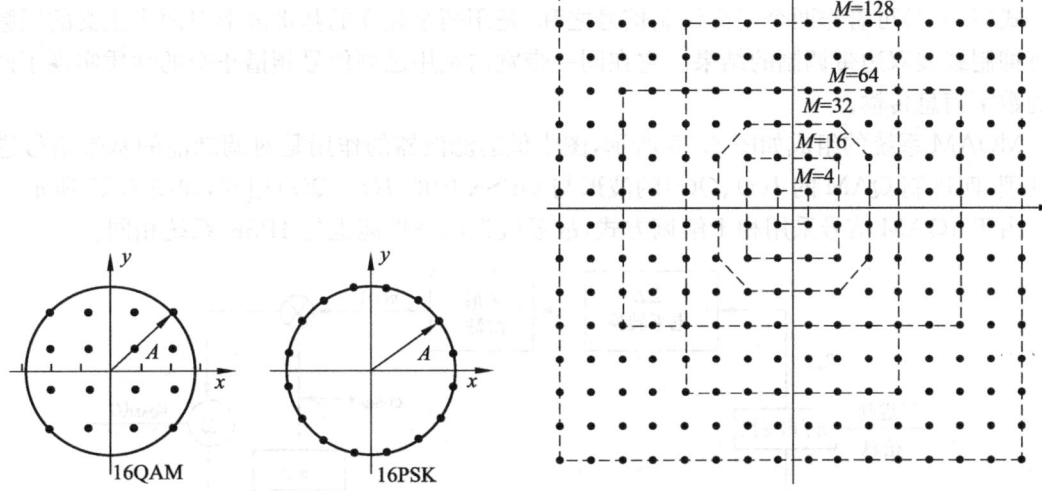

图 8.32　16QAM 和 16PSK 信号的星座图　　　　图 8.33　MQAM 星座图

还有更灵活的布局方式，就 16APK 而言，图 8.34 中给出了矩形、星形及其改良形 3 种图例。图(a)所示为矩形星座图，调制时需设置 3 个幅度、12 个相位；图(b)所示为星形星座图，只需设置 2 个幅度、8 个相位；而在图(c)所示星座图中，需要设置 2 个幅度、16 个相位。总之，要综合考虑信道特点、信号的平均功率、判决电平的设置等多方面因素适当选择。

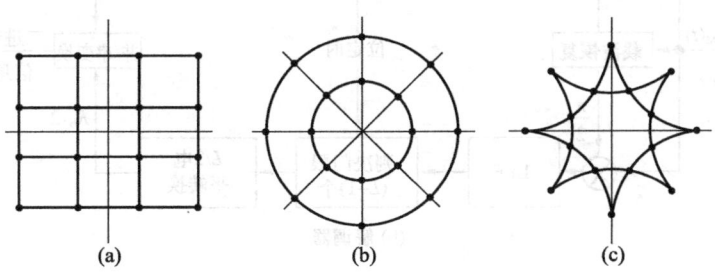

图 8.34　16APK 信号星座图

QAM 信号的时域表达式可写成

$$e_{\text{QAM}}(t)=\sum_{n=-\infty}^{\infty}A_n g(t-nT_s)\cos(\omega_c t+\varphi_n) \tag{8.6.1}$$

式中，A_n 为第 n 个码元的幅度；φ_n 为第 n 个码元的初始相位；$g(t)$ 是高为 1、宽为 T_s 的矩形基带脉冲。利用三角公式进一步展开

$$e_{QAM}(t) = \Big[\sum_{n=-\infty}^{\infty} A_n g(t-nT_s)\cos\varphi_n\Big]\cos\omega_c t - \Big[\sum_{n=-\infty}^{\infty} A_n g(t-nT_s)\sin\varphi_n\Big]\sin\omega_c t \quad (8.6.2)$$

令

$$A_n\cos\varphi_n = X_n, \quad -A_n\sin\varphi_n = Y_n \quad (8.6.3)$$

可见 X_n、Y_n 代表了已调信号在信号空间中的坐标位置,有 L 个幅度,代入式(8.6.2),有

$$\begin{aligned}e_{QAM}(t) &= \Big[\sum_{n=-\infty}^{\infty} X_n g(t-nT_s)\Big]\cos\omega_c t + \Big[\sum_{n=-\infty}^{\infty} Y_n g(t-nT_s)\Big]\sin\omega_c t \\ &= m_I(t)\cos\omega_c(t) + m_Q(t)\sin\omega_c(t)\end{aligned} \quad (8.6.4)$$

式中,$m_I(t) = \sum_{n=-\infty}^{\infty} X_n g(t-nT_s)$、$m_Q(t) = \sum_{n=-\infty}^{\infty} Y_n g(t-nT_s)$ 为两个通道的基带信号。

式(8.6.4)可看作两个正交调制信号之和,是用两个独立的基带波形对两个正交的同频载波进行抑制载波双边带调制的结果。它在同一带宽内利用已调信号频谱正交的性质实现了两路并行的数字信息传输。

MQAM 系统的组成如图 8.35 所示,图中低通滤波器的作用是对调制前的基带信号进行限带处理,四进制 QAM 的 $I(t)$、$Q(t)$ 的波形与 QPSK 中的 $I(t)$、$Q(t)$ 相同,如图 8.25 所示。

由于 4QAM 信号采用相干解调方式,故系统误码率性能也与 4PSK 系统相同。

图 8.35 MQAM 系统的组成

8.6.2 偏移四相相移键控

在讨论 QPSK 信号时,曾假定每个符号的包络是矩形,并认为信号的振幅包络在调制中是恒定不变的。但是当它通过限带滤波器进入信道时,其功率谱的旁瓣(信号中的高频成分)会被滤除,所以限带后的 QPSK 信号已不能保持恒包络,特别是在相邻符号间发生 180°相移(例如,10→01,00→11)时,限带后还会出现包络为 0 的现象,如图 8.36 所示。

为了减小包络起伏,改进如下:在对 QPSK 进行正交调制时,将正交路 $Q(t)$ 的基带信号相对于同相路 $I(t)$ 的基带信号延迟半个码元时隙($T_s/2$)。这种调制方法称为偏移四相相移键控(Offset Quadri-Phase Shift Keying, OQPSK),又称参差四相相移键控(Staggered QPSK, SQPSK)。

将正交路 $Q(t)$ 的基带信号偏移 $T_s/2$ 后,相邻 1 比特信号的相位只可能发生 $\pm 90°$ 的变化,因而星座图中的信号点只能沿正方形四边移动,消除了已调信号中相位突变 $180°$ 的现象,如图 8.37 所示。经限带滤波器后,OQPSK 信号中包络的最大值与最小值之比约为 $2^{1/2}$,不再出现比值无限大的现象。

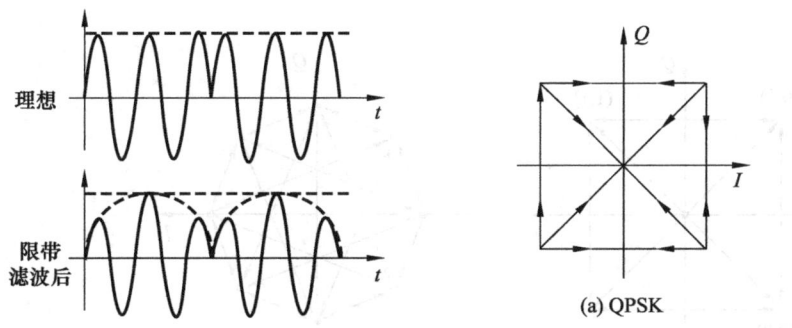

图 8.36　QPSK 信号限带前后的波形　　　　图 8.37　相位转移图

OQPSK 信号的调制、解调框图如图 8.38 所示,其同相路 $I(t)$、正交路 $Q(t)$ 的典型波形图分别示于图 8.25 中。

图 8.38　OQPSK 调制器和解调器框

OQPSK 信号的功率谱与 QPSK 信号的功率谱形状相同,其主瓣包含功率的 92.5%,第一个零点在 $0.5f_s$ 处。频带受限的 OQPSK 信号包络起伏比频带受限的 QPSK 信号小,经限幅放大后,频谱展宽得少,所以 OQPSK 的性能优于 QPSK,由于 OQPSK 信号采用相干解调方式,因此其误码性能与相干解调的 QPSK 相同。

8.6.3 π/4-QPSK

OQPSK 信号经窄带滤波后不再出现包络为 0 的情况,但仍要采用相干解调方式,这是我们所不希望的。现在北美和日本的数字蜂窝移动通信系统中采用了 π/4-QPSK 调制方式,它不但消除了倒 π 现象,还可以采用差分相干解调技术。

π/4-QPSK 系统把已调信号的相位均匀等分为 8 个相位点,分成○和•两组,已调信号的相位只能在两组之间交替选择,这样就保证了它在码元转换时刻的相位突跳只可能出现 $\pm\pi/4$ 或 $\pm 3\pi/4$ 这 4 种情况之一,其矢量状态转换图如图 8.39 所示(为方便对比,图中还示出了 QPSK 的矢量状态转换图)。

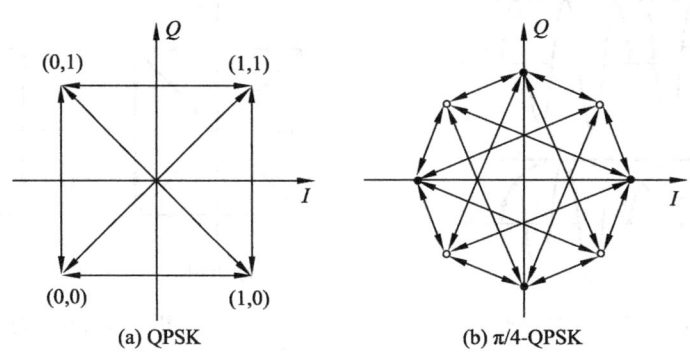

图 8.39 相位矢量状态转换图

8.6.4 最小频移键控

为了适合限带传输,希望调制信号的功率谱主瓣越窄、滚降速度越快、旁瓣所含的功率分量越小、相位路径越平滑越好。

在前面介绍的 2FSK 调制方式中,不同频率的载波信号来自两个独立的振荡源,已调信号在频率转换点上的相位可以不连续,功率谱中旁瓣分量很大,因而经带限后会引起包络起伏。为克服上述缺点,可采用连续相位的频移键控(Continual Phase FSK,CPFSK)技术。目前,移动通信系统中大量应用的最小频移键控(Minimum Shift Keying,MSK)就是 CPFSK 技术中的一种。

1. MSK 的特点

MSK 信号是一种包络恒定、相位连续、带宽最小并且正交的 2FSK 信号。它能保证 2FSK 的两个载频信号正交的最小频率间隔为 $1/(2T_s)$,因此称之为最小频移键控。

MSK 信号的时域表达式为

$$e_{MSK}(t)=A\cos\theta(t)=A\cos[\omega_c t+\varphi(t)] \tag{8.6.5}$$

式中,$\omega_c=(\omega_1+\omega_2)/2$,$\omega_1$ 为发"1"时对应的角频率,ω_2 为发"0"时对应的角频率;$\varphi(t)$ 为附加相位。

$$\varphi(t)=\frac{a_i\pi t}{2T_s}+\varphi_i, \qquad (i-1)T_s<t\leqslant iT_s \tag{8.6.6}$$

式中,第一项为频偏,a_i 取值为 ± 1,表示第 i 个输入码元;φ_i 为第 i 个输入码元的初始相位,在一个码元周期 T_s 内为定值,φ_i 的选取应能保证在 $t=iT_s$ 时刻信号相位变化的连续性。

为得到 MSK 调制所需要的两个频率值,现对总相角求微分

$$\frac{d\theta(t)}{dt} = \omega_c + \frac{a_i\pi}{2T_s} = \begin{cases} 2\pi[f_c + f_s/4] = 2\pi f_1, & a_i = +1 \\ 2\pi[f_c - f_s/4] = 2\pi f_2, & a_i = -1 \end{cases}$$

解得

$$f_1 = f_c + f_s/4$$
$$f_2 = f_c - f_s/4 \tag{8.6.7}$$

最小频差

$$\Delta f = |f_1 - f_2| = f_s/2 \tag{8.6.8}$$

调制指数

$$h = \Delta f/f_s = 1/2 \tag{8.6.9}$$

2. 满足正交性的条件

2FSK 调制中两个信号的相关系数表达式为

$$\rho = \frac{\sin 2\pi(f_2-f_1)T_s}{2\pi(f_2-f_1)T_s} + \frac{\sin 4\pi f_c T_s}{4\pi f_c T_s} \tag{8.6.10}$$

式中，载波频率 $f_c = \frac{1}{2}(f_1 + f_2)$。

对于正交调制，应有 $\rho = 0$ 成立，令式(8.6.10)中的第一项为 0，即

$$2\pi(f_2-f_1)T_s = k\pi, \quad k = 1, 2, 3, \cdots$$

为了提高频带利用率，频差 Δf 要小，取 $k=1$ 代入，则

$$\Delta f = f_2 - f_1 = \frac{1}{2T_s} = \frac{f_s}{2}$$

其值与式(8.6.8)一致，即 MSK 的最小频差为码元速率之半；再令式(8.6.10)中第二项为 0，即

$$4\pi f_c T_s = n\pi, \quad n = 1, 2, 3, \cdots$$

可得

$$T_s = \frac{nT_c}{4} \quad \text{——每一码元周期内含四分之一载波周期的整数倍} \tag{8.6.11}$$

或

$$f_c = \frac{n}{4T_s} = \frac{nf_s}{4} \quad \text{——载波频率应取四分之一码元速率的整数倍} \tag{8.6.12}$$

3. 相位常数

相位常数的选取应能保证在前后码元转换时的相位路径连续，即必须保证第 i 个码元的初始相位等于第 $i-1$ 个码元的末相。换言之，在 $t = iT_s$ 时刻应保证两个相邻码元的附加相位 $\varphi(t)$ 相等，即

$$\left(\frac{a_{i-1}\pi}{2T_s}\right)iT_s + \varphi_{i-1} = \left(\frac{a_i\pi}{2T_s}\right)iT_s + \varphi_i$$

解出相位常数

$$\varphi_i = \varphi_{i-1} + (a_{i-1} - a_i)\frac{i\pi}{2} (\text{模 } 2\pi)$$

或

$$\varphi_i = \begin{cases} \varphi_{i-1} \pm i\pi, & a_{i-1} \neq a_i \\ \varphi_{i-1}, & a_i = a_{i-1} \end{cases} \tag{8.6.13}$$

此式说明两个相邻码元之间的相位存在相关性，对相干解调来说，φ_i 的起始值若假定为 0，则

$$\varphi_i = 0 \text{ 或 } \pi (\text{模 } 2\pi) \tag{8.6.14}$$

4. 附加相位的变化轨迹

附加相位 $\varphi(t)$ 在数值上等于由 MSK 调制的总相角 $\theta(t)$ 减去随时间线性增加的载波相位 $\omega_c t$ 得到的剩余相位，其表达式(8.6.6)本身是一斜线方程，斜率为 $a_i\pi/2T_s$，截距是 φ_i。另外，由于 a_i 的取值为 ± 1，故 $(a_i\pi/2T_s)t$ 是一个以码元宽度 T_s 为段的、分段线性的相位函数，在任一码元期间内，$\varphi(t)$ 的变化量总是 $a_i\pi/2$，即 $a_i=+1$ 时线性增加 $\pi/2$，$a_i=-1$ 时线性减小 $\pi/2$。

图 8.40 给出了当输入二进制数据序列为 1101000 时，信号的初始相角及附加相位的变化轨迹。

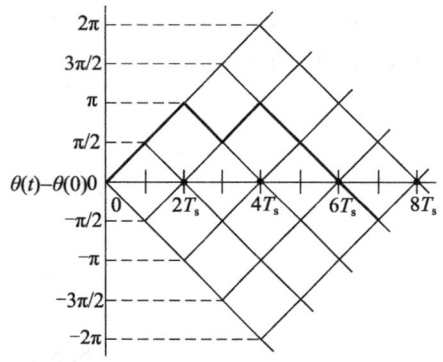

图 8.40 MSK 的相位网格图

5. MSK 信号的产生

展开式(8.6.5)，有

$$e_{\text{MSK}}(t)=\cos[\omega_c t+\varphi(t)]=\cos\varphi(t)\cos\omega_c t-\sin\varphi(t)\sin\omega_c t \tag{8.6.15}$$

式中

$$\cos\varphi(t)=\cos\left(\frac{a_i\pi t}{2T_s}+\varphi_i\right)=\cos\left(\frac{a_i\pi t}{2T_s}\right)\cos\varphi_i=\cos\left(\frac{\pi t}{2T_s}\right)\cos\varphi_i$$

$$-\sin\varphi(t)=-\sin\left(\frac{a_i\pi t}{2T_s}+\varphi_i\right)=-\sin\left(\frac{a_i\pi t}{2T_s}\right)\cos\varphi_i=-a_i\sin\left(\frac{\pi t}{2T_s}\right)\cos\varphi_i$$

令 $\cos\varphi_i=I_i$，$-a_i\cos\varphi_i=Q_i$，则

$$e_{\text{MSK}}(t)=I_i\cos\left(\frac{\pi t}{2T_s}\right)\cos\omega_c t+Q_i\sin\left(\frac{\pi t}{2T_s}\right)\sin\omega_c t, \quad (i-1)T_s<t\leqslant iT_s \tag{8.6.16}$$

式中，I_i 是同相分量基带信号的等效数据，Q_i 是正交分量基带信号的等效数据，参考式(8.6.13)算可出其值，它们与原始数据有确定的关系，可以由原始数据差分编码得到。

$\cos(\pi t/2T_s)$ 和 $\sin(\pi t/2T_s)$ 为加权函数（调制函数），是同相分量和正交分量基带信号的包络，在表 8.5 中给出了 MSK 信号的变换关系。

表 8.5 MSK 信号的变换关系

i	0	1	2	3	4	5	6	7	8	9	10	11	12	13	14	15	16	17	18	19	20
输入数据 a_i	1	1	1	−1	1	−1	−1	1	1	1	−1	−1	1	−1	−1	1	−1	−1	−1	1	1
差分编码	−1	1	−1	−1	1	1	1	−1	1	1	−1	1	1	1	−1	−1	−1	1	−1	−1	1
同相数据 I_i		1		−1		1		−1		1		1		1		−1		−1		−1	
正交数据 Q_i			−1		1		1		−1		1		−1		1		−1		1		1
φ_i(模2π)	0	0	0	π	π	0	0	π	π	π	0	0	0	0	π	π	0	0	π	π	
$I_i=\cos\varphi_i$		1	1	−1	−1	1	1	−1	−1	−1	1	1	1	1	−1	−1	1	1	−1	−1	
$Q_i=-a_i\cos\varphi_i$		−1	−1	1	1	1	1	1	1	1	−1	−1	1	1	−1	−1	−1	1	1	1	
频率	f_2	f_2	f_2	f_1	f_1	f_1	f_1	f_1	f_1	f_1	f_1	f_1	f_1	f_1	f_1	f_1	f_1	f_1	f_2	f_2	

按式(8.6.16)构成的 MSK 调制器原理图如图 8.41 所示，各点波形如图 8.42 所示。

图 8.41 MSK 调制器原理图

图 8.42　MSK 信号的波形

信号的解调与 FSK 信号相似,可采用相干或非相干解调。

8.6.5　OFDM 调制

前面几节所讨论的数字调制解调方式都属于串行体制,和串行体制相对应的一种体制是并行体制。它是将高速率的信息数据流经串/并变换,分割为若干路低速率并行数据流,然后每路低速率数据采用一个独立的载波调制并叠加在一起构成发送信号,这种系统也称为多载波传输系统。多载波传输系统原理图如图 8.43 所示。

图 8.43　多载波传输系统原理图

在并行体制中,正交频分复用(OFDM)方式是一种高效调制技术,具有较强的抗符号间干扰和频率选择性衰落的能力及较高的频谱利用率,因此得到了深入的研究。OFDM 系统已成功应用于接入网中的高速数字环路(HDSL)、非对称环路(ADSL)及高清晰度电视(HDTV)的地面广播系统。在移动通信领域,OFDM 是 4G、5G 物理层核心技术之一。

1. OFDM 的基本原理

OFDM 的基本原理是将发送的高速率数据流变换成相对低速率的数据流,然后分散到多个相互正交的子载波上,使各子载波上的信号速率大为降低,从而提高抗多径衰落的能力。为了提高频谱利用率,OFDM 方式中各子载波频谱有 1/2 重叠,但保证相互正交,在接收端通过相关解调技术分离出各子载波,同时消除码间串扰的影响。

设在一个 OFDM 系统中有 N 个子信道,设第 k 个子信道采用的子载波为 $\cos(2\pi f_k t + \varphi_k)$ ($k=0,1,\cdots,N-1$),为了使这 N 路子信道信号在接收时能够完全分离,要求它们满足正交条件。在码元持续时间 T_s 内任意两个子载波都正交的条件是

$$\int_0^{T_s} \cos(2\pi f_k t + \varphi_k)\cos(2\pi f_i t + \varphi_i) dt = 0 \tag{8.6.17}$$

利用三角函数公式,可得

$$\int_0^{T_s} \cos(2\pi f_k t + \varphi_k)\cos(2\pi f_i t + \varphi_i) dt$$

$$= \frac{1}{2}\int_0^{T_s}\cos[2\pi(f_k-f_i)t+\varphi_k-\varphi_i]dt + \frac{1}{2}\int_0^{T_s}\cos[2\pi(f_k+f_i)t+\varphi_k+\varphi_i]dt \quad (8.6.18)$$

$$=\frac{\sin[2\pi(f_k-f_i)T_s+\varphi_k-\varphi_i]}{2\pi(f_k-f_i)}+\frac{\sin[2\pi(f_k+f_i)T_s+\varphi_k+\varphi_i]}{2\pi(f_k+f_i)}-\frac{\sin(\varphi_k-\varphi_i)}{2\pi(f_k-f_i)}-\frac{\sin(\varphi_k+\varphi_i)}{2\pi(f_k+f_i)}$$

$$=0 \quad (8.6.19)$$

上式等于 0 的条件是

$$(f_k+f_i)T_s=m \quad 和 \quad (f_k-f_i)T_s=n \quad (8.6.20)$$

其中，m 和 n 均为整数，并且 φ_k 和 φ_i 可以取任意值。

由式(8.6.20)解出 f_k 和 f_i，得

$$f_k=(m+n)/2T_s, f_i=(m-n)/2T_s \quad (8.6.21)$$

即要求子载波满足

$$f_k=k/2T_s(k \text{ 为整数}) \quad (8.6.22)$$

且要求子载波间隔

$$\Delta f=f_k-f_i=n/T_s \quad (8.6.23)$$

故要求的最小子载波间隔为

$$\Delta f_{\min}=1/T_s \quad (8.6.24)$$

上面求出了子载波正交的条件，下面来考察 OFDM 的表示式。在每个子载波上可以调制不同的 PSK 或 QAM 符号，令 $B_k=I_k+jQ_k$ 为第 n 个符号周期内第 k 个子载波数据符号，则第 k 个子载波上的带通已调信号(实部)可以写成 $[I_k\cos(2\pi f_kt+\varphi_k)-Q_k\sin(2\pi f_kt+\varphi_k)]g(t-nT_s)$，那么 OFDM 信号的时域表达式可以写成

$$s(t)=\text{Re}\left\{\sum_{k=0}^{N-1}B_kg(t-nT_s)e^{j(2\pi f_kt+\varphi_k)}\right\} \quad (8.6.25)$$

矩形脉冲 $g(t-nT_s)$ 取值为 1，可以忽略。$s(t)$ 的等效低通表示形式可以写为

$$s(t)=\sum_{k=0}^{N-1}B_ke^{j(2\pi f_kt+\varphi_k)} \quad (8.6.26)$$

若令(8.6.26)中的 $\varphi_k=0, f_k=k/T_s$，然后对 $s(t)$ 进行采样，采样周期为 T，在一个码元周期 T_s 内共有 N 个采样点，即 $T=T_s/N$，则一个 OFDM 周期内的第 n 个采样值可以表示为

$$s(nT)=\sum_{k=0}^{N-1}B_ke^{j2\pi\frac{k}{T_s}nT}=\sum_{k=0}^{N-1}B_ke^{j2\pi\frac{k}{T_s}n\frac{T_s}{N}}=\sum_{k=0}^{N-1}B_ke^{j\frac{2\pi}{N}kn} \quad (8.6.27)$$

将上式与离散傅里叶反变换(IDFT)形式

$$s(n)=\frac{1}{\sqrt{N}}\sum_{k=0}^{N-1}S(k)e^{j\frac{2\pi}{N}kn} \quad (8.6.28)$$

相比较可以看出，若不考虑两式常数因子的差异，则可以将式(8.6.28)中的 N 个离散值 $S(k)$ 当作 N 路 OFDM 并行信号的子信道中信号码元取值 B_k，而式(8.6.28)的左端就相当于式(8.6.27)左端的 OFDM 信号。这就是说，可以用计算 IDFT 的方法来获得 OFDM 信号。

在 OFDM 系统中引入 DFT 技术对并行数据进行调制和解调，其单个子带频谱是 $\frac{\sin x}{x}$ 函数，多个子载波叠加后形成的 OFDM 信号的频谱结构如图 8.44 所示。OFDM 信号是通过基带处理来实现的，不需要振荡器组，从而大大降低了 OFDM 系统实现的复杂性。

2. OFDM 信号调制与解调

OFDM 信号的产生是基于快速离散傅里叶变换实现的，其产生原理如图 8.45 所示。图中，

(a) 单个OFDM子带频谱　　　　　　(b) OFDM信号频谱

图 8.44　OFDM 信号频谱结构

输入信息速率为 R_b 的二进制数据序列先进行串/并变换。根据 OFDM 符号间隔 T_s,将其分成 $c_t = R_b T_s$ 比特一组。这 c_t 比特被分配到 N 个子信道上,经过编码后映射为 N 个复数子符号 X_k,其中子信道 k 对应的子符号 X_k 代表 b_k 比特,而且

$$c_t = \sum_{k=0}^{N-1} b_k \tag{8.6.29}$$

输入 → 串/并变换 → 编码映射 → IFFT → 串/并变换 → D/A 转换 → LPF → 上变频 → 输出

图 8.45　OFDM 信号产生原理图

在 Hermitian 对称条件

$$X_k = X_{2N-k}^*, \quad 0 \leqslant k \leqslant 2N-1 \tag{8.6.30}$$

的约束下,$2N$ 点快速离散傅里叶反变换(IFFT)将频域内的 N 个复数子符号 X_k 变换成时域中的 $2N$ 个实数采样值 $x_k(k=0,1,\cdots,2N-1)$,加上循环前缀 $x_k = x_{2N+k}(k=-1,\cdots,-J)$ 后,这 $2N+J$ 个实数采样值就构成了实际的 OFDM 发送符号。x_k 经过并/串变换后,通过时钟速率为 $f_s = \dfrac{2N+J}{T_s}$ 的 D/A 转换器和低通滤波器输出基带信号。最后经过上变频器输出 OFDM 信号。

OFDM 信号接收原理图如图 8.46 所示,其处理过程与发送端相反。接收端输入的 OFDM 信号首先经过下变频变换到基带,A/D 转换、串/并变换后的信号去除循环前缀,再进行 $2N$ 点快速离散傅里叶变换(FFT)得到一帧数据。循环前缀的引入使系统可以更好地对抗多径信道干扰,接收端只需在频域进行一阶信道均衡即可;若信道时延大于循环前缀长度,为对信道失真进行校正,需要对数据进行单抽头或双抽头时域均衡。最后经过译码判决和并/串变换,恢复出发送的二进制数据序列。

图 8.46　OFDM 信号接收原理图

由于 OFDM 采用的基带调制为离散傅里叶反变换,可以认为数据的编码映射是在频域进行的,经过 IFFT 变换为时域信号发送出去。接收端通过 FFT 恢复出频域信号。

为了使信号在 IFFT、FFT 前后功率保持不变,DFT 和 IDFT 应满足

$$X(k) = \frac{1}{\sqrt{N}} \sum_{n=0}^{N-1} x(n) \exp\left(-j\frac{2\pi n}{N}k\right), \quad 0 \leqslant k \leqslant N-1 \tag{8.6.31}$$

$$x(n) = \frac{1}{\sqrt{N}} \sum_{k=0}^{N-1} X(k) \exp\left(j\frac{2\pi k}{N}n\right), \quad 0 \leqslant n \leqslant N-1 \tag{8.6.32}$$

在OFDM系统中,符号周期、载波间距和子载波数应根据实际应用条件合理选择。符号周期的大小影响载波间距及编码调制延迟时间。若信号星座固定,则符号周期越长,抗干扰能力越强,但是载波数量和FFT的规模也越大。各子载波间距的大小也受到载波偏移及相位稳定度的影响。一般选定符号周期时,应使信道在一个符号周期内保持稳定。子载波的数量根据信道宽度、数据速率及符号周期来确定。OFDM系统采用的调制方式应根据功率及频谱利用率的要求来选择,常用的调制方式有QPSK和16QAM方式。另外,不同的子信道还可以采用不同的调制方式,特性较好的子信道可以采用频谱利用率较高的调制方式,而衰落较大的子信道应选用功率利用率较高的调制方式,这是OFDM系统的优点之一。

3. OFDM系统性能

(1) 抗脉冲干扰

OFDM系统抗脉冲干扰的能力比单载波系统强。这是因为对OFDM信号的解调是在一个很长的符号周期内积分的,从而使脉冲噪声的影响得以分散。事实上,对脉冲干扰有效的抑制作用是最初研究多载波系统的动机之一。提交给ITU-T的测试报告表明,能够引起多载波系统发生错误的脉冲噪声的门限电平比单载波系统高11dB。

(2) 抗多径传播与衰落

OFDM系统把信息分散到许多子载波上,大大降低了各子载波的信息速率,使符号周期比多径延迟延长,从而能够减弱多径传播的影响。若再采用保护间隔和时/频域均衡等措施,可以有效降低符号间干扰。保护间隔原理如图8.47所示。

(3) 频谱利用率

OFDM信号由N个信号叠加而成,每个信号频谱为$\sin x/x$函数,并且与相邻信号频谱有1/2重叠,如图8.48所示。

图8.47 保护间隔原理

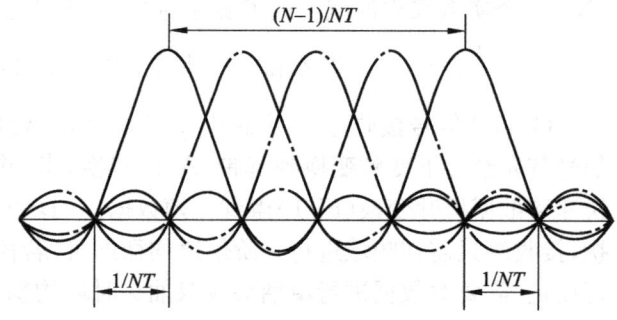

图8.48 OFDM信号频谱结构

设信号采样频率为$1/T$,则每个子载波信号的采样速率为$1/NT$,即载波间距为$1/NT$,若将信号两侧的旁瓣忽略,则谱宽度为

$$B_{\text{OFDM}}=(N-1)\frac{1}{NT}+\frac{2}{NT}=\frac{N+1}{NT} \tag{8.6.33}$$

OFDM的符号速率为

$$R_B=\frac{1}{NT}N=\frac{1}{T} \tag{8.6.34}$$

信息速率与所采用的调制方式有关,若信号星座点数为M,则

$$R_b=\frac{1}{T}\log_2 M \tag{8.6.35}$$

因此,OFDM的频谱利用率为

$$\eta_{OFDM} = \frac{R_b}{B_{OFDM}} = \frac{N}{N+1}\log_2 M \tag{8.6.36}$$

对于串行系统,当采用 MQAM 调制方式时,频谱利用率为

$$\eta_{MQAM} = \frac{R_b}{B_{MQAM}} = \frac{1}{2}\log_2 M \tag{8.6.37}$$

比较式(8.6.36)和式(8.6.37)可以看出,当采用 MQAM 调制方式时,OFDM 系统的频谱利用率比串行系统提高近一倍。

8.6.6 其他恒包络调制

MSK 信号相位路径的变化虽然连续,但是在符号转换时刻呈现尖角,即此时相位路径的斜率变化并不连续,因而影响了已调信号频谱的衰减速度,带外辐射较强。下面围绕怎样能使符号转换时刻相位路径的斜率变化也连续,再介绍几种恒包络调制。

1. 正弦频移键控

正弦频移键控(SFSK)信号的相位路径是在 MSK 线性变化的直线段上叠加一个正弦变化,因此在符号转换时刻的相位路径轨迹圆滑、斜率变化连续,且一个符号内相位的变化量仍为 90°,其相位路径如图 8.49 所示。这一改进使得 SFSK 信号频谱在主瓣之外的衰减速度加快,减小了带外辐射。但由于 SFSK 信号把 MSK 信号在每个符号内的直线也改成了曲线,导致 SFSK 信号频谱的主瓣宽度比 MSK 信号还宽(可参看图 8.52),因此影响了 SFSK 信号的应用。

图 8.49 SFSK 信号相位轨迹图

2. 高斯最小频移键控

在移动通信中,对信号带外辐射功率限制十分严格,必须衰减 70~80dB 以上,MSK 不能满足要求,这样就推出了 MSK 的改进型——高斯最小频移键控(GMSK)。GMSK 以 MSK 为基础,在 MSK 调制之前增加一个高斯低通滤波器,其相位路径在符号转换时刻的轨迹比 SFSK 调制更加圆滑、流畅,如图 8.50 所示。GMSK 信号频谱的主瓣宽度由高斯低通滤波器的带宽决定,如果选择恰当,能使 GMSK 信号的带外辐射功率小到可以满足移动通信的要求。

图 8.50 GMSK 信号相位轨迹图

3. 平滑调频

前面介绍的几种恒包络调制信号,在带宽和功率效率方面,都进行了较好的折中。下面介绍一种被称为相关相位键控(Cor-PSK)的新调制方式,它采用部分响应技术,在一组码元之间引入一定的相关性,既保留了包络恒定、频谱主瓣窄的优点,同时还做到了相位连续、变化轨迹平滑,因此大大压低了带外辐射。

根据相关编码输入和输出的电平数不同,部分响应编码的规则也不一样,可以产生出不同类型的 Cor-PSK。其中一种相关相位键控称为平滑调频(Tamed FM,TFM),其部分响应编码多项式为$(1+D)^2$,输入 a_i 有两种电平:± 1,而编码输出 b_i 为 5 种电平。TFM 的相关编码表达式为

$$b_i = (a_{i-1} + 2a_i + a_{i+1})/2 \tag{8.6.38}$$

定义在一个符号间隔内的相移 $\Delta\varphi_i$ 为

$$\Delta\varphi_i = \varphi[(i+1)T_s] - \varphi(iT_s) = b_i(2\pi/n) \tag{8.6.39}$$

式中,n 为一个固定的正整数,它是信号选取的相位数,$2\pi/n$ 表示相位的最小增量。对 TFM,取 $n=8$,即

$$\Delta\varphi_i = b_i(\pi/4) = (a_{i-1} + 2a_i + a_{i+1})\pi/8 \tag{8.6.40}$$

由于 a_i 是取值为 ± 1 的双极性码,因此 TFM 信号在各码元内的相位变化是不均匀的,$\Delta\varphi_i$ 的可能取值为 0、$\pm\pi/4$ 和 $\pm\pi/2$,如表 8.6 所示。

表 8.6 TMF 信号相应变化时 $\Delta\varphi_i$ 可能的取值

码元组合	+++	---	+-+	-+-	++-	+--	-++	--+
$\Delta\varphi_i$	$+\pi/2$	$-\pi/2$	0	0	$+\pi/4$	$-\pi/4$	$+\pi/4$	$-\pi/4$

由表 8.6 可以看出:当连续 3 个数据 a_{i-1}、a_i、a_{i+1} 的极性相同时,TFM 信号相位变化 $\pi/2$;当连续 3 个数据极性交替时,TFM 信号相位不变;其余 4 种情况相位的变化是 $\pi/4$。

TFM 信号的相位路径轨迹变化情况示于图 8.51 中(作为比较,图中还画出了 OQPSK、SFSK 和 MSK 信号的相位变化轨迹),图中显示在码元转换点处,TFM 的相位变化相当平滑,因此 TFM 的频谱特性非常好。图 8.52 给出了 TFM、MSK 和 SFSK 的功率谱,由图可见,TFM 主瓣窄且带外衰减比 MSK 快得多,当 $|f-f_0|>f_s$ 时,TFM 的功率谱衰减可达 60dB 以上。

图 8.51 MSK、SFSK 和 TFM 相位路径

图 8.52 OQPSK、MSK、SFSK 和 TFM 信号的归一化功率谱

理论上已经证明,在理想情况下,TFM 的误码性能仅比 QPSK 性能恶化 1dB 左右,因此 TFM 方式是在有效性和可靠性方面都得到兼顾的一种调制方式。

TFM 信号的产生可以采用直接调频的方法和正交调幅的方法实现。

TFM 信号的解调一般采用正交相干解调方法,如果发送端采用差分编码,则在接收端应采用相应的译码方案。

习 题 8

8.1 基带信号 $s(t)$ 是码元周期为 $0.01s$ 的单极性不归零随机信号,采用 2ASK 调制,求已调信号带宽。

8.2 求传码率为 200Bd 的八进制 ASK 系统的带宽和传信率。如果采用二进制 ASK 系统,传码率不变,则带宽和传信率又为多少?

8.3 若传码率为 200Bd 的八进制 ASK 系统发生故障,改由二进制 ASK 系统传输,欲保持传信率不变,求 2ASK 系统的带宽和传码率。

8.4 已知八进制 PSK 系统的传信率为 9600bit/s,求传码率和带宽。

8.5 有相位不连续的二进制 FSK 信号,发"1"码时的波形为 $A\cos(2000\pi t+\theta)$,发"0"码时的波形为 $A\cos(4000\pi t+\varphi)$,传码率为 1000Bd,求此系统的频带宽度并画出与序列 1011001 相对应的 2FSK 波形。

8.6 设四进制 FSK 系统的频率配置使得功率谱主瓣恰好不重叠,求传码率为 200Bd 时系统的传输带宽和传信率。

8.7 已知数字基带信号为 10010110,如果码元宽度等于载波周期,试画出绝对码、相对码、二进制 PSK 信号和 DPSK 信号的波形(假定起始参考码元为 0)。

8.8 已知数字信号 $\{a_n\}=1011010$,分别以下列两种情况画出 2PSK、2DPSK 及相对码 $\{b_n\}$ 的波形(假定起始参考码元为 1):

(1) 传码率为 1200Bd,载波频率为 1800Hz;

(2) 传码率为 1200Bd,载波频率为 2400Hz。

8.9 2ASK 系统,相干解调时的接收机输入信噪比为 9dB,欲保持相同的误码率,包络解调时接收机输入信噪比为多少?

8.10 ASK 系统,发送"1"码时信号幅度为 5V,信道噪声的平均功率 $\sigma_n^2=3\times10^{-12}$,若系统要求误码率为

10^{-4},相干接收和非相干接收时信道衰减分别为多少？（假定此时为最佳门限）。

8.11 已知传码率为 10^3 Bd,接收机输入噪声的双边功率谱密度 $n_0/2 = 10^{-10}$ W/Hz,要求误码率为 10^{-5},分别计算出相干 2ASK、非相干 2ASK、差分相干 2DPSK 及相干 2PSK 等系统所要求的输入信号功率。

8.12 已知接收机输入信噪比为 $r=10$dB,试求四进制 FSK 系统和非相干解调系统的误码率。

8.13 已知接收机输入信噪比为 $r=10$dB,试求二进制 PSK 相干解调系统和 DPSK 相位比较法解调的误码率。

8.14 已知数字信息为"1"时,发送信号的功率为 1kW,信道衰减 60dB,接收端解调器输入的噪声功率为 10^{-4} W,试求非相干 2ASK 系统和相干 2PSK 系统的误码率。

8.15 2FSK 系统,发送"1"码时信号幅度为 5V,信道噪声的平均功率 $\sigma_n^2 = 3 \times 10^{-12}$,若系统要求误码率为 10^{-4},相干接收和非相干接收时信道衰减分别为多少？（假定此时为最佳门限）

8.16 设发送数字信息序列为 1000001,传码率为 1000Bd,载频为 3000Hz,画出 MSK 信号的相位路径图。

8.17 某数字微波通信系统,准备传送 34Mbit/s 的数字信号,若采用载波为 2GHz、滚降系数 $\alpha=0.5$ 的基带信号进行 QPSK 调制,试求:

(1) 发射端带通滤波器的频率范围;

(2) 为提高系统的可靠性,在上述方案中采用(2,1,2)卷积码,在保持带宽不变的情况下,基带信号设计和调制方式应如何变动？

8.18 已知电话信道可用的信号传输频带为 600～3000Hz,当取载频为 1800Hz,试说明:

(1) 采用 $\alpha=1$ 升余弦滚降基带信号进行 QPSK 调制,可传输 2400bit/s 的数据;

(2) 采用 $\alpha=0.5$ 升余弦滚降基带信号进行 8PSK 调制,可传输 4800bit/s 的数据。

第 9 章 数字信号的最佳接收

9.1 引 言

数字信号经过信道传输,到达接收端会产生失真,主要有两个方面的原因:一是信道特性的不理想,使信号产生畸变;二是各种噪声的干扰。这样,接收到的信号不再是发送信号的原始波形,给我们的正确判决造成困难。

信道特性的不理想,可以用均衡的方法加以解决;对于噪声干扰,主要是白噪声的干扰,可以按照最佳接收准则设计最佳接收机,从而使通信更可靠。这就是本章讨论最佳接收(或最佳接收理论)的出发点。

数字通信系统传送的是有限个数字信号,如二进制数字通信系统,不是代表"1"的波形,就是代表"0"的波形,而且,这些信号是通信双方事先约定好的,这给我们进行判决创造了有利条件。在接收端,系统只要将接收信号可靠判决为有限个数字信号之一,而并不一定要求信号不失真,因此,只要有利于判决,信号失真与否是无关紧要的。

最佳接收理论是以接收问题作为研究的对象,研究从噪声中如何准确地提取有用信号。显然,所谓的"最佳"是相对的而不是绝对的,是对一定的准则而言的。在某一准则下设计的最佳接收机,在另一准则下不一定是最佳的。

目前,比较常用的最佳接收准则有最大信噪比准则、最小均方差准则和最小差错概率准则。下面分别介绍这 3 种准则,并且可以看到它们之间是有内在联系的。

9.2 最大输出信噪比准则及其最佳接收机

在接收机输入信噪比相同的情况下,若所设计的接收机输出信噪比最大,则能够最佳地判断所出现的信号,从而可以得到最小的误码率,这就是最大输出信噪比准则。为此,我们可在接收机内采用一种线性滤波器,当信号通过它时,在某一时刻 t_0 使输出信号的瞬时功率与噪声平均功率之比达到最大,这种线性滤波器称为匹配滤波器,并由它构成在最大输出信噪比准则下的最佳接收机。

设线性滤波器输入端加入信号 $s(t)$ 与噪声 $n(t)$ 的混合波形为

$$x(t)=s(t)+n(t)$$

并假定噪声为白噪声,其功率谱密度 $P_n(\omega)=n_0/2$,而信号 $s(t)$ 的频谱函数为 $S(\omega)$,即 $s(t) \leftrightarrow S(\omega)$。设计要求线性滤波器能够在某时刻 t_0 有最大的信号瞬时功率与噪声平均功率的比值。

下面来确定上述最大输出信噪比准则下的最佳线性滤波器的传递函数 $H(\omega)$。

根据叠加原理,线性滤波器的输出 $y(t)$ 也包含信号与噪声两部分,即

$$y(t)=s_o(t)+n_o(t) \tag{9.2.1}$$

式中,$s_o(t)$、$n_o(t)$ 分别为 $s(t)$ 和 $n(t)$ 通过线性滤波器后的输出。

由于

$$s_o(t) = \frac{1}{2\pi}\int_{-\infty}^{+\infty} H(\omega)S(\omega)e^{j\omega t}d\omega \tag{9.2.2}$$

根据式(3.9.8),这时输出噪声平均功率 N_o 为

$$N_\mathrm{o} = \frac{1}{2\pi}\int_{-\infty}^{+\infty}|H(\omega)|^2 \cdot (n_0/2)\mathrm{d}\omega = \frac{n_0}{4\pi}\int_{-\infty}^{+\infty}|H(\omega)|^2\mathrm{d}\omega \tag{9.2.3}$$

在某一指定时刻 t_0 线性滤波器输出信号瞬时功率与噪声平均功率之比为

$$r_\mathrm{o} = \frac{|s_\mathrm{o}(t_0)|^2}{N_\mathrm{o}} = \frac{\left|\dfrac{1}{2\pi}\int_{-\infty}^{+\infty}H(\omega)S(\omega)\mathrm{e}^{\mathrm{j}\omega t_0}\mathrm{d}\omega\right|^2}{\dfrac{n_0}{4\pi}\int_{-\infty}^{+\infty}|H(\omega)|^2\mathrm{d}\omega} \tag{9.2.4}$$

显然，寻求最大 r_o 的线性滤波器，在数学上就归结为求式（9.2.4）中 r_o 达到最大值的 $H(\omega)$。这个问题可以用施瓦茨不等式加以解决。施瓦茨不等式为

$$\left|\frac{1}{2\pi}\int_{-\infty}^{+\infty}X(\omega)\cdot Y(\omega)\mathrm{d}\omega\right|^2 \leqslant \frac{1}{2\pi}\int_{-\infty}^{+\infty}|X(\omega)|^2\mathrm{d}\omega \cdot \frac{1}{2\pi}\int_{-\infty}^{+\infty}|Y(\omega)|^2\mathrm{d}\omega \tag{9.2.5}$$

要使不等式成为等式，只有当

$$X(\omega) = KY^*(\omega) \tag{9.2.6}$$

式中，K 为常数。现在把不等式（9.2.5）代入式（9.2.4）的分子中，并令

$$X(\omega) = H(\omega),\quad Y(\omega) = S(\omega)\mathrm{e}^{\mathrm{j}\omega t_0}$$

则可得

$$r_\mathrm{o} \leqslant \frac{\dfrac{1}{4\pi^2}\int_{-\infty}^{+\infty}|H(\omega)|^2\mathrm{d}\omega \int_{-\infty}^{+\infty}|S(\omega)|^2\mathrm{d}\omega}{\dfrac{n_0}{4\pi}\int_{-\infty}^{+\infty}|H(\omega)|^2\mathrm{d}\omega} = \frac{\dfrac{1}{2\pi}\int_{-\infty}^{+\infty}|S(\omega)|^2\mathrm{d}\omega}{\dfrac{n_0}{2}} = \frac{2E}{n_0} \tag{9.2.7}$$

其中利用了如下公式

$$E = \frac{1}{2\pi}\int_{-\infty}^{+\infty}G_E(\omega)\mathrm{d}\omega = \frac{1}{2\pi}\int_{-\infty}^{+\infty}|S(\omega)|^2\mathrm{d}\omega$$

式中，E 是信号 $s(t)$ 的总能量；$G_E(\omega)$ 为 $s(t)$ 的能量谱密度。

式（9.2.7）说明，线性滤波器所能输出的最大信噪比为

$$r_\mathrm{omax} = \frac{2E}{n_0}$$

它出现于式（9.2.6）成立的时候，即这时有

$$H(\omega) = KS^*(\omega)\mathrm{e}^{-\mathrm{j}\omega t_0} \tag{9.2.8}$$

这就是最佳线性滤波器的传递函数。式中，$S^*(\omega)$ 为 $S(\omega)$ 的复共轭。

由此得到结论：在白噪声干扰的背景下，按式（9.2.8）设计的线性滤波器将能在给定的时刻 t_0 获得最大输出信噪比（$2E/n_0$），这种滤波器就是最大输出信噪比意义下的最佳线性滤波器。由于它的传递函数与信号频谱的复共轭相一致（除相乘因子 $K\mathrm{e}^{-\mathrm{j}\omega t_0}$ 外），故又称它为匹配滤波器。

匹配滤波器的传输特性 $H(\omega)$ 当然还可用它的冲激响应 $h(t)$ 来表示，这时有

$$\begin{aligned}
h(t) &= \frac{1}{2\pi}\int H(\omega)\mathrm{e}^{\mathrm{j}\omega t}\mathrm{d}\omega \\
&= \frac{1}{2\pi}\int_{-\infty}^{+\infty}KS^*(\omega)\mathrm{e}^{-\mathrm{j}\omega t_0}\mathrm{e}^{\mathrm{j}\omega t}\mathrm{d}\omega \\
&= \frac{K}{2\pi}\int_{-\infty}^{+\infty}\left[\int_{-\infty}^{+\infty}s(\tau)\mathrm{e}^{\mathrm{j}\omega\tau}\mathrm{d}\tau\right]^*\mathrm{e}^{-\mathrm{j}\omega(t_0-t)}\mathrm{d}\omega \\
&= K\int_{-\infty}^{+\infty}\left[(1/2\pi)\int_{-\infty}^{+\infty}\mathrm{e}^{\mathrm{j}\omega(\tau-t_0+t)}\mathrm{d}\omega\right]s(\tau)\mathrm{d}\tau \\
&= K\int_{-\infty}^{+\infty}s(\tau)\delta(\tau-t_0+t)\mathrm{d}\tau = Ks(t_0-t)
\end{aligned} \tag{9.2.9}$$

由此可见,匹配滤波器的冲激响应便是信号 $s(t)$ 的镜像信号 $s(-t)$ 在时间上再向右平移 t_0 得到的。

为了获得物理可实现的匹配滤波器,则要求当 $t<0$ 时有 $h(t)=0$。因为冲激是在 $t=0$ 到达的,若 $t<0$ 而 $h(t)\neq 0$,是不可实现的。为了满足这个条件,就要求满足
$$s(t_0-t)=0, \quad t<0$$
即
$$s(t)=0, \quad t>t_0$$

这个条件表明,物理可实现的匹配滤波器,其输入端的信号 $s(t)$ 必须在它输出最大信噪比的时刻 t_0 之前消失(等于零),这就是说,若输入信号在 T 瞬间消失,则只当 $t_0 \geqslant T$ 时滤波器才是物理可实现的。一般总是希望 t_0 尽量小些,故通常选择 $t_0=T$。

顺便指出,匹配滤波器的输出信号波形可表示为

$$\begin{aligned} s_o(t) &= \int_{-\infty}^{+\infty} s(t-\tau)h(\tau)\mathrm{d}\tau \\ &= K\int_{-\infty}^{+\infty} s(t-\tau)s(t_0-\tau)\mathrm{d}\tau \\ &\stackrel{\diamondsuit \tau'=t-\tau}{=} -K\int_{+\infty}^{-\infty} s(\tau')s(t_0-t+\tau')\mathrm{d}\tau' = KR(t-t_0) \end{aligned} \quad (9.2.10)$$

由此可见,匹配滤波器的输出信号波形是输入信号的自相关函数的 K 倍。因此,常把匹配滤波器看作一个相关器。

至于常数 K,实际上它是可以任意选取的。因为 r_o 与 K 无关,所以,在分析问题时,可令 $K=1$。

【例 9.2.1】 设输入信号为单个矩形脉冲,求其匹配滤波器的特性和通过匹配滤波器后的输出波形。

解:设单个矩形脉冲信号 $s(t)$ 为
$$s(t) = \begin{cases} 1, & 0 \leqslant t \leqslant T \\ 0, & 其他\ t \end{cases}$$

如图 9.1(a)所示,于是信号 $s(t)$ 的频谱为
$$S(\omega) = \int_{-\infty}^{+\infty} s(t)\mathrm{e}^{-\mathrm{j}\omega t}\mathrm{d}t = (1/\mathrm{j}\omega)(1-\mathrm{e}^{-\mathrm{j}\omega T}) \quad (9.2.11)$$

根据式(9.2.8)所求匹配滤波器的传递函数 $H(\omega)$ 为
$$H(\omega) = (1/\mathrm{j}\omega)(\mathrm{e}^{\mathrm{j}\omega T}-1)\mathrm{e}^{-\mathrm{j}\omega t_0} \quad (9.2.12)$$
式中,已假设 $K=1$。

根据式(9.2.9)还可方便地找到匹配滤波器的冲激响应 $h(t)$ 为
$$h(t) = s(t_0-t) \quad (9.2.13)$$

选择 $t_0=T$,则最终可得
$$H(\omega) = (1/\mathrm{j}\omega)(1-\mathrm{e}^{-\mathrm{j}\omega T}) \quad (9.2.14)$$
或
$$h(t) = s(T-t) \quad (9.2.15)$$

由式(9.2.14)看出,匹配滤波器可用图 9.1(d)所示结构实现。这里因为 $1/\mathrm{j}\omega$ 是理想积分器的传递函数,而 $\mathrm{e}^{-\mathrm{j}\omega T}$ 是迟延 T 的传递函数。

匹配滤波器的输出信号为

$$s_o(t) = s(t) * h(t) = \int_{-\infty}^{+\infty} s(t-\tau)h(\tau)d\tau$$

用作图法或直接计算可求出匹配滤波器输出信号为

$$s_o(t) = \begin{cases} t, & 0 \leqslant t \leqslant T \\ 2T-t, & T \leqslant t \leqslant 2T \\ 0, & 其他 t \end{cases}$$

$h(t)$和$s_o(t)$的波形分别如图9.1(b)、(c)所示。由图可见,当$t=T$时,匹配滤波器输出信号幅度达到最大值,因此,在此刻进行采样判决,可以得到最大的输出信噪比。匹配滤波器的结构如图9.1(d)所示。

用上述方法能够求出图9.2(a)所示ASK信号(单个射频脉冲)的匹配滤波器冲激响应和输出信号的波形,分别如图9.2(b)、(c)所示。

图9.1 单个矩形脉冲匹配滤波器波形及结构　　图9.2 ASK信号匹配滤波器波形

由于匹配滤波器具有输出信噪比最大的特性,因此利用匹配滤波器构成的接收机,就是按照最大输出信噪比准则建立起来的最佳接收机。图9.3(a)、(b)分别给出了二进制和多进制数字通信系统中利用匹配滤波器组成最佳接收机的结构图。

(a) 二进制最佳接收机结构图　　(b) 多进制最佳接收机结构图

图9.3　匹配滤波器组成最佳接收机的结构图

9.3 最小均方差准则及其最佳接收机

在数字通信中，传输的数字信号是通信双方事先约定的，发送方发送几个可能信号(二进制通信系统有两种可能信号)之一，接收方判断是几种可能信号中的哪种信号。那么，我们在接收机中可以把已知的约定信号与未知的接收信号相比较，求其均方差(或求其相关系数)，然后根据均方差的大小判定收到的是哪一个信号，这就是最小均方差准则。

接收机收到信号 $y(t)$ 为发送信号 $s(t)$ 和噪声 $n(t)$ 之和，即
$$y(t)=s(t)+n(t)$$

对于二进制数字通信系统，发送信号 $s(t)$ 的每个码元为 $s_1(t)$ 或 $s_2(t)$。若 $y(t)$ 和 $s_1(t)$ 之间的均方差 $\overline{\varepsilon_1^2}$ 小于 $y(t)$ 和 $s_2(t)$ 之间的均方差 $\overline{\varepsilon_2^2}$，则判为发送 $s_1(t)$；否则判为发送 $s_2(t)$。这里有
$$\overline{\varepsilon_1^2}=E[y(t)-s_1(t)]^2$$
$$\overline{\varepsilon_2^2}=E[y(t)-s_2(t)]^2$$

$\overline{\varepsilon_1^2}$ 和 $\overline{\varepsilon_2^2}$ 在一个码元周期 T 内分别用 $\frac{1}{T}\int_0^T[y(t)-s_1(t)]^2\mathrm{d}t$ 和 $\frac{1}{T}\int_0^T[y(t)-s_2(t)]^2\mathrm{d}t$ 代替，最小均方差准则的最佳接收机框图如图9.4所示。

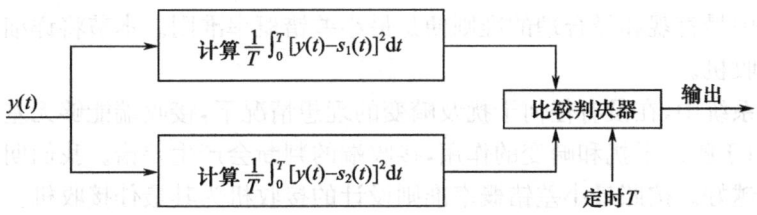

图 9.4 最小均方差准则的最佳接收机框图

为了简化接收机的结构，假定：
(1) 发送信号 $s_1(t)$ 和 $s_2(t)$ 的能量相等，即
$$\int_0^T s_1^2(t)\mathrm{d}t=\int_0^T s_2^2(t)\mathrm{d}t=E \tag{9.3.1}$$

(2) $s_1(t)$ 与 $s_2(t)$ 互相关系数为 ρ，即
$$\rho=\frac{1}{E}\int_0^T s_1(t)s_2(t)\mathrm{d}t \tag{9.3.2}$$

(3) 发送信号 $s_1(t)$ 和 $s_2(t)$ 的概率相等，即
$$P[s_1(t)]=P[s_2(t)]=\frac{1}{2} \tag{9.3.3}$$

最小均方差的最佳接收机判决准则为
$$\frac{1}{T}\int_0^T[y(t)-s_1(t)]^2\mathrm{d}t<\frac{1}{T}\int_0^T[y(t)-s_2(t)]^2\mathrm{d}t, \quad 判为 s_1(t) \tag{9.3.4}$$

展开得
$$\int_0^T y^2(t)\mathrm{d}t-2\int_0^T y(t)s_1(t)\mathrm{d}t+\int_0^T s_1^2(t)\mathrm{d}t<\int_0^T y^2(t)\mathrm{d}t-2\int_0^T y(t)s_2(t)\mathrm{d}t+\int_0^T s_2^2(t)\mathrm{d}t$$

由式(9.3.1)，上式可改写为
$$\int_0^T y(t)s_1(t)\mathrm{d}t>\int_0^T y(t)s_2(t)\mathrm{d}t, \quad 判为 s_1(t) \tag{9.3.5}$$

反之 $$\int_0^T y(t)s_1(t)\mathrm{d}t < \int_0^T y(t)s_2(t)\mathrm{d}t, \quad 判为 s_2(t) \tag{9.3.6}$$

这时简化的最小均方差最佳接收机的框图如图 9.5 所示。

图 9.5 简化的最小均方差最佳接收机框图

最小均方差最佳接收机的功能是比较接收信号与发送信号的互相关函数,故它又称为互相关接收机。它要求在接收机中事先产生与发送信号完全相同的已知信号 $s_1(t)$ 和 $s_2(t)$。

9.4 最小差错概率准则及其最佳接收机

9.4.1 最小差错概率准则

在数字通信中最直观和最合理的准则便是最小差错概率准则。本节将详细讨论由该准则建立起来的最佳接收机。

在数字通信系统中,在没有任何干扰及畸变的理想情况下,接收端能够无差错地判决发送的信号。实际上,由于噪声干扰和畸变的作用,接收端的判断会产生差错。我们期望错误接收的概率即误码率越小越好。按照最小差错概率准则设计的接收机为其最佳接收机。

为简便起见,下面讨论二进制数字信号最小差错概率准则的最佳接收。在存在噪声干扰的情况下,若两个可能发送的信号取值为 s_1 和 s_2,它们发送的概率分别为 $P(s_1)$ 和 $P(s_2)$(称先验概率),并设在观察时间 $(0,T)$ 内接收到的信号 $y(t)$ 为

$$y(t) = \{s_1(t) 或 s_2(t)\} + n(t)$$

则在发送 s_1 的条件下出现 y 的概率密度函数 $f_{s_1}(y)$ 和在发送 s_2 的条件下出现 y 的概率密度函数 $f_{s_2}(y)$ 如图 9.6 所示。图中 a_1 和 a_2 分别表示 s_1 和 s_2 的取值,即无噪声时 y 的取值。由图 9.6 可以看出,无论发送的是 s_1 还是 s_2,y 都可以在 $(-\infty,\infty)$ 取值。但要判为哪个,应与 $f_{s_1}(y)$ 和 $f_{s_2}(y)$ 有关,当 y 落入 a_1 附近,判为 s_1 较为合理,此时,相应的概率密度函数 $f_{s_1}(y)$ 较大;当 y 落入 a_2 附近,判为 s_2 较为合理,此时,相应的概率密度函数 $f_{s_2}(y)$ 较大。现任选划分点 y_0'(见图 9.6),当 y 落于 $(-\infty,y_0')$ 时判为 s_1,当 y 落于 $(y_0',+\infty)$ 时判为 s_2。在这种情况下,发送 s_1 时,y 落在 $(y_0',+\infty)$ 将错判为 s_2,错误概率为 Q_1;发送 s_2 时,y 落在 $(-\infty,y_0')$ 将错判为 s_1,错误概率为 Q_2。Q_1 和 Q_2 分别为相应曲线阴影下的面积,有

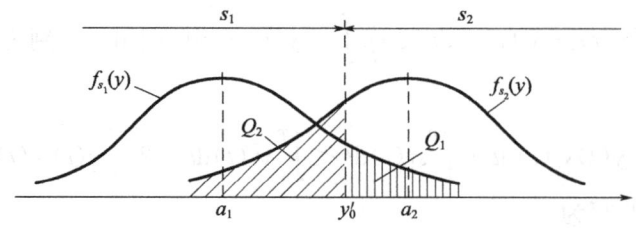

图 9.6 $f_{s_1}(y)$ 与 $f_{s_2}(y)$ 的示意图

$$Q_1 = \int_{y_0'}^{+\infty} f_{s_1}(y)\,\mathrm{d}y \tag{9.4.1}$$

$$Q_2 = \int_{-\infty}^{y_0'} f_{s_2}(y)\,\mathrm{d}y \tag{9.4.2}$$

这样,总的错误概率即误码率为

$$P_e = P(s_1)Q_1 + P(s_2)Q_2 = P(s_1)\int_{y_0'}^{+\infty} f_{s_1}(y)\,\mathrm{d}y + P(s_2)\int_{-\infty}^{y_0'} f_{s_2}(y)\,\mathrm{d}y \tag{9.4.3}$$

因为先验概率 $P(s_1)$、$P(s_2)$ 一般认为是确定的,故 P_e 是 y_0' 的函数。不同的 y_0' 将有不同的 P_e,我们关心的是使 P_e 最小的 y_0'。为了找到这个最佳划分点 y_0,将式(9.4.3)对 y_0' 求导并使求导后的表达式等于零,即

$$\frac{\partial P_e}{\partial y_0'} = 0 = [-P(s_1)f_{s_1}(y_0') + P(s_2)f_{s_2}(y_0')]\big|_{y_0' = y_0}$$

由此可见,最佳划分点必将满足下列等式,即

$$\frac{f_{s_1}(y_0)}{f_{s_2}(y_0)} = \frac{P(s_2)}{P(s_1)} \tag{9.4.4}$$

由此得出结论:如果按如下规则进行判决,则能使总错误概率最小,即有

$$\begin{cases} \dfrac{f_{s_1}(y)}{f_{s_2}(y)} > \dfrac{P(s_2)}{P(s_1)}, & \text{判为 } s_1 \\ \dfrac{f_{s_1}(y)}{f_{s_2}(y)} < \dfrac{P(s_2)}{P(s_1)}, & \text{判为 } s_2 \end{cases} \tag{9.4.5}$$

如果 $P(s_1) = P(s_2)$,最佳划分点为两条曲线的交点,则上述判决规则可变为

$$\begin{cases} \text{若 } f_{s_1}(y) > f_{s_2}(y), \text{判为 } s_1 \\ \text{若 } f_{s_1}(y) < f_{s_2}(y), \text{判为 } s_2 \end{cases} \tag{9.4.6}$$

式(9.4.6)的物理概念是:收到的 y 更接近谁就判为谁。因而,一般称 $f_{s_1}(y)$ 和 $f_{s_2}(y)$ 为似然概率密度函数,简称似然函数。故通常称式(9.4.6)为最大似然判决准则,而称式(9.4.5)为似然比判决准则。在实际使用这些准则时,可根据先验概率的条件去选用。下面来推导似然函数的表达式。

设信号传输中引入的加性高斯噪声 $n(t)$ 的各个采样值独立同分布,即各个采样值相互独立,其一维概率密度函数均为正态分布。因此,对于 $(0,T)$ 观察时间内的 k 个噪声采样值 $n_1, n_2, \cdots, n_k$,其多维联合概率密度函数为

$$f(n) = f(n_1)f(n_2)\cdots f(n_k) = \frac{1}{(\sqrt{2\pi}\sigma_n)^k}\exp\left[-\frac{1}{2\sigma_n^2}\sum_{i=1}^{k} n_i^2\right] \tag{9.4.7}$$

式中,噪声方差(平均功率)为 σ_n^2,噪声均值为 0。

若限带信道的截止频率为 f_H,理想采样频率为 $2f_H$,则在 $(0,T)$ 时间内共有 $2f_H T$ 个采样值,其平均功率为

$$N_0 = \frac{1}{2f_H T}\sum_{i=1}^{k} n_i^2, \qquad k = 2f_H T \tag{9.4.8}$$

令采样间隔 $\Delta t = \dfrac{1}{2f_H}$,若 $\Delta t \ll T$,则上式可近似用积分代替,有

$$N_0 = \frac{1}{T}\sum_{i=1}^{k} n_i^2 \Delta t \approx \frac{1}{T}\int_0^T n^2(t)\,\mathrm{d}t \tag{9.4.9}$$

将式(9.4.9)代入式(9.4.7)中,得

$$f(n) = \frac{1}{(\sqrt{2\pi}\sigma_n)^k} \exp\left[-\frac{2f_H}{2\sigma_n^2}\int_0^T n^2(t)dt\right]$$

$$= \frac{1}{(\sqrt{2\pi}\sigma_n)^k} \exp\left[-\frac{1}{n_0}\int_0^T n^2(t)dt\right] \tag{9.4.10}$$

式中，$n_0 = \sigma_n^2/f_H$ 为单边带噪声功率谱密度。

接收信号 $y(t)$ 是发送信号 $s_i(t)$ 与噪声之和，有

$$y(t) = n(t) + s_i(t) \qquad (i=1,2) \tag{9.4.11}$$

由于 $n(t)$ 为高斯噪声，因此 $y(t)$ 可以看成是均值为 $s_i(t)$ 的正态分布。当发送信号为 $s_i(t)$ 时，$y(t)$ 的条件概率密度函数为

$$f_{s_i}(x) = \frac{1}{(\sqrt{2\pi}\sigma_n)^k} \exp\left\{-\frac{1}{n_0}\int_0^T [y(t)-s_i(t)]^2 dt\right\} \tag{9.4.12}$$

9.4.2 恒参信道确定信号的最佳接收

如第 4 章所述，发送信号经信道（恒参信道或随参信道）到达接收机输入端的信号大致可分为两大类，一类为确定信号，另一类为随机信号。这些信号就是从噪声中被检测的对象。我们经常遇到下列 3 种信号形式的最佳接收问题。

① 确定信号。即一个信号出现后，它的所有参数（幅度、频率、相位、到达时间等）都确知，如数字信号通过恒参信道时，则接收机输入端的信号可认为是一种确定信号。对于确定信号，从检测观点来说，未知的只是信号出现与否。

② 随机相位信号。它被认为是除相位 φ 外其余参数都确知的信号，也即 φ 是信号的唯一随机参数，它的随机性体现在一个数字信号持续时间 $(0,T)$ 内为某一值，而在另一持续时间内随机地取另一值。随机相位信号在实际中是较常见的一种，如用键控法从独立振荡器那里得到的 FSK 或 ASK 信号、随机窄带信号经强限幅后的信号、通常的雷达接收信号等。通常假定 φ 在 $(0,2\pi)$ 内均匀分布。

③ 随机振幅和相位信号（简称起伏信号）。它的振幅 a 和相位 φ 都是随机参数，而其余参数是确知的，如一般衰落信号等。我们假定在时间 $(0,T)$ 内 a 是服从瑞利分布的随机变量，而 φ 是服从均匀分布的随机变量。

这里限于篇幅，只着重讲解第①种信号形式最小差错概率准则的最佳接收。

设到达接收机输入端的两个可能确定信号为 $s_1(t)$ 和 $s_2(t)$，它们的持续时间为 $(0,T)$，且有相等的能量。接收机输入端的噪声 $n(t)$ 是高斯白噪声，且其均值为零，单边带功率谱密度为 n_0。现在我们的目的是设计一个接收机，它能在噪声干扰下以最小的误码率检测信号。

为了能以最小误码率判定是 $s_1(t)$ 还是 $s_2(t)$ 到达接收机，我们只需按式（9.4.5）或式（9.4.6）的判决规则来进行判断即可。

因为在观察时间 $(0,T)$ 内，观察到的波形 $y(t)$ 可表示为

$$y(t) = \{s_1(t) \text{ 或 } s_2(t)\} + n(t) \tag{9.4.13}$$

条件概率密度函数 $f_{s_1}(y)$ 和 $f_{s_2}(y)$ 表达式见式（9.4.12）。这样，由判决规则式（9.4.5），得到若

$$P(s_1)\exp\left\{-\frac{1}{n_0}\int_0^T [y(t)-s_1(t)]^2 dt\right\} > P(s_2)\exp\left\{-\frac{1}{n_0}\int_0^T [y(t)-s_2(t)]^2 dt\right\} \tag{9.4.14}$$

则判为 s_1 出现；若

$$P(s_1)\exp\left\{-\frac{1}{n_0}\int_0^T [y(t)-s_1(t)]^2 dt\right\} < P(s_2)\exp\left\{-\frac{1}{n_0}\int_0^T [y(t)-s_2(t)]^2 dt\right\} \tag{9.4.15}$$

则判为 s_2 出现。这里 $P(s_1)$、$P(s_2)$ 分别是 $s_1(t)$ 和 $s_2(t)$ 的先验概率。

下面再来化简不等式(9.4.14)。在不等式两边取对数,不等式仍然成立(因为对数函数是单调增函数)。于是,若

$$n_0 \ln \frac{1}{P(s_1)} + \int_0^T [y(t)-s_1(t)]^2 dt < n_0 \ln \frac{1}{P(s_2)} + \int_0^T [y(t)-s_2(t)]^2 dt \quad (9.4.16)$$

则判为 s_1 出现;若不等式符号相反,则判为 s_2 出现。再考虑到 $s_1(t)$ 和 $s_2(t)$ 具有相同的能量,即

$$\int_0^T s_1^2(t) dt = \int_0^T s_2^2(t) dt = E$$

则式(9.4.16)还可以化简为

$$U_1 + \int_0^T y(t) s_1(t) dt > U_2 + \int_0^T y(t) s_2(t) dt \quad (9.4.17)$$

则判为 s_1 出现;若不等式符号相反,则判为 s_2 出现。式中

$$\begin{cases} U_1 = \dfrac{n_0}{2} \ln P(s_1) \\ U_2 = \dfrac{n_0}{2} \ln P(s_2) \end{cases} \quad (9.4.18)$$

由不等式(9.4.17)给出的判决规则,就可得到二进制确定信号的最佳接收机结构,如图9.7所示。由图9.7可见,这种最佳接收机的结构是按比较 $y(t)$ 与 $s_1(t)$ 和 $s_2(t)$ 的相关性而构成的,故称图9.7所示的结构为"相关检测器"或"相关接收机"。

图 9.7 二进制确定信号的最佳接收机结构

如果先验概率 $P(s_1)=P(s_2)$,则有 $U_1=U_2$,故图9.7中的加法器可以省掉,于是该图简化成如图9.8所示的结构。图9.8中的比较判决器是在时刻 $t=T$ 进行比较的,故可理解为是一个采样判决器。由图9.8可以看到,完成相关运算的相关器是关键部件。

在9.2节中已经指明,匹配滤波器输出信号波形就是输入信号的自相关函数,见式(9.2.9)和式(9.2.10),可以把匹配滤波器看作一个相关器,因此,图9.8能用图9.9替代。

图 9.8 等先验概率时的最佳接收机结构　　图 9.9 图 9.8 的另一种结构形式

应该强调指出,无论是相关器形式的还是匹配滤波器形式的最佳接收机结构,它们的比较器

都是在 $t=T$ 时刻才作出最后判决的。换句话说,即在每一数字信号码元的结束时刻才给出最佳的判决结果。因此,判决时刻的任何偏离,都将直接影响接收机的最佳性能。当然,输出波形比接收波形延时了一个码元,这并不影响消息的传输。

9.5 二进制数字调制信号的最佳接收

9.5.1 2ASK 系统最佳接收机结构

对于 2ASK 信号,信号 $s_1(t)=0$,而信号 $s_2(t)=\cos\omega_0 t$。

由图 9.3(a)可获得最大输出信噪比准则下,利用匹配滤波器组成的 2ASK 信号最佳接收机原理图,如图 9.10 所示。

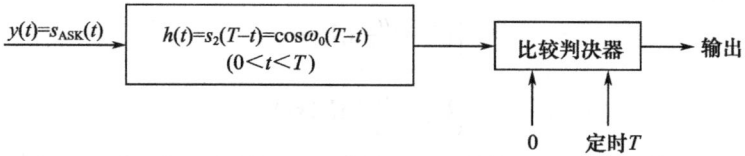

图 9.10 2ASK 系统的匹配滤波器最佳接收机原理图

由式(9.3.4)化简可得 2ASK 信号最小均方差接收机判决准则为

$$\int_0^T y(t)s_2(t)\mathrm{d}t < \frac{1}{2}\int_0^T s_2^2(t)\mathrm{d}t = V_0,\text{判为 } s_1(t)$$

$$\int_0^T y(t)s_2(t)\mathrm{d}t > \frac{1}{2}\int_0^T s_2^2(t)\mathrm{d}t = V_0,\text{判为 } s_2(t)$$

按照上述最小均方差接收机判决准则,2ASK 最佳接收机原理图如图 9.11 所示。

图 9.11 2ASK 系统的最小均方差最佳接收机原理图

9.5.2 2FSK 系统最佳接收机结构

对于 2FSK 信号,信号 $s_1(t)=\cos\omega_2 t$,而信号 $s_2(t)=\cos\omega_1 t$。

由图 9.3(a)可获得最大输出信噪比的准则下,利用匹配滤波器组成的 2FSK 信号最佳接收机原理图如图 9.12 所示。

图 9.12 2FSK 系统的匹配滤波器最佳接收机原理图

9.5.3 2PSK 系统最佳接收机结构

对于 2PSK 信号,信号 $s_1(t)=\cos\omega_0 t$,而信号 $s_2(t)=-s_1(t)=-\cos\omega_0 t$。如果先验概率

$P(s_1)=P(s_2)$,则有 $U_1=U_2$,由式(9.4.17)化简可得 2PSK 信号最小差错概率接收机判决准则,即

$$\int_0^T y(t)s_1(t)\mathrm{d}t > 0,判为 s_1(t)$$
$$\int_0^T y(t)s_1(t)\mathrm{d}t < 0,判为 s_2(t)$$

按照上述最小差错概率接收机判决准则,2PSK 最佳接收机原理图如图 9.13(a)所示,其各点的波形如图 9.13(b)所示。

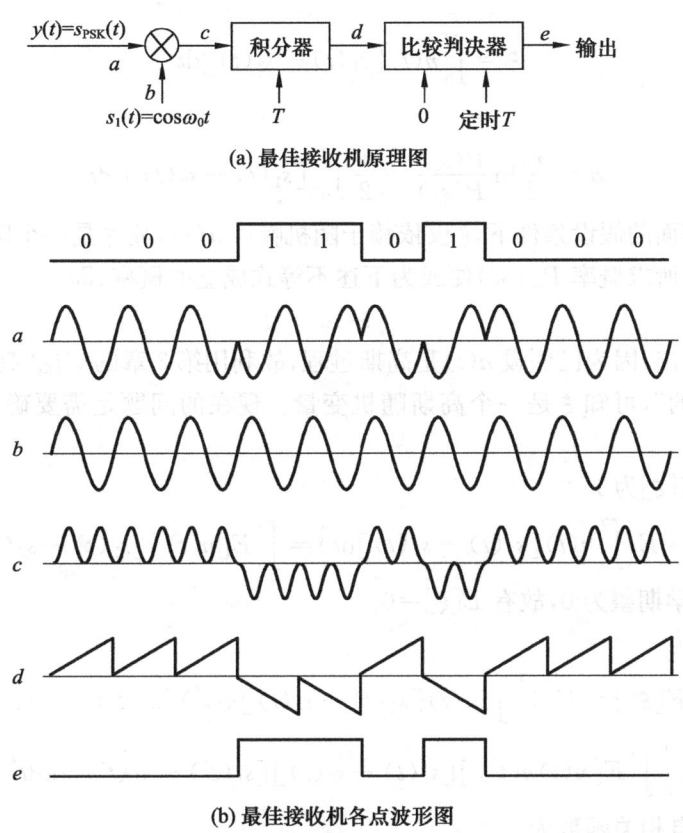

图 9.13　2PSK 系统的最小差错概率最佳接收机原理图及波形图

9.6　最佳接收机的性能及其潜力

9.6.1　最佳接收机的性能

从前面的分析可知,3 种准则建立起来的接收机结构是极其相似的,性能也应该是相同的。下面来推导它们的性能,最终的误码率公式适用于每一种准则。

图 9.8 或图 9.9 所示的最佳接收机,是按最佳判决规则进行设计的,因而,它们有最小的误码率。显然,这个"最小误码率"即表征了最佳接收机的极限性能。

最佳接收机发生错误判决将有两种可能:$y(t)$ 确实包含信号 $s_1(t)$,而最后却判为 $s_2(t)$ 出现;$y(t)$ 确实包含信号 $s_2(t)$,而最后却判为 $s_1(t)$ 出现。设发送 $s_1(t)$ 条件下,判为出现 $s_2(t)$ 的概率为 $P_{s_1}(s_2)$;发送 $s_2(t)$ 条件下,判为出现 $s_1(t)$ 的概率为 $P_{s_2}(s_1)$。显然,这时的误码率可由下式确定

$$P_e = P(s_1)P_{s_1}(s_2) + P(s_2)P_{s_2}(s_1) \tag{9.6.1}$$

因此，计算 P_e 的问题就归结为求 $P_{s_1}(s_2)$ 和 $P_{s_2}(s_1)$。由于 $P_{s_1}(s_2)$ 和 $P_{s_2}(s_1)$ 的求解方法相同，故下面将详细讨论其中之一 $P_{s_1}(s_2)$ 的计算。

由上面分析可知，$P_{s_1}(s_2)$ 是当 $y(t)=s_1(t)+n(t)$ 的条件下使判决规则式(9.4.15)成立的概率。于是，将 $y(t)=s_1(t)+n(t)$ 代入该不等式后，得

$$\int_0^T n(t)[s_1(t)-s_2(t)]dt < \frac{n_0}{2}\ln\frac{P(s_2)}{P(s_1)} - \frac{1}{2}\int_0^T [s_1(t)-s_2(t)]^2 dt \tag{9.6.2}$$

令

$$\xi = \int_0^T n(t)[s_1(t)-s_2(t)]dt \tag{9.6.3}$$

及

$$a = \frac{n_0}{2}\ln\frac{P(s_2)}{P(s_1)} - \frac{1}{2}\int_0^T [s_1(t)-s_2(t)]^2 dt \tag{9.6.4}$$

容易看出，在前面的假设条件下，ξ 仅依赖于随机噪声 $n(t)$，故 ξ 是一个随机变量，而 a 是一个确定的值。这样，所求概率 $P_{s_1}(s_2)$ 便成为下述不等式成立的概率，即

$$\xi < a \tag{9.6.5}$$

由式(9.6.3)看出，因为已假设 $n(t)$ 是高斯过程，故利用第3章的结论"高斯过程经线性变换后的过程仍为高斯的"，可知 ξ 是一个高斯随机变量。现在的问题是需要确定它的数学期望和方差。

ξ 的数学期望 $E[\xi]$ 为

$$E[\xi] = E\left\{\int_0^T n(t)[s_1(t)-s_2(t)]dt\right\} = \int_0^T E[n(t)][s_1(t)-s_2(t)]dt$$

因为已知 $n(t)$ 的数学期望为 0，故有 $E[\xi]=0$。

ξ 的方差 $D[\xi]$ 为

$$D[\xi] = E[\xi^2] = E\left\{\int_0^T\int_0^T n(t)[s_1(t)-s_2(t)]n(t')[s_1(t')-s_2(t')]dtdt'\right\}$$

$$= \int_0^T\int_0^T E[n(t)n(t')][s_1(t)-s_2(t)][s_1(t')-s_2(t')]dtdt' \tag{9.6.6}$$

因为白噪声的自相关函数为

$$R(\tau) = E[n(t)n(t+\tau)] = \frac{n_0}{2}\delta(\tau)$$

故有

$$E[n(t)n(t')] = \begin{cases} \dfrac{n_0}{2}\delta(0), & t=t' \\ 0, & \text{其他 } t \end{cases}$$

将上式代入式(9.6.6)，可得

$$D[\xi] = \frac{n_0}{2}\int_0^T [s_1(t)-s_2(t)]^2 dt \tag{9.6.7}$$

于是

$$P_{s_1}(s_2) = P(\xi < a) = \frac{1}{\sqrt{2\pi}\sigma_\xi}\int_{-\infty}^a e^{-\frac{x^2}{2\sigma_\xi^2}}dx \tag{9.6.8}$$

式中

$$\sigma_\xi^2 = D[\xi]$$

利用同样的方法，可求得

$$P_{s_2}(s_1) = \frac{1}{\sqrt{2\pi}\sigma_\xi} \int_{a'}^{+\infty} e^{-\frac{x^2}{2\sigma_\xi^2}} dx \tag{9.6.9}$$

式中

$$a' = \frac{n_0}{2}\ln\frac{P(s_2)}{P(s_1)} + \frac{1}{2}\int_0^T [s_1(t) - s_2(t)]^2 dt \tag{9.6.10}$$

将式(9.6.8)及式(9.6.9)代入式(9.6.1),可得

$$p_e = \frac{P(s_1)}{\sqrt{2\pi}\sigma_\xi}\int_{-\infty}^{a} e^{-\frac{x^2}{2\sigma_\xi^2}} dx + \frac{P(s_2)}{\sqrt{2\pi}\sigma_\xi}\int_{a'}^{+\infty} e^{-\frac{x^2}{2\sigma_\xi^2}} dx \tag{9.6.11}$$

由此看出,所求的最佳接收机的极限性能 P_e 与先验概率 $P(s_1)$ 和 $P(s_2)$、噪声功率谱密度 n_0 及两个信号之差的能量有关,而与 $s_1(t)$ 和 $s_2(t)$ 本身无关。

为了简化计算,令 $P(s_1) = P(s_2) = 1/2$,有

$$a = -a' = -\frac{1}{2}\int_0^T [s_1(t) - s_2(t)]^2 dt$$

则

$$P_e = \frac{1}{\sqrt{2\pi}\sigma_\xi}\int_{a'}^{+\infty} e^{-\frac{x^2}{2\sigma_\xi^2}} dx \tag{9.6.12}$$

令

$$A = \frac{a'}{\sigma_\xi} = \sqrt{\frac{1}{2n_0}\int_0^T [s_1(t) - s_2(t)]^2 dt} \tag{9.6.13}$$

则有

$$P_e = \frac{1}{\sqrt{2\pi}}\int_A^{+\infty} e^{-\frac{z^2}{2}} dz \tag{9.6.14}$$

式中

$$z = \frac{x}{\sigma_\xi}$$

令 $s_1(t)$ 和 $s_2(t)$ 在 $0 \leq t \leq T$ 内具有相等的能量 E,有

$$a' = E(1-\rho)$$

$$\rho = \frac{\int_0^T s_1(t)s_2(t)dt}{E}$$

$$\sigma_\xi^2 = D[\xi] = n_0(1-\rho)E$$

式中,ρ 为信号 $s_1(t)$ 和 $s_2(t)$ 的互相关系数,其取值范围为 $(-1,1)$。这时

$$A = \sqrt{\frac{E(1-\rho)}{n_0}}$$

由式(9.6.14),则有

$$P_e = \frac{1}{2}\left[1 - \text{erf}\left(\sqrt{\frac{E(1-\rho)}{2n_0}}\right)\right] = \frac{1}{2}\text{erfc}\left(\sqrt{\frac{E(1-\rho)}{2n_0}}\right) \tag{9.6.15}$$

在工程上都用等概率情况进行设计计算。式(9.6.15)表明,确定信号最佳接收机的性能与 ρ 有直接关系,当信号能量 E 和噪声 n_0 一定时,误码率 P_e 是相关系数 ρ 的函数,当 $\rho = -1$ 时,P_e 有最小值。此值为

$$P_e = \frac{1}{2}\left[1 - \text{erf}\left(\sqrt{\frac{E}{n_0}}\right)\right] = \frac{1}{2}\text{erfc}\left(\sqrt{\frac{E}{n_0}}\right) \tag{9.6.16}$$

当 $\rho = 1$ 时,P_e 有最大值,此值为

$$P_e = \frac{1}{2}$$

当 $\rho=0$ 时,则 P_e 即为

$$P_e = \frac{1}{2}\left[1 - \text{erf}\left(\sqrt{\frac{E}{2n_0}}\right)\right] = \frac{1}{2}\text{erfc}\left(\sqrt{\frac{E}{2n_0}}\right) \tag{9.6.17}$$

由此得到结论:二进制确定信号的最佳形式即为 $\rho=-1$ 的形式;使 ρ 愈接近于 1 的信号形式,其接收性能就愈差,以致通信无效,因为 $P_e=1/2$ 就意味着判对和判错的可能性一样,故等于瞎猜的概率。使 $\rho=0$ 的信号形式(两信号正交时的形式)比 $\rho=-1$ 时在信噪比性能上差 3dB。

在数字通信中,2PSK 信号对应的 $\rho=-1$,2FSK 信号对应的 $\rho=0$。因此,这两种信号最佳接收时的误码率 P_e 分别如式(9.6.16)和式(9.6.17)所示。对于 2ASK 信号,信号 $s_1(t)$ 的能量为 0,信号 $s_2(t)$ 的能量为 E,则式(9.6.13)可为

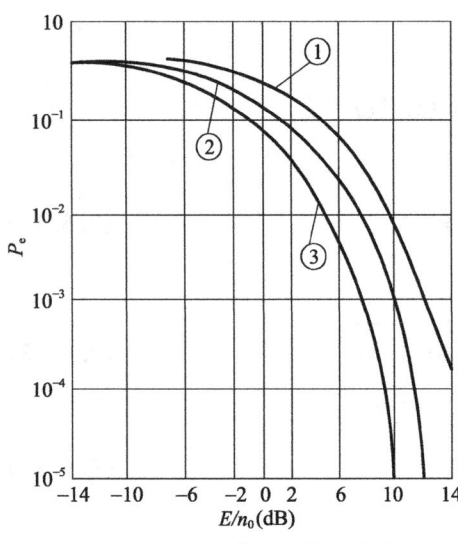

图 9.14 二进制调制信号的最佳接收性能曲线

$$A = \frac{a'}{\sigma_\xi} = \sqrt{\frac{E}{2n_0}}$$

将上式代入式(9.6.14),则得 2ASK 信号最佳接收时的误码率为

$$P_e = \frac{1}{2}\left[1 - \text{erf}\left(\sqrt{\frac{E}{4n_0}}\right)\right] = \frac{1}{2}\text{erfc}\left(\sqrt{\frac{E}{4n_0}}\right) \tag{9.6.18}$$

根据式(9.6.16)、式(9.6.17)和式(9.6.18)画出 P_e-E/n_0 关系曲线,分别如图 9.14 中③、②、①3 条曲线所示。于是,根据上面分析得知,在二进制确定信号通信中,2PSK 信号是最佳形式之一,而 2FSK 信号次之,2ASK 信号最差。但要注意,说 2PSK 信号形式是最佳的,并不意味着第 7 章中介绍的相应解调系统就是最佳的接收系统,因为那些解调系统并非是按最佳接收机的原理结构设计的。

9.6.2 最佳接收机与实际接收机的性能比较

前面已经分析过实际数字调制系统的接收机的性能 P_e,现在将其与最佳接收机的性能进行比较,以进一步了解最佳接收机潜在的性能。

对于相干 PSK $\begin{cases} \text{实际接收系统} \quad P_e = \frac{1}{2}\text{erfc}\sqrt{r} \\ \text{最佳接收系统} \quad P_e = \frac{1}{2}\text{erfc}\sqrt{\frac{E}{n_0}} \end{cases}$

对于相干 FSK $\begin{cases} \text{实际接收系统} \quad P_e = \frac{1}{2}\text{erfc}\sqrt{\frac{r}{2}} \\ \text{最佳接收系统} \quad P_e = \frac{1}{2}\text{erfc}\sqrt{\frac{E}{2n_0}} \end{cases}$

对于相干 ASK $\begin{cases} \text{实际接收系统} \quad P_e = \frac{1}{2}\text{erfc}\sqrt{\frac{r}{4}} \\ \text{最佳接收系统} \quad P_e = \frac{1}{2}\text{erfc}\sqrt{\frac{E}{4n_0}} \end{cases}$

这就是说,实际接收系统的 $r(r=S/N,S$ 为信号功率,N 为噪声功率)与最佳接收系统的 E/n_0 相对应。

然而,公式形式的相同并不意味着有相同的接收性能。下面考察当接收机输入端加入相同的噪声 $n(t)$ 和数字信号 $s(t)$ 时 r 与 E/n_0 的相互关系,并假设 $n(t)$ 的单边带功率谱密度为 n_0,$s(t)$ 的持续时间为 T,其能量为 E。

当 $y(t)=s(t)+n(t)$ 加到实际接收系统时,总是首先经过带通滤波,然后进行信号检测。因此,实际接收系统的信噪比 r 直接与带通滤波器的特性有关,在以前的分析中,我们均认为带通滤波器能使信号顺利通过,并仅使得通带内的噪声输出。于是,信噪比 r 即为 $s(t)$ 的平均功率与带通滤波器输出的噪声功率之比,设滤波器的等效矩形带宽为 B,则信噪比 r 可表示为

$$r=\frac{S}{N}=\frac{S}{n_0 B} \tag{9.6.19}$$

对于最佳接收机而言,在同样的 $y(t)$ 下,其性能与 E/n_0 有关,并且,由于 $E=ST$,故 E/n_0 还可表示为

$$\frac{E}{n_0}=\frac{ST}{n_0}=\frac{S}{n_0\left(\frac{1}{T}\right)} \tag{9.6.20}$$

正如前面说过,实际接收系统和最佳接收系统,其性能表示式在形式上是相同的,因而如果式(9.6.19)和式(9.6.20)相等,则将表明以上两种系统具有完全相同的性能。显然,这时就要求式(9.6.21)成立,即

$$B=\frac{1}{T} \tag{9.6.21}$$

可是,$1/T$ 是基带数字信号的重复频率。对于矩形的基带信号而言,$1/T$ 便是其频谱的第一个零点处。因此,若带通滤波器的带宽 $B=1/T$,则必然会使信号造成严重失真,这就与原假设"使信号顺利通过"相矛盾。这表明,实际系统所需的滤波器带宽 B 应满足

$$B>\frac{1}{T} \tag{9.6.22}$$

例如,对于二进制 ASK、PSK 信号来说,调制信号的带宽至少是基带信号带宽的 2 倍。因而,为使信号通过带通滤波器的失真很小,如让第 2 个零点之内的基带信号频谱成分通过,则所需的带通滤波器宽 B 约为 $4/T$。此时,为了获得相同的系统性能,实际接收系统的信噪比将比最佳接收系统的增加 6dB。

上述分析表明,由于实际的带通滤波器带宽 B 总是大于 $1/T$,故在同样的输入条件下,实际接收系统的性能总是比最佳接收系统的差。这个差值,将取决于 B 与 $1/T$ 的比值。

习 题 9

9.1 在功率谱密度为 $n_0/2$ 的白噪声下,设计一个如题图 9.1 所示 $f(t)$ 的匹配滤波器。
(1) 如何确定输出最大信噪比的时刻?
(2) 求匹配滤波器的冲激响应和输出波形,并绘出图形。
(3) 求输出最大信噪比的值。

9.2 在题图 9.2(a)中,设系统输入 $s(t)$ 及 $h_1(t)$、$h_2(t)$ 分别如题图 9.2(b)所示,试绘图解出 $h_1(t)$ 及 $h_2(t)$ 的输出波形,并说明 $h_1(t)$ 及 $h_2(t)$ 是否是 $s(t)$ 的匹配滤波器。

题图 9.1

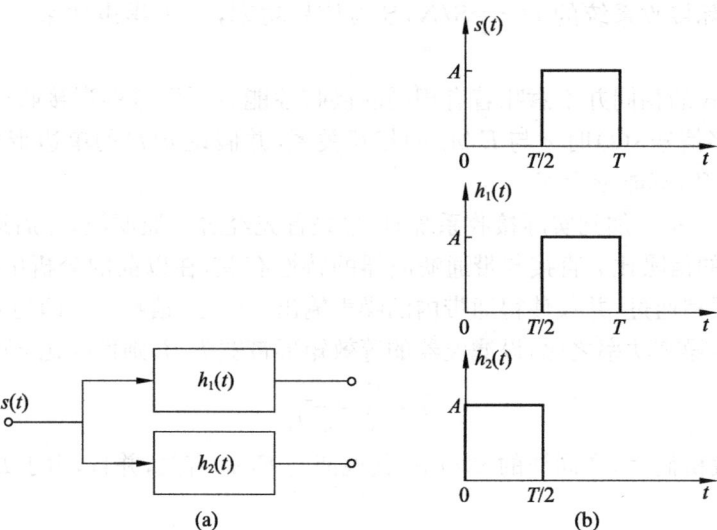

题图 9.2

9.3 设到达接收机输入端的二进制信号 $s_1(t)$ 及 $s_2(t)$ 的波形如题图 9.3 所示,输入高斯噪声功率谱密度为 $n_0/2(\text{W/Hz})$。

(1) 画出匹配滤波器形式的最佳接收机结构。
(2) 确定匹配滤波器的单位冲激响应及可能的输出波形。
(3) 求系统的误码率。

9.4 将习题 9.3 中 $s_1(t)$ 及 $s_2(t)$ 分别改为如题图 9.4 所示的波形,试重做上题。

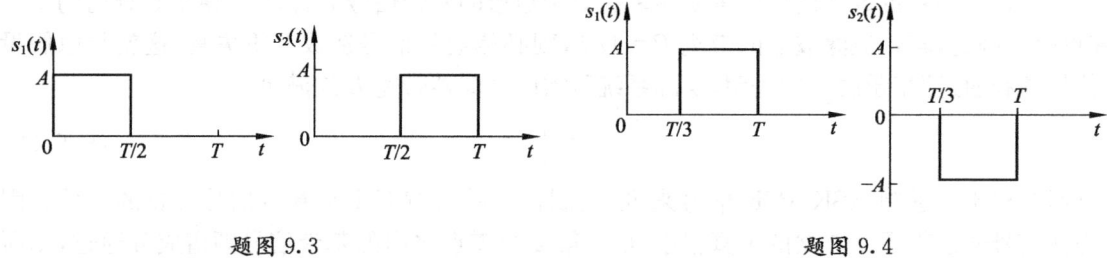

题图 9.3   题图 9.4

9.5 画出 2PSK 最佳接收机框图,并画出各点波形。

9.6 试构成先验等概率的确定信号 2ASK 的最佳接收机结构,若非零信号的码元能量为 E 时,求出该系统抗高斯白噪声的性能。

9.7 设 2FSK 信号为

$$\begin{cases} s_1(t) = A\sin\omega_1 t, & 0 \leqslant t \leqslant T_s \\ s_2(t) = A\sin\omega_2 t, & 0 \leqslant t \leqslant T_s \end{cases}$$

且 $\omega_1 = 4\pi/T_s$、$\omega_2 = 2\omega_1$、$s_1(t)$ 与 $s_2(t)$ 等概率出现。

(1) 构成相关检测器形式的最佳接收机结构。
(2) 画出各点可能的工作波形。
(3) 若接收输入高斯噪声功率谱密度为 $n_0/2(\text{W/Hz})$,试求系统的误码率。

9.8 已知先验等概率 2FSK 信号的最佳接收机,其输入信号能量 E 与噪声单边带功率谱密度 n_0 之比为 14dB,试求其误码率。

9.9 已知先验等概率 2PSK 信号的最佳接收机,其输入信号能量 E 与噪声单边带功率谱密度 n_0 之比为 9dB,试求其误码率。

第 10 章　信道复用和多址方式

10.1　引　言

　　前述各章所讨论的通信,在信道中只传输一路信号。但在实际中,信道所提供的频带宽度往往比一路信号所占用的带宽要宽很多。为了提高频谱利用率,充分利用信道资源,就需要采用多路复用技术,实现在同一信道中同时传输多路信号。常用的复用方式有频分复用、时分复用和码分复用等。

　　早期的无线通信以点对点通信为主,而在有线交换网中,多用户间相互通信是采用交换技术解决的。但随着卫星通信系统、移动通信系统和计算机通信网等的发展,通信台、站的位置分布面很广,甚至为立体空间分布,而且它们的位置还可能在大范围内随时移动。因此,需采用多址方式实现任意点、任意时间与任意对象的信息交换。

　　多址方式的典型应用是卫星通信。这时,多址连接是指多个地球站通过共同的卫星同时建立各自的信道,从而实现各地球站之间通信的一种方式。虽然多址连接与多路复用是两个不同的概念,但也有相似之处,因为两者都是研究和解决信道复用问题的。它们在通信过程中都包括多个信号的复合、复合信号在信道上的传输及信号的分离3个过程。不过,多路复用是指多个信号在基带信道上进行复合和分离,信号来自话路,因此区分信号和区分话路是一致的。而多址连接则是指多个地球站发射的信号通过卫星在射频信道上的复用,信号来自不同的站址,因此,区分信号与区分地址是一致的。应当指出,当一个站只发射一个射频载波(或一个射频分帧)时,多址的概念是清楚的。但是,如果一个站发射几个射频载波(或几个射频分帧),而关心的是区分不同的射频载波或分帧时,区分信号与区分地址就不完全一致了。因此,多址连接有时也称为多元连接。

　　需要指出,在地面蜂窝移动通信系统中是以信道来区分通信对象的。一个信道只容纳一个用户进行通信。许多同时通信的用户相互以信道来区分,这是信道区分技术,即为多址技术。

10.2　频分复用及多级调制

　　所谓频分复用(Frequency-Division Multiplexing,FDM),是指按照频率的不同来复用多路信号的方法。在频分复用中,需将多路信号预先调制到不同的频率位置上,再送入同一信道传输。因此,频分复用信号在频谱上不会重叠,但在时间上是重叠的,即可以同时发送。频分复用的理论基础是调制定理(频谱搬移)。

10.2.1　频分多路复用

　　图 10.1 所示为频分复用系统的组成框图。由图可见,复用信号共有 n 路,每路信号首先通过低通滤波器,以限制每路信号的最高频率 f_m。为简单起见,这里假定各路的 f_m 都相等,如语音信号的最高频率均设为 3400Hz。然后各路信号通过载波频率不同的调制器,调制方式可以任意选择,本例为单边带调制。这里的调制器由乘法器和带通滤波器(SBF)构成。在选择载频时,应考虑边带频谱的宽度。

图 10.1　频分复用系统的组成框图

同时,为了防止邻路信号之间相互干扰,还应留有一定的防护频带,即

$$f_{c(i+1)} = f_{c(i)} + (f_m + f_g) \qquad i = 1, 2, \cdots, n \tag{10.2.1}$$

式中,$f_{c(i)}$ 和 $f_{c(i+1)}$ 为第 i 路和第 $(i+1)$ 路的载波的载频;f_m 为各路信号的最高频率;f_g 为邻路间隔防护频带。

经过单边带调制后的各路信号在频谱位置上已被分开,因此,可以通过加法器将它们合并成适合在信道内传输的复用信号,其频谱组成如图 10.2 所示。复用后 n 路信号的频谱结构可能不同,但均占用相同的带宽。n 路单边带信号的复用带宽为

$$B = nf_m + (n-1)f_g = f_m + (n-1)(f_m + f_g) \tag{10.2.2}$$

图 10.2　频分复用信号的频谱组成

在接收端,利用相应的带通滤波器可分离出各路信号,然后通过各自的相干解调器恢复出各路原始信号。

频分复用系统的优点是信道利用率高,技术成熟。它是目前模拟通信中采用的最主要的一种复用方式。例如,无线电广播、电视广播、有线和微波通信都广泛采用频分复用方法。但当信号路数较多时,需要大量的并行设备,会使整个系统显得复杂庞大。当需要较高的信道利用率时,各信号频带会尽量靠近,这要求滤波器特性陡峭,且频率准确性和元件的稳定性要求很高,否则会产生干扰,影响通信质量。

频分复用系统的另一个主要问题是各信号之间的相互干扰,称为串扰。造成这种现象的主要原因是系统的非线性造成已调信号频谱的展宽,使各路信号频谱重叠,因此频分复用系统的线性要求高。

10.2.2　多级调制

所谓多级调制,通常是指对同一基带信号进行两次或更多次的调制过程。这时所采用的调制方式可以相同,也可以不同。若采用的调制方式不同,则为复合调制。

图 10.3 所示为一个频分复用系统多级调制的例子。f_{1i} 是第 1 次调制设置的载波频率,而

f_2 则是第 2 次调制的载频。对第 1 路来说,第 1 次采用 SSB 调制方式,第 2 次也采用 SSB 调制方式,一般记为 SSB/SSB。在实际的通信系统中,常见的多级调制还有 SSB/FM、FM/FM 等。例如,频分多路微波通信系统中的多级调制方式,便采用的是 SSB/FM 方式。

图 10.3 SSB/FM 多级调制

10.3 时分复用

多路复用方式除频分复用(FDM)外,还有时分复用(Time-Division Multiplexing,TDM)。在脉冲调制中,信号脉冲只占用有限的时间间隔。如果利用脉冲之间的间隔传输其他路信号脉冲,将多路脉冲在时间轴上互不重叠地穿插排列,就可以在同一条公共信道上进行传输。这种按照一定时间次序依次循环地传输各路消息以实现多路通信的方式称为时分多路复用。需要注意的是,时分复用在时域上各路信号是分离的,但在频域上各路信号的频谱是重叠的。

10.3.1 时分复用原理

下面以图 10.4 所示的时分复用系统原理图来说明 n 路 PAM 信号时分复用原理。

图 10.4 时分复用系统原理图

各路输入信号分别通过各自的低通滤波器后变为带限信号,然后送至采样开关 K_T 对输入信号进行采样,获得每路的 PAM 信号。该采样开关将各路信号依次采样一次的时间称为帧长,用 T_s 表示,则 n 路 PAM 信号时分复用系统的信号波形如图 10.5 所示。其中 $\tau=\tau_m+\tau_g$,τ_m 为采样脉冲宽度;τ_g 为防护时隙,用来避免各路采样脉冲的相互重叠。

在接收端,用一个与发送端同步的定时电路控制转换开关 K_R,区分不同路的信号,把各路信号的采样脉冲序列分离出来,再通过低通滤波器恢复出各路信号。

上面时分多路系统中的合成信号是 PAM 多路信号,它也可以是已量化和编码的多路 PCM 信号和 ΔM 信号。PCM 电话系统就是时分多路 PCM 系统的一种最重要的应用。

图 10.5 时分复用系统的信号波形

10.3.2 PCM 基群帧结构

国际电信联盟(ITU)对采用 TDM 的数字通信系统提出了 E 体系和 T 体系两类标准。它们的基础层都是先将一定路数的数字信号(64kbit/s)复用成一个标准的数据流,称为基群或一次群,然后根据需要把多个基群数据流复合成更高速率的数据信号。

E 体系与 T 体系的基群分别称为 E1 和 T1。其最早的应用背景为多路电话传输,因此规定中以 64kbit/s 的 PCM 信号为基础,又称为 PCM30/32 路(A 律)基群和 PCM24 路(μ 律)基群。下面分别说明这两种基群。

1. E1

E1 中每帧共有 32 个时间间隔(简称时隙)。由于采样频率 $f_s=8000\text{Hz}$,故每帧的长度均应为 125μs。如图 10.6 所示,各个时隙从 0 到 31 顺序编号,分别记作 TS0,TS1,TS2,…,TS31,其中 TS1~TS15 和 TS17~TS31 这 30 个时隙用来传送 30 路语音信号的 8 位编码码组,TS0 分配给帧同步,TS16 用于传输话路信令。每个时隙包含 8 位码,占时 3.91μs,每位码占 488ns,一帧共含 256 个码元。

TS0 的第一位保留,用于国际电话间通信,后 7 位(第 2~8 位)对奇、偶帧的功用不同。偶帧时,这 7 位为"0011011",作为同步码;奇帧时,这 7 位是"1A11111",其中第二位固定为 1,使之区别于偶帧的同步码;第三位的 A1 用于远端告警等用途,0 为正常,1 为告警;后几位保留为其他特定用途,通常为全 1。

在传输话路信令时,可以将 TS16 所包含的总比特率 64kbit/s 集中起来使用,称为共路信令传送;也可以按照规定的时间顺序分配给各个话路,直接传送各话路所需要的信令,称为随路信令传送。

采用共路信令传送时,必须将 16 帧构成一个复帧。复帧的重复频率为 500Hz,周期为 2.0ms。复帧中各帧顺序编号为 F0,F1,…,F15。其中,F0 的 TS16 前 4 位用来传送复帧同步码组 0000,F1~F15 的 TS16 用来传送各话路的信令。每个信令用 4 位码组来表示,因此,每个 TS16 时隙可以传送两路信令。E1 的总数据速率为

$$8000 \text{ 帧/s} \times (30+2) \text{时隙/帧} \times 8\text{bit/时隙} = 2048\text{kbit/s}$$

这种帧结构中每帧共有 32 个时隙,但真正能用于传送话路或数据的时隙只有 30 个。

2. T1

T1 每帧长 193 个码元,连续 12 帧构成一个复帧,复帧周期为 1.5ms。由第 6 帧的第 8 位来

图 10.6 同步复接设备的帧结构

传送随路信令。每帧中的前 192 位正好对应于 24 路 PCM 信号的各个编码字节(8bit),即 24×8＝192。复帧中 12 个帧的第 193 位共同提供码字"010001101110"作为帧同步码。其中,6 个偶帧提供"000111",6 个奇帧提供"101010"。这样在实现帧同步的同时,也实现了复帧的同步定位。

T1 的总数据速率为

$$8000 \text{ 帧/s} \times (192+1) \text{bit/帧} = 1544 \text{kbit/s}$$

这种帧结构用于同步码的开销低于 E1,但由于完整的同步码由复帧提供,其同步建立时间(又称为同步捕捉时间)要比 E1 长,同步检测器也要复杂一些。

10.3.3 准同步与同步数字体系

在数字通信网中,为了扩大传输容量和提高传输效率,需要把若干个中低速数字信号合并成一个高速信号,再通过高速信道传输,传到终端再分离还原为若干个中低速数字信号。随着通信业务的扩大与更高速的数字通信系统的发展,越来越多的数字信号需要复合在一起公用骨干通信系统,因而逐渐形成了在已经复用过的数字信号基础上再次反复复用的多层次 TDM 数字体系。

TDM 数字体系可分为准同步体系(Plesiochronous Digital Hierarchy,PDH)与同步体系(Synchronous Digital Hieraechy,SDH)两大类别。在准同步体系中,参与合并的数字信号与复用设备各自独立地按标称值设定自己的时钟频率,由于精度等原因,彼此之间存在一定的误差,复用设备在复用时必须容忍这些误差。在同步体系中,所有参与合并的数字信号和复用设备的主时钟严格同步,这样,复用与解复用很容易完成,但是系统中必须解决精确的同步问题。

E体系和T体系实际是两种准同步数字体系。E体系与A律PCM方案结合,主要应用于我国和欧洲各国。其复用信号的基础层为基群E1,速率为2.048Mbit/s,4个E1再经过二次复用得到二次群信号,速率为8.448Mbit/s,按四倍关系再次复用,可得三次、四次、五次群信号。参数如表10.1所示。每次复用后的高次群都加入了一些额外开销,其数据速率比输入信号的4倍还高,这些额外的开销用于同步和速率配合等需要。

T体系和μ律PCM方案结合,主要应用于北美和日本等国家及地区。其复用信号的基础层为基群T1,速率为1.544Mbit/s。T体系中再次复用的基本原理与E体系一样,具体参数如表10.1所示。其中北美和日本在三次群及以上的规定上有所差别。

表10.1 PDH数字速率等级和标称电路

制式	级别	标称电路	数据速率(Mbit/s)	备注
PCM 30/32	基群	30	2.048	32×64(kbit/s)
	二次群	120	8.448	4×2048+256(kbit/s)
	三次群	480	34.268	4×8448+572(kbit/s)
	四次群	1920	139.264	4×34368+1792(kbit/s)
	五次群	7680	564.990	4×139264+7936(kbit/s)
PCM 24	基群	24	1.544	24×64+8(kbit/s)
	二次群	96	6.312	4×1544+136(kbit/s)
	三次群	480(日)	32.064	5×6312+504(kbit/s)
		672(美)	44.736	7×6312+552(kbit/s)

随着光纤通信系统的发展与数据速率的不断提高,E体系和T体系已不能满足新的应用需求,因为非同步所造成的问题日益突出。1985年,美国贝尔通信研究中心提出了一种新的TDM体系,称为同步光网络(Synchronous Optical NETwork,SONET)。1989年,ITU在此基础上提出了同步体系(SDH)的建议。

在同步体系中,信息以同步传输模块(STM)的结构进行传输,STM的重复周期为125μs,包括信息的有效负荷与段开销。SDH分为如表10.2所示的4级,各级的容量(路数)之间为4倍关系,数据速率也为4倍关系,各级之间没有额外的开销。

表10.2 SDH数字速率等级

等级	数据速率(Mbit/s)	等级	数据速率(Mbit/s)
STM-1	155.52	STM-16	2488.32
STM-4	622.08	STM-64	9953.28

PDH和SDH之间需要连接时,通常将若干PDH封装在STM-1(155.52Mbit/s)之内。这时PDH的数据速率低于155.52Mbit/s,经调整(填充)为155.52Mbit/s。例如,63个E1、3个E3、1个E4、84个T1或3个T3等可以接入1个STM-1中。

10.3.4 复接与码率调整

在数字体系中,将低次群合并成高次群的过程称为复接(Multiplexing);将高次群分解为低次群的过程称为分接(Demultiplexing)。在双工通信系统中,每个终端设备既需要复接器也需要分接器,两者合并在一起称为复接分接器(Muldex),简称复接器。如图10.7所示,复接器由定时系统、调整单元和复接单元等组成；分接器由同步、定时形成、恢复单元等组成。

图 10.7　数字复接系统

由 TDM 合路原理可知，在数字复接器中的复接单元输入端上各支路数字信号必须是同步的，即数字信号的频率和相位完全是确定的关系。只要使各支路数字脉冲变窄，将相位调整到合适位置，并按照一定的帧结构排列起来即可实现数字合路复接功能。但是在复接器输入端的各支路信号不一定与本机定时信号同步。如果同步，称为同步复接器；如果不同步，称为异步复接器。如果输入支路数字信号与本机定时信号的标称速率相同（但实际上有一个很小的容差），这种复接器称为准同步复接器。

准同步复接包括码率调整和同步复接两部分。下面介绍一种最基本和常用的码率调整方案，称为正码率调整。所谓正码率调整，就是指复接器的主时钟与输出速率比各支路数字信号的略高，由于输出快于输入，经过一段时间的累积，某支路上就会来不及提供新的数据，这时复接器就在输入信号中为该支路填充一个空闲位，以等待其数据的到来。

图 10.8 是 ITU 建议的 E 体系复接方案之一，用于将 4 个 2.048Mbit/s 的 E1 信号合并为 1 个 8.448Mbit/s 的 E2 信号。图中的复接帧长为 848 位，前 10 位为复接帧的同步码，第 11、12 位分别用于告警和国内用途。而码速调整是通过下面两个方面来实施的。

图 10.8　复接帧结构与正码速调整

（1）$C_{j1}C_{j2}C_{j3}$ 是第 j 个支路的码速调整标志位，其中 $j=1,2,3,4$，共有 4 个支路。3 个标志位取值相同，分布在复接帧中的不同位置处，以提高其可靠性。无须调整时，它们为"000"；需要调整时，为"111"。传输中如果出现误码，使 3 个位不一致，接收方采用大数判决来处理。

（2）$b_j(j=1,2,3,4)$ 是与 $C_{j1}C_{j2}C_{j3}$ 相配合的实际调整位。不调整时，$C_{j1}C_{j2}C_{j3}=000$，该位为第 j 支路的正常信息位；调整时，$C_{j1}C_{j2}C_{j3}=111$，该位为填充位，分接器处理时视其为无用位并删除。

在复接帧中，4 个支路的有效信息部分的总位数最多可达 $848-12-3\times4=824$ 位，故平均每路最多为 206 位。当调整位是填充位时，则只有 205 位。可见，以复接输出的 8448kbit/s 为基准，允许各支路的速率介于

$$\frac{205}{848} \times 8448 \approx 2042.264 \sim \frac{206}{848} \times 8448 \approx 2052.266 \text{(kbit/s)}$$

之间。由支路的标准速率 2048kbit/s 可以算出,每个复接帧中应有 205.576 位信息位,即调整位作为信息位的比例约为 57.6%,作为填充位的比例约为 42.4%。比例值 0.424 称为该方案的标准码速调整比。

10.4 码分复用

10.4.1 码分复用原理

码分复用(CDM)是靠不同的编码来复用多路信号的一种复用方式。在码分复用中,各路信号可在同一时间使用同样的频带进行通信。为了保证在信道中所传输的各路信号互不干扰,要求代表各路信号的编码组应是正交的。在接收端利用编码组的正交性恢复各路信号。

在码分复用系统中,各路信号利用相互正交的码组进行扩频,合成的多路信号经信道传输后,在接收端可以采用计算相关系数的方法将各路信号分开。系统组成原理图如图 10.9 所示。图中,$m_1(t)$、$m_2(t)$、$m_3(t)$ 和 $m_4(t)$ 是 4 路基带信号,$c_1(t)$、$c_2(t)$、$c_3(t)$ 和 $c_4(t)$ 是 4 组正交的码组。设 4 组正交码分别为

$$c_1(t) = [-1 \quad -1 \quad -1 \quad +1 \quad +1 \quad -1 \quad +1 \quad +1]$$
$$c_2(t) = [-1 \quad -1 \quad +1 \quad -1 \quad +1 \quad +1 \quad +1 \quad -1]$$
$$c_3(t) = [-1 \quad +1 \quad -1 \quad +1 \quad +1 \quad +1 \quad -1 \quad -1]$$
$$c_4(t) = [-1 \quad +1 \quad -1 \quad -1 \quad -1 \quad +1 \quad +1 \quad -1]$$

图 10.9 码分复用系统组成原理图

4 组信号码分复用系统发送端和接收端波形分别如图 10.10 和图 10.11 所示。

码分复用具有以下特点:

① 与频分复用相比,码分复用的设备简单,通用性和一致性好,不需要众多的模拟滤波器,分路简单可靠;

② 与时分复用相比,码分复用对同步系统的要求简单一些,信号质量好,通信可靠性高;

③ 与频分复用和时分复用相比,码分复用的容量要大得多,且容量是动态的,扩容方便。

10.4.2 伪随机码

伪随机码是用确定性方法产生的在一段周期内具有类似白噪声的随机特性的二(或多)进制

图 10.10　4 组信号码分复用发送端波形

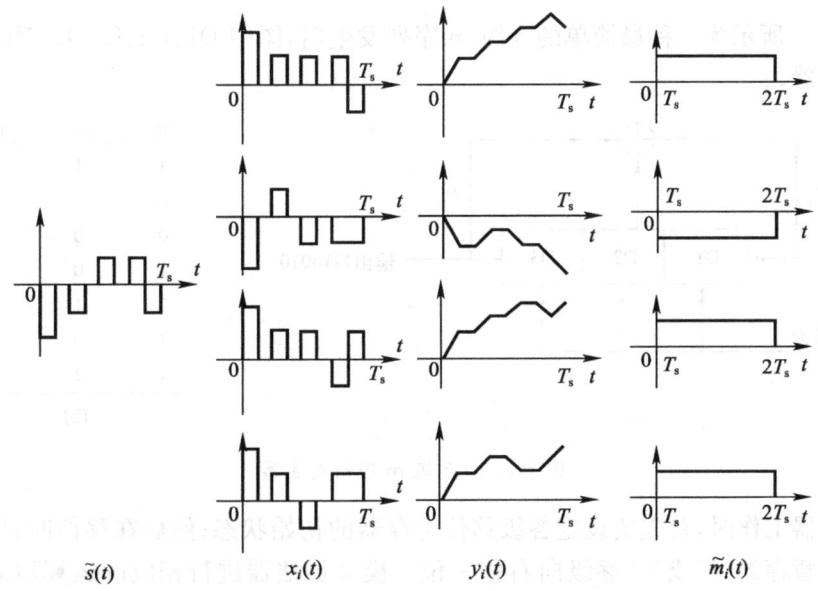

图 10.11　4 组信号码分复用接收端波形

数据序列。本节主要讨论伪随机码的一些重要特性。

1. 伪随机码的概念

随机码序列是一个随机信号,噪声具有完全的随机性,所以也是一个随机信号。但是,真正的随机码序列是不能重复再现和产生的,所以我们只能产生一种周期性的随机序列使其具有近似随机噪声的特性,这种脉冲序列称为伪随机码,又称 PN 码。

在工程上常用二元$\{0,1\}$序列来产生伪随机,它具有如下特点。

① 每一周期内 0 和 1 出现的次数近似相等。

② 每一周期内,长度为 n 比特的游程出现的次数比长度为 $(n+1)$ 比特的游程次数多一倍(游程是指连"0"或者连"1"的码元串)。

③ 码序列的自相关函数值为

$$R(\tau) = \begin{cases} 1, & \text{当 } \tau = 0 \\ -\dfrac{K}{P}, & \text{当 } 1 \leqslant \tau \leqslant P-1 \end{cases} \tag{10.4.1}$$

式中，P 为二元码序列周期，又称码长；K 为小于 P 的整数；τ 为码元延时。

伪随机码在码分复用、码分多址和扩频通信中都有重要应用，其性能的好坏，直接关系到整个系统性能的好坏。因此，伪随机码作为地址码和扩频码，应具有下列特点：

① 伪随机信号必须具有尖锐的自相关函数，而互相关函数应接近于零；
② 有足够长的码周期，以确保具有抗侦破、抗干扰的能力；
③ 有足够多的独立地址数，以实现码分多址的要求；
④ 工程上易于产生、加工、复制和控制。

2. m 序列码

m 序列是最常用的一种伪随机序列，它是最长线性反馈移位寄存器序列的简称，是由多级移位寄存器或其他延时元件通过反馈产生的最长的码序列。产生 m 序列的移位寄存器的网络结构不是随意的，m 序列的周期 P 也不能取任意值，当移位寄存器的级数为 n 时，必须满足 $P=2^n-1$，其结构中的第一级与第 n 级之间必须有反馈连接，即反馈系数 $C_0=C_n=1$ 时，才能产生 m 序列。

图 10.12(a)所示为一种最简单的 3 级 m 序列发生器，图中 D1、D2、D3 为三级移位寄存器，⊕为模 2 加法器。

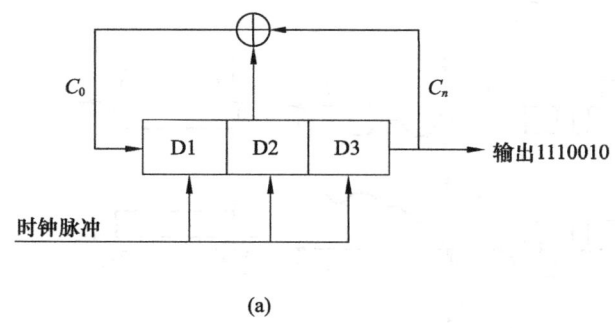

图 10.12　3 级 m 序列发生器

移位寄存器工作时，首先要设定各级移位寄存器的初始状态；然后在移位时钟控制下，移位寄存器每次将暂存的"1"或"0"逐级向右移一位。模 2 加法器进行相应的运算后返回移位寄存器。在时钟的控制下，各级移位寄存器依次输出，如图 10.12(b)所示，这时 $P=2^3-1=7$，D3 依次输出 1110010。在时钟脉冲的控制下，输出的序列做周期性的重复。因为 7 位是图 10.12(a)所能产生的最长码序列，故输出码 1110010 为 m 序列。通过这一简单例子说明，m 序列的最大长度决定于移位寄存器的级数，而码的结构决定于反馈抽头的位置和数量，不同的抽头组合可以产生不同长度和结构的码序列，但是有些抽头组合并不一定能产生最长周期的码序列。对于何种抽头能产生何种长度和结构的码序列，人们进行了大量的研究。m 序列发生器的反馈连接图可查表得到。

m 序列是一种伪随机序列，它满足如下特性。

① 在每一周期 $P=2^n-1$ 内，"0"出现 $2^{n-1}-1$ 次，"1"出现 2^{n-1} 次，"1"比"0"多出现一次。
② 在每一周期内，共有 2^{n-1} 个游程，其中"0"和"1"的游程数目各占一半。而在一个周期内，长度为 1 的游程占 1/2，长度为 2 的游程占 1/4，长度为 3 的游程占 1/8。只有一个包含 n 个"1"的游程，也只有一个包含 $(n-1)$ 个"0"的游程。例如，$n=4$ 时，$P=2^n-1=15$ 位，构成的 m 序列为 111101011001000，游程分布情况如表 10.3 所示。一般来说，m 序列中长为 $k(1\leqslant k\leqslant n-2)$ 的游程数占游程总数的 $1/2^k$。

表 10.3　111101011001000 游程分布

游程长度（比特）	游程数目 "1"	游程数目 "0"	所包含的比特数
1	2	2	4
2	1	1	4
3	0	1	3
4	1	0	4
游程总数 8			合计 15

③ m 序列 $\{a_k\}$ 与其位移序列 $\{a_{k-\tau}\}$ 的模 2 和仍是 m 序列的另一位移序列 $\{a_{k-\tau'}\}$，即

$$\{a_k\} \oplus \{a_{k-\tau}\} = \{a_{k-\tau'}\} \tag{10.4.2}$$

④ m 序列的自相关函数由下式计算

$$R(\tau) = \frac{A-D}{A+D} \tag{10.4.3}$$

式中，A 为"0"的位数，D 为"1"的位数。令 $P = A + D = 2^n - 1$，则

$$R(\tau) = \begin{cases} 1, & \tau = 0 \\ -\dfrac{1}{P}, & \tau \neq 0 \end{cases} \tag{10.4.4}$$

设 $n=3$，$P=2^3-1=7$，τ 为位移量，则

$$R(\tau) = \begin{cases} 1, & \tau = 0 \\ -\dfrac{1}{7}, & \tau \neq 0 \end{cases} \tag{10.4.5}$$

其自相关函数如图 10.13 所示。

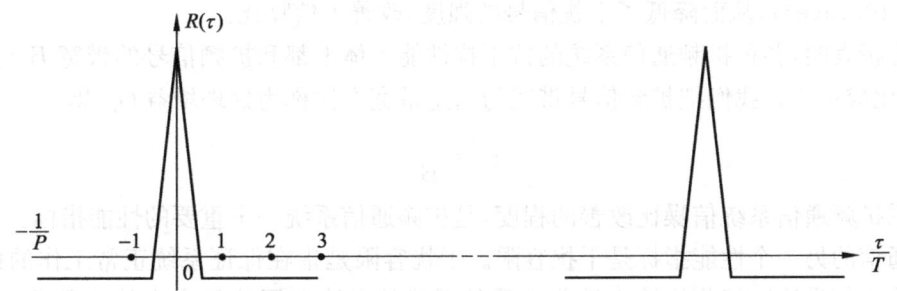

图 10.13　m 序列自相关函数

由于 m 序列有很强的规律性和伪随机特性，在扩频通信及其他领域得到广泛的应用。在扩频通信中采用的伪随机码除 m 序列，还可采用 M 序列、GOLD 码、RS 码等，这里不一一介绍，读者可参考有关资料。

10.4.3　扩频通信原理

扩展频谱(Spread Spectrum)通信技术是一种信息传输方式，又称为扩频通信(Spread Spectrum Communication)。扩频通信有 3 个重要的属性：

① 信号占有的频带宽度远大于所传信息必需的最小带宽；

② 频带的扩展是通过一个独立的码序列来完成的，用编码及调制的方法来实现，与所传信息数据无关；

③ 在接收端用同样的码序列进行同步接收、解扩及恢复所传信息数据。

扩频通信的理论基础来源于信息论和抗干扰理论。由香农公式可知：对于给定的信道容量 C，可以用不同的带宽 B 和信噪比 S/N 组合传输，也就是说，当信噪比太小，不能保证通信质量时，通常采用宽带系统，即增加系统带宽（展宽频谱），以改善通信质量。扩频通信就是将信号的频谱扩展 100 倍以上，然后进行传输，从而提高了通信系统的抗干扰能力，使之在强干扰情况下（甚至在信号被噪声淹没的情况下）仍然能保持可靠的通信。

图 10.14 所示为扩频通信系统模型。这里发送端简化为调制和扩频，接收端简化为解扩和解调。此外，收、发两侧还有两个完全相同的伪随机码(PN)发生器。正常工作时，要求接收端产生的 PN 码序列必须与接收信号中包含的 PN 码序列精确同步。为此，通常在传输信息之前，发送一个固定的伪随机比特图案来达到同步，该图案即使存在干扰，接收端也能以很高的概率识别出来，当两端 PN 码发生器的同步建立以后，信息即可开始传输。

图 10.14 扩频通信系统模型

扩频通信系统抗干扰的基本原理可由图 10.15 所示的调制和解调的频谱转换图说明。信息速率（速率 R_i）经过信息调制后输出的是窄带信号（见图 10.15(a)），经过扩频调制（加扩）后频谱被展宽（见图 10.15(b)，其中 $R_c > R_i$，R_c 为扩频码速率），经信道传输后，在接收机输入端的输入信号中含有干扰信号，其功率谱如图 10.15(c)所示，经过扩频解调（解扩）后有用信号变成窄带信号，而干扰信号变成宽带信号（见图 10.15(d)），再通过窄带滤波器滤除有用信号带外的干扰信号（见图 10.15(e)），从而降低了干扰信号的强度，改善了信噪比。

理论分析表明，各种扩频通信系统的抗干扰性能大体上都和扩频信号的带宽 B_c 与所传信息带宽 B_m 之比成正比。我们把扩频信号带宽与信息带宽之比称为处理增益 G_p，即

$$G_p = \frac{B_c}{B_m} \tag{10.4.6}$$

它表示扩频通信系统信噪比改善的程度，是扩频通信系统一个重要的性能指标。

扩频通信的另一个性能指标是干扰容限。干扰容限是指在保证系统正常工作的条件下（保证一定的输出信噪比），接收机输入端能承受的干扰信号比有用信号高出的分贝数(dB)。其数学表达式为

$$M_g = G_p - [L_s + (S/N)_o] \quad \text{(dB)} \tag{10.4.7}$$

式中，M_g 为干扰容限；G_p 为处理增益；L_s 为系统损耗；$(S/N)_o$ 为接收机输出信噪比。干扰容限直接反映了扩频通信系统中接收机允许的极限干扰强度，它往往比处理增益更能确切地表征系统的抗干扰能力。常用的扩频通信系统有直接序列(DS)扩频通信系统和跳频(FH)扩频通信系统。

1. 直接序列(DS)扩频通信系统

直接序列(DS)扩频通信系统是指直接用具有高码率的扩频码序列在发送端扩展信号的频谱，而在接收端用相同的扩频码序列去进行解扩，把展宽的扩频信号还原成原始的信息。如图 10.16(a)所示为 DS 通信系统的组成方框图。在发送端，原始信号（信码）与 PN 码进行模 2 加，然后对载波进行 PSK 调制。由于 PN 码速率远大于信码速率，故形成的 PSK 信号频谱被展宽。已调信号在发射机中经上变频后被发射出去。在接收端，先用与发送端码型相同、严格同步

图 10.15 扩频系统频谱变换关系示意图

的 PN 码和本振信号与接收信号进行混频和解扩,就得到窄带的仅受信码调制的中频信号。经中放、滤波后就可进入普通的 PSK 信号解调器恢复原信码。上述过程用图解法示于图 10.16(b)。可以看出,只要收发两端 PN 码结构相同并同步,就可正确恢复原始信号。

2. 跳频(FH)扩频通信系统

跳频(FH)扩频通信系统和 DS 通信系统的主要差别是发射频谱的产生方式不同,FH 系统组成方框图如图 10.17 所示。在发送端,利用 PN 码去控制频率合成器,使之在一个宽范围内的规定频率上进行伪随机跳动,然后与信码调制后的中频混频,从而达到扩展频谱的目的。跳频图案和跳频速率分别由 PN 码及其速率决定。在接收端,本地 PN 码产生器提供一个与发送端相同的 PN 码,驱动本地频率合成器产生同样规律的频率跳变及接收信号混频后获得固定中频的已调信号,通过解调还原出原始信号。FH 通信系统的处理增益 G_p 等于频率点数 N。

FH 通信系统具有良好的远近效应特性和辅助抗多径衰落的能力,广泛应用于军用战术移

(a) DS通信系统方框图

(b) 扩频信号传输图解

图 10.16　DS 通信系统的组成方框图及扩频信号传输图解

动通信。图 10.18 为描述远近效应的示意图。图中，T_1、T_2 代表两部发射机；R_1、R_2 代表两部接收机。当两条线路同时工作时，接收机 R_1 接收发射机 T_1 所发信号的同时，受到近处发射机 T_2 的强干扰。由于 T_2 距 R_1 近，R_1 收到的有用信号比干扰信号小得多，若只靠扩展频谱的处理增益尚不足以克服干扰的影响。因此，希望两部发射机的发射频率或发射时间错开。FH、TH 及 TH/FH 等系统可以实现频率和时间错开的要求，因而很好地解决了远近效应问题，允许多个发射机同时工作。而 DS 通信系统远近效应不好，在移动通信中须采用特殊措施解决这个问题。

图 10.17　FH 通信系统组成方框图

图 10.18　远近效应示意图

10.5 多址通信方式

为了充分利用信道,就必须提高传输的有效性。希望能在一个信道中传送更多的用户信号,前面讨论了在两点之间的信道中如何同时传送更多用户信号的信道"复用"问题,现在要讨论在多点之间实现相互间互不干扰的多边通信即多元连接或"多址通信"的问题。

复用和多址通信有共同的数学基础,即信号正交分割原理,也就是信道分割理论,其原理是:使各个信号具有不同的特征,相当于赋予各信号不同的地址,然后根据各个信号之间特征的差异即不同的地址来区分不同的信号,实现互不干扰的通信。

多址技术的关键是设计具有正交性的函数集合,使各信号相互无关。在实际工作中,要做到完全正交或完全不相关是比较困难的,一般可采用准正交,此时的互相关很小,即在允许的范围内将各信号间的干扰控制到最小。

多址方式是移动通信系统或多点通信系统的复用基础,常用的多址接入方式有频分多址(FDMA)、时分多址(TDMA)、码分多址(CDMA)等,还有利用不同地域区分用户的空分方式(SDM 及 SDMA)及利用正交极化方式区分的极化方式等,后两者是与前三者结合起来运用的。在数据通信中其他的多址接入方式,概念与上述几类不同,本节不予介绍。

10.5.1 频分多址

频分多址(FDMA)是最早使用的一种多址接入方式,它目前仍在许多系统中应用,如卫星通信、移动通信、一点多址微波通信系统中。

FDMA 是以传输信号的载波频率不同来区分信道建立多址接入的。其基本原理是:将给定的频谱资源按频率划分,把传输频带划分为若干个较窄的且互不重叠的子频带,每个用户分配到一个固定的子频带,按频带区分用户。将信号调制到该子频带内,各用户信号同时传送。接收时分别按频带提取,从而实现多址通信。图 10.19 所示为 FDMA 示意图。

图 10.19 FDMA 示意图

实际的滤波器都达不到理想条件,各信号之间总存在一定的相关性,干扰总是存在的,因此各信号之间必须留有一定的防护频带以减少各频带之间的干扰。在模拟移动通信系统中,防护频带通常等于传输一路模拟语音所需的带宽,如 25kHz 或 30kHz。在单纯的 FDMA 中,常用频分双工(FDD)的方式来实现双工通信,即接收频率和发送频率不同。为了使同一终端的收发之间不产生干扰,收发频率之间还应有一定的间隔。例如,在 800MHz 频段,收发频率间隔为 45MHz。

模拟信号和数字信号都可采用 FDMA 方式传输,也可以由一组模拟信号用频分复用的方式(FDM/FDMA)或一组数字信号用时分复用方式占用一个较宽的频带(TDM/TDMA),调制到相应的子频带后传送到同一地址。

10.5.2 时分多址

在移动通信系统中,时分多址(TDMA)应用越来越广泛,GSM、DAMPS 及数字集群通信系统都采用时分多址技术。

TDMA 方式是以传输信号存在的时间不同来区分信号建立多址接入的。它在给定传输频带的条件下,把传送时间划分为若干时隙。用户的收发各使用一个指定的时隙,经过数字化的用户信号被安插到指定的时隙中,多个用户依次分别占用各自的时隙,经过传输,各用户接收并解调后分别提取相应时隙的信息,按时间区分用户,从而实现多址通信。图 10.20 所示为 TDMA 示意图。

在传输过程中,由于信道传输特性不理想及多径等因素的影响,可能破坏正交条件,形成码间串扰。因此,通信中除传输用户信息外,还需要一定的比特开销,以保证和提高传输质量。TDMA 的时隙结构分配如图 10.21 所示。

在 TDMA 系统中,每帧中的时隙结构的设计通常要考虑 3 个主要问题:一是控制和信令信息的传输;二是信道多径的影响;三是系统的同步。

图 10.20　TDMA 示意图　　　　图 10.21　TDMA 时隙分配示意图

为了解决上述问题,采取如下措施。

① 在每个时隙中,专门划出部分比特用于控制和信令信息的传输。

② 为了方便接收端利用均衡器来克服多径等原因引起的码间串扰,在时隙中要插入自适应均衡器所需的训练序列。训练序列对均衡器来说是确知的,接收端根据训练序列的解调结果就可以估计出信道的冲激响应,根据该响应就可以预置均衡器的抽头系数,从而可消除码间串扰对时隙的影响。

③ 各时隙间应留有保护时隙,以减少码间串扰的影响。

④ 整个系统要有精确的同步,由基准站统一系统内各站的时钟,才能保证各用户准确地按时隙提取各自所需的信号。为了便于接收端达到同步的要求,在每个时隙中还要传输同步序列。同步序列和训练序列可以分开传输,也可以合二为一。

TDMA 只能传输数字信号,如果用户是模拟的,必须先进行模数转换,使之变为数字信号。每个时隙可以是单个用户占用,也可以是一组时分复用的用户占用,即 TDM/数字调制/TDMA 方式。TDMA 的收发双工问题,既可以采用频分双工(FDD)方式,也可以采用时分双工(TDD)方式。在 FDD 方式中,上行链路和下行链路的帧结构既可以相同也可以不同。在 TDD 方式中,通常收发工作在相同频率上,一帧中一半的时隙用于移动台发送,另一半的时隙用于移动台接收。采用 TDD 方式时无须使用双工器,因为收发处于不同时隙,由高速开关在不同时间把接收机或发射机接到天线上即可。

10.5.3　码分多址

码分多址(CDMA)是一种以扩频信号为基础利用扩频技术形成的实现不同码序列的多址

方式。近年来，有限的频谱资源与移动用户日益增长的矛盾变得越来越严重，用缩小信道带宽和把服务小区分裂成微小区、微微小区的办法不能有效地解决这个矛盾，而利用频率扩展技术进行码分多址及利用扩频信号的低功率谱密度实现多系统共享频谱资源是解决频谱资源不足的一个好办法。

码分多址利用不同码序列实现不同用户的信息传输，即各用户使用相同的载波频率，占有相同的频带，发射时间可以任意，用户的划分是利用不同的地址码序列实现的，不同的用户使用不同的地址码序列。图 10.22 所示为 CDMA 示意图。

图 10.22　CDMA 示意图

习　题　10

10.1　设有一个频分多路复用系统，副载波用 DSB/SC 调制，主载波用 FM 调制。如果有 60 路等幅的音频输入通路，每路频带限制在 3.3kHz 以下，防护频带为 0.7kHz。

（1）如果最大频偏为 800kHz，求传输信号的带宽。

（2）分析与第一路相比时第 60 路输入信噪比降低的程度（假定鉴频器输入的噪声是白噪声，且解调器中无去加重电路）。

10.2　若习题 10.1 的频分多路复用系统副载波用 SSB 调制，其他条件不变。

（1）如果最大频偏为 800kHz，求传输信号的带宽；

（2）分析与第一路相比时第 60 路输入信噪比降低的程度（无去加重电路）。

10.3　对 24 路最高频率均为 4kHz 的信号进行时分复用，采用 PAM 方式传输。假定所用脉冲为周期性矩形脉冲，脉冲的宽度 τ 为每路应占用时间的一半。求此 24 路 PAM 系统的最小带宽。

10.4　对 10 路带宽均为 300～3400Hz 的模拟信号进行 PCM 时分复用传输。采样速率为 8000Hz，采样后进行 8 级量化，并编为自然二进制码，码元波形是宽度为 τ 的矩形脉冲，且占空比为 1。求传输此时分复用 PCM 信号所需的理论最小带宽。

10.5　有 4 路信号分别为 1kHz、2kHz、3kHz、4kHz，其最高量化电平为 256 个量化级，这 4 路信号时分复用时的带宽和传码率各为多少？

10.6　已知某信号的最高频率为 4kHz，经采样量化后采用二进制编码，量化级为 128，当采用 30 路信号复用时，求该复用系统的码元速率和其所需传输带宽。

10.7　已知我国采用 PCM30/32 路基群传送语音信号，求该系统所占带宽及所传送的码元速率。

10.8　有一 PCM24 路时分复用系统，每路语音信号最高频率为 4kHz，经采样后用 $M=128$ 来量化，编码时每一路除含信息位外，另加 1 比特的铃流，而在每帧的末尾再加 1 比特的帧同步码，且防护时间 τ_g 等于脉冲宽度 τ（半占空）。试求：

(1) 脉冲宽度 τ；

(2) 该系统的码元速率和其所占的传输带宽。

10.9 单路语音信号的最高频率为 4kHz，采样速率为 8kHz，将所得的脉冲由 PAM 方式或 PCM 方式传输，设传输信号的波形为矩形脉冲，其宽度为 τ，其占空比为 1。

(1) 计算 PAM 系统的最小带宽。

(2) 在 PCM 系统中，采样后信号按 8 级量化，求 PCM 系统的最小带宽，并与(1)的结果比较。

(3) 若采样后信号按 128 级量化，PCM 系统的最小带宽又为多少？

10.10 已知语音信号的最高频率 $f_m=3400\text{Hz}$，用 PCM 系统传输，要求量化信噪比不低于 30dB。求此 PCM 系统所需的最小带宽。

10.11 单路语音信号的最高频率为 4kHz，采样速率为 8kHz，以 PCM 方式传输。设传输信号的波形为矩形脉冲，其宽度为 τ，且占空比为 1。

(1) 采样后信号按 8 级量化，求 PCM 基带信号第一零点频宽。

(2) 若采样后信号按 128 级量化，PCM 二进制基带信号第一零点频宽又为多少？

10.12 某调制框图如题图 10.1(b)所示。已知 $m(t)$ 的频谱如图 10.1(a)所示，载频 $\omega_1 \ll \omega_2,\omega_1 > \omega_H$，且理想低通滤波器的截止频率为 ω_1，试求输出信号 $s(t)$，并说明 $s(t)$ 为何种调制信号。

题图 10.1

10.13 某线性调制系统的输出信噪比为 20dB，输出噪声功率为 10^{-9}W，由发射机输出端到解调器输入端之间总的传输损耗为 100dB，试求：

(1) DSB/SC 时的发射机输出功率；

(2) SSB/SC 时的发射机输出功率。

第11章 同步原理

同步在通信系统中具有极其重要的地位,良好的同步系统很大程度上取决于通信系统能否有效、可靠地工作。特别是在数字通信中,信息的传输经常是以同步方式进行的,因此,同步是数字化信息正确传输的前提,若同步系统性能下降将导致整个通信系统性能降低,甚至使系统无法工作。

同步可分为载波同步、位同步、帧同步、网同步等,本章将对这几类同步方式分别进行讨论,讲述各类同步系统的基本原理和性能。除此之外,扩频通信技术已得到广泛应用,同步是扩频通信系统能否正常工作的关键,因此,本章还将对扩频通信中跳频系统的同步进行讨论。

11.1 载波同步

在相干解调系统中,接收端必须提供一个与发送载波同频同相的相干载波,这个相干载波获取的过程称为载波同步。相干载波信息通常是从接收信号中提取的。若已调信号中存在载波分量,可以用一个窄带滤波器(或锁相环)从接收信号中直接提取载波同步信息。若已调信号中不存在载波分量,可采用在发送端插入导频的方法,称为插入导频法(外同步法);或者在接收端对信号进行适当的波形变换,以获取载波同步信息,称为直接法(自同步法)。

11.1.1 插入导频法

在抑制载波系统中无法从接收信号中直接提取载波。例如,DSB、VSB、SSB 和 2PSK 本身都不含有载波分量,或即使含有一定的载波分量,也很难从已调信号中分离出来。为了获取载波同步信息,可以采取插入导频的方法。插入导频是在已调信号频谱中加入一个低功率的线状谱(其对应的正弦波形即称为导频信号)。在接收端可以容易地利用窄带滤波器再把它提取出来,经过适当处理形成接收端的相干载波。显然,导频的频率应与载频有关或者就是载频。插入导频的传输方法有多种,基本原理相似,这里仅介绍在抑制载波的双边带信号中采用的插入导频法。

在 DSB 信号中插入导频时,导频的插入位置应在信号频谱为零的位置,否则导频与已调信号频谱成分重叠,接收时不易提取。图 11.1 所示为 DSB 信号中的插入导频法。

插入的导频并不是加入调制器的载波,而是将该载波进行 $\pi/2$ 的移相。其发送端框图如图 11.2 所示。

图 11.1 DSB 信号中的插入导频法　　图 11.2 插入导频法的发送端框图

设调制信号为 $m(t)$,$m(t)$ 无直流分量,载波为 $A\cos\omega_0 t$,相移幅值为 a,则发送端输出的信

号为

$$u_o(t) = Am(t)\cos\omega_0 t + a\sin\omega_0 t \tag{11.1.1}$$

插入导频法的接收端框图如图 11.3 所示。

图 11.3 插入导频法的接收端框图

如果不考虑信道失真及噪声干扰，并设接收端收到的信号与发送端的信号完全相同，则此信号通过中心频率为 ω_0 的窄带滤波器可取得导频 $a\sin\omega_0 t$，再将其移相 $\pi/2$，就可以得到与调制载波同频同相的相干载波 $\cos\omega_0 t$。

接收端的解调信号为

$$\begin{aligned} v(t) &= u(t)\cos\omega_0 t = [Am(t)\cos\omega_0 t + a\sin\omega_0 t]\cos\omega_0 t \\ &= \frac{A}{2}m(t) + \frac{A}{2}m(t)\cos 2\omega_0 t + \frac{a}{2}\sin 2\omega_0 t \end{aligned} \tag{11.1.2}$$

式(11.1.2)表示信号通过截止角频率为 ω_m 的低通滤波器就可得到基带信号。

如果在发送端导频不是正交插入的，而是同相插入的，则接收端的解调信号为

$$[Am(t)\cos\omega_0 t + a\cos\omega_0 t]\cos\omega_0 t = \frac{A}{2}m(t) + \frac{A}{2}m(t)\cos 2\omega_0 t + \frac{a}{2} + \frac{a}{2}\cos 2\omega_0 t \tag{11.1.3}$$

从式(11.1.3)看出，虽然同样可以解调出 $\frac{A}{2}m(t)$ 项，却增加了一个直流项 $\frac{a}{2}$，这个直流项通过低通滤波器后将对数字信号产生不良影响。这就是发送端导频应采用正交插入的原因。

SSB 和 2PSK 的插入导频方法与 DSB 的相同。VSB 的插入导频技术复杂，通常采用双导频法，基本原理与 DSB 的类似。

11.1.2 直接法

有些信号（如 DSB 信号）虽然本身不包含载波分量，只要对接收波形进行适当的非线性变换，然后通过窄带滤波器，就可以从中提取载波的频率和相位信息，即可使接收端恢复相干载波。这是直接法（自同步法）的一种。

图 11.4(a)所示为 DSB 信号采用平方变换法提取载波的框图。

设输入信号 $s_{DSB}(t) = m(t)\cos(\omega_0 t + \theta_0)$，经平方律器件后有

$$e(t) = m^2(t)\cos^2(\omega_0 t + \theta_0) = \frac{1}{2}m^2(t) + \frac{1}{2}m^2(t)\cos(2\omega_0 t + 2\theta_0) \tag{11.1.4}$$

经中心频率为 $2\omega_0$ 的带通滤波器后，输出为

$$\frac{1}{2}m^2(t)\cos(2\omega_0 t + 2\theta_0) \tag{11.1.5}$$

尽管假设 $m(t)$ 不含直流成分，但 $m^2(t)$ 却含有直流分量，因此式(11.1.5)实际是一个载波为 $2\omega_0$ 的调幅波。如果 BPF 的带宽窄，其输出只有 $2\omega_0$ 成分，然后经二分频电路可得到所需的载波 $\cos(\omega_0 t + \theta_0)$。应注意，二分频电路将使载波有 $180°$ 的相位模糊，这是由分频器引起的。一般的分频器都由触发器构成，由于触发器的初始状态是未知的，分频器末级输出的波形（方波）相位可能随机地取"0"和"π"。它对模拟信号影响不大，而对于 2PSK 信号，由于载波相位的模糊将会造成解调判决的错误。

若图 11.4(a)中的 BPF 改用锁相环(PLL),即得到图 11.4(b)所示的平方环法,这将使系统的性能得到改善,因为锁相环不仅具有 BPF 的作用,而且在一定范围内还能自动跟踪输入频率的变化,当输入信号中断时,能自动保持输入信号的频率和相位。

图 11.4 平方变换法提取载波的框图

11.1.3 同相正交法

利用锁相环提取载波的另一种常用方法是采用同相正交环,也称科斯塔斯(Castas)环,如图 11.5 所示。它包括两个相干解调器,它们的输入信号相同,分别使用两个在相位上正交的本地载波信号,上支路称为同相相干解调器,下支路称为正交相干解调器。两个相干解调器的输出同时送入乘法器,并通过 LPF 形成闭环系统,去控制压控振荡器(VCO),使本地载波自动跟踪发射载波的相位。在同步时,同相支路的输出即为所需的解调信号,这时正交支路的输出为 0,因此,这种方法称为同相正交法。

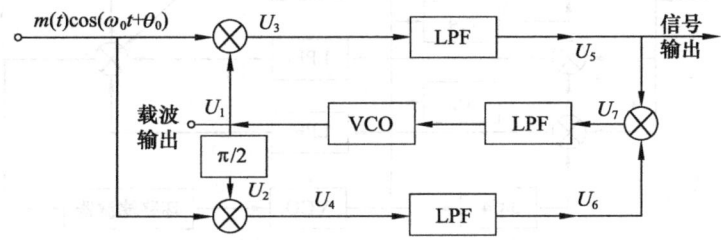

图 11.5 Castas 环法的载波提取框图

设 VCO 的输出为 $\cos(\omega_0 t+\varphi)$,则

$$U_1 = \cos(\omega_0 t+\varphi) \tag{11.1.6}$$

$$U_2 = \sin(\omega_0 t+\varphi) \tag{11.1.7}$$

故有

$$U_3 = m(t)\cos(\omega_0 t+\theta_0)\cos(\omega_0 t+\varphi)$$
$$= \frac{1}{2}m(t)[\cos(\theta_0-\varphi)+\cos(2\omega_0 t+\theta_0+\varphi)] \tag{11.1.8}$$

$$U_4 = m(t)\cos(\omega_0 t+\theta_0)\sin(\omega_0 t+\varphi)$$
$$= \frac{1}{2}m(t)[-\sin(\theta_0-\varphi)+\sin(2\omega_0 t+\theta_0+\varphi)] \tag{11.1.9}$$

经过带宽为 B 的 LPF 后得

$$U_5 = \frac{1}{2}m(t)\cos(\theta_0-\varphi) \tag{11.1.10}$$

$$U_6 = -\frac{1}{2}m(t)\sin(\theta_0-\varphi) \tag{11.1.11}$$

将 U_5 和 U_6 加入乘法器后，得

$$U_7 = -\frac{1}{4}m^2(t)\cos(\theta_0-\varphi)\sin(\theta_0-\varphi) = -\frac{1}{8}m^2(t)\sin 2(\theta_0-\varphi) \tag{11.1.12}$$

如果 $(\theta_0-\varphi)$ 很小，则 $\sin 2(\theta_0-\varphi) \approx 2(\theta_0-\varphi)$。因此，乘法器的输出近似为

$$U_7 \approx -\frac{1}{4}m^2(t)(\theta_0-\varphi) \tag{11.1.13}$$

如果 U_7 经过一个相对于 B 很窄的 LPF，此滤波器的作用相当于用时间平均 $\overline{m^2(t)}$ 代替 $m(t)$（滤波器输出直流分量）。最后，由环路误差信号 $-\frac{1}{4}\overline{m^2(t)}(\theta_0-\varphi)$ 自动控制振荡器的相位，使相位差 $(\theta_0-\varphi)$ 趋于 0，在稳定条件下 $\theta_0 \approx \varphi$。

Castas 环的相位控制作用在调制信号消失时会中止，当再出现调制信号时，必须重新锁定。由于一般入锁过程很短，对语音传输不会引起能感觉到的失真。这样 U_1 就是所需提取的载波，U_5 作为解调信号的输出。

对于 2PSK 或 DSB 信号，可采用如上 Castas 环来恢复载波。对于多相 PSK 信号，可以采用相应的多相 Castas 环来提取载波。对于 4PSK 信号，可采用图 11.6 所示的四相 Castas 环来提取载波。

图 11.6 四相 Castas 环法提取载波

11.1.4 载波同步系统的性能

对载波同步系统的主要性能要求是高效率和高精度。高效率指在获得载波信号时，尽量少消耗发送功率；高精度是指提取的相干载波与需要的标准载波比较应有尽量小的相位误差。载波同步系统还要求具有同步建立时间快、保持时间长等特点。效率的高低取决于载波同步的方式，插入导频法由于发送插入导频而消耗一定的功率，效率要低些；直接法不需要发送导频，故效率较高。相位误差是相干载波提取的重要性能指标，它通常又由稳态相差和随机相差组成，下面着重对其进行讨论。

1. 稳态相差 $\Delta\varphi$

稳态相差指接收信号中的载波与同步电路提取出的参考载波在稳态情况下的相位差。对于不同的同步提取法，其稳态相差的计算方法也不同。

当用窄带滤波器提取载波时，滤波器的中心频率 ω_0 与载波频率 ω_c 不相等，会使提取的同步载波信号产生一稳态相位误差 $\Delta\varphi$。设窄带滤波器为简单的单谐振回路，Q 一定时有

$$\Delta\omega=\omega_0-\omega_c \tag{11.1.14}$$

$$\tan\Delta\varphi=2Q\frac{\Delta\omega}{\omega_0} \tag{11.1.15}$$

当 $\frac{\Delta\omega}{\omega_0}$ 很小时，$\Delta\varphi\approx 2Q\frac{\Delta\omega}{\omega_0}$。

显然，为了减小 $\Delta\varphi$，应减小 $\left|\frac{\Delta\omega}{\omega_0}\right|$ 或降低回路的 Q。由式(11.1.15)可见，若要求参考载波的相位精确，则希望 $\Delta\varphi$ 小，即 Q 小。对于单调谐回路，当 Q 小时，系统的带宽 $B(B=f_0/Q)$ 增加，就不能保证窄带。因此，用单调谐回路来完成窄带滤波功能，以提取高精度的参考载波方法并不理想。

当用锁相环提取载波时，其稳态相差为

$$\Delta\varphi=\frac{\Delta\omega}{K_V} \tag{11.1.16}$$

式中，$\Delta\omega$ 为锁相环(VCO)的输出频率与输入载波之间的频差；K_V 为环路直流增益。

为了减少 $\Delta\varphi$，应使 VCO 的频率准确稳定，减小 $\Delta\omega$，增大 K_V。只要 K_V 足够大，就可以保证 $\Delta\varphi$ 足够小，因此，采用锁相环来提取参考载波，稳态相差较小。

2. 随机相差

随机相差是由于随机噪声的影响而引起的同步信号的相位误差。通常用随机相差的均方根值 σ_φ 来衡量其大小，称 σ_φ 为相位抖动。

随机相差的分析较复杂，这里仅给出一些简单结论。

当在一给定初相位为 φ 的正弦波上叠加窄带高斯白噪声之后，相位变化是随机的，它的变化与噪声的性质和信噪比 r 有关。随机相差 φ_n 的方差 $\overline{\varphi_n^2}$ 为

$$\overline{\varphi_n^2}=\frac{1}{2r} \tag{11.1.17}$$

式中，$r=\frac{A^2}{2\sigma^2}$ 为信噪功率比，σ^2 为噪声的方差，A 为正弦波的振幅。

$$\sigma_\varphi=\sqrt{\overline{\varphi_n^2}}=\sqrt{\frac{1}{2r}} \tag{11.1.18}$$

式中，σ_φ 为相位抖动。

随机相差产生的相位抖动取决于 φ_n 的方差 $\overline{\varphi_n^2}$ 或信噪功率比 r，显然 r 越大越好。

当采用窄带滤波器提取同步载波时，相位抖动情况如下。

当功率谱密度为 $n_0/2$ 的噪声通过窄带滤波器，并且其等效带宽为 B_n 时，噪声功率为

$$N=\frac{n_0}{2}\cdot 2B_n=n_0 B_n \tag{11.1.19}$$

若滤波器为单谐振回路，则有

$$B_n=\frac{\pi f_0}{2Q} \tag{11.1.20}$$

式中，f_0 为中心频率，则

$$r=\frac{S}{N}=\frac{A^2}{2n_0 B_n}=\frac{A^2\cdot 2Q}{2n_0\pi f_0}=\frac{A^2 Q}{\pi n_0 f_0} \tag{11.1.21}$$

$$\sigma_\varphi=\sqrt{\frac{1}{2r}}=\sqrt{\frac{n_0\pi f_0}{2A^2 Q}}\propto\sqrt{\frac{1}{Q}} \tag{11.1.22}$$

由此可见，滤波器的 Q 越高，相位抖动值越小。在分析稳态相差时，为了减小稳态相差，要求 Q

要小,而为了减小相位抖动,则要求 Q 要高,它们之间是矛盾的。因此,Q 要根据需要适当选择。

同时可以证明:当滤波器用锁相环时,锁相环的输出相位抖动与环路信噪比 r 之间也存在式(11.1.18)的关系。当锁相环的直流增益 K_V 增大时,环路带宽 B_n 也增大,因此会引起 σ_φ 的增加,与稳态相差 $\Delta\varphi$ 对 K_V 的要求有矛盾,但锁相环可以合理地选择其他参数,使矛盾不像选择窄带滤波器那样突出。例如,采用有源比例积分滤波器的二阶环,当环路的阻尼系数 ξ 为 0.5 时,B_n 的值最小,因而有利于减少相位抖动。通常选 $0.25 < \xi < 1$,可以得到较小的 B_n。

3. 建立时间和保持时间

同步建立时间和保持时间也是载波同步系统应考虑的主要性能指标,下面分别进行讨论。

(1) 用窄带滤波器提取载波

① 建立时间 t_s。如果窄带滤波器采用谐振回路,在 $t=0$ 时将信号接入回路,则表示输出电压建立过程的表达式为

$$u(t) = U(1 - e^{-\frac{\omega_0}{2Q}t})\cos\omega_0 t \tag{11.1.23}$$

当 $t=t_s$ 时,输出电压 $u(t_s)$ 达到 KU 时,认为同步信号已经建立,如图 11.7 所示。

图 11.7 载波同步的建立与保持

将 $u(t_s)=KU$ 代入式(11.1.23)得

$$KU = U(1 - e^{-\frac{\omega_0}{2Q}t_s}) \tag{11.1.24}$$

由式(11.1.24)求得同步建立时间 t_s 为

$$t_s = \frac{2Q}{\omega_0}\ln\frac{1}{1-K} \tag{11.1.25}$$

② 保持时间 t_c。当同步建立以后,如果信号突然消失,这时同步载波应能保持一定的时间,即在 $t=0$ 时,将接入回路的信号断开,则表示回路输出信号保持过程的电压表达式为

$$u(t) = Ue^{-\frac{\omega_0}{2Q}t} \cdot \cos\omega_0 t \tag{11.1.26}$$

设 $t=t_c$ 时输出电压达到 KU(见图 11.7),认为此时同步信号已消失,将 $u(t_c)=KU$ 代入式(11.1.26),可得同步保持时间 t_c 为

$$t_c = \frac{2Q}{\omega_0}\ln\frac{1}{K} \tag{11.1.27}$$

从式(11.1.27)可看出,建立时间短和保持时间长也是矛盾的。Q 高,保持时间虽然长,但建立时间也长;反之,若 Q 低,建立时间虽然短,但保持时间也短了。

(2) 用锁相环提取载波

此时,同步建立时间表示为锁相环的捕捉时间,而同步保持时间表现为锁相环的同步保持时间。分析表明,要求锁相环建立时间 t_s 要短和保持时间 t_c 要长也是矛盾的。但在锁相环中,可以通过改变锁定前后的电路参数使锁定后的时间常数加大,保持时间加长。这也是锁相环比窄带滤波器的优越之处。

11.2 位同步

在数字通信系统中,发送端按照确定的时间顺序,逐个传输数码脉冲序列中的每个码元,在接收端必须有准确的采样判决时刻才能正确判决所发送的码元。因此,接收端必须提供一个确定采样判决时刻的定时脉冲序列。这个定时脉冲序列的重复频率和相位必须与发送端的数码脉冲序列一致,把在接收端产生与接收码元的重复频率和相位一致的定时脉冲序列的过程称为码元同步,或称位同步。

位同步和载波同步是有区别的,在模拟通信或数字通信中,只有采用相干解调时才有载波提取问题,非相干解调不需要同步载波;在模拟通信中,没有位同步问题,只有载波同步问题;在数字通信中,一般都有位同步问题,无论是基带传输,还是频带传输。

实现位同步的方法和载波同步类似,有插入导频法(外同步法)和直接法(自同步法)两类。

11.2.1 插入导频法

为了得到码元同步的定时信号,首先要确定接收到的信息数据流中是否有位定时的频率分量。如果存在此分量(如单极性归零码),就可以利用滤波器从信息数据流中把位定时分量直接提取出来。

若基带信号为随机的二进制不归零码序列,这种信号本身不包含位同步信号。为了获得位同步信号,需在发送的基带信号中插入位同步的导频信号,或者在接收端对基带信号进行某种码型变换以得到位同步信息。

位同步的插入导频法与载波同步时的插入导频法类似,也要插在基带信号频谱的零点,以便提取,如图 11.8(a)所示。如果信号经过相关编码,其频谱的第一个零点在 $f=1/2T$ 处,插入导频应插在 $1/2T$ 处,如图 11.8(b)所示。

图 11.8 插入导频法频谱图

图 11.9 所示为插入位定时导频的接收框图。对于图 11.8(a)所示信号,在接收端经中心频率为 $f=1/T$ 的窄带滤波器就可从基带信号中提取位同步信号。而对于图 11.8(b)所示信号则需经过 $f=1/2T$ 的窄带滤波器将插入导频取出,再进行二倍频,得到位同步脉冲。

用插入导频法提取位同步信号要注意消除或减弱定时导频对原基带信号的影响。窄带滤波器从输入的基带信号中提取导频信号后,经过移相分为两路,其中一路经定时形成电路,形成位同步信号;另一路经倒相后与输入信号相加,经调整使加法器的两个导频幅度相同、相位相反。那么,加法器输出的基带信号就消除了导频信号的影响,这样再经采样判决电路就可恢复出原始的数字信息。图中的移相(电路)是为了纠正窄带滤波器引起导频相移而设的。

插入导频法的另一种形式是使某些恒包络的数字信号的包络随位同步信号的某一波形而变

图 11.9 插入位定时导频的接收框图

化。例如,PSK 信号和 FSK 信号都是包络不变的等幅波,因此,可将导频信号调制在它们的包络上,接收端只要用普通的包络检波器就可恢复导频信号作为位同步信号,且对数字信号本身的恢复不造成影响。

以 PSK 信号为例,有

$$s(t)=\cos[\omega_0 t+\theta(t)] \tag{11.2.1}$$

若用 $\cos\Omega t$ 进行附加调幅后,得已调信号为

$$(1+\cos\Omega t)\cos[\omega_0 t+\theta(t)] \tag{11.2.2}$$

式中,$\Omega=2\pi/T$,T 为码元宽度。

接收端对它进行包络检波,得包络为 $(1+\cos\Omega t)$,滤除直流成分,即可得到位同步分量 $\cos\Omega t$。

插入导频法的优点是接收端提取位同步的电路简单。但是,发送导频信号必然要占用部分发射功率,降低了传输的信噪比,削弱了抗干扰能力。

11.2.2 自同步法

自同步法是发送端不用专门发送位同步导频信号,而接收端可直接从接收到的数字信号中提取位同步信号。这是数字通信中经常采用的一种方法。

1. 非线性变换法

由于非归零的二进制随机脉冲序列的频谱中没有位同步的频率分量,不能用窄带滤波器直接提取位同步信息。但是,通过适当的非线性变换就会出现离散的位同步分量,然后用窄带滤波器或锁相环进行提取,便可得到所需的位同步信号。

(1) 微分整流法

图 11.10(a)所示为微分整流滤波法提取位同步信息的原理图,图 11.10(b)所示为该电路各点的波形图。

当非归零的脉冲序列通过微分和全波整流后,就可得到尖顶脉冲的归零码序列,它含有离散的位同步分量。然后用窄带滤波器(或锁相环)滤除连续波和噪声干扰,提取出纯净稳定的位同步频率分量,经脉冲形成电路产生位同步脉冲。

(2) 包络检波法

图 11.11 所示为包络检波法提取位同步信号的原理图及波形图。由于信道的频带宽度总是有限的,对于 PSK 信号,其包络是不变的等幅波,具有极宽的频带宽度。因此,经过频带有限的信道传输后,会使 PSK 信号在码元取值变化的时刻产生幅度"平滑陷落"。这对传输的 PSK 信号是一种失真,但它正发生在码元取值变化或 PSK 信号相位变化的时刻,所以,它必然包含位同步信息。在解调 PSK 信号的同时,用包络检波器检出具有幅度平滑陷落的 PSK 信号的包络,与一直流分量相减后,即可得到归零的脉冲序列(见图 11.11(b)中 c 的波形)。因其含有位同步信息,通过窄带滤波器(或锁相环),然后经脉冲整形,就可得到位同步信号。

图 11.10 微分整流滤波法提取位同步信号

图 11.11 包络检波法提取位同步信号的原理图及波形图

(3) 延迟相干法

图 11.12 所示为延迟相干法提取位同步信号的原理图及波形图。其工作过程与 DPSK 信号差分相干解调完全相同,只是延迟电路的延迟时间 $\tau < T_b$。PSK 信号一路经过移相器与另一路经延迟时间为 τ 的信号相乘,取出基带信号,得到脉冲宽度为 τ 的基带脉冲序列。因为 $\tau < T_b$,是归零脉冲,它含有位同步频率分量,通过窄带滤波器即可获得位同步信号。

图 11.12　延迟相干法提取位同步信号的原理图及波形图

2. 数字锁相法

数字锁相法采用高稳定频率的振荡器(信号钟),从鉴相器获得的与同步误差成比例的误差电压,不用于直接调整振荡器,而是通过控制器在信号钟输出的脉冲序列中附加或扣除一个或几个脉冲,以调整加到鉴相器上的位同步脉冲序列的相位达到同步的目的。这种电路采用的是数字锁相环路,其原理图如图 11.13 所示。

图 11.13　数字锁相环原理图

(1) 信号钟

信号钟包括一个高稳定的振荡器(晶振)和整形电路,若输入信号码元速率 $R_B=1/T$,那么振荡器频率设计在 $f_0=n/T=nB$,经整形电路之后,输出为周期性序列,其周期为 $T_0=1/f_0=T/n$。

(2) 控制器与分频器

控制器根据数字滤波器输出的控制脉冲("加脉冲"或"减脉冲")对信号钟输出的序列实施加(或减)脉冲。分频器是一个计数器,每当控制器输出 n 个脉冲时,它就输出一个脉冲。控制器与分频器共同作用,就调整了加至鉴相器的位同步信号的相位,如图 11.14 所示。若准确同步,滤波器无加或无减脉冲输出,加至鉴相器的位同步信号相位保持不变;若位同步信号滞后,滤波器输出"加脉冲"控制信号,控制器在信号钟输出序列中加一个脉冲,经分频后的位同步信号相位就前移;若位同步信号超前,滤波器输出"减脉冲"控制信号,位同步信号相位就后移。这种相位前后移动的调整量都取决于信号钟的周期。每次的时间阶跃量为 T_0,相应的相位最小调整单位则为 $\Delta\varphi = 2\pi T_0/T = 2\pi/n$。

图 11.14 数字锁相环位同步脉冲的相位调整

(3) 鉴相器

鉴相器将输入数字信号与位同步信号进行相位比较,判别位同步信号究竟是超前还是滞后,若超前就输出超前脉冲,若滞后就输出滞后脉冲。判别位同步信号是超前还是滞后的鉴相器有两种类型:微分型和积分型。关于它们的详细分析这里不再讨论,读者可参考有关数字锁相环书籍。

(4) 数字滤波器

数字滤波器的作用是滤除噪声对环路工作的影响,提高相位校正的准确性。因为输入数字信号在信道传输过程中总要受到噪声污染,使码元转换时产生随机抖动甚至产生虚假的转换,相应地在鉴相器输出端就有随机的超前或滞后脉冲,它们扰乱了反映同步误差的正常输出。数字滤波器的作用就是滤除这些随机的超前、滞后脉冲,提高环路的抗干扰能力。

11.2.3 位同步系统的性能

位同步系统的性能与载波同步系统的性能类似,除效率外,通常也用相位误差、同步建立时间、同步保持时间等指标来衡量,本节将简略分析数字锁相环法位同步系统的性能。

1. 相位误差 θ_e

由图 11.14 可见,采用数字锁相环法提取位同步信号时,一个码元周期 T 内由晶振来的脉冲为 n 个,因此,引起最大时间差 T_e 为

$$T_e = \pm T/n \tag{11.2.3}$$

而一个码元周期 T 相当于 360°相位,故由式(11.2.3)可求得最大的相位误差为

$$|\theta_e| = 360°/n \tag{11.2.4}$$

因而要减小相位误差,则需增加信号钟的脉冲 n。

2. 同步建立时间 t_s

同步建立时间为失去同步后重建同步所需的最长时间。建立同步最不利的情况是,位同步脉冲与输入信号相位相差 $T/2$,锁相环每调整一步仅能移 T/n(s),故需最大的调整次数为

$$N = \frac{T/2}{T/n} = \frac{n}{2} \tag{11.2.5}$$

接收随机数字信号时，可近似认为两相邻码元中出现 01、10、11、00 是等概率的，其中过零点的情况占一半。在数字锁相环法中都是在数据过零点时提取标准脉冲，并用来比较相位的。因此，平均起来，相当于两个周期可调整一次相位，故同步建立时间为

$$t_s = 2TN = nT \text{(s)} \tag{11.2.6}$$

为使 t_s 减少，则要求减少 n。

3. 同步保持时间 t_c

当同步建立后，一旦输入信号中断，或者遇到长连"0""1"码时，由于接收码元没有过零脉冲，使锁相环系统因失去输入相位基准而不起作用。此时，收发双方的固有位定时重复频率 f_b 与晶振产生的基准频率 f_1 有误差，即 $T_b = 1/f_b$ 和 $T_1 = 1/f_1$ 有误差

$$|T_b - T_1| = \left|\frac{1}{f_b} - \frac{1}{f_1}\right| = \left|\frac{f_1 - f_b}{f_b f_1}\right| = \frac{\Delta f}{f_0^2} \tag{11.2.7}$$

其中，$f_0 = \sqrt{f_b f_1}$，令 $\Delta f = |f_1 - f_b|$，则

$$T_0 = \frac{1}{f_0}, f_0 |T_b - T_1| = \frac{\Delta f}{f_0} \tag{11.2.8}$$

$$\frac{|T_b - T_1|}{T_0} = \frac{\Delta f}{f_0} \tag{11.2.9}$$

当 $f_1 \neq f_b$ 时，每经过一个周期 T_0，产生时间上的位移（误差）为 $|T_b - T_1|$，单位时间内产生的误差为 $\frac{|T_b - T_1|}{T_0}$。若容许总的时间误差为 $T_0/K\text{(s)}$（K 为一常数），则达到此误差的时间即为同步保持时间 t_c，超过此时间就算失步了。因此有

$$t_c = \frac{T_0/K}{|T_b - T_1|/T_0} = \frac{T_0^2}{K|T_b - T_1|} = \frac{T_0 f_0}{K \Delta f} = \frac{1}{K \Delta f} \text{(s)} \tag{11.2.10}$$

若同步保持时间 t_c 的指标已定，可由式(11.2.10)求收发两端振荡器的频率误差，即

$$\Delta f = \frac{1}{t_c K} \tag{11.2.11}$$

此频率误差是由收发两端振荡器造成的。若两振荡器的频率稳定度相同，每个振荡器的频率误差均为 $\Delta f/2$，则每个振荡器的频率稳定度不低于

$$\frac{\Delta f/2}{f_0} = \frac{\Delta f}{2f_0} = \pm \frac{1}{2 t_c K f_0} \tag{11.2.12}$$

4. 同步带宽 Δf_s

由式(11.2.7)可知：当 $T_b \neq T_1$ 时，每经过时间 T_0，该误差会引起 $\Delta T = \frac{\Delta f}{f_0^2}$ 的时间漂移，根据数字锁相环的工作原理，锁相环每次所能调整的时间为 T/n（$T/n \approx T_0/n$）。对随机数字信号来说，平均每两个码元周期才能调整一次，那么在平均一个码元周期内，锁相环能调整的时间只有 $T_0/2n$。显然，如果输入信号码元的周期与接收端固有位定时脉冲的周期之差为

$$|\Delta T| = |T_b - T_1| > \frac{T_0}{2n} \tag{11.2.13}$$

则锁相环将无法使接收端的位同步信号与输入信号的相位同步，这时，由频差所造成的相位差就会逐渐积累而使系统失去同步。因此，通常取

$$|\Delta T| = \frac{T_0}{2n} = \frac{1}{2nf_0} \tag{11.2.14}$$

即

$$|\Delta T| = \frac{|\Delta f_s|}{f_0^2} = \frac{1}{2nf_0} \tag{11.2.15}$$

则同步带宽为

$$|\Delta f_s| = \frac{f_0}{2n} \tag{11.2.16}$$

5. 位同步相位误差对性能的影响

由前面分析知,位同步的最大相位误差 $\theta_e = \frac{360°}{n}$,若用最大时间误差表示,则为 $T_e = \frac{T_b}{n}$。

由于相位误差的存在将直接影响采样判决时刻,使采样判决点的位置偏离其最佳位置。基带传输和频带传输的解调过程中都在采样点的最佳时刻进行判决,所得的误码率公式也都是在最佳采样时刻得到的。当位同步信号存在相位误差时,必然引起误码率 P_e 增大。以 2PSK 信号为例,在最佳接收判决时,$\theta_e = 0$,有

$$P_e = \frac{1}{2}\mathrm{erfc}\sqrt{\frac{E}{n_0}} \tag{11.2.17}$$

当 $\theta_e \neq 0 (T_e \neq 0)$ 时,经计算得

$$P_e = \frac{1}{4}\mathrm{erfc}\sqrt{\frac{E}{n_0}} + \frac{1}{4}\mathrm{erfc}\sqrt{E\left(1 - \frac{2T_e}{T_b}\right)/n_0} \tag{11.2.18}$$

11.3 帧同步

位同步的目的是确定数字通信中的各个码元的采样时刻,即把每个码元加以区分,使接收端得到一连串的码元序列,这一连串的码元序列代表一定的信息。通常由若干个码元代表一个字母(符号、数字),而由若干个字母组成一个字,若干个字组成一个句。在传输数据时,把若干个码元组成一个一个的码组,即一个一个的"字"或"句",通常称为群或帧。群同步的任务是把字、句和码组区分出来,群同步又称帧同步。

本节所讨论的帧同步,是指在时分多路传输系统中,各路信号是以帧的方式进行传送的,接收端为了把各路信号区分开来,需要有一个准确的时间标志,用以区分各帧的起止时刻。正确地识别出各路的时间位置,才能正确地对各路信号进行分离,帧同步就是提取这个时间标准的过程。

帧同步信号的频率很容易由位同步信号经分频得到,但是每帧的开头和结尾时刻无法由分频器的输出决定。为了解决帧同步中开头和结尾的时刻,即为了确定帧定时脉冲的相位,通常有两类方法:一类是在数字信息流中插入一些特殊码组作为每帧的头尾标记,接收端根据这些特殊码组的位置就可以实现帧同步;另一类方法是不需要外加特殊码组,用类似于载波同步和位同步中的自同步法,利用码组本身之间彼此不同的特性来实现自同步。本节仅讨论插入特殊码组实现帧同步的方法。插入特殊码组实现帧同步的方法有两种,即集中插入方式(又称连贯式插入法)和分散插入方式(又称间隔式插入法),下面分别予以介绍。在此之前,首先简单介绍一种在电传机中广泛使用的起止式帧同步法。

11.3.1 起止式帧同步法

起止式帧同步法广泛应用于电传机中,如图 11.15 所示。电传报的一个字由 7.5 个码元组成,每个字的开始先发一个码元宽度的起脉冲(负值),中间 5 个码元是消息,字的末尾是 1.5 个码元宽度的止脉冲(正值)。接收端根据 1.5 个码元宽度的正电平转到一个码元宽度的负电平这

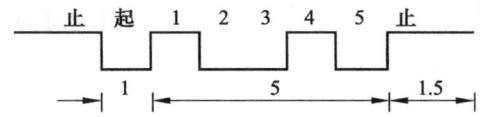

图 11.15 起止式帧同步法传输的字符格式

一特殊规律,就可以确定一个字的起始位置,于是可实现帧同步。由于这种同步方式中的止脉冲宽度与码元宽度不一致,会给同步数字传输带来不便。另外,在这种同步方式中,7.5 个码元中只有 5 个码元用来传输消息,因此效率较低。

11.3.2 对帧同步系统的要求

帧同步系统通常应满足下列要求。

① 帧同步的引入时间要短,设备开机后应能很快进入同步。一旦系统失步,也能很快恢复同步。

② 同步系统的工作要稳定可靠,具有较强的抗干扰能力,即同步系统应具有识别假失步和避免伪同步的能力。

③ 在一定的同步引入时间要求下,同步码组的长度应最短。

同步系统的工作稳定可靠对于通信设备是十分重要的。但是,数字信号在传输过程中总会出现误码而影响同步的情况,一种是由信道噪声等引起的随机误码,此类误码造成帧同步码的丢失往往是一种假失步现象,在满足一定误码率条件下,此种假失步系统能自动地迅速恢复正常,同步系统此时并不动作;另一种是突发干扰造成的误码,当出现突发干扰或传输信道性能劣化时,往往会造成码元大量丢失,使同步系统因连续检不出帧同步码而处于真失步状态。此时,同步系统必须重新捕捉,从恢复的码流中捕捉真同步码,重新建立同步。为了使帧同步系统具有识别假失步的能力,特别引入了前方保护时间的概念,它指从第一个同步码丢失起到同步系统进入捕捉状态为止的一段时间。

当同步系统处于捕捉状态后,要从码流中重新检出同步码以完成帧同步。但是,无论选择何种同步码型,信息码流中都有可能出现与同步码图案相同的码组,而造成伪同步动作,这种码组称为伪同步码。若帧同步系统不能识别伪同步码,将导致系统进入伪同步状态,使整个通信系统不稳定。为了避免进入伪同步而引入了后方保护时间的概念。它是指从同步系统捕捉到第一个真同步码到进入同步状态的一段时间。前方保护时间和后方保护时间的长短与同步码的插入方式有关。下面结合具体插入方式进行讨论。

11.3.3 集中插入同步法

集中插入方式是将帧同步码以集中的形式插入信息码流,通常帧同步码集中插在一帧的开始。关键是插入的帧同步码应是一种特殊的码组,要求其在接收端进行同步识别时出现伪同步的可能性尽量小,并要求此码组具有尖锐的自相关函数,以便识别;另外,识别器也要尽量简单。

符合上述要求的特殊码组有:全 0 码、全 1 码、0 与 1 交替码、巴克(Barker)码和 PCM30/32 基群的帧同步码 0011011。目前,应用最广泛的是性能良好的巴克码,下面主要对其进行讨论。

1. 巴克码

巴克码是一种具有特殊规律的二进制码组。它是一个非周期序列,一个 n 位的巴克码 $\{x_1, x_2, x_3, \cdots, x_n\}$,每个码元只可能取值 $+1$ 或 -1,它的自相关函数为

$$R(j) = \sum_{i=1}^{n-j} x_i x_{i+j} = \begin{cases} n & j=0 \\ 0, +1, -1 & 0<j<n \\ 0 & j \geq n \end{cases} \qquad (11.3.1)$$

目前已找到的所有巴克码组如表 11.1 所示。表中"+"表示 x_i 取值为 +1，"-"表示 x_i 取值为 -1。以 7 位巴克码组 $\{+++--+-\}$ 为例，它的自相关函数值如下：

当 $j=0$ 时

$$R(j) = \sum_{i=1}^{7} x_i^2 = 1+1+1+1+1+1+1 = 7 \tag{11.3.2}$$

当 $j=1$ 时

$$R(j) = \sum_{i=1}^{6} x_i x_{i+1} = 1+1-1+1-1-1 = 0 \tag{11.3.3}$$

同样可以求出 $j=2,3,4,5,6,7$ 时 $R(j)$ 的值，分别为 $-1,0,-1,0,-1,0$。另外，再求出 j 为负值的自相关函数值，两者合在一起画出 7 位巴克码的 $R(j)$ 与 j 的关系曲线如图 11.16 所示。由图 11.16 可见，自相关函数在 $j=0$ 时具有尖锐的单峰特性。

表 11.1 巴克码组

n	巴克码组
2	++
3	++-
4	+++-, ++-+
5	+++-+
7	+++--+-
11	+++---+--+-
13	+++++--++-+-+

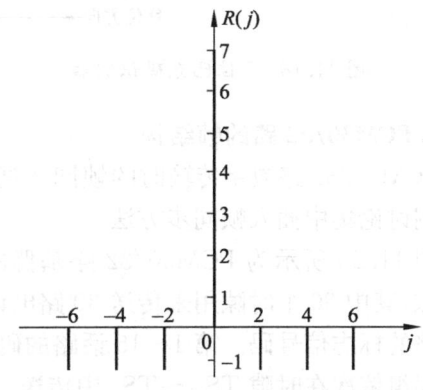

图 11.16 7 位巴克码的 $R(j)$-j 关系曲线

常用移位寄存器产生巴克码，7 位巴克码产生器如图 11.17 所示。图 11.17(a) 是串行式产生器，移位寄存器的长度等于巴克码组的长度。7 位巴克码由 7 级移位寄存器组成，各寄存器的初始状态由预置线预置成巴克码组相应的数字，7 位巴克码的二进制数为 1110010。移位寄存器的输出端反馈至输入端的第一级，因此，7 位巴克码输出后，各寄存器均保持原预置状态。这种方式的移位寄存器的级数等于巴克码的位数，看起来有些浪费。图 11.17(b) 是反馈式产生器，它只有 3 级移位寄存器和一个模 2 加法器，同样也可产生 7 位巴克码，这种方法也称为逻辑综合法，此结构可节省部件。

图 11.17 7 位巴克码的产生器

下面以 7 位巴克码为例来说明巴克码的识别。用 7 级移位寄存器、加法器和判决器就可以组成一个巴克码识别器，如图 11.18 所示。各移位寄存器输出端的接法和巴克码的规律一致，即与巴克码产生器的预置状态相同。当输入数据的"1"进入移位寄存器时，"1"端的输出电平为 +1，而"0"端的输出电平为 -1；反之，输入数据"0"时，"0"端的输出电平为 +1，"1"端的输出电平为 -1。识别器实际是对输入的巴克码进行相关运算的。

当 7 位巴克码在图 11.19(a)中的 t_1 时刻就已全部进入 7 级移位寄存器时,7 级移位寄存器输出端都输出+1,相加后得最大输出+7。若判决器的判决门限电平定为+6,那么,就在 7 位巴克码的最后一位"0"进入识别器后,识别器输出一个帧同步脉冲,表示一帧数字信号的开头,如图 11.19(b)所示。

图 11.18　7 位巴克码识别器

图 11.19　识别器的输出波形

2. PCM30/32 路的帧结构

PCM30/32 路数字传输时的帧同步通常采用集中插入方法。下面以 PCM30/32 路数字传输为例讨论集中插入帧同步方法。

图 11.20 所示为 PCM30/32 路基群的帧结构分配图。在两个相邻采样值间隔中,分成 32 个时隙,其中 30 个时隙用来传送 30 路电话,一个时隙用来传送帧同步码,另一个时隙用来传送各话路的标志信号码。第 1~15 话路的码组依次安排在时隙 TS_1~TS_{15} 中传送,而第 16~30 话路的码组依次在时隙 TS_{17}~TS_{31} 中传送。TS_0 时隙传送帧同步码,TS_{16} 时隙传送标志信令码。

图 11.20　PCM30/32 路基群的帧结构分配图

集中插入同步码通常是采用一个字长为 n 比特的码组,集中插入一帧中的一个时隙内。在 PCM30/32 路设备中,采用 $n=7$ 比特的同步码组,集中插入偶帧的 TS_0 时隙。这种插入方式要占用信息时隙,但缩短了同步引入时间,有利于开发数据传输等多种业务。

ITU-T 对 PCM30/32 路设备的帧时隙分配建议如表 11.2 所示。

表 11.2　帧时隙分配建议

	比特编号							
	1	2	3	4	5	6	7	8
包含帧定位信号的时隙"0"	保留给国际使用(目前固定为 1)	0	0	1	1	0	1	1
		帧定位信号						
不包含帧定位信号的时隙"0"	保留给国际使用(目前固定为 1)	1	0/1	保留给国内使用(目前固定为 1)				

为了使帧同步能较好地识别假失步和避免伪同步,帧同步码选为 0011011。此系统选这种码型的理论依据不在此叙述,请读者参考有关书籍。

从表 11.2 看出,帧同步码占第 2~8 位,插入在偶帧 TS_0 时隙中。第 1 位目前保留未用。

奇帧 TS_0 时隙插入码的分配是:第 1 位保留给国际用,暂定为 1;第 2 位为监视码,用以检验帧定位码;第3位为对告码,同步时为0,一旦出现失步,即变为1,并告诉对方,出现对告指示;第4~8位目前固定为1,留给国内今后开发使用。

3. 集中插入同步法

PCM30/32路的帧同步码采用集中插入方式,因此通常采用集中插入同步码的滑动法来恢复帧同步信号,如图11.21所示。其工作原理是:此电路由5部分组成,即移位寄存器和识别门组成的同步码检出电路;前/后方保护时间计数器完成前方保护时间和后方保护时间计数,并通过RS触发器发出同步及失步指令,以及收定时系统的起止信号S;收定时系统产生接收端运用的各类定时脉冲;时标发生器产生与PCM码元中同步码的时间相一致的偶帧时标信号A,作为比较脉冲在识别门和收到的同步码进行比较,并产生与PCM码流中奇帧监视码时间关系一致的奇帧时标信号C,用来检出监视码,还产生供保护时间计数使用的触发时钟B;奇帧监视码检出电路用来检出奇帧TS_0中的第2位。

图11.21　PCM30/32路帧同步系统框图

同步时,前/后方保护时间计数器处于起始状态。S=1,收定时系统工作,时标发生器产生3种时标信号:A的周期为$125\mu s$,脉宽为1比特,出现在TS_0时隙;B的周期为$250\mu s$,出现在偶帧TS_0时隙;C的周期为$250\mu s$,出现在奇帧TS_0时隙;A、B、C三路时标分别加到识别门、前/后方保护时间计数器和奇帧监视码检出电路。PCM码进入移位寄存器,当出现同步码组时,由于处于同步状态,收定时系统产生的各种定时脉冲与接收到的码流中的时序规律相同。同步码检出电路由8级移位寄存器和识别门组成。只有当0011011码组进入移位寄存器,且帧结构的时序状态保持对准关系,A时标出现"1"的时刻才有同步码检出。检出的同步码是周期为$250\mu s$、脉宽为1比特的负脉冲。

当出现同步码错误时,识别门无同步码检出,其输出为高电平。在时标B的作用下,开始前方保护时间计数。如果连续丢失3(或4)个帧同步码,计数器计满,输出指令S=0,将收定时系统强迫置位到一个固定状态,系统进入同步捕捉状态。此时,由于收定时系统停止动作,使时标发生器输出的时标A为高电平状态,以便捕捉同步码。

当PCM码恢复正常后,同步系统从输入码流中捕捉到0011011码组,相当于第N帧有同步码,识别门输出一个检出脉冲用于帧同步。此时,后方保护时间计数开始,S=1,收定时系统启动并使时标发生器产生各类时标A、B、C。时标C加到奇帧监视码检出电路,如果$N+1$帧的检出电路检出的是高电平"1",表示$N+1$帧满足无同步码条件,应在$N+2$帧由识别门再一次检出同步码,后方保护时间计数器动作,系统进入同步状态。

当$N+1$帧出现的第2位码不是"1"而是"0"时,则表示$N+1$帧无同步码的要求不成立,奇帧监视码检出电路输出一个负脉冲,将计数器强制置位到起始状态。同步系统重新进入捕捉状态。

如果 N 帧和 $N+1$ 帧均符合规定，$N+2$ 帧无同步检出，后方保护时间计数器所计的数无效，系统也必须重新进行捕捉。

11.3.4 分散插入同步法

另一种帧同步方法是将帧同步码分散地插入信息码元中，即每隔一定数量的信息码元插入一个帧同步码元。这时为了便于提取，帧同步码不宜太复杂。PCM24 路数字电话系统的帧同步码就采用的是分散插入方式。下面以此为例进行讨论。

1. PCM24 路的帧结构

图 11.22 所示为 PCM24 路基群的帧结构分配图。图中 b 为振铃码的位数，n 为 PCM 编码位数，F 为帧同步码的位数，K 为监视码的位数，N 为路数。其中 $n=7$，$b=1$，$F=1$，$N=24$，$K=0$。

图 11.22 PCM24 路基群的帧结构分配图

PCM24 路基群通信系统的帧同步码通常采用等间隔分散插入方式，如图 11.23 所示。

图 11.23 PCM24 路基群的帧同步码的分散插入方式

同步码采用"1""0"码交替型，等距离地插入在每一帧的最后一个码位之后，即 PCM24 路基群是 193 码位。这种插入方式的最大特点是同步码不占用信息码时隙，同步系统结构较为简单，但是同步引入时间长。

2. 逐比特移位方式

对于采用分散插入方式的 PCM24 路的帧同步信号的提取通常采用逐比特移位方式，如图 11.24 所示。工作原理是：接收端通过本地帧码发生器产生和发送端相同的帧同步码。首先将接收到的 PCM 码与本地帧同步码同时加到不一致门上。不一致门由模 2 加电路组成，其逻辑功能为 $A \oplus A = 0$，$A \oplus \bar{A} = 1$。

当本地帧和收到码流中的帧对准时，不一致门无信号输出。当本地帧和收到码流中的帧对不上时，则不一致门有错误脉冲输出。一方面，输出的错误脉冲经展宽、延时后作为控制定时系统的移位脉冲；另一方面，输出的错误脉冲经前/后方保护时间计数器时，计数电路输出高电平"1"。

此时移位脉冲经与非门 T_1 变为负脉冲，并通过与门 T_2 将时钟脉冲扣除 1 比特，如图 11.25 所示。CP 为时钟脉冲，它被扣除一个脉冲变为 CP'，使收定时系统停止动作一拍，相当于本地帧码时间后移 1 比特。如果后移一拍后的本地帧码和 PCM 码中帧同步还未对准，又输出一个错

图 11.24 逐比特移位方式框图

误脉冲,再将 CP 扣除一个脉冲,使产生的帧码又后移 1 比特。如此下去,直到对准为止。此时,同步系统进入后方保护时间计数。如果在后方保护时间内,本地帧码和 PCM 码中的帧一直保持对准状态,则表明系统可以进入同步。保护电路的输出状态回复到"0",同步系统处于正常工作状态。

图 11.25 1 比特移位原理

11.3.5 帧同步系统的性能

衡量帧同步系统的主要指标有漏同步概率 P_1、假同步概率 P_2 和帧同步平均建立时间 t_s。不同方式的同步系统,性能自然不同,下面主要分析集中插入方式的同步系统的性能。

1. 漏同步概率 P_1

如前所述,数字信号在传输过程中由于干扰的影响使同步码组产生误码,而使帧同步信息丢失,造成假失步现象,通常称为漏同步。出现这种情况的可能性称为漏同步概率,用 P_1 表示。

设帧同步码组长 n,码元的误码率 P,m 为容许码组出错的最大数,因此码组中所有不超过 m 个错误的码组都能正确识别,则未漏同步概率为

$$\sum_{r=0}^{m} C_n^r P^r (1-P)^{n-r} \tag{11.3.4}$$

故得漏同步概率为

$$P_1 = 1 - \sum_{r=0}^{m} C_n^r P^r (1-P)^{n-r} \tag{11.3.5}$$

2. 假同步概率 P_2

被传输的信息码元是随机的,完全可能出现与帧同步相同的码组,这时识别器会把它当作帧同步码组来识别而造成假同步(或称伪同步)。出现这种情况的可能性称为假同步概率,用 P_2 表示。

计算 P_2 就是计算信息码中出现帧同步码的概率。设二进制码元中信息码的"1""0"码等概率出现,$P(1)=P(0)=0.5$,则由该二进制码元组成 n 位码组的所有可能的码组数为 2^n 个。其中,能被判为同步码组的组合数与判决器容许帧同步码组中最大错码数 m 有关。若 $m=0$,只有 C_n^0 个码组能识别;若 $m=1$,则有 $C_n^0+C_n^1$ 个码组能识别。依次类推,即可求出消息码元中可被判为同步码组数为 $\sum_{r=0}^{m} C_n^r$,因而可得假同步概率为

$$P_2 = \frac{1}{2^n} \sum_{r=0}^{m} C_n^r \tag{11.3.6}$$

比较式(11.3.5)和式(11.3.6)可见,m 增大,即判决门限电平降低时,P_1 减小,而 P_2 增加。这两项指标是有矛盾的,判决门限的选取要兼顾两者。

PCM30/32 路设备中帧同步系统引入后方保护时间,用奇帧监视码位来检查同步码的真伪,提高了系统的抗干扰性能,因此出现假同步的概率 P_2 很小。

3. 帧同步平均建立时间 t_s

设漏同步和假同步都不出现,在最不利的情况下,实现帧同步最多需要一帧时间。设每帧的码元数为 N,每个码元的时间为 T_b,则一帧的时间为 NT_b。在建立同步过程中,如果出现一次漏同步,则建立时间要增加 NT_b;如果出现一次假同步,建立时间也要增加 NT_b。因此,集中插入同步法的帧同步平均建立时间为

$$t_s = (1+P_1+P_2)NT_b \tag{11.3.7}$$

分散插入同步法的平均建立时间通过分析计算为

$$t_s \approx N^2 T_b \tag{11.3.8}$$

显然,集中插入同步方法的 t_s 比分散插入方法要短得多,因而在数字传输系统中被广泛应用。

11.4 跳频信号的同步

跳频通信系统除有一般数字通信系统的载波同步、位同步和帧同步的要求外,还有其特有的码序列同步,即要求收发双方不仅时钟频率要对准,而且要求码序列的起点要对齐。因此,跳频系统的同步问题也就比一般的数字通信系统更关键,更为复杂。

跳频同步是指收发双方的跳频图案相同,跳频的频率序列相同,跳变的起止时刻相同。但是,由于从发射点到接收点电磁波传播的时延及多径传播,收发双方启动码序列的时间差或收发双方时钟的不稳定等因素都可能产生收发之间的时间差异。而收发双方基准频率源的不稳定性或多普勒频移又会造成收发双方之间的频率偏差。而跳频同步的过程,就是搜索和消除时间及频率偏差的过程,以保证收发双方码相位和载波的一致性。

11.4.1 跳频同步的内容及方法

由以上分析可知,跳频通信的同步应包含以下内容。

① 频率同步:使发送信号载频和接收本地信号载频之差落在中频窄带晶体滤波器的通带内。

② 跳频图案同步:跳频接收机本地载频随时间 T 跳变的图案必须与发送端跳频图案相同。

③ 跳频码元同步:跳频通信收发两地跳频速率和起始相位应在允许的范围内,即小于 1/2 个码元。

④ 失步检测判决:能及时准确地判定通信系统失步。

跳频通信系统采用的同步方法有以下几种。

① 同步字头法:也称插入前置同步法。用一组特殊的码字携带同步信息,把它周期或非周期地插入跳频指令码序列中,接收端根据前置码的特点,可从接收到的跳频序列中识别出来。

② 自同步法:利用发送端发送的数字信号序列中隐含的同步信息,在接收端将其提取出来,从而获得同步信息实现跳频。因此,这种方法不需要同步字头,可以节省功率损耗,且具有较强的抗干扰能力。自同步法采用自适应方法,通信信号隐蔽,同步方式不需要转接中心,组网也较灵活。

③ 高精度晶体时钟定时控制同步法:跳频收发信机的跳频程序时钟用一个准确而可靠的格林威治时间作参考,用以设计一个不易失步的通信系统,使每个通信机每天的时间和日期都准确到 $1\mu s$,于是在预定的时间里,将所有的码发生器根据标准时间和日期进行校准。

上述 3 种基本的同步方法各有其优缺点。在实际的跳频系统中,常常是将这几种基本方法组合起来应用,使跳频系统达到在某种条件下的最佳同步。例如,自同步法具有同步信息隐蔽的优点,但是存在同步建立时间长的缺点;同步字头法具有快速建立同步的优点,但存在同步信息不够隐蔽的缺点。因此,可将这两种方法进行组合,得到一个综合最佳的同步系统。

11.4.2 跳频系统的等待自同步法

本节针对既要具有较强的抗干扰能力,又便于灵活组网、跳频速率较低、用户数少、可任意选址的小型移动通信网,着重介绍一种适用的等待自同步法。

图 11.26 所示为等待自同步法的跳频同步过程示意图。图中,接收端在频率 f_6 上等待接收跳频信号;发送端发送的跳频信号的载频依次在 f_1、f_2、f_3、f_4、f_5、f_6 … 上跳变。当发送端信号的载频跳变至 f_6 时,接收端接收到跳频信号,这时称为同步捕获,即可从跳频信号中解出它所携带的同步字头内的同步信息。接着,就依照同步信息的指令开始同步跳频,即由等待阶段转入同步跳频的跟踪阶段,从而实现了跳频系统同步。

跳频信号的时间同步有中频和基频两种方式,也就是说,使跳频信号变到中频或基频范围内,再进行检测和同步识别。通常多采用中频方法,即接收信号与本地载频进行混频,通过带通滤波器取其中频。同步过程又可分为捕获和跟踪两部分。

等待自同步法的原理图如图 11.27 所示,它是在完成频率同步的条件下,依次完成跳频图案的同步、跳频脉冲码元同步和失步检测判决。它将同步基本上分成 4 个状态来处理。

1. 等待、搜索状态

当收发双方开始联系时,由于接收机对发送端跳频信号的频率和相位一无所知,因而接收端频率合成器的振荡频率只能停留在某一频率 f 上,等待搜索发送端跳频信号中的对应频率 f_1。当发射频率与接收端的本振频率经过混频后,中频滤波器再进行包络检波,若包络检波器的输出 ξ 超过一定的门限值 ξ_{th},该值触发本地伪码发生器,使频率合成器输出相邻的本振跳频频率。重复这种等待捕捉过程,一直到各次跳频都超过门限值时,这就说明了收发两端跳频图案相同。如果检波输出电平低于门限值,则本振频率停止在原状态捕捉或把本振序列导前某一时间,再继续捕捉。

图 11.26 等待自同步法的跳频同步过程示意图　　图 11.27 等待自同步法原理图

2. 跳频图案的同步状态

捕捉门限值与码序列的相关性关系如图 11.28 所示,若两个码序列的相位差 $\tau=0$,则相关值最大为 L;当 $|\tau|=T_c/2$ 时,相关值为 $L/2$。取 $L/2$ 作为捕获的门限值。将包络检波器的输出与门限值相比,若超过门限值,则表示信号地址码与本地码的起始相位差小于 $T_c/2$,于是,接收机一方面启动本地伪码发生器,另一方面连续累计超过门限值的次数。若超过预定的 K 次,表示捕获成功,由计数器输出控制信号,使本地时钟停止跳动,保持现有的起始相位,并自动转到时间跟踪状态。相位差大于

图 11.28 捕捉门限值与码序列的相关性关系

$T_c/2$,就要再继续搜索,这样重复 n 次,直到收发码序列相位差小于 $T_c/2$ 为止。

由以上分析可知,为了减少虚报概率和完成跳频指令图案的同步,系统不是一次满足包络检波输出 ξ_i 大于门限值 ξ_{th} 即进入跟踪状态,而是进入检测判决状态,还要继续观察 $\xi_i > \xi_{th}$。只有在一个周期内都能达到 $\xi_i > \xi_{th}$,且当累计数 $N>K$ 后才进入跟踪状态。

3. 跟踪状态及跳频脉冲码元同步

在跳频系统中,当同步脉冲码元被捕获后,同步系统就转到跟踪状态,将捕获时所能得到的相位精度 $T_c/2$ 进一步提高,即把同步区间降低到更小,并保持着这个精度。

当系统进入跟踪状态后,不像在检测判决状态那样受 $\xi_i > \xi_{th}$ 判决控制,而是由跳频脉冲码元直接触发跳频器,来实现跳频脉冲码元同步。也就是说,在跳频脉冲周期 T_c 和 $T_c/2$ 的时刻采样,其值经过差分放大器输出统计量 ξ_i',与门限值 $\pm\xi_{th}$ 相比较,产生加、减脉冲来调节本地时钟相位,完成跳频脉冲码元同步。

4. 失步检测判决

为防止和减少漏报概率,在进入跟踪状态后,还必须在 T_c 时刻取出同步检测统计量与门限值比较,只有在一定码长内,累计 K 次(K 为失步检测判决次数)出现检测统计量低于门限值时,系统处于失步状态,随即封锁跳频脉冲码元输出,且停止本地跳频器输出频率的跳变,重新回到等待、搜索状态。等待自同步法的流程图如图 11.29 所示。

等待自同步法具有较短的平均捕获时间和较长的平均锁定时间,在失步和假锁情况下,具有

图 11.29 等待自同步法的流程图

较短的平均失步检测时间。由于其有较强的抗干扰能力,组网灵活,因此,在跳频速率低、用户较少的任意选址的小型移动通信网中是行之有效的方法。

11.5 网 同 步

当通信是在点对点之间进行时,完成了载波同步、位同步和帧同步之后,就可以进行可靠的通信了。但现代通信往往需要在许多通信点之间实现相互连接,构成通信网。显然,为了保证通信网各点之间可靠地进行数字通信,必须在网内建立一个统一的时间标准,称为网同步。

实现网同步的方法主要有两大类:一类是全网同步系统,即在通信网中使各站的时钟彼此同步,各站的时钟频率和相位都保持一致。建立这种网同步的主要方法有主从同步法和相互同步法。另一类是准同步系统,也称独立时钟法,即在各站均采用高稳定性的时钟,相互独立,允许其速率偏差在一定的范围之内,在转接时设法把各处输入的码元速率变换成本站的码元速率,再传送出去。在变换过程中,要采取一定措施使信息不致丢失。实现这种方式的方法有两种,即码速调整法和水库法。

11.5.1 全网同步系统

全网同步方式采用频率控制系统去控制各站的时钟,使它们都达到同步,即使它们的频率和相位均保持一致,没有滑动。采用这种方法可用稳定度稍低而价廉的时钟,在经济上是有利的。

1. 主从同步法

在通信网内设立一个主站,它备有一个高稳定的主时钟,再将主时钟产生的时钟逐站传送至网内的各从站,如图 11.30 所示。这样各从站的时钟频率(定时脉冲频率)都直接或间接来自主时钟,因此网内各从站的时钟频率相同。各从站的时钟频率通过各自的锁相环来保持和主站的时钟频率一致。由于主时钟到各从站的传输线路长度不等,会使各从站引入不同的时延。因此,各从站都需设置时延调整电路,以补偿不同的时延,使各从站的时钟不仅频率相同,而且相位也一致。

这种主从同步控制方式比较容易实现,它依赖单一的时钟,设备比较简单。此法的主要缺点是:若主时钟发生故障,会使全网各从站都因失去同步而不能工作;当某一中间站发生故障时,不仅该站不能工作,其后的各站都因失步而不能工作。

图 11.31 所示为等级主从同步方式,与主从同步控制方式不同的是,全网所有的从站都按等级分类,其时钟都按照其所处的地位水平分配一个等级。在主时钟发生故障的情况下,就主动选择具有最高等级的时钟作为新的主时钟,即在主时钟发生故障时,则由副时钟替代,并通过图中虚线所示通路供给时钟。这种方式改善了可靠性,但较复杂。

图 11.30 主从同步控制方式

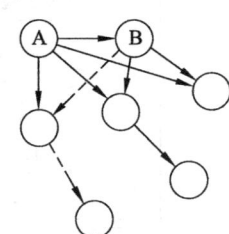

图 11.31 等级主从同步方式

2. 互控同步法

为了克服主从同步法过分依赖主时钟的缺点,让网内各站都有自己的时钟,并将数字网高度互连实现网同步,从而消除了仅有一个时钟可靠性差的缺点。各站的时钟频率都锁定在各站固有频率的平均值上,这个平均值称为网频频率。这是一个相互控制的过程。当网中某站发生故障时,网频频率将平滑地过渡到一个新的值。这样,除发生故障的站外,其余各站仍能正常工作,因此提高了通信网工作的可靠性。这种方法的缺点是每一站的设备都比较复杂。

11.5.2 准同步系统

1. 码速调整法

准同步系统是各站各自采用高稳定时钟,不受其他站的控制,它们之间的时钟频率允许有一定的容差。这样各站送来的信息码流首先进行码速调整,使之变成相互同步的数字码流,即对本来是异步的各种数字码流进行码速调整。关于码速调整的方法请参考有关资料。

2. 水库法

水库法是依靠在各站设置极高稳定度的时钟和容量大的缓冲存储器,使得在很长的时间间隔内存储器不发生"取空"或"溢出"现象。容量足够大的存储器就像水库一样,即很难将水抽干,也很难将水库灌满,因而可用作水流量的自然调节,故称为水库法。

下面来计算存储器发生一次"取空"或"溢出"现象的时间间隔 T。设存储器的位数为 $2n$,起始为半满状态,存储器写入和读出的速率之差为 $\pm \Delta f$,则显然有

$$T = \frac{n}{\Delta f} \tag{11.5.1}$$

设数字码流的速率为 f,相对频率稳定度为 S,并令

$$S = |\pm \frac{\Delta f}{f}| \tag{11.5.2}$$

则由式(11.5.1)得

$$fT = \frac{n}{S} \tag{11.5.3}$$

式(11.5.3)是水库法进行计算的基本公式。

现举例如下。设 $f=512\text{kbit/s}$，并设 $S=|\pm\frac{\Delta f}{f}|=10^{-9}$，需要使 T 不小于 24 小时，则利用式(11.5.3)，可求出 n，即

$$n = SfT = 1\times10^{-9}\times 51200\times 24\times 3600 \approx 45$$

显然，这样的设备不难实现。若采用更高稳定度的振荡器，如铯原子振荡器，其频率稳定度可达 5×10^{-11}。因此，可在更高速率的数字通信网中采用水库法做网同步。但水库法每隔一个相当时间总会发生"取空"或"溢出"现象，所以每隔一定时间 T 要对同步系统校准一次。

上面简要介绍了数字通信网的网同步的几种主要方式。但是，网同步方式目前世界各国仍在继续研究，究竟采用哪一种方式还有待探索。而且，网同步与许多因素有关，如通信网的构成形式、信道的种类、转接的要求、自动化的程度、同步码型和各种信道的码率选择等。目前数字通信正在迅速发展，随着市场的需要和研究工作的进展，可以预期今后一定会有更加完善、性能良好的网同步方法出现。

习 题 11

11.1 已知单边带信号 $S_{SSB}(t) = f(t)\cos\omega_0 t + \hat{f}(t)\sin\omega_0 t$，试证明它不能用平方变换法提取载波。

11.2 已知单边带信号 $S_{SSB}(t) = f(t)\cos\omega_0 t + \hat{f}(t)\sin\omega_0 t$，若采用与 DSB 导频插入相同的方法，试证明接收端可正确解调；若发送端插入的导频是调制载波，试证明解调输出中也含有直流分量。

11.3 设某基带信号如题图 11.1 所示，它经过一带限滤波器后变为带限信号，试画出从带限基带信号中提取位同步信号的原理图和各点波形。

11.4 有两个相互正交的双边带信号 $A_1\cos\Omega_1 t\cos\omega_0 t$ 和 $A_2\cos\Omega_2 t\sin\omega_0 t$ 送入如题图 11.2 所示的电路解调，试讨论载波相位误差 φ 对该系统有什么影响。

题图 11.1　　　　　　　　　　题图 11.2

11.5 若 7 位巴克码组的前后全为"1"序列，将它加入图 11.18 所示的 7 位巴克码识别器的输入端，且各移位寄存器的初始状态均为零，试画出识别器中加法器和判决器的输出波形。

11.6 若 7 位巴克码组的前后全为"0"序列，将它加入图 11.18 所示的 7 位巴克码识别器的输入端，且各移位寄存器的初始状态均为零，试画出识别器中加法器和判决器的输出波形。

11.7 帧同步采用集中插入一个 7 位巴克码组的数字传输系统，若传输速率为 1kbit/s，误码率 $P_e=10^{-4}$，试分别计算允许错 $m=0$ 和 $m=1$ 位码时的漏同步概率 P_1 和假同步概率 P_2。若每帧中的信号位为 153，估算帧同步的平均建立时间。

11.8 设数字通信网采用水库法进行码速调整，已知数据速率为 16kbit/s，存储器容量为 $2n=16$ 位，当时钟的相对频率稳定度为 $|\pm\Delta f/f|=10^{-6}$ 时，试计算需要调整的时间间隔。

第 12 章　差错控制编码

12.1　引　　言

在数字通信中,由于信道传输特性不理想及加性噪声的影响,接收端收到的数据不可避免地会出现差错。为了提高系统传输的可靠性,降低误码率,常用的方法有两种:一是降低数字信道本身引起的错码,可采用的方法有选择高质量的传输线路、改善信道的传输特性、增加信号的发送能量、选择有较强抗干扰能力的调制解调方案等;另一种就是采用差错控制编码,即信道编码。它的基本思想是通过对信息序列进行某种变换,使原来彼此独立、相关性极小的信息码元产生某种相关性,在接收端可以利用这种规律性来检查并纠正信息码元在信息传输中所造成的差错。在许多情况下,信道的改善是不可能的或是不经济的,这时只能采用差错控制编码方法。

从差错控制角度看,按加性干扰引起的错码的分布规律的不同。信道可以分为 3 类,即随机信道(Random Channel)、突发信道(Burst Channel)和混合信道(Mixed Channel)。在随机信道中,错码的出现是随机的,且错码之间是统计独立的。例如,由信道中的高斯白噪声引起的错码就具有这种性质。在突发信道中,错码是成串集中出现的,即在一些短促的时间区间内会出现大量错码,而在这些短促的时间区间之间却又存在较长的无错码区间,这种成串出现的错码称为突发错码。产生突发错码的主要原因是脉冲干扰和信道中的衰落现象,因此称这种信道为突发信道。把既存在随机错码又存在突发错码的信道称为混合信道。不同的信道应采用不同的差错控制技术。常用的差错控制方法有以下几种。

1. 检错重发

检错重发(ARQ)方式的发送端发出有一定检错能力的码,接收端译码器根据编码规则,判断这些码在传输中是否有错误产生,如果有错,就通过反馈信道告诉发送端。然后,发送端将接收端认为错误的信息再次重新发送,直到接收端认为正确为止。

该方式的优点是只需要少量的冗余码就能获得较低的误码率。由于检错码和纠错码的能力与信道的干扰情况基本无关,因此整个差错控制系统的适应性较强,特别适合于短波、有线等干扰情况非常复杂而又要求误码率较低的场合。主要缺点是必须有反馈信道,不能进行同播。当信道干扰较大时,整个系统可能处于重发循环之中,因此信息传输的连贯性和实时性较差。

2. 前向纠错

前向纠错(FEC)方式是发送端发送有纠错能力的码,接收端的纠错译码器收到这些码之后,按预先规定的规则,自动纠正传输中的错误。

该方式的优点是不需要反馈信道,能够进行一个用户对多个用户的广播式通信。此外,这种通信方式译码的实时性好,控制电路简单,特别适用于移动通信。缺点是译码设备比较复杂,所选用的纠错码必须与信道干扰情况相匹配,因而对信道变化的适应性差。为了获得较低的误码率,必须以最坏的信道条件来设计纠错码。

3. 混合差错控制

混合差错控制(HEC)方式是检错重发方式和前向纠错方式的结合。发送端发送的码不仅能够检测错误,而且还具有一定的纠错能力。接收端译码器收到信码后,如果检查出的错误是在码的纠错能力以内,则接收端自动进行纠错;如果错误很多,超过了码的纠错能力但尚能检测时,接收端则通过反馈信道告知发送端重发这组码的信息。

该方法不仅克服了前向纠错方式冗余度较大、需要复杂的译码电路的缺点,同时还增强了检错重发方式的连贯性,在卫星通信中得到了广泛的应用。

图 12.1　3 种差错控制方法的系统框图

图 12.1 所示为上述 3 种差错控制方法的系统框图,图中有斜线的方框表示在该端检出错误。

12.2　差错控制编码的原理

12.2.1　纠错编码的原理

差错控制编码也称纠错编码,其基本原理是在信息码元序列中加入一定的监督码元,使编出的码组具有一定的检测错误和纠正错误的能力。纠错编码包括检错编码和纠错编码,不同的编码方法具有不同的检错和纠错能力。一般来说,增加的监督码元越多,检(纠)错能力就越强。

下面用一个例子来说明。例如,要传送的消息为 A 和 B,可用"0"代表 A,"1"代表 B。若在信道传输的过程中产生了错误,"0"错成了"1",或者"1"错成了"0",接收端都无法检测,因此这种码没有抗干扰能力。如果在"0"或"1"的后面加一位监督位(也称校验位),即以"00"代表 A,"11"代表 B,长度为 2 的二进制序列共有 $2^2=4$ 种组合,即"00""01""10""11"。"00"和"11"是从这 4 种组合中挑选出来的。另外两种编码"01"和"10"没有选用,称为禁用码组。当干扰只使其中一位发生错误时,如"00"变成了"01"或"10",译码器就认为是误码,但这时译码器不能判断是哪一位错了,因而不能自动纠错。如果在传输中两位码都发生了错误,如由"00"变成了"11",译码器会将它判为 B,这就造成了差错,因此按这种 1 位信息位、1 位监督位的编码方式,只能发现 1 位错误码。

如果采用更多位二进制编码来表示 A 和 B 两种状态,则情况会怎样呢? 例如,采用 3 位二进制编码,共有 $2^3=8$ 种组合,分别为"000""001""010""011""100""101""110"和"111"。选择其中的"000"代表 A,"111"代表 B,另外 6 种编码"001""010""011""100""101""110"为禁用码组。在接收端我们用如下的译码方法,每收到 3 比特译码一次,采用大数判决规则译码,即 3 比特中 0 的个数大于 1 的个数则译码成 0,反之译码成 1。若发送端发送的是"000",如果码组在传输过程中出现 1 个错误,则接收到的码组可能是"001""010"或"100"。由于这 3 种编码为禁用码组,因此可以判定接收到的码组出现了错误。更进一步,由于接收到的码组"001","010"或"100"中 0 的个数大于 1 的个数,根据大数判决规则译码,则译码器译成"000"输出,纠正了传输中的 1 个错码。同样,若发送端发送"111",如果码组在传输过程中出现 1 个错误,接收端根据大数判决规则译码,则译码器译成"111"输出,也纠正了传输中出现的 1 位错码。可见,这种编码方案能纠正一位错码。但若假定错码数不超过两个,则存在两种可能性,"000"错一位及"111"错两位都可能变成"100",因而只能检出错码而不能进行纠正。

从这个例子可以看到,当发送的信息编码没有冗余码时,接收端译码器不能检测和纠正错码;当加入 1 个冗余码时,接收端译码器能够检测出 1 个错码,但不能纠正错码;当加入 2 个冗余码时,接收端译码器能够检测出 1 个或 2 个错码,或纠正 1 个错码。检测和纠正错码能力的增强是通过增加发送编码冗余码而得到的。

纠错编码的基本原理是:为了使信源信息具有检错和纠错能力,应当按一定的规则在信息码中增加一些冗余码(又称监督码),使这些冗余码与被传送信息码之间建立一定的关系,这个过程称为差错控制编码(或纠错编码);在接收端,根据信息码与监督码的特定关系,实现检错或纠错,输出原信息码,这个过程称为差错控制译码(或纠错译码)。另外,无论检错和纠错,都有一定的识别范围。差错控制编码原则上是以降低信息速率来换取信息传递可靠性的提高的。研究差错控制编码的目的就是为了寻找较好的编码方式,在尽可能少地增加冗余码的情况下实现尽可能强的检错和纠错能力。

12.2.2 差错控制编码的基本概念

1. 分组码

从 12.2.1 节的例子中可以得到关于"分组码"的一般概念。如果不要求检错或纠错,为了传输两种不同的信息,只用 1 位码就够了,我们把代表所传信息的码称为信息位。第 2 种和第 3 种方案分别使用了 2 位码和 3 位码,多增加的码位数称为监督位。我们把为每组信息码元附加若干监督码元的编码称为分组码。在分组码中,监督码元仅监督本码组中的信息码元。后面讨论的卷积码的监督位就不具备这一特点。

分组码一般用符号 (n,k) 表示,其中 n 是码组的总位数,又称为码组长度(码长);k 是每组二进制信息码元的数目;$r=n-k$ 为每码组中的监督码元数目,或称监督位数目。通常将分组码规定为具有如图 12.2 所示的结构,图中前面 k 位($a_{n-1}\cdots a_r$)为信息位,后面附加 r 个监督位($a_{r-1}\cdots a_0$),此码又称为系统码。

图 12.2 分组码的结构

2. 许用码组与禁用码组

在二进制编码中,若分组码码长为 n,则总的码组数应为 $2^n=2^{k+r}$ 个。其中被传送的码组为 2^k 个,通常称为许用码组;其余 2^n-2^k 个码组不传送,称为禁用码组。发送端纠错编码的任务是寻求某种规则,从码组 2^n 中选出 2^k 个许用码组,而接收端译码的任务则是利用相应的规则判断收到的码字是否符合许用码组,对错误进行检测和纠正。

3. 编码效率

设编码后的码组长度、码组中所含信息码元及监督码元的个数分别为 n、k 和 r,三者之间满足 $n=k+r$,编码效率 $R=k/n=1-r/n$。R 越大,说明信息位所占的比重越大,码组传输信息的有效性越高。因此,R 说明了分组码传输信息的有效性。

4. 编码分类

编码分类主要有以下几种。

① 根据已编码组中信息码元与监督码元之间的函数关系,可分为线性码和非线性码。若信息码元与监督码元之间成线性关系,即满足一组线性方程式,称为线性码。

② 根据信息码元与监督码元之间的约束方式不同,可分为分组码和卷积码。分组码的监督码元仅与本码组的信息码元有关,卷积码的监督码元不仅与本码组的信息码元有关,而且与前面码组的信息码元有约束关系。

③ 根据编码后信息码元是否保持原来的形式,可分为系统码和非系统码。在系统码中,编码后的信息码元保持原样,而非系统码中的信息码元则改变了原来的信号形式。

④ 根据编码的不同功能,可分为检错码和纠错码。

⑤ 根据纠、检错误类型的不同,可分为纠、检随机性错误码和纠、检突发性错误码。

⑥ 根据码元取值的不同,可分为二进制码和多进制码。

本章只介绍二进制纠错编码和检错编码。

5. 编码增益

由于编码系统具有纠错能力,因此在达到同样误码率要求时,编码系统会使所要求的输入信噪比低于非编码系统,为此引入了编码增益的概念。其定义为在给定误码率下,非编码系统与编码系统之间所需信噪比之差(用 dB 表示)为编码增益。用公式表示为

$$G_{\text{dB}} = \left(\frac{E_b}{n_0}\right)_u - \left(\frac{E_b}{n_0}\right)_B \quad (\text{dB}) \tag{12.2.1}$$

式中,$(E_b/n_0)_u$ 是未编码时所需要的信噪比;$(E_b/n_0)_B$ 是经编码后所需要的信噪比。

编码增益也反映了译码后数据信息的误码率与译码前数据信息在信息传输中的误码率相比较时所得到的改进量。采用不同的纠错编码会得到不同的编码增益,它和编码方式、译码方式及信道误码率 P_e 等因素有关。译码后的误码率 P_B 可以近似表示为

$$P_B \cong \frac{1}{n}\sum_{i=t+1}^{n} i(n_i) P_e^i (1-P_e)^{n-i} \tag{12.2.2}$$

式中,t 为 (n,k) 分组码中已经被纠正的错码个数;P_e 为信道误码率。因此,在已知信道误码率时,可以通过上式得到译码后的误码率。在数据通信系统中,能够将 10^{-2} 的信道误码率通过纠错编码降低到 10^{-5} 甚至更低。

6. 码重和码距

对于二进制码组,码组中"1"码元的个数称为码组的重量,简称码重,用 W 表示。例如,码组 10001,它的码重 $W=2$。

两个等长码组之间对应位不同的个数称为这两个码组的汉明距离,简称码距 d。例如,码组 10001 和 01101 有 3 个位置的码元不同,因此码距 $d=3$。码组集合中各码组之间距离的最小值称为码组的最小距离,用 d_0 表示。最小码距 d_0 是信道编码的一个重要参数,它体现了该码组的纠错、检错能力。d_0 越大,说明码组间最小差别越大,抗干扰能力越强。但 d_0 与所加的监督位数有关,所加的监督位数越多,d_0 就越大,这又引起了编码效率 R 的降低,因此编码效率 R 与最小码距 d_0 是一对矛盾。

根据编码理论,一种编码的检错或纠错能力与码组间的最小距离有关。在一般情况下,对于分组码有以下结论。

① 为检测 e 个错误,最小码距应满足

$$d_0 \geqslant e+1 \tag{12.2.3}$$

这可以用图 12.3(a)来说明:设一码组 A 位于 O 点,另一码组 B 与 A 最小码距为 d_0。当 A 码组发生 e 个错码时,可以认为 A 的位置将移动到以 O 为圆心、以 e 为半径的圆上,但其位置不

会超出此圆。只要 e 比 d_0 小1，就不会发生把 A 码组错译为 B 码组的事件，即有 $e \leqslant d_0 - 1$。

② 为纠正 t 个错误，最小码距应满足

$$d_0 \geqslant 2t + 1 \tag{12.2.4}$$

这可以用图12.3(b)来说明：若码组 A 和码组 B 发生不多于 t 位的错误，则其位置均不会超出以 O_1 和 O_2 为圆心、以 t 为圆的半径。只要这两个圆不相交，则当错码小于 t 时，根据它们落入哪个圆内，就可以正确地判断为 A 或 B，即可纠正错误。以 O_1 和 O_2 为圆心、以 t 为半径的两圆不相交的最近圆心距离为 $2t+1$，此即为纠正 t 个错码的最小码距。

③ 为纠正 t 个错误，同时又能够检测 e 个错误，最小码距应满足

$$d_0 \geqslant e + t + 1 \quad (e > t) \tag{12.2.5}$$

在解释此式之前，先来说明什么是"纠正 t 个错码，同时检测 e 个错码"。在某些情况下，要求对于出现较频繁但错码数很少的码组按前向纠错方式工作，以节省反馈重发时间；同时又希望对一些错码数较多的码组，在超过该码的纠错能力时，能自动按检错重发方式工作，以降低系统的总误码率。这种工作方式就是"纠检结合"。

在上述"纠检结合"系统中，差错控制设备按照接收码组与许用码组的距离自动改变工作方式。若接收码组与某一许用码组间的距离在纠错能力 t 范围内，则将按纠错方式工作，否则按检错方式工作。现用图12.3(c)来加以说明：设码的检错能力为 e，则当码组 A 中存在 e 个错码时，该码组与任一许用码组 B 的距离至少应为 $t+1$，否则将进入许用码组 B 的纠错能力范围内，而被错纠为 B。这就要求最小码距应满足式(12.2.5)。

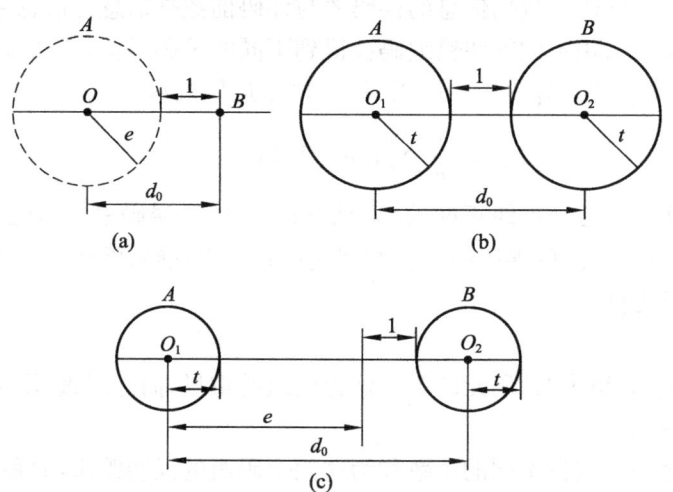

图12.3　码距与检错和纠错能力之间的关系

12.3　常用的简单编码

在讨论较为复杂的纠错编码之前，先介绍几种简单的二进制编码。这些编码电路简单，易于实现，有较强的纠错、检错能力，因此在实际中得到了比较广泛的应用。

12.3.1　奇偶监督码

奇偶监督码可分为奇数监督码和偶数监督码两种，两者的原理相同。在偶数监督码中，无论信息位有多少，监督位只有一位，它使码组中"1"的数目为偶数，即满足

$$a_{n-1} \oplus a_{n-2} \oplus \cdots \oplus a_1 \oplus a_0 = 0 \qquad (12.3.1)$$

式中，a_0 为监督位；$a_{n-1}, a_{n-2}, \cdots, a_2, a_1$ 为信息位；"$\oplus$"表示模 2 加。这种码只能发现奇数个错误，不能发现偶数个错误。在接收端，译码器按照式(12.3.1)将码组中各码元进行模 2 加，若相加的结果为"1"，说明码组存在差错，若为"0"则认为无错。

奇监督码与偶监督码相类似，只不过其码组中"1"的个数为奇数，即满足

$$a_{n-1} \oplus a_{n-2} \oplus \cdots \oplus a_1 \oplus a_0 = 1 \qquad (12.3.2)$$

且检错能力与偶监督码一样。

尽管奇偶监督码的检错能力有限，但在信道干扰不太严重、码长不长的情况下仍很有用，因此广泛应用于计算机内部的数据传送及输入、输出设备中。

12.3.2 二维奇偶监督码

二维奇偶监督码又称方阵码或行列监督码。它是把上述奇偶监督码的若干码组排列成矩阵，每一码组写成一行，然后按列的方向增加第二维监督位，如图 12.4 所示。图中 $a_0^1 a_0^2 \cdots a_0^m$ 为 m 行奇偶监督码中的 m 个监督位；$c_{n-1} c_{n-2} \cdots c_0$ 为按列进行第二次编码所增加的监督位，它们构成了一监督位行。

二维奇偶监督码有较强的检测错误能力，它可以检测出所有奇数个错码，并且可以检测出部分偶数个错码。它还适用于检测突发错码，可以检测出所有错误长度不大于 $n+1$ 的突发错误，以及其他大量的错误图样突发。二维奇偶监督码不仅可用来检错，还可用来纠正一些错码。例如，当码组中突发错码仅在一行中有奇数个错误时，则能够确定错码的位置，从而纠正它。一些实验测量表明，这种码可使误码率降至原误码率的 $1\% \sim 0.01\%$。

$$\begin{array}{cccc|c}
a_{n-1}^1 & a_{n-2}^1 & \cdots & a_1^1 & a_0^1 \\
a_{n-1}^2 & a_{n-2}^2 & \cdots & a_1^2 & a_0^2 \\
\vdots & \vdots & & \vdots & \vdots \\
a_{n-1}^m & a_{n-2}^m & \cdots & a_1^m & a_0^m \\
\hline
c_{n-1} & c_{n-2} & \cdots & c_1 & c_0
\end{array}$$

图 12.4 二维奇偶监督码

12.3.3 恒比码

在恒比码中，每个码组均含有相同数目的"1"和"0"。由于"1"的数目与"0"的数目之比保持恒定，因此称为恒比码。这种码在接收端检测时，只需计算接收码组中"1"的数目是否正确，就可以知道有无错误。

目前，我国电传通信中普遍采用 5 中取 3 恒比码，即每个码组长度为 5，"1"的个数为 3，"0"的个数为 2。共有 $C_5^3 = 10$ 个许用码组，用来传送 10 个阿拉伯数字，如表 12.1 所示。实际使用经验表明，它能使差错减至原来的 1/10 左右。

表 12.1 5 中取 3 恒比码

数字	0	1	2	3	4	5	6	7	8	9
码组	01101	01011	11001	10110	11010	00111	10101	11100	01110	10011

在国际无线电报通信中，广泛采用的是 7 中取 3 恒比码，这种码组中规定"1"的个数恒为 3。因此，共有 $C_7^3 = 35$ 个许用码组，它们可用来表示 26 个英文字母及其他符号。

这种码除不能检测"1"错成"0"和"0"错成"1"成对出现的差错外，能发现几乎任何形式的错码，因此恒比码的检错能力较强。恒比码的主要优点是简单，它适于传输电传机或其他键盘设备产生的字母和符号。对于信源来的二进制随机数字序列，这种码就不适合使用了。

12.3.4 正反码

正反码是一种简单的能够纠正错码的编码。其中监督位数目与信息位数目相同，监督码元

与信息码元相同(是信息码的重复)或相反(是信息码的反码)由信息位中"1"的个数而定。现以电报通信中常用的 5 单元电码为例来加以说明。

电报通信用的正反码的码长 $n=10$,其中信息位 $k=5$,监督位 $r=5$。其编码规则如下:
① 当信息位中有奇数个"1"时,监督位是信息位的简单重复;
② 当信息位中有偶数个"1"时,监督位是信息位的反码。

例如,若信息位为 11001,则码组为 1100111001;若信息位为 10001,则码组为 1000101110。

接收端译码的方法是:先将接收码组中信息位和监督位按位模 2 相加,得到一个 5 位的合成码组,然后由此合成码组产生一个校验码组。若接收码组的信息位中有奇数个"1",则合成码组就是校验码组;若接收码组的信息位中有偶数个"1",则取合成码组的反码作为校验码组。最后,观察校验码组中"1"的个数,按表 12.2 进行判决及纠正可能发现的错码。

表 12.2 正反码的译码方法

	校验码组的组成	错码情况
1	全为"0"	无错码
2	有 4 个"1",1 个"0"	信息位中有一位错码,其位置对应校验码组中"0"的位置
3	有 4 个"0",1 个"1"	监督位中有一位错码,其位置对应校验码组中"1"的位置
4	其他组成	错码多于一个

上述长度为 10 的正反码具有纠正一位错码的能力,并能检测全部两位以下的错码和大部分两位以上的错码。例如,发送码组为 1100111001,若接收码组中无错码,则合成码组应为 11001 $\oplus$ 11001 = 00000。由于接收码组信息位中有奇数个"1",因此校验码组就是 00000。按表 12.2 判决,结论是无错码。若传输中产生了差错,使接收码组变成 1000111001,则合成码组为 10001 $\oplus$ 11001 = 01000。由于接收码组中信息位有偶数个"1",因此校验码组应取合成码组的反码,即 10111。由于有 4 个"1"、1 个"0",按表 12.2 判决,信息位中左边第二位为错码。若接收码组错成 1100101001,则合成码组变成 11001 $\oplus$ 01001 = 10000。由于接收码组中信息位有奇数个"1",故校验码组就是 10000,按表 12.2 判决,监督位中第一位为错码。最后,若接收码组为 1001111001,则合成码组为 10011 $\oplus$ 11001 = 01010,校验码组为 01010,按表 12.2 判决,这时错码多于一个。

12.4 线性分组码

在 12.3 节介绍的简单编码中,介绍了奇偶监督码的编码原理。奇偶监督码的编码原理利用代数关系式产生监督位,如式(12.3.1)所示。我们把这类建立在代数学基础上的编码称为代数码。在代数码中,常见的是线性码。在线性码中,信息位和监督位是由一些线性代数方程联系着的。

将线性码和分组码的概念结合在一起,我们不难得到线性分组码的概念:将信息码分组,为每组信息位附加若干监督位且信息位和监督位是由一组线性代数方程联系着的编码称为线性分组码。线性分组码构造方法简单、理论成熟,因此在数据通信中得到广泛应用。

12.4.1 线性分组码的编码原理

首先回顾一下由式(12.3.1)构成的偶监督码,由于使用了监督位 a_0,因此它能和信息位 $a_{n-1}\cdots a_1$ 一起构成一个代数式。在接收端译码时,实际上是计算下式的值,即

$$S=a_{n-1}\oplus a_{n-2}\oplus\cdots\oplus a_1\oplus a_0 \quad (12.4.1)$$

若 $S=0$，表示无错；若 $S=1$，表示有错。将式(12.4.1)称为监督关系式，S 称为校正子。由于校正子 S 只有一位，它的取值为"0"或"1"，因此只能代表有错与无错两种信息，而不能指出错码的位置，无法纠错。如果增加监督位，例如有两个监督位，这样就需建立两个监督关系式，出现两个校正子，共有 4 种组合：00,01,10,11，可以代表 4 种不同的信息。若用其中一种表示无错，则其余 3 种就有可能用来指示一位错码的 3 种不同位置。由此可以推之，若有 r 个监督位，就可以得到 r 个监督关系式，这时校正子有 2^r 种组合，其中一种表示无错，其余 2^r-1 种可以用来指示一位错码的 2^r-1 个可能位置。

一般来说，若码长为 n，信息位数为 k，则监督位数 $r=n-k$。如果希望用 r 个监督位构造出 r 个监督关系式来指示一位错码的 n 种可能位置，则要求

$$2^r-1\geqslant n \quad \text{或} \quad 2^r\geqslant k+r+1 \quad (12.4.2)$$

下面通过一个例子来说明如何具体构造这些监督关系式。

设一 (n,k) 分组码，其中 $k=4$，要想纠正一位错码，必须使 $2^r\geqslant 4+r+1$，即 $r\geqslant 3$。为了提高编码效率，取 $r=3$，则码长 $n=k+r=7$。这样形成的分组码为 $(7,4)$ 分组码。我们用 a_6、a_5、a_4、a_3 表示信息位，用 a_2、a_1、a_0 表示监督位，用 S_1、S_2、S_3 表示 3 个监督关系式中的校正子，则 S_1、S_2、S_3 的值与错码位置的对应关系如表 12.3 所示（不失一般性，可以规定为其他的对应关系）。

表 12.3　$(7,4)$ 分组码校正子分配

$S_1S_2S_3$	错码位置	$S_1S_2S_3$	错码位置
001	a_0	101	a_4
010	a_1	110	a_5
100	a_2	111	a_6
011	a_3	000	无错

由表 12.3 规定可知，仅当一错码位置在 a_2、a_4、a_5 和 a_6 时，校正子 S_1 为 1；否则 S_1 为 0。这就意味着 a_2、a_4、a_5 和 a_6 4 个码元构成偶数监督关系

$$S_1=a_6\oplus a_5\oplus a_4\oplus a_2 \quad (12.4.3)$$

同理，a_1、a_3、a_5 和 a_6 构成偶数监督关系

$$S_2=a_6\oplus a_5\oplus a_3\oplus a_1 \quad (12.4.4)$$

以及 a_0、a_3、a_4 和 a_6 构成偶数监督关系

$$S_3=a_6\oplus a_4\oplus a_3\oplus a_0 \quad (12.4.5)$$

在发送端编码时，信息位 a_3、a_4、a_5 和 a_6 的值取决于输入信号，因此它们是随机的。监督位 a_2、a_1 和 a_0 应根据信息位的取值按监督关系来确定，即应使 $S_1=S_2=S_3=0$。

$$\begin{cases} a_6\oplus a_5\oplus a_4\oplus a_2=0 \\ a_6\oplus a_5\oplus a_3\oplus a_1=0 \\ a_6\oplus a_4\oplus a_3\oplus a_0=0 \end{cases} \quad (12.4.6)$$

将式(12.4.6)移位计算，解出监督位，也就列出了编码方程，即

$$\begin{cases} a_2=a_6\oplus a_5\oplus a_4 \\ a_1=a_6\oplus a_5\oplus a_3 \\ a_0=a_6\oplus a_4\oplus a_3 \end{cases} \quad (12.4.7)$$

给定信息位后，可直接计算出监督位，得到的 16 个码组如表 12.4 所示。

表 12.4 (7,4)分组码编码表

信息位 $a_6a_5a_4a_3$	监督位 $a_2a_1a_0$	信息位 $a_6a_5a_4a_3$	监督位 $a_2a_1a_0$
0000	000	1000	111
0001	011	1001	100
0010	101	1010	010
0011	110	1011	001
0100	110	1100	001
0101	101	1101	010
0110	011	1110	100
0111	000	1111	111

为了进一步讨论线性分组码的基本原理,将式(12.4.6)的线性分组码信息位和监督位的线性关系改写为

$$\begin{cases} 1 \cdot a_6+1 \cdot a_5+1 \cdot a_4+0 \cdot a_3+1 \cdot a_2+0 \cdot a_1+0 \cdot a_0=0 \\ 1 \cdot a_6+1 \cdot a_5+0 \cdot a_4+1 \cdot a_3+0 \cdot a_2+1 \cdot a_1+0 \cdot a_0=0 \\ 1 \cdot a_6+0 \cdot a_5+1 \cdot a_4+1 \cdot a_3+0 \cdot a_2+0 \cdot a_1+1 \cdot a_0=0 \end{cases} \quad (12.4.8)$$

为简化起见,将 $\oplus$ 简写成 $+$。后面除非特殊声明,这类式中的"$+$"均指模 2 相加。式(12.4.8)可以表示成矩阵形式

$$\begin{bmatrix} 1110100 \\ 1101010 \\ 1011001 \end{bmatrix} \begin{bmatrix} a_6 \\ a_5 \\ a_4 \\ a_3 \\ a_2 \\ a_1 \\ a_0 \end{bmatrix} = \begin{bmatrix} 0 \\ 0 \\ 0 \end{bmatrix} \quad (\text{模 2}) \qquad (12.4.9)$$

并简记为

$$\boldsymbol{H} \cdot \boldsymbol{A}^{\mathrm{T}} = \boldsymbol{0}^{\mathrm{T}} \quad \text{或} \quad \boldsymbol{A} \cdot \boldsymbol{H}^{\mathrm{T}} = \boldsymbol{0} \qquad (12.4.10)$$

其中, $\boldsymbol{A}^{\mathrm{T}}$ 是 $\boldsymbol{A}=[a_6 \quad a_5 \quad a_4 \quad a_3 \quad a_2 \quad a_1 \quad a_0]$ 的转置, $\boldsymbol{0}^{\mathrm{T}}$、$\boldsymbol{H}^{\mathrm{T}}$ 分别是 $\boldsymbol{0}$ 和 $\boldsymbol{H}$ 的转置。

我们将 $\boldsymbol{H}$ 称为监督矩阵,它由 r 个线性独立方程组的系数组成,其每一行都代表了监督位和信息位间的互相监督关系,即

$$\boldsymbol{H} = \begin{bmatrix} 1 & 1 & 1 & 0 & 1 & 0 & 0 \\ 1 & 1 & 0 & 1 & 0 & 1 & 0 \\ 1 & 0 & 1 & 1 & 0 & 0 & 1 \end{bmatrix} \qquad (12.4.11)$$

式(12.4.11)中的 $\boldsymbol{H}$ 矩阵可分为两部分,即

$$\boldsymbol{H} = \begin{bmatrix} 1 & 1 & 1 & 0 & \vdots & 1 & 0 & 0 \\ 1 & 1 & 0 & 1 & \vdots & 0 & 1 & 0 \\ 1 & 0 & 1 & 1 & \vdots & 0 & 0 & 1 \end{bmatrix} = [\boldsymbol{P}\boldsymbol{I}_r] \qquad (12.4.12)$$

式中, $\boldsymbol{P}$ 为 $r \times k$ 阶矩阵, $\boldsymbol{I}_r$ 为 $r \times r$ 阶单位方阵。我们将具有 $[\boldsymbol{P}\boldsymbol{I}_r]$ 形式的监督矩阵 $\boldsymbol{H}$ 称为典型监督矩阵。由代数理论可知, $[\boldsymbol{I}_r]$ 的各行是线性无关的,故 $\boldsymbol{H} = [\boldsymbol{P}\boldsymbol{I}_r]$ 的各行也是线性无关的,因此可以得到 r 个线性无关的监督关系式,从而得到 r 个独立的监督位。

同样,可以将式(12.4.7)的编码方程写成如下形式

$$\begin{cases} a_2 = 1 \cdot a_6 + 1 \cdot a_5 + 1 \cdot a_4 + 0 \cdot a_3 \\ a_1 = 1 \cdot a_6 + 1 \cdot a_5 + 0 \cdot a_4 + 1 \cdot a_3 \\ a_0 = 1 \cdot a_6 + 0 \cdot a_5 + 1 \cdot a_4 + 1 \cdot a_3 \end{cases} \tag{12.4.13}$$

用矩阵表示为

$$\begin{bmatrix} a_2 \\ a_1 \\ a_0 \end{bmatrix} = \begin{bmatrix} 1 & 1 & 1 & 0 \\ 1 & 1 & 0 & 1 \\ 1 & 0 & 1 & 1 \end{bmatrix} \begin{bmatrix} a_6 \\ a_5 \\ a_4 \\ a_3 \end{bmatrix} \tag{12.4.14}$$

经转置有

$$[a_2 \quad a_1 \quad a_0] = [a_6 \quad a_5 \quad a_4 \quad a_3] \begin{bmatrix} 1 & 1 & 1 \\ 1 & 1 & 0 \\ 1 & 0 & 1 \\ 0 & 1 & 1 \end{bmatrix} = [a_6 \quad a_5 \quad a_4 \quad a_3] Q \tag{12.4.15}$$

式中，Q 为 $k \times r$ 阶矩阵，它为 P 的转置，即

$$Q = P^T \tag{12.4.16}$$

式(12.4.15)表明，在给定信息位之后，用信息位的行矩阵乘以矩阵 Q，就可产生监督位，从而完成编码。为此，引入生成矩阵 G，G 的功能是通过给定信息位产生整个的编码码组，即有

$$[a_6 \quad a_5 \quad a_4 \quad a_3 \quad a_2 \quad a_1 \quad a_0] = [a_6 \quad a_5 \quad a_4 \quad a_3] G \tag{12.4.17}$$

或者

$$A = [a_6 \quad a_5 \quad a_4 \quad a_3] G \tag{12.4.18}$$

如果找到了生成矩阵，就完全确定了编码方法。

根据式(12.4.15)由信息位确定监督位的方法和式(12.4.17)对生成矩阵的要求，很容易得到生成矩阵 G，即

$$G = [I_k Q] = \begin{bmatrix} 1 & 0 & 0 & 0 & \vdots & 1 & 1 & 1 \\ 0 & 1 & 0 & 0 & \vdots & 1 & 1 & 0 \\ 0 & 0 & 1 & 0 & \vdots & 1 & 0 & 1 \\ 0 & 0 & 0 & 1 & \vdots & 0 & 1 & 1 \end{bmatrix} \tag{12.4.19}$$

式中，I_k 为 $k \times k$ 阶单位方阵。具有 $[I_k Q]$ 形式的生成矩阵称为典型生成矩阵。

比较式(12.4.12)和式(12.4.19)可以看到，典型监督矩阵和典型生成矩阵存在以下关系

$$H = [P \cdot I_r] = [Q^T \cdot I_r] \tag{12.4.20}$$

$$G = [I_k \cdot Q] = [I_k \cdot P^T] \tag{12.4.21}$$

12.4.2 线性分组码的译码

接收端译码时，先按式(12.4.3)、式(12.4.4)和式(12.4.5)计算出 S_1、S_2 和 S_3，再按表12.3判断错码情况。例如，收到码组为1001111，且传输过程中最多一位出错，由译码方程得

$$\begin{cases} S_1 = 0 \\ S_2 = 1 \\ S_3 = 1 \end{cases}$$

对照表12.3可知在 a_3 位有一位错码。

以上讨论了线性分组码的形式。在发送时得到的发送码组 A 一般为一个 n 列的行矩阵，此码

组在传输过程中由于干扰引起差错,使收到的码组可能与发送码组不同。设接收到的码组为 B,即

$$B=[b_{n-1} \quad b_{n-2} \quad \cdots \quad b_1 \quad b_0] \tag{12.4.22}$$

则发送码组和接收码组之差为

$$B-A=E(\text{模 2}) \tag{12.4.23}$$

E 即为传输中产生的错误行矩阵,为

$$E=[e_{n-1} \quad e_{n-2} \quad \cdots \quad e_1 \quad e_0] \tag{12.4.24}$$

式中

$$e_i=\begin{cases}0, & \text{当 } b_i=a_i \text{ 时}\\ 1, & \text{当 } b_i\neq a_i \text{ 时}\end{cases}$$

E 矩阵中哪位码元为"1",就表示在接收码字中对应位的码元出现了错误,所以 E 通常也称为错误图样。

在接收端,用监督矩阵来检测接收码字 B 中的误码,令

$$S=B\cdot H^T \tag{12.4.25}$$

式中,S 称为伴随式或校正子。如果接收到的码字 B 与发送的码字 A 相同,由式(12.4.10)可知

$$S=B\cdot H^T=A\cdot H^T=0$$

否则

$$S=B\cdot H^T\neq 0$$

式(12.4.25)可进一步写成

$$S=B\cdot H^T=(A+E)\cdot H^T=A\cdot H^T+E\cdot H^T=E\cdot H^T \tag{12.4.26}$$

上式表明,校正子 S 仅与信道的错误图样 E 有关,而与发送的码字 A 无关。仅当 E 不为 $\mathbf{0}$ 时,S 才不为 $\mathbf{0}$,任何一个错误图样都有其相应的伴随式,而伴随式 S^T 与 H 矩阵中数值相同的一列正是错误图样 E 中"1"的位置。所以译码器可以用伴随矩阵 S 来检错和纠错。表 12.4 中的 (7,4)线性分组码的校正子 S 和错误图样 E 的对应关系可以由式(12.4.26)求得,如表 12.5 所示。

表 12.5 (7,4)线性分组码校正子与错误图样的对应关系

序号	错误码位	错误图样 E							校正子 S		
		e_6	e_5	e_4	e_3	e_2	e_1	e_0	S_2	S_1	S_0
0	—	0	0	0	0	0	0	0	0	0	0
1	b_0	0	0	0	0	0	0	1	0	0	1
2	b_1	0	0	0	0	0	1	0	0	1	0
3	b_2	0	0	0	0	1	0	0	1	0	0
4	b_3	0	0	0	1	0	0	0	0	1	1
5	b_4	0	0	1	0	0	0	0	1	0	1
6	b_5	0	1	0	0	0	0	0	1	1	0
7	b_6	1	0	0	0	0	0	0	1	1	1

线性码有一个重要的性质,就是它的封闭性。所谓封闭性,是指一种线性码中的任意两个码组之和仍为这种码中的一个码组。这就是说,若 A_1 和 A_2 是一种线性码中的两个许用码组,则 (A_1+A_2) 仍为其中的一个码组。这一性质的证明很简单,若 A_1,A_2 为码组,则按式(12.4.10)有

$$A_1\cdot H^T=0, \quad A_2\cdot H^T=0$$

将两式相加,可得

$$A_1\cdot H^T+A_2\cdot H^T=(A_1+A_2)\cdot H^T=0 \tag{12.4.27}$$

所以 (A_1+A_2) 也是一码组。既然线性码具有封闭性,因而两个码组之间的距离必是另一码组的重量,故码的最小距离即是码的最小重量(除全 0 码组外)。

12.4.3 汉明码

汉明码是最早发现、最知名的线性分组码之一,因其发现者汉明而得名。由上述方法构造的纠正单个错误的线性分组码就是汉明码。它有以下特点:
① 码组长度 $n=2^r-1$;
② 信息码长度 $k=2^r-1-r$;
③ 监督码长度 $r=n-k$;
④ 最小码距 $d_0=3$;
⑤ 能纠正一个错码或检测两个错码。

汉明码的编码效率为 $k/n=(2^r-1-r)/(2^r-1)=1-r/n$。当 n 很大时,这种码的编码效率接近 1,是一种高效码。

12.5 循 环 码

循环码是线性分组码的一个重要子集,是目前研究得比较成熟的一类码。它是在严密的代数理论基础上建立起来的,因而有助于按照所要求的纠错能力系统地构造这类码,从而可以简化译码方法,使得循环码的编译码电路比较简单,因而得到了广泛的应用。

12.5.1 循环码的概念

循环码除具有线性分组码的一般性质外,还具有循环性。所谓循环性,是指循环码中任一许用码组经过循环移位之后,所得到的码组仍为一许用码组。表 12.6 所示为 (7,3) 循环码的全部码组,从表中可以直观地看出这种码的循环性。例如,表中的第 3 码组循环左移一位即得到第 5 码组,第 5 码组循环左移一位即得到第 2 码组。即若 $(a_{n-1},a_{n-2},\cdots a_1,a_0)$ 是循环码的一个许用码组,则 $(a_{n-2},a_{n-3},\cdots,a_0,a_{n-1})$、$(a_{n-3},a_{n-4},\cdots a_0,a_{n-1},a_{n-2})$ 也是许用码组。

表 12.6 (7,3) 循环码的全部码组

码组编号	1	2	3	4	5	6	7	8
码组	0000000	0011101	0100111	0111010	1001110	1010011	1101001	1110100

12.5.2 码多项式及按模运算

在代数编码理论中,为了便于计算,把码组中的各码元当作一个多项式的系数,即把一个码长为 n 的码组表示成

$$T(x)=a_{n-1}x^{n-1}+a_{n-2}x^{n-2}+\cdots+a_1x+a_0 \tag{12.5.1}$$

在此多项式中,x 只是码元位置的标记,因此它的取值并不重要。码元 $a_i(i=0,1,\cdots,n-1)$ 只取 "1" 或 "0"。例如,表 12.6 中的任一码组可以表示为

$$T(x)=a_6x^6+a_5x^5+a_4x^4+a_3x^3+a_2x^2+a_1x+a_0 \tag{12.5.2}$$

其中,第 3 码组可以表示为

$$T(x)=0\cdot x^6+1\cdot x^5+0\cdot x^4+0\cdot x^3+1\cdot x^2+1\cdot x+1 \tag{12.5.3}$$

这种多项式又称为码多项式,它可以进行代数运算。为了分析方便,下面先来介绍多项式按模运算的概念,然后从码多项式入手,找出循环码的规律。

在整数运算中,有模 n 运算。例如,在模 2 运算中,有 $1+1=2\equiv 0$(模 2),$1+2=3\equiv 1$(模 2),$2\times 3=6\equiv 0$(模 2)等。一般来说,若一个整数 m 可以表示为

$$\frac{m}{n}=Q+\frac{p}{n},\quad p<n \tag{12.5.4}$$

式中,Q 为整数。则在模 n 运算下,有

$$m\equiv p(\text{模 } n) \tag{12.5.5}$$

也就是说,在模 n 运算下,一整数 m 等于其被 n 除得的余数。

对于多项式,也有按模多项式的运算。若一任意多项式 $M(x)$ 被一 n 次多项式 $N(x)$ 除,得到商式 $Q(x)$ 和一个次数小于 n 的余式 $R(x)$,即

$$M(x)=N(x)Q(x)+R(x) \tag{12.5.6}$$

则记为

$$M(x)\equiv R(x)(\text{模 } N(x)) \tag{12.5.7}$$

对于码多项式,由于其系数是二进制数,因此其系数仍按模 2 运算,即取"0"和"1"两个值,按模运算的加法代替了减法。例如,$x^4+x^2+1\equiv x^2+x+1$(模 x^3+1),因为

$$\begin{array}{r}x\\x^3+1\overline{)x^4+x^2+1}\\\underline{x^4+x\phantom{{}+x^2+1}}\\x^2+x+1\end{array}$$

在循环码中,若 $T(x)$ 是一个码长为 n 的许用码组,则可以证明 $x^i\cdot T(x)$ 在模 x^n+1 运算下也是一个许用码组,即若

$$x^i\cdot T(x)\equiv T'(x)(\text{模 } x^n+1) \tag{12.5.8}$$

则 $T'(x)$ 也是一个许用码组。因为若

$$T(x)=a_{n-1}x^{n-1}+a_{n-2}x^{n-2}+\cdots+a_1x+a_0 \tag{12.5.9}$$

则

$$\begin{aligned}x^i\cdot T(x)&=a_{n-1}x^{n-1+i}+a_{n-2}x^{n-2+i}+\cdots+a_{n-1-i}x^{n-1}+\cdots+a_1x^{1+i}+a_0x^i\\&\equiv a_{n-1-i}x^{n-1}+a_{n-2-i}x^{n-2}+\cdots+a_0x^i+a_{n-1}x^{i-1}+\cdots+a_{n-i}(\text{模 } x^n+1)\end{aligned}$$
$$\tag{12.5.10}$$

所以

$$T'(x)=a_{n-1-i}x^{n-1}+a_{n-2-i}x^{n-2}+\cdots+a_0x^i+a_{n-1}x^{i-1}+\cdots+a_{n-i} \tag{12.5.11}$$

式中,$T'(x)$ 正是式(12.5.9)所代表的码组向左循环移位 i 次的结果。因为已假设 $T(x)$ 为一循环码,所以 $T'(x)$ 也必为该码组中的一个码组。下面举例说明。

【例 12.5.1】 由式(12.5.3),(7,3)循环码中第 3 码组的码多项式为

$$T(x)=x^5+x^2+x^1+1$$

其码长为 $n=7$,若取 $i=3$,则

$$\begin{aligned}x^i\cdot T(x)&=x^3\cdot(x^5+x^2+x^1+1)=x^8+x^5+x^4+x^3\\&\equiv x^5+x^4+x^3+x(\text{模 } x^7+1)\end{aligned}$$

其对应的码组为 0111010,它是表 12.6 所列循环码中的第 4 码组。

12.5.3 码的生成多项式和生成矩阵

我们已经知道,对于 (n,k) 线性分组码,有了生成矩阵 G,就可以由 k 个信息码元得到全部码组。而且经过前面的分析已经知道,生成矩阵的每一行都是一个码组,因此若能找到 k 个线性无

关的码组,就能构成生成矩阵 $\boldsymbol{G}$。

在循环码中,一个 (n,k) 分组码有 2^k 个不同的码组,若用 $g(x)$ 表示其中前 $k-1$ 位皆为"0"的码组,则 $g(x),xg(x),x^2g(x),\cdots,x^{k-1}g(x)$ 都是码组,而且这 k 个码组都是线性无关的,因此可以用它们来构造生成矩阵 $\boldsymbol{G}$。

需要说明的是,在循环码中除全"0"码组外,再没有连续 k 位均为"0"的码组,即连"0"的长度最多只能有 $(k-1)$ 位。否则,在经过若干次循环移位后,将得到一个信息位全为"0",而监督位不全为"0"的码组,这在线性码中显然是不可能的。因此,$g(x)$ 必须是一个常数项不为"0"的 $(n-k)$ 次多项式,而且这个 $g(x)$ 还是这种 (n,k) 循环码中次数为 $(n-k)$ 的唯一的一个多项式。因为如果有两个,则由码的封闭性可知,把这两个码组相加构成的新码组的多项式系数将小于 $(n-k)$,即连"0"的个数多于 $(k-1)$ 个。显然这与前面的结论相矛盾,因此是不可能的。我们称这唯一的 $(n-k)$ 次多项式 $g(x)$ 为码的生成多项式。一旦确定了 $g(x)$,则整个 (n,k) 循环码就被确定了。

因此,循环码的生成矩阵 $\boldsymbol{G}$ 可以写成

$$\boldsymbol{G}(x)=\begin{bmatrix} x^{k-1}g(x) \\ x^{k-2}g(x) \\ \vdots \\ xg(x) \\ g(x) \end{bmatrix} \tag{12.5.12}$$

【例 12.5.2】 表 12.6 所给出的循环码中,$n=7,k=3,n-k=4$。因此,唯一一个 $(n-k)=4$ 次码多项式代表的码组是第 2 码组,相对应的码多项式(生成多项式)为

$$g(x)=x^4+x^3+x^2+1$$

将此式代入式(12.5.12)可得

$$\boldsymbol{G}(x)=\begin{bmatrix} x^2g(x) \\ xg(x) \\ g(x) \end{bmatrix} \tag{12.5.13}$$

或写成

$$\boldsymbol{G}=\begin{bmatrix} 1 & 1 & 1 & 0 & 1 & 0 & 0 \\ 0 & 1 & 1 & 1 & 0 & 1 & 0 \\ 0 & 0 & 1 & 1 & 1 & 0 & 1 \end{bmatrix} \tag{12.5.14}$$

由于式(12.5.13)不符合 $\boldsymbol{G}=[\boldsymbol{I}_k\boldsymbol{Q}]$ 的形式,因此此生成矩阵不是典型生成矩阵。不过,将此矩阵进行线性变换,可以得到典型生成矩阵。我们知道,对 k 个码元进行编码,就是把它们与生成矩阵 $\boldsymbol{G}$ 相乘,由此可写出此循环码组,即

$$T(x)=\begin{bmatrix} a_6 & a_5 & a_4 \end{bmatrix}\boldsymbol{G}(x)=\begin{bmatrix} a_6 & a_5 & a_4 \end{bmatrix}\begin{bmatrix} x^2g(x) \\ xg(x) \\ g(x) \end{bmatrix}$$

$$=a_6x^2g(x)+a_5xg(x)+a_4g(x)$$

$$=(a_6x^2+a_5x+a_4)g(x) \tag{12.5.15}$$

式(12.5.15)表明,所有码多项式 $T(x)$ 都可被 $g(x)$ 整除,而且任意一个次数不大于 $(k-1)$ 的多项式乘 $g(x)$ 都是码多项式。

由于循环码的全部码字由生成多项式 $g(x)$ 决定,因此如何寻找一个 (n,k) 循环码多项式,就成了循环码编码的关键。由式(12.5.15)可知,任意一个循环码多项式 $T(x)$ 都是 $g(x)$ 的倍式,故可以写成

$$T(x)=h(x) \cdot g(x) \tag{12.5.16}$$

而生成多项式 $g(x)$ 本身也是一个码组，即有

$$T'(x)=g(x) \tag{12.5.17}$$

由于码组 $T'(x)$ 为一个 $(n-k)$ 次多项式，故 $x^k T'(x)$ 为一个 n 次多项式。由式(12.5.8)可知，$x^k T'(x)$ 在模 x^n+1 运算下也为一码组，故可以写成

$$\frac{x^k T'(x)}{x^n+1}=Q(x)+\frac{T(x)}{x^n+1} \tag{12.5.18}$$

式(12.5.18)左端分子和分母都是 n 次多项式，故商式 $Q(x)=1$，因此，上式可化简成

$$x^k T'(x)=(x^n+1)+T(x) \tag{12.5.19}$$

将式(12.5.16)和式(12.5.17)代入上式，并化简后可得

$$x^n+1=g(x)[x^k+h(x)] \tag{12.5.20}$$

式(12.5.20)表明，生成多项式 $g(x)$ 应是 (x^n+1) 的一个因式。这一结论为寻找生成多项式指出了一条道路，即循环码的生成多项式应是 (x^n+1) 的一个 $(n-k)$ 次因式。例如，(x^7+1) 可以分解为

$$x^7+1=(x+1)(x^3+x^2+1)(x^3+x+1) \tag{12.5.21}$$

为了求 (7,3) 循环码的生成多项式 $g(x)$，要从上式中找出一个 $(n-k)=4$ 次的因子。不难看出，这样的因子有两个，即

$$(x+1)(x^3+x^2+1)=x^4+x^2+x+1 \tag{12.5.22}$$

$$(x+1)(x^3+x+1)=x^4+x^3+x^2+1 \tag{12.5.23}$$

以上两式都可作为生成多项式。不过，选用的生成多项式不同，产生出的循环码码组也不同。用式(12.5.23)作为生成多项式产生的循环码即为表12.6所列。

12.5.4 循环码的编码

由式(12.5.15)可知，若已知输入的信息码元 $M=(m_{k-1},m_{k-2},\cdots,m_1,m_0)$ 和生成多项式 $g(x)$，就可以构成循环码，对应的码多项式为

$$T(x)=(m_{k-1}x^{k-1}+m_{k-2}x^{k-2}+\cdots+m_1 x+m_0)\cdot g(x)=m(x)\cdot g(x) \tag{12.5.24}$$

式中，$m(x)$ 称为信息码多项式。

但是用这种相乘方法得到的循环码不是系统码，信息位和监督位不容易区分。在系统码中，码组最左端的 k 位为信息位，后面的 $n-k$ 位是监督位，这时码多项式可以写为

$$\begin{aligned}T(x)&=m(x)x^{n-k}+r(x)\\&=m_{k-1}x^{n-1}+\cdots+m_0 x^{n-k}+r_{n-k-1}x^{n-k-1}+\cdots+r_0\end{aligned} \tag{12.5.25}$$

式中

$$r(x)=r_{n-k-1}x^{n-k-1}+\cdots+r_0 \tag{12.5.26}$$

称为监督码多项式，它的次数小于 $(n-k)$，其监督码元为 $(r_{n-k-1},\cdots,r_0)$。

由式(12.5.16)和式(12.5.25)可以得到

$$T(x)=m(x)x^{n-k}+r(x)=h(x)\cdot g(x) \tag{12.5.27}$$

用 $g(x)$ 除等式两边，得到

$$\frac{x^{n-k}m(x)}{g(x)}=h(x)+\frac{r(x)}{g(x)} \tag{12.5.28}$$

也就是

$$m(x)x^{n-k}\equiv r(x)(\text{模 } g(x)) \tag{12.5.29}$$

式(12.5.29)表明，构造系统循环码时，只需用信息码多项式乘以 x^{n-k}，也就是将 $m(x)$ 移位 $(n-k)$

次,然后用 $g(x)$ 去除,所得的余式 $r(x)$ 即为监督码多项式。因此,系统循环码的编码过程就变成用除法求余的过程。

【**例 12.5.3**】 在(7,3)循环码中,若选定 $g(x)=x^4+x^3+x^2+1$,设信息码元为 101,对应的信息码多项式为 $m(x)=x^2+1$,可以求得
$$m(x)x^{n-k}=x^4(x^2+1)=x^6+x^4=(x^2+x+1)(x^4+x^3+x^2+1)+(x+1)$$
所以,$r(x)=x+1$,因而码多项式为
$$T(x)=m(x)x^{n-k}+r(x)=x^6+x^4+x+1$$
对应的码组为 1010011,为一个系统码。

上述编码过程在用硬件实现时,可以使用除法电路。除法电路的主体由一些移位寄存器和模 2 加法器组成。选定 $g(x)=x^4+x^3+x^2+1$ 时,(7,3)循环码编码器如图 12.5 所示。图中,D_0、D_1、D_2、D_3 是 4 级移位寄存器,反馈线的连接与 $g(x)$ 的非 0 系数相对应。

图 12.5 (7,3)循环码编码器

表 12.7 (7,3)循环码的编码过程

移位次序	输入	移位寄存器 $D_0\ D_1\ D_2\ D_3$	输出
0	—	0 0 0 0	—
1	1	1 0 1 1	1
2	1	0 1 0 1	1
3	0	1 0 0 1	0
4	0	0 1 0 0	1
5	0	0 0 1 0	0
6	0	0 0 0 1	0
7	0	0 0 0 0	1

首先,4 级移位寄存器清零,3 位信息码元到来时,门 1 断开,门 2 接通,直接输出信息码元。第 3 次移位脉冲来时,将除法电路运算所得的余数存入 4 级移位寄存器,第 4~7 次移位时,门 2 断开,门 1 接通,输出监督码元(余数)。当一个码元输出完毕后就将移位寄存器清零,等待下一组信息码元输入后重新编码。设输入的信息码元为 110,图 12.5 中各器件及端点状态变化情况如表 12.7 所示。

12.5.5 循环码的译码

接收端译码的目的有两个:检错和纠错。达到检错目的的译码原理非常简单。由于任意一个码组多项式 $T(x)$ 都能被 $g(x)$ 整除,因此在接收端可以利用接收到的码组 $R(x)$ 去除以原生成多项式 $g(x)$ 进行检错。当传输中没有发生错误时,接收码组和发送码组相同,能被 $g(x)$ 整除。若码组在传输中发生错误,则 $R(x)=T(x)+E(x)\neq T(x)$,$R(x)$ 被 $g(x)$ 除时可能除不尽而有余项,即

$$\frac{R(x)}{g(x)}=Q'(x)+\frac{r'(x)}{g(x)} \qquad (12.5.30)$$

因此,就以余项是否为零来判别码组中有无错码,这样就达到了检错的目的。如果用于纠错,要求每个可纠正的错误图样必须与一个特定余式 $r'(x)$ 有一一对应关系。这里错误图样是指式(12.4.24)中错误矩阵 E 的各种具体取值的图样。因为只有存在上述一一对应的关系时,才可能从上述余式唯一地决定错误图样,从而纠正错码。因此,原则上纠错可按下述步骤进行:

① 用生成多项式 $g(x)$ 除接收码组 $R(x)$,得出余式 $r'(x)$;

② 按余式 $r'(x)$ 用查表的方法或通过某种运算得到错误图样 $E(x)$；

③ 与 $E(x)$ 模 2 加，便得到已纠正错误的原发送码组 $T(x)$。

从表 12.6 可以看出，(7,3)循环码的码距为 4，因此它有纠正一个错误的能力。利用上述计算方法可以求得(7,3)循环码单个错误的错误图样 $E(x)$ 与余式 $r'(x)$ 的关系，如表 12.8 所示。

表 12.8　(7,3)循环码 $E(x)$、$r'(x)$ 对照表

$E(x)$	$r'(x)$（模 $x^4+x^3+x^2+1$）
1	1
x	x
x^2	x^2
x^3	x^3
x^4	x^3+x^2+1
x^5	x^2+x+1
x^6	x^3+x^2+x

需要说明的是，有些错误码组也可能被 $g(x)$ 整除，这时的错误就无法检出，这种错误称为不可检错误。不可检错误中的错码数一定超过了这种编码的检错能力。

图 12.6 给出了一种由硬件实现的(7,3)循环码纠错译码器的原理图。图中，接收码组 R（高次项在前，低次项在后）一方面送入 7 级缓冲器暂存，另一方面送入 $g(x)$ 除法电路。假设接收码组 $R=(1^*,0,1,1,1,0,1)$，其中右上角打"*"者为错码。当此码进入除法电路后，移位寄存器各级的状态变化过程如表 12.9 所示。第 7 次移位时，7 个码元全部进入缓冲器。R 中最高位输出，4 级移位寄存器 $D_0D_1D_2D_3$ 的状态分别为 0111，经与门输出 "1"（纠错信号），即可纠正最高位的错误，该纠错信号同时也送到除法电路去完成清零工作。此纠错译码过程见表 12.9。其他位上的错误读者可自行计算画出表格。

图 12.6　(7,3)循环码纠错译码器的原理图

表 12.9　(7,3)循环码的译码过程

移位次序	输入	移位寄存器 D_0 D_1 D_2 D_3	与门输出	缓冲器输出	译码输出
0	—	0 0 0 0	0		
1	1	1 0 0 0	0		
2	0	0 1 0 0	0		
3	1	1 0 1 0	0		
4	1	1 1 0 1	0		
5	1	0 1 0 1	0		
6	0	1 0 0 1	0		
7	1	0 1 1 1	1	1	0
8		0 0 0 0	0	0	0
9		0 0 0 0	0	1	1
10		0 0 0 0	0	1	1
11		0 0 0 0	0	1	1
12		0 0 0 0	0	0	0
13		0 0 0 0	0	1	1

在实际使用中，码字不是孤立传输的，而是一组组连续地传输。从上面译码的过程可以看

到,除法电路在一个码组时间内算出余式后,尚需在下一个码组时间内进行纠错。因此,实际的译码器需要两套除法电路配合一个缓冲器进行工作,这两套除法电路由开关控制交替地接收码组。

利用计算机编程,完成循环码译码纠、检错工作的总流程图如图12.7所示。

12.5.6 实用循环码

1. BCH 码

BCH 码是一类能够纠正多个随机错误的循环码,它是以 3 个发明人 Bose、Chaudhuri、Hocquenghem 名字的首字母命名的。BCH 码有严密的代数结构,是目前研究最为透彻的一类码。它的纠错能力强,构造简单,且在译码、同步等方面有许多优点,已被众多的通信系统采用。

BCH 码可分为两类,即本原 BCH 码和非本原 BCH 码。它们的主要区别在于本原 BCH 码的生成多项式 $g(x)$ 中含有最高次数为 m 的本原多项式,且码长为 $n=2^m-1$(m 是大于或等于 3 的任意正整数);而非本原 BCH 码的生成多项式不含有最高次数为 m 的本原多项式,且码长 n 是 (2^m-1) 的一个因子,即码长 n 一定整除 (2^m-1)。

BCH 码的码长 n 与监督位、纠错个数 t 之间的关系如下:对正整数 $m(m\geqslant 3)$ 和 $t(t<m/2)$,码长 $n=2^m-1$,监督位数 $r\leqslant mt$,能纠正所有小于或等于 t 个随机错误的 BCH 码。

可以证明,具有循环性质的汉明码就是能纠正单个随机错误的本原 BCH 码。例如,(7,4)汉明码就是以 $g_1(x)=x^3+x+1$ 或 $g_2(x)=x^3+x^2+1$ 生成的 BCH 码,而用 $g_3(x)=x^4+x+1$ 或 $g_4(x)=x^4+x^3+1$ 能生成 (15,11)汉明码。

实际中对 BCH 码的选择是根据 BCH 码生成多项式进行的。表12.10给出了 $n\leqslant 63$ 本原 BCH 的参数和生成多项式。$g(x)$ 栏下的数字是八进制数,用来表示生成多项式中的各项系数。例如,八进制数 13 对应的二进制数为 01011,因而生成多项式为 $g(x)=x^3+x+1$。

图 12.7 循环码译码纠、检错工作的总流程图

表 12.10 $n\leqslant 63$ 的本原 BCH 码参数

n	k	t	$g(x)$	n	k	t	$g(x)$
7	4	1	13	63	51	2	12471
15	11	1	23	63	45	3	1701317
15	7	2	721	63	39	4	166623567
15	5	3	2467	63	36	5	1033500423

n	k	t	$g(x)$	n	k	t	$g(x)$
31	26	1	45	63	30	6	157464165547
31	21	2	3551	63	24	7	17323260404441
31	16	3	107657	63	18	10	1363026512351725
31	11	5	5423325	63	16	11	6331141367235453
31	6	7	313365047	63	10	13	472622305527250155
63	57	1	103	63	7	15	5231045543503271737

表 12.11 列出了部分非本原 BCH 码的码组长度 n、信息码长度 k、纠错个数 t 和生成多项式 $g(x)$ 的系数,系数也以八进制数形式表示。

表 12.11 部分非本原 BCH 码参数

n	k	t	$g(x)$	n	k	t	$g(x)$
17	9	2	727	47	24	5	43073357
21	12	2	1663	65	53	2	10761
23	12	3	5343	65	40	4	354300067
33	22	2	5145	73	46	4	1717773537
41	21	4	6647133				

表 12.11 中,(23,12)码是一个特殊的非本原 BCH 码,称为格雷码(Golay),它的最小码距为 7,能纠正 3 个随机错误,其生成多项式为 $g(x)=x^{11}+x^9+x^7+x^6+x^5+x+1$。格雷码也是目前为止发现的唯一能纠正多个错误的完备码。

2. 里德—索洛蒙码(Reed-Solomon)

里德—索洛蒙码是一类具有很强纠错能力的多进制 BCH 码,它首先由里德和索洛蒙提出,因此又简称 RS 码。它是一类非二进制 BCH 码,定义在有限域 $GF(2^m)$ 上的 (n,k) RS 码中,输入信息码分成 $k \cdot m$ 比特一组,每组包括 k 个符号,每个符号由 m 比特组成。

一个纠正 t 个符号错误的 RS 码有如下参数:

码长　　　　$n=2^m-1$ 符号　　　或 $m(2^m-1)$ 比特

信息段　　　k 符号　　　　　或 km 比特

监督段　　　$n-k=2t$ 符号　　或 $m(n-k)$ 比特

最小码距　　$d=2t+1$ 符号　　或 $m(2t+1)$ 比特

RS 码特别适合纠正突发错误。它可以纠正的错误图样有:

总长度为 $b_1=(t-1)m+1$ 比特的单个突发

总长度为 $b_2=(t-3)m+3$ 比特的两个突发

……

总长度为 $b_i=(t-2i+1)m+2i-1$ 比特的 i 个突发

对于一个长度为 2^m-1 符号的 RS 码,每个符号都可以看成是有限域 $GF(2^m)$ 中的一个元素。最小码距为 d 符号的 RS 码的生成多项式具有如下形式

$$g(x)=(x+\alpha)(x+\alpha^2)\cdots(x+\alpha^{d-1})$$

式中,α^i 是 $GF(\alpha^m)$ 中的一个元素。表 12.12 列出了 $GF(2^4)$ 的全部元素。

表 12.12　$GF(2^4)$ 的全部元素

0	$\alpha^8=\alpha(\alpha^3+\alpha+1)=\alpha^4+\alpha^2+\alpha=\alpha^2+1$
1	$\alpha^9=\alpha(\alpha^2+1)=\alpha^3+\alpha$
α	$\alpha^{10}=\alpha(\alpha^3+\alpha)=\alpha^4+\alpha^2=\alpha^2+\alpha+1$
α^2	$\alpha^{11}=\alpha(\alpha^2+\alpha+1)=\alpha^3+\alpha^2+\alpha$
α^3	$\alpha^{12}=\alpha(\alpha^3+\alpha^2+\alpha)=\alpha^4+\alpha^3+\alpha^2=\alpha^3+\alpha^2+\alpha+1$
$\alpha^4=\alpha+1$	$\alpha^{13}=\alpha(\alpha^3+\alpha^2+\alpha+1)=\alpha^4+\alpha^3+\alpha^2+\alpha=\alpha^3+\alpha^2+1$
$\alpha^5=\alpha(\alpha+1)=\alpha^2+\alpha$	$\alpha^{14}=\alpha(\alpha^3+\alpha^2+1)=\alpha^4+\alpha^3+\alpha=\alpha^3+1$
$\alpha^6=\alpha(\alpha^2+\alpha)=\alpha^3+\alpha^2$	$\alpha^{15}=\alpha(\alpha^3+1)=\alpha^4+\alpha=1$
$\alpha^7=\alpha(\alpha^3+\alpha^2)=\alpha^4+\alpha^3=\alpha^3+\alpha+1$	

【例 12.5.4】 构造一个能纠正 3 个错误符号，码长 $n=15, m=4$ 的 RS 码，求生成多项式。

解：由 RS 码的参数可知，该码的最小码距为 7，监督码长为 6 个符号。因此，该码为 $(15,9)$ RS 码，生成多项式为

$$g(x)=(x+\alpha)(x+\alpha^2)(x+\alpha^3)(x+\alpha^4)(x+\alpha^5)(x+\alpha^6)$$
$$=x^6+\alpha^{10}x^5+\alpha^{14}x^4+\alpha^4x^3+\alpha^6x^2+\alpha^9x+\alpha^6$$

该码的每个符号由 4 个二进制码构成，因此从二进制的角度来看，这是一个 $(60,36)$ 码。

有关 RS 编译码原理的详细讨论，有兴趣的读者可以阅读有关的资料和书籍。

12.6 卷 积 码

卷积码是 1955 年由麻省理工学院的伊莱亚斯（Elias）提出的一种非分组码。分组码编码是将输入的信息序列分成长度为 k 的分组，然后按照一定的编码规则，将长度为 k 的信息码元附加上长度为 r 的监督码元，生成长为 $n=k+r$ 的码组。在一个分组码的码组中，r 个监督码元仅与本组的 k 个信息码元有关，而与其他各码组均无关。分组译码时，也仅从本码组的码元内提取有关译码信息，而与其他码组无关。卷积码则不同，它先将信息序列分成长度为 k 的子组，然后编成长为 n 的子码，其中长为 $n-k$ 的监督码元不仅与本子码的 k 个信息码元有关，而且还与前面 m 个子码的信息码元密切相关。换句话说，各子码内的监督码元不仅对本子码有监督作用，而且对前面 m 个子码内的信息码元也有监督作用。因此，常用 (n,k,m) 表示卷积码，其中 m 称为编码记忆，它反映了输入信息码元在编码器中需要存储的时间长短；$N=m+1$ 称为卷积码的约束度，单位是组，它是相互约束的子码的个数；$N \cdot n$ 被称为约束长度，单位是位，它是互相约束的二进制码元的个数。

在线性分组码中，单位时间内进入编码器的信息序列一般都比较长，k 可达 8～100。因此，编出的码字 n 也较长。对于卷积码，考虑到设备的可实现性，单位时间内进入编码器的信息码元的个数 k 通常比较小，一般不超过 4，往往取 $k=1$。

12.6.1 卷积码的编码原理

下面通过一个例子来说明卷积码的编码原理和编码方法。图 12.8 所示为 $(3,1,2)$ 卷积码编码器的原理图。它由两级移位寄存器（m_{j-1}, m_{j-2}）、两个模 2 加法器和开关电路组成。编码前，各级移位寄存器清零，信息码元按 $m_1, m_2, \cdots, m_j, \cdots$ 的顺序送入编码器。每输入一个信息码元 m_j，开关电路依次接到 $x_{1,j}, x_{2,j}$ 和 $x_{3,j}$ 各端点一次。其中输出码元序列 $x_{1,j}, x_{2,j}$ 和 $x_{3,j}$ 由下式决定

$$\begin{cases} x_{1,j}=m_j \\ x_{2,j}=m_j+m_{j-2} \\ x_{3,j}=m_j+m_{j-1}+m_{j-2} \end{cases} \quad (12.6.1)$$

由式(12.6.1)可以看出,编码器编出的每一个子码 $x_{1,j}$、$x_{2,j}$ 和 $x_{3,j}$ 都与前面两个子码的信息码元有关,因此 $m=2$,约束度 $N=m+1=3$(组),约束长度 $N \cdot n=9$(位)。

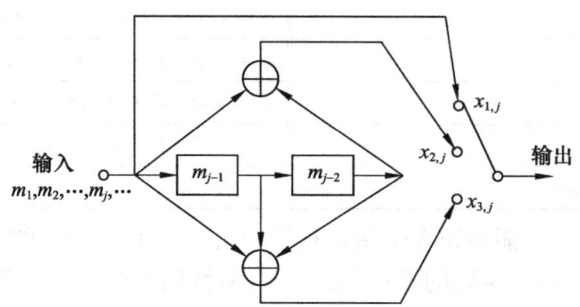

图 12.8　(3,1,2)卷积码编码器

表 12.13 举例示出了图 12.8 所示编码器的状态。其中 a、b、c、d 表示 $m_{j-2}m_{j-1}$ 的 4 种可能状态:00,01,10,11。当第一位信息比特为 1 时,即 $m_1=1$,因移位寄存器的状态 $m_{j-2}m_{j-1}=00$,故输出比特 $x_{1,1}x_{2,1}x_{3,1}=111$;第二位信息比特为 1,这时 $m_2=1$,因 $m_{j-2}m_{j-1}=01$,故 $x_{1,2}x_{2,2}x_{3,2}=110$,依次类推。为保证输入的全部信息位 11010 都能通过移位寄存器,还必须在信息位后加 3 个零。

表 12.13　(3,1,2)编码器状态表

m_j	1	1	0	1	0	0	0	0
$m_{j-2}m_{j-1}$	00	01	11	10	01	10	00	00
$x_{1,j}x_{2,j}x_{3,j}$	111	110	010	100	001	011	000	000
状态	a	b	d	c	b	c	a	a

卷积码编码时,信息码流是连续地通过编码器的,不像分组码编码器那样先把信息码流分成许多码组,然后进行编码。因此,卷积码编码器只需要很少的缓存器。

12.6.2　卷积码的图解表示

1. 树状图

12.6.1 节所述移位过程可能产生的各种序列可以用图 12.9 所示的树状图来表示。树状图从节点 a 开始,此时移位寄存器状态为 00。当第一个输入信息位 $m_1=0$ 时,输出码元 $x_{1,1}x_{2,1}x_{3,1}=000$;若 $m_1=1$,则 $x_{1,1}x_{2,1}x_{3,1}=111$。因此,从 a 出发有两条支路可供选择,$m_1=0$ 时取上面一条支路,$m_1=1$ 则取下面一条支路。输入第二个信息位时,移位寄存器右移一位后,上支路情况下移位寄存器的状态仍为 00,下支路的状态则为 01,即状态 b。新的一位输入信息位到来时,随着移位寄存器状态和输入信息位的不同,树状图继续分叉成 4 条支路,2 条向上,2 条向下。上支路对应于输入信息位为 0,下支路对应于输入信息位为 1。如此继续,即可得到图 12.9 所示的二叉树。树状图中,每条树叉上所标注的码元为输出信息位,每个节点上标注的 a、b、c、d 为移位寄存器的状态。显然,对于第 j 个输入信息位,有 2^j 条支路,但在 $j=N \geqslant 3$ 时,树状图的节点自上而下开始重复出现 4 种状态。

2. 网格图

观察到树状图中的重复性,可以得到一种更为紧凑的图形表示—网格图,如图 12.10 所示。

在网格图中,把树状图中具有相同状态的节点合并在一起。上支路表示对应于输入信息位 0,用实线表示;下支路对应于输入信息位 1,用虚线表示。网格图中支路上标注的码元为输出信息位,自上而下 4 行节点分别表示 a、b、c、d 4 种状态。一般情况下,网格图中应有 2^{N-1} 种状态,从第 N 个节点开始,网格图开始重复而完全相同。

图 12.9 (3,1,2)卷积码的树状图

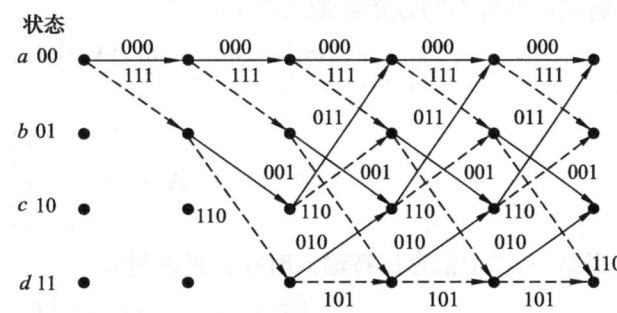

图 12.10 (3,1,2)卷积码的网格图

3. 状态图

取出已达到稳定状态的一节网格,便可得到图 12.11(a)所示的状态图。再把当前状态与下一行状态重叠起来,即可得到图 12.11(b)所示的反映状态转移的状态图。图中两个自闭合圆环分别表示 $a-a$ 和 $d-d$ 状态转移。

图 12.11 (3,1,2)卷积码的状态图

当给定输入信息序列和起始状态时,可以用上述 3 种图解表示法的任何一种,找出输出序列和状态变化路径。

12.6.3 卷积码的生成矩阵和监督矩阵

1. 生成矩阵

卷积码是一种线性码。由前述可知,一个线性码完全由一个监督矩阵 H 或生成矩阵 G 所确定。下面以图 12.8 为例寻求卷积码的生成矩阵。

当第一个信息比特 m_1 输入时,若移位寄存器起始状态为全 0,则 3 个输出比特为

$$x_{1,1}=m_1, \quad x_{2,1}=m_1, \quad x_{3,1}=m_1$$

第二个信息比特 m_2 输入时，m_1 右移一位，输出为

$$x_{1,2}=m_2, \quad x_{2,2}=m_2, \quad x_{3,2}=m_2+m_1$$

第三个信息比特 m_3 输入时，输出为

$$x_{1,3}=m_3, \quad x_{2,3}=m_3+m_1, \quad x_{3,3}=m_3+m_2+m_1$$

第 j 个信息比特输入时，输出为

$$\begin{aligned} x_{1,j}&=m_j \\ x_{2,j}&=m_j+m_{j-2} \\ x_{3,j}&=m_j+m_{j-1}+m_{j-2} \end{aligned} \tag{12.6.2}$$

将式(12.6.2)写成矩阵形式如下

$$[m_{j-2} \quad m_{j-1} \quad m_j]\boldsymbol{A}=[x_{1,j} \quad x_{2,j} \quad x_{3,j}] \tag{12.6.3}$$

式中

$$\boldsymbol{A}=\begin{bmatrix} 0 & 1 & 1 \\ 0 & 0 & 1 \\ 1 & 1 & 1 \end{bmatrix}$$

当第一、二个信息比特输入时存在过渡过程

$$[x_{1,1} \quad x_{2,1} \quad x_{3,1}]=[m_1 \quad 0 \quad 0]\boldsymbol{T}_1$$
$$[x_{1,2} \quad x_{2,2} \quad x_{3,2}]=[m_1 \quad m_2 \quad 0]\boldsymbol{T}_2$$

其中

$$\boldsymbol{T}_1=\begin{bmatrix} 1 & 1 & 1 \\ 0 & 0 & 0 \\ 0 & 0 & 0 \end{bmatrix}, \quad \boldsymbol{T}_2=\begin{bmatrix} 0 & 0 & 1 \\ 1 & 1 & 1 \\ 0 & 0 & 0 \end{bmatrix}$$

把上述的编码过程综合起来，我们可以得到它的矩阵表示如下

$$\boldsymbol{X}=\boldsymbol{MG} \tag{12.6.4}$$

式中

$$\boldsymbol{M}=[m_1 \quad m_2 \quad m_3 \quad \cdots]$$
$$\boldsymbol{X}=[x_{1,1} \quad x_{2,1} \quad x_{3,1} \quad x_{1,2} \quad x_{2,2} \quad x_{3,2} \quad \cdots] \tag{12.6.5}$$

$\boldsymbol{G}$ 为生成矩阵，这是一个半无限矩阵，即

$$\boldsymbol{G}=\begin{bmatrix} \boldsymbol{T}_1 & \boldsymbol{T}_2 & \boldsymbol{A} & & & \boldsymbol{0} \\ & & \boldsymbol{A} & & & \\ & & & \boldsymbol{A} & & \\ & & & & \boldsymbol{A} & \\ \boldsymbol{0} & & & & & \\ & & & \cdots & & \end{bmatrix}=\begin{bmatrix} 111001011 & & & & \\ & 111001011 & & & \boldsymbol{0} \\ & & 111001011 & & \\ & & & 111001011 & \\ & & & & 111001 \\ \boldsymbol{0} & & & & 111 \\ & & & & \cdots \end{bmatrix} \tag{12.6.6}$$

以上矩阵的空白区元素均为 0。上式常记作 $\boldsymbol{G}_\infty$。这种表示方法与分组码时相同，然而分组码的生成矩阵是有限矩阵。

生成矩阵与生成多项式之间存在确定关系。已知 $(3,1,2)$ 卷积码的生成序列为

$$g_1 = (100) = (g_1^1 \quad g_1^2 \quad g_1^3)$$
$$g_2 = (101) = (g_2^1 \quad g_2^2 \quad g_2^3) \tag{12.6.7}$$
$$g_3 = (111) = (g_3^1 \quad g_3^2 \quad g_3^3)$$

把生成序列 g_1、g_2 按如下方法交错排列，即可得生成矩阵

$$G = \begin{bmatrix} g_1^1 & g_2^1 & g_3^1 & g_1^2 & g_2^2 & g_3^2 & g_1^3 & g_2^3 & g_3^3 & & & & \\ & & & g_1^1 & g_2^1 & g_3^1 & g_1^2 & g_2^2 & g_3^2 & g_1^3 & g_2^3 & g_3^3 & \\ & & & & & & g_1^1 & g_2^1 & g_3^1 & g_1^2 & g_2^2 & g_3^2 & g_1^3 & g_2^3 & g_3^3 \\ & & & & & & & & & \cdots & & & \end{bmatrix} \tag{12.6.8}$$

其结果与式(12.6.6)相同。式(12.6.8)可以表达为

$$G = \begin{bmatrix} G_1 & G_2 & G_3 & & \mathbf{0} \\ & G_1 & G_2 & G_3 & \\ & & G_1 & G_2 & G_3 \\ \mathbf{0} & & & & \cdots \end{bmatrix} \tag{12.6.9}$$

其中，每个子矩阵 $G_i(i=1,2,3)$ 由一行三列组成

$$G_1 = [g_1^1 \quad g_2^1 \quad g_3^1], \quad G_2 = [g_1^2 \quad g_2^2 \quad g_3^2], \quad G_3 = [g_1^3 \quad g_2^3 \quad g_3^3]$$

推广到一般情况，对于 (n,k,m) 码，有

$$M = [m_{1,1} \quad m_{2,1} \quad m_{3,1} \quad \cdots \quad m_{k,1} \quad m_{1,2} \quad m_{2,2} \quad m_{3,2} \quad \cdots \quad m_{k,2} \quad \cdots]$$
$$X = [x_{1,1} \quad x_{2,1} \quad x_{3,1} \quad \cdots \quad x_{n,1} \quad x_{1,2} \quad x_{2,2} \quad x_{3,2} \quad \cdots \quad x_{n,2} \quad \cdots] \tag{12.6.10}$$

已知该码的生成序列一般表达式为

$$g_{i,j} = (g_{i,j}^1 \quad g_{i,j}^2 \cdots \quad g_{i,j}^l \quad \cdots \quad g_{i,j}^N) \tag{12.6.11}$$

式中，$i=1,2,\cdots,k$; $j=1,2,\cdots,n$; $l=1,2,\cdots,N$; $g_{i,j}^l$ 表示每组 k 个输入比特中第 i 个比特经 $l-1$ 组延迟后的输出与每组 n 个输出比特中第 j 个模 2 加的输入端的连接关系，$g_{i,j}^l = 1$ 表示有连线，$g_{i,j}^l = 0$ 表示无连线。由此，可以写出 (n,k,m) 码的生成矩阵一般形式为

$$G = \begin{bmatrix} G_1 & G_2 & G_3 & \cdots & G_N & & & \\ & G_1 & G_2 & G_3 & \cdots & G_N & & \\ & & G_1 & G_2 & G_3 & \cdots & G_N & \\ & & & \vdots & \vdots & \vdots & & \end{bmatrix} \tag{12.6.12}$$

式中，$N = m+1$ 为约束长度；$G_l(l=1,2,\cdots,N)$ 是 k 行 n 列子矩阵，有

$$G_l = \begin{bmatrix} g_{1,1}^l & g_{1,2}^l & g_{1,3}^l & \cdots & g_{1,n}^l \\ g_{2,1}^l & g_{2,2}^l & g_{2,3}^l & \cdots & g_{2,n}^l \\ \vdots & \vdots & \vdots & & \vdots \\ g_{k,1}^l & g_{k,2}^l & g_{k,3}^l & \cdots & g_{k,n}^l \end{bmatrix} \tag{12.6.13}$$

2. 监督矩阵

前面已经讨论过卷积码的生成矩阵 G，下面仍以图 12.8 为例来讨论它的监督矩阵 H。

设输入码序列为 $M = (m_1 \quad m_2 \quad m_3 \quad \cdots \quad m_j \quad \cdots)$，则该编码器的输出码序列为

$$X = (m_1 \quad x_{2,1} \quad x_{3,1} \quad m_2 \quad x_{2,2} \quad x_{3,2} \quad m_3 \quad x_{2,3} \quad x_{3,3} \quad \cdots \quad m_j \quad x_{2,j} \quad x_{3,j} \quad \cdots)$$

并假定移位寄存器初始状态为全零，于是得到信息码元与监督码元的关系为

$$\begin{cases} x_{2,1}=m_1, x_{3,1}=m_1 \\ x_{2,2}=m_2, x_{3,2}=m_1+m_2 \\ x_{2,3}=m_3+m_1 \\ x_{3,3}=m_3+m_2+m_1 \\ \vdots \end{cases} \qquad (12.6.14)$$

把上面方程组写成矩阵形式为

$$\begin{bmatrix} 110 \\ 101 \\ 000110 \\ 100101 \\ 100000110 \\ 100100101 \\ 000100000110 \\ 000100100101 \\ \cdots \end{bmatrix} \begin{bmatrix} m_1 \\ x_{2,1} \\ x_{3,1} \\ m_2 \\ x_{2,2} \\ x_{3,2} \\ m_3 \\ x_{2,3} \\ x_{3,3} \\ \cdots \end{bmatrix} = \mathbf{0}^{\mathrm{T}} \qquad (12.6.15)$$

把上式同分组码公式 $\boldsymbol{H} \cdot \boldsymbol{A}^{\mathrm{T}} = \boldsymbol{0}^{\mathrm{T}}$ 相比较,可见上式左边的矩阵是卷积码的监督矩阵,即

$$\boldsymbol{H}_{\infty} = \begin{bmatrix} 110 \\ 101 \\ 000110 \\ 100101 \\ 100000110 \\ 100100101 \\ 000100000110 \\ 000100100101 \\ \cdots \end{bmatrix} \qquad (12.6.16)$$

由此看到卷积码的监督矩阵是一个半无限矩阵,因此它的矩阵常记作 $\boldsymbol{H}_{\infty}$。观察此矩阵发现,该矩阵的前三列的结构与后三列的结构相同,而后三列只是比前三列向下移两行。因此从结构上看,只要知道前 6 行的结构状况,即可得到 $\boldsymbol{H}_{\infty}$ 的全部信息。为了研究问题的简便,于是引入截短监督矩阵

$$\boldsymbol{H} = \begin{bmatrix} 110 \\ 101 \\ 000110 \\ 100101 \\ 100000110 \\ 100100101 \end{bmatrix} = \begin{bmatrix} \boldsymbol{P}_1 & \boldsymbol{I}_2 & & & & \\ \boldsymbol{P}_2 & \boldsymbol{0} & \boldsymbol{P}_1 & \boldsymbol{I}_2 & & \\ \boldsymbol{P}_3 & \boldsymbol{0} & \boldsymbol{P}_2 & \boldsymbol{0} & \boldsymbol{P}_1 & \boldsymbol{I}_2 \end{bmatrix} \qquad (12.6.17)$$

式中,$\boldsymbol{P}_i$ 为 2×1 阶矩阵;$\boldsymbol{I}_2$ 为二阶单位方阵;$\boldsymbol{0}$ 为二阶全零矩阵。

推广到一般情况,(n, k, m) 卷积码的截短监督矩阵为

$$H = \begin{bmatrix} P_1 I_{n-k} & & & \\ P_2 O & P_1 I_{n-k} & & \\ \vdots & \vdots & \ddots & \\ P_N O & P_{N-1} O & \cdots & P_1 I_{n-k} \end{bmatrix} \quad (12.6.18)$$

式中，I_{n-k} 为 $(n-k)$ 阶单位方阵；P_i 为 $(n-k) \times k$ 阶 P 矩阵；O 为 $(n-k)$ 阶全零矩阵。

人们还称式(12.6.18)最后一行矩阵

$$h = [P_N O \quad P_{N-1} O \quad \cdots \quad P_1 I_{n-k}] \quad (12.6.19)$$

为 (n,k,m) 卷积码的基本监督矩阵。显然，由上式可以看到，一旦 h 给定，则可完全确定截短监督矩阵。

下面讨论卷积码的生成矩阵 G 和监督矩阵 H 之间的关系。比较式(12.6.6)和式(12.6.17)，可以得到

$$G_\infty = \begin{bmatrix} I_1 P_1^T & O P_2^T & O P_3^T & & \\ & I_1 P_1^T & O P_2^T & O P_3^T & \\ & & I_1 P_1^T & O P_2^T & O P_3^T \\ & & & & \cdots \end{bmatrix} \quad (12.6.20)$$

式中，I_1 为一阶单位方阵；P_i^T 为 P_i 矩阵的转置。

类似于截短监督矩阵的想法，可引入截短生成矩阵 G 为

$$G = \begin{bmatrix} I_1 P_1^T & O P_2^T & O P_3^T \\ & I_1 P_1^T & O P_2^T \\ & & I_1 P_1^T \end{bmatrix} \quad (12.6.21)$$

推广到一般情况，截短生成矩阵为

$$G = \begin{bmatrix} I_k P_1^T & O P_2^T & \cdots & O P_N^T \\ & I_k P_1^T & \cdots & O P_N^T \\ & & \ddots & \vdots \\ & & & I_k P_1^T \end{bmatrix} \quad (12.6.22)$$

式中，I_k 为 k 阶单位方阵；O 为 k 阶全零方阵；P_i^T 为该截短监督矩阵 H 中的 P_i 矩阵的转置。

由式(12.6.22)可知，它的第一行矩阵

$$g = [I_k P_1^T \quad O P_2^T \quad \cdots \quad O P_N^T] \quad (12.6.23)$$

完全决定着 G 矩阵，称此 g 矩阵为基本生成矩阵。一旦得到基本生成矩阵，则可以写出该卷积码的截短生成矩阵 G。

12.6.4 卷积码译码

卷积码的译码方法有两类：一类是大数逻辑译码，又称门限译码；另一类是概率译码，又分为维特比(Viterbi)译码和序列译码两种。门限译码方法是以分组码理论为基础的，其译码设备简单，速度快，但其误码性能要比概率译码差。下面先讨论大数逻辑译码。

1. 大数逻辑译码

此译码方法从线性码的伴随式出发，

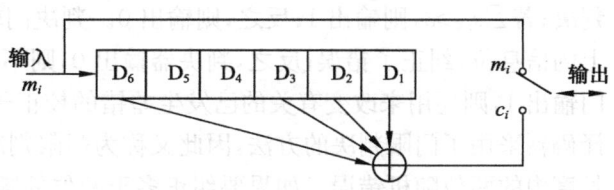

图 12.12 $(2,1,5)$ 卷积码的编码器

找到一组特殊的能够检查信息位置是否发生错误的方程组，从而实现纠错译码。下面通过一个例子来说明该译码的工作原理。

设(2,1,5)卷积码的编码器如图12.12所示。

它的监督矩阵为

$$H=\begin{bmatrix}11\\0011\\000011\\10000011\\1010000011\\101010000011\end{bmatrix} \quad (12.6.24)$$

根据前面分组码的结论，伴随式 $S=E\cdot H^T$，这里 $E=(e_{11}\ e_{21}\ e_{12}\ e_{22}\ \cdots\ e_{16}\ e_{26})$ 是信道传输后所产生的错误图样；伴随式 $S=(s_1\ s_2\ s_3\ s_4\ s_5\ s_6)$，式中

$$s_1=e_{11}+e_{21}$$
$$s_2=e_{12}+e_{22}$$
$$s_3=e_{13}+e_{23}$$
$$s_4=e_{11}+e_{14}+e_{24}$$
$$s_5=e_{11}+e_{12}+e_{15}+e_{25}$$
$$s_6=e_{11}+e_{12}+e_{13}+e_{16}+e_{26}$$

由上面方程可以得到一方程组为

$$\begin{cases}s_1=e_{11}+e_{21}\\s_4=e_{11}+e_{14}+e_{24}\\s_5=e_{11}+e_{12}+e_{15}+e_{25}\\s_2+s_6=e_{11}+e_{22}+e_{13}+e_{16}+e_{26}\end{cases} \quad (12.6.25)$$

该方程组的特点是错误元 e_{11} 在各方程中都出现，其他的错误元在方程中出现总数不超过一次。称具有这种特点的方程组为正交于 e_{11} 错误元的一致校验和式。这样，在相邻的12个码元中，若错误图样 E 中的错误个数不多于2个，且其中一个发生在 e_{11} 位上，另一个发生在其他位上，那么上述方程组中至少有3个方程为1，即 $\sum s_i \geqslant 3(i=1,2,4,5,6)$；如果 E 中错误不多于2个，且 e_{11} 位上未发生错误，则 $\sum s_i \leqslant 2$。由此可根据 $\sum s_i$ 的多少来进行大数判决，以决定对收到的 e_{11} 值进行纠正或不纠正。

根据上述思路，画出(2,1,5)卷积码的译码器，如图12.13所示。该译码器由输入分路开关、2组移位寄存器、4个模2加法器和大数判决门等组成。开关S把收到的序列进行信息位和监督位的分路。移位寄存器存入6位信息位，于"1"模2加法器输出端产生1位监督位，该监督位同收到的监督位在"2"模2加法器处相加，从而得到校正子送给校正子移位寄存器。校正子移位寄存器在得到连续的6个校正子后，按照式(12.6.25)输出校正子值，在"大数判决门"处实现门限判决；若 $\sum s_i \geqslant 3$，则输出1；反之，则输出0。判决门输出1，就可通过"4"模2加法器改变 e_{11} 位置上的信息位，纠正了错误；反之，判决器输出0，则不会改变经检验是正确的第一位信息位。判决门输出1，则还用来改变有关的已发生差错的校正子，为后续码元的纠错做好准备。这里看到该译码器采用了门限判决的方法，因此又称为门限判决译码器。可以看到，该译码器能纠正在约束长度内的两位随机错误。如果要纠正多于两位的随机错误或克服突发错误，则需找约束长度更长和性能更好的译码器。

图 12.13 (2,1,5)卷积码的译码器

2. 维特比译码

维特比译码属于概率译码,它是由 Viterbi 在 1967 年提出的,简称 VB 译码。目前在数字通信的前向纠错系统中用得较多,该算法在卫星通信中已被采用作为标准技术。

维特比译码的基本思想是:把已接收序列与所有可能的发送序列做比较,选择其中码距较小的一个序列作为发送序列。如果发送 L 组信息比特,对于 (n,k,m) 卷积码来说,可能发送的序列有 2^{kL} 个,计算机或译码器需存储这些序列并进行比较,以找出码距最小的那个序列。当传信率和信息数 L 较大时,使得译码器难以实现。维特比算法则对上述概率译码(又称最大似然译码)做了简化,成为了一种实用化的概率算法。它并不是在网格图上一次比较所有可能的 2^{kL} 条路径(序列),而是接收一段,计算和比较一段,选择一段有最大似然可能的码段,从而达到整个码序列是一个有最大似然值的序列。

下面以图 12.14 所示的(2,1,2)卷积码编码器的编码为例,来说明维特比译码的方法和运作过程。为了说明译码过程,给出图 12.14 的状态图,如图 12.15 所示。网格图如图 12.16 所示。图中,a、b、c、d 表示 $m_{j-2}m_{j-1}$ 的 4 种可能状态:00,01,10,11。该图设输入信息数 $L=5$,所以有 $L+N=8$ 个时间单位(节点),图中分别标以 0~7。设编码器从 a 状态开始,该网格图的每一条路径都对应着不同的输入信息序列。由于所有的可能输入信息序列共有 2^{kL} 个,因而网格图中所有可能路径也有 2^{kL} 条。

图 12.14 (2,1,2)卷积码编码器

图 12.15 (2,1,2)卷积码状态图

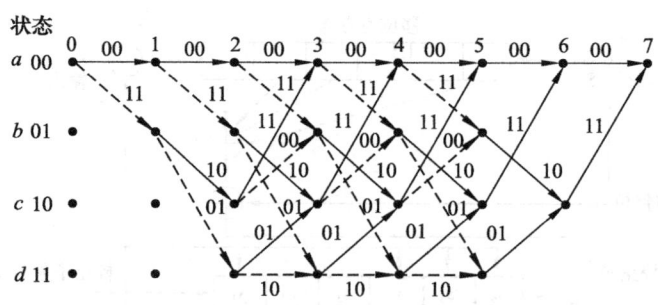

图 12.16 (2,1,2)卷积码网格图

设输入编码器的信息序列为 11011000,则由编码器输出的序列 $X=1101010001011100$,编码器的状态转移路线为 $abdcbdca$。若收到的序列 $R=0101011001011100$,下面对照网格图来说明维特比译码的方法。

由于该卷积码的约束长度为 6 位,因此先选择接收序列的前 6 位 $R_1=010101$ 同到达第 3 时刻的可能的 8 个码序列(8 个路径)进行比较,并计算出码距。该例中到达第 3 时刻 a 点的路径序列为 000000 和 111011,它们与 R_1 的距离分别是 3 和 4;到达第 3 时刻 b 点的路径序列为 000011 和 111000,它们与 R_1 的距离分别是 3 和 4;到达第 3 时刻 c 点的路径序列为 001110 和 110101,与 R_1 的距离分别是 4 和 1;到达第 3 时刻 d 点的路径序列为 001101 和 110110,与 R_1 的距离分别是 2 和 3。上述每个节点都保留码距较小的路径作为幸存路径,所以幸存路径序列是 000000、000011、110101 和 001101,如图 12.17(a)所示。用与上面类似的方法可以得到第 4、5、6、7 时刻的幸存路径。需要指出的是,对于某一节点而言,比较两条路经与接收序列的累计码距时,若发生两个码距值相等,则可以任选一路径作为幸存路径,此时不会影响译码的最终结果。图 12.17 给出了第 5 时刻幸存路径。在码的终了时刻 a 状态,得到一条幸存路径,如图 12.17(c)所示。由此看到译码器输出是 $R'=1101010001011100$,即可变换成序列 11011000,恢复了发送端原始信息。比较 R' 和 R 序列,可以看到在译码过程中已纠正了在码序列第 1 位和第 7 位上的错误。当然,差错出现太频繁,以至于超出了卷积码的纠错能力,则会发生误纠。有关此问题不在此讨论。

图 12.17 维特比译码图解

12.7 交 织 码

前面所介绍的几类信道编码主要用于无记忆的随机信道,这里要讨论的是适合于突发信道的交织码。交织编码的目的是把一个较长的突发差错离散成随机差错,再用纠正随机差错的编码技术消除随机差错。

交织编码原理图如图 12.18 所示。

图 12.18 交织编码原理图

在发送端交织器用于将原有的码元序列的顺序打乱,接收端的去交织器则用于恢复码元序列的顺序。本质上,去交织器把从信道接收的码元序列顺序打乱了,这样信道产生的突发差错的顺序也被打乱,变成了近似的独立随机差错。从而由交织器、突发信道、去交织器组成的编码信道就完成了信道改造的功能,使信道变成了近似的独立随机差错信道。

常用的交织器是分组交织器。下面通过一个简单的分组交织器例子来介绍如何通过交织和反交织变换,把一个突发错误的有记忆信道改造成为独立随机差错的无记忆信道。

假设在发送端发送一组信息 $X=(x_1,x_2,\cdots,x_{15},x_{16})$,首先将 X 输入到交织器,同时将交织器设计成按列写入、按行读出的 4×4 阵列存储器。然后从存储器中按行输出,送入突发差错的有记忆信道。信道输出送入反交织器。反交织器仍然是一个 4×4 阵列存储器,它实现交织器的相反变换,即按行写入、按列读出,这样反交织器输出信息的差错规律就变成了独立差错。分组交织实现框图如图 12.19 所示。

图 12.19 分组交织实现框图

在这里交织器的输入信息序列为

$$X=(x_1 \ x_2 \ x_3 \ x_4 \ x_5 \ x_6 \ x_7 \ x_8 \ x_9 \ x_{10} \ x_{11} \ x_{12} \ x_{13} \ x_{14} \ x_{15} \ x_{16})$$

交织矩阵为

$$\boldsymbol{X}_{\mathrm{I}}=\begin{bmatrix} x_1 & x_5 & x_9 & x_{13} \\ x_2 & x_6 & x_{10} & x_{14} \\ x_3 & x_7 & x_{11} & x_{15} \\ x_4 & x_8 & x_{12} & x_{16} \end{bmatrix} \begin{matrix} \rightarrow \text{按行读出} \\ \\ \downarrow \text{按列写入} \end{matrix}$$

交织器的输出并且送入突发信道的信息序列为

$$X'=(x_1 \ x_5 \ x_9 \ x_{13} \ x_2 \ x_6 \ x_{10} \ x_{14} \ x_3 \ x_7 \ x_{11} \ x_{15} \ x_4 \ x_8 \ x_{12} \ x_{16})$$

若突发信道产生两个突发,第一个突发产生于 X_1 到 X_{13} 连错 4 个,第二个突发产生于 X_7 到 X_{15} 连错 3 个,这样输入到去交织器的信息序列为

$$X''=(X_1 \ X_5 \ X_9 \ X_{13} \ x_2 \ x_6 \ x_{10} \ x_{14} \ x_3 \ X_7 \ X_{11} \ X_{15} \ x_4 \ x_8 \ x_{12} \ x_{16})$$

去交织矩阵为

$$X_{\mathrm{II}} = \begin{bmatrix} x_1 & x_5 & x_9 & x_{13} \\ x_2 & x_6 & x_{10} & x_{14} \\ x_3 & x_7 & x_{11} & x_{15} \\ x_4 & x_8 & x_{12} & x_{16} \end{bmatrix} \begin{matrix} \rightarrow \text{按行写入} \\ \downarrow \\ \text{按} \\ \text{列} \\ \text{读} \\ \text{出} \end{matrix}$$

去交织器的输出信息序列为

$$X''' = (X_1 \quad x_2 \quad x_3 \quad x_4 \quad X_5 \quad x_6 \quad X_7 \quad x_8 \quad X_9 \quad x_{10} \quad X_{11} \quad x_{12} \quad X_{13} \quad x_{14} \quad X_{15} \quad x_{16})$$

由上述分析可见，经过交织矩阵与反交织矩阵变换后，原来信道中产生的突发错误变成了无记忆随机性的独立差错。

推广至一般情况，称这类交织器为周期性的分组（块）交织器，分组长度为

$$l = M \times N$$

故又称之为 (M, N) 分组交织器。它将分组长度 l 分成 M 列 N 行的交织矩阵。在发送端，交织矩阵存储器是按列写入、按行读出的，信息读出后送至信道发送。在接收端，经过信道的信息送入同一类型 (M, N) 交织矩阵存储器，而它则是按行写入、按列读出的。

分组周期交织方法的特性可归纳如下：

① 任何长度 $l \leq M$ 的突发差错，经交织变换后，成为至少被 $N-1$ 位隔开后的一些单个独立差错；

② 任何长度 $l > M$ 的突发性差错，经过去交织变换后可将长突发变换成短突发，且突发长度为 $l' = \left[\dfrac{l}{M}\right]$；

③ 在不计信道延时的条件下，完成交织与去交织变换后，交织与去交织各延时 MN 个符号，导致通信系统两端的延时为 $2MN$ 个符号；

④ 在某些特殊情况下，周期为 M 个符号的单个独立差错序列经去交织后，会产生相应序列长度的突发错误。

由性质①、②可见，交织是克服衰落信道中突发性干扰的有效方法，目前已在移动通信中得到广泛的应用。但是交织的主要缺点如性质③所指出，它会带来较大的 $2MN$ 个符号延时。为了更有效地将突发差错改造为独立差错，MN 应取得足够大。但是，大的附加延时会给实时语音通信带来不利影响，同时也增大了设备的复杂性。为了在不降低性能的条件下减少延时和复杂性，人们又提出了不少改造方法，其中最为典型的方法是采用卷积交织器的方法，它可将延时减少一半。

在卷积交织编码中，输入信号分别进入交织器的 N 条支路延时器，每一路延时不同的符号周期。第一路无延时，第二路延时 M 个符号周期，第三路延时 $2M$ 个符号周期，……，第 N 路延时 $(N-1)M$ 个符号周期。交织器的输出端按输入端的工作节拍分别同步输出对应支路经延时的数据。卷积交织器每条支路的延时节拍延时 $(N-1)M$ 个符号，……，第 N 路无延时。

$M=1, N=4$ 时的卷积交织器的工作原理如图 12.20 所示。它由 3 个移位寄存器构成。第 1 个移位寄存器有 1 比特容量，第 2 个移位寄存器可以存 2 比特，第 3 个移位寄存器可以存 3 比特。交织器的输入码元依次进入各个移位寄存器。在图 12.20(a)所示的交织器中，第 1 个输入码元没有经过存储而直接输出，第 2 个输入码元存入第 1 个移位寄存器中，第 3 个输入码元存入第 2 个移位寄存器中，第 4 个码元存入第 3 个移位寄存器中。在这 4 个码元期间，交织器的输出为"1xxx"。这里的"x"表示移位寄存器初始的随机状态。图 12.20(b)示出的是第 5～8 个码元

输入时的工作状态。图 12.20(c)和图 12.20(d)示出的是第 9~12 个码元及第13~16 个码元输入时的工作状态。这样,交织器输出码元的次序将是：1 x x x 5 2 x x 9 6 3 x 13 10 7 4。接收端去交织器的工作过程与此相反,如图 12.20 所示,去交织器的输出码元的次序将是：x x x x x x x x x x x x 1 2 3 4,其中前面接收的 12 个码元无意义,从第 13 个码元开始才是有效码元。

图 12.20 $M=1, N=4$ 时的卷积交织器的工作原理图

12.8 Turbo 码

香农信道编码定理指出：任何一个通信信道都有确定的信道容量 C,如果通信系统所要求的传输速率 R 小于 C,则存在一种编码方式,当码长 n 充分大并应用最大似然译码(Maximum Likelihood Detection,MLD)时,信息的错误概率可以达到任意小。

实现香农信道编码定理的条件有 3 点：一是采用随机编译码方式；二是让编译码长度 $n \to \infty$,即码长无限；三是译码采用最大似然译码方法。长期以来,信道编码的设计一直是沿着后两个方向发展的。构造长码的一种有效方法是 1966 年由 Forney 提出的利用两个短码构造一个长码的方法,用这种方法构造出来的码简称为级联码。简单地说,把多次编码看成一个整体编码,就是级联码。1993 年,Berrou 等在 ICC 国际会议上提出了一种采用重复迭代(Turbo)译码方式的并行级联码,该码的最大特点是它巧妙地将卷积码和随机交织器结合在一起,在实现随机编码思想的同时,通过交织器实现了用短码构造长码的方法,并采用软输出迭代译码来逼近最大似然译码。Turbo 码充分利用了香农信道编码定理的基本条件。结果显示,如果采用 256×256 的随机

交织器,迭代次数为 18,则在信噪比 $E_b/N_0 \geqslant 0.7$dB 时,码率为 1/2 的 Turbo 码在高斯白噪声信道上的误比特率低于 10^{-5},接近了香农极限的性能。

Turbo 码被看作是 1982 年 TCM 技术问世以来,信道编码理论与技术研究上所取得的最伟大的技术成就,具有里程碑式的意义。Turbo 码的优良性能,受到通信领域的广泛重视。典型的 Turbo 码编码器采用的是并行级联卷积码(Parallel Concatenated Convolutional Code,PCCC)的结构,如图 12.21 所示。

图 12.21 Turbo 编码器的结构

Turbo 编码器主要由分量编码器、交织器和复用器组成。分量码一般选择为系统卷积码。交织器的功能有:一是利用随机化的思想将两个相互独立的短码组合而成一个长的随机码;二是可以用来分散突发错误;三是用来打破低重量的输入序列模式,从而增大输出码字的最小汉明距离,或者说减少低重量输出码字的数量。复用器的作用是将信息序列和两个校验序列合成一个比特流,并根据需要调整码率。

在 Turbo 码的编码过程中,信息序列 $u=\{u_1,u_2,\cdots,u_n\}$ 经过一个 N 位交织器,构成一个新序列 $u'=\{u'_1,u'_2,\cdots,u'_n\}$。$u$ 和 u' 分别传送到两个分量编码器,形成校验序列 x^{p1} 和 x^{p2}。x^{p1} 和 x^{p2} 与未编码序列 x^s 经过复用之后,生成了 Turbo 码码字序列 x。

编码器的输出序列经过信道后,在接收端形成译码器的输入序列 $R=\{y^s,y^{p1},y^{p2}\}$。译码器的结构如图 12.22 所示。

图 12.22 Turbo 译码器的结构

译码器主要包括两个交织器、去交织器及分量译码器。译码过程是一个迭代循环过程。接收的信息序列经过解复用以后将其中的信息序列 y^s、校验序列 y^{p1} 及先验信息(前一次迭代中分量译码器 2 给出的外信息的去交织形式)送入分量译码器 1。经过分量译码器 1 后产生的外信息经过交织器后作为分量译码器 2 的先验信息送到分量译码器 2。同时,分量译码器 2 的输入

还含有信息序列 y^s 经过交织后的信息及校验序列 y^{p2},分量译码器 2 产生的外信息又送入去交织器以便循环再使用。

常用的软输出译码算法有:标准 MAP(Maximum A Posteriori)算法,对数 MAP 算法(log-MAP),最大值(max-log-MAP)算法,软输出维特比译码(Soft Output Viterbi Algorithm,SOVA)。

12.9 网格编码调制

前面讨论的数字通信系统中,差错控制编码和调制是分开设计与考虑的。这就使得采用差错控制编码措施改善系统误码性能是以牺牲通信效率为代价的,编码增益是依靠降低信息传输速率或增加系统带宽来获得的,多进制数字调制系统的整体性能无法达到最佳。1974 年,梅西(Messey)根据香农信息论,证明了当把编码与调制作为一个整体考虑时,可以明显改善通信系统的性能。1982 年,昂格尔博克(Ungerbook)提出了编码(卷积码)与调制相结合的网格编码调制(TCM)。TCM 方案能在不增加系统带宽或相同传输速率的前提下,获得 3~6dB 的编码增益。目前,TCM 技术已经得到了广泛的应用,它不仅用于高速的调制解调器中,而且还用于卫星通信、移动通信、扩频通信等多个领域中。

12.9.1 TCM 编码器结构

TCM 编码器结构如图 12.23 所示。它由编码效率为 $\bar{k}/(\bar{k}+1)$ 卷积编码器和信号集合划分映射两部分组成。TCM 编码器输出信号产生方式如下:在每个编码调制间隔中,有 k 比特的信息输入 TCM 编码器,其中 $\bar{k}$ 比特($\bar{k}<k$)被送入编码效率为 $\bar{k}/(\bar{k}+1)$ 的卷积码编码器,从而得到 $n=\bar{k}+1$ 比特的编码输出。这($\bar{k}+1$)比特编码输出用于选择信号子集,其余的($k-\bar{k}$)个未编码比特用来从被选中的子集中选择一个信号点。这里信号子集和信号点的选择是按照映射规则进行的。

图 12.23 TCM 编码器结构

昂格尔博克提出的 TCM 编码方案通过"集合划分映射"的方法,将卷积码编码器对信息码元的编码转化为对星座图中信号点的编码,在接收端采用维特比译码算法进行判决。由于调制信号序列可以模型化为网格结构,因而称为网格编码调制。实现 TCM 编码有两种方法:一种方法是先确定从卷积码编码器输出的 2^{k+1} 个码组与调制信号的信号点的对应关系,再按照一定的规则通过网格图设计相应的卷积码编码器;另一种方法是先确定卷积码编码器的结构,再根据网格图确定卷积码编码器输出的 2^{k+1} 个码组与调制信号的信号点的映射关系。

12.9.2 归一化欧几里德距离

通常,将任意两个信号点(信号序列)之间的几何距离,称作归一化欧几里德距离,简称为欧

图 12.24 8PSK 信号
星座图及欧氏距离

氏距离,其中所有两个信号点(信号序列)之间最小的欧氏距离称为欧氏自由距离,记为 d_{free}。图 12.24 是 8PSK 信号的星座图,图中 8 个信号点对应于 8PSK 信号的 8 个不同相位,信号点与星座中心的距离 r 都为 1(归一化),不同信号点之间的欧氏距离有 4 种:$\Delta_0,\Delta_1,\Delta_2,\Delta_3$,其中 Δ_0 为 8PSK 信号的欧氏自由距离。欧氏距离能够衡量信号点(信号序列)的相近程度,欧氏距离越大,信号点(信号序列)越不相近。

在常用的多进制调制系统(如 QAM、QPSK 及 8PSK)中,已调信号在信道的传输过程中由于受到干扰使得接收到的信号点偏离它们在星座图中的位置。解调时,在星座图中选择最靠近接收信号序列的信号点作为接收信号序列的信号,即若接收到的信号序列为 $[a'_n]$,从所有可能的编码信号序列中选出一个与 $[a'_n]$ 之间具有最小欧氏距离的 b_n 作为接收信号序列。这样,当接收到的信号序列偏离它们在星座图中的正确位置时,会造成错误判决,并且最可能的错误发生在具有最小欧氏距离(欧氏自由距离)的两个信号序列之间。欧氏自由距离越大,错误判决的概率越小,因此,在 TCM 编码时要寻找具有最大欧氏自由距离的编码信号序列。

通过以上的讨论可知,多进制调制系统的误码性能与已调信号各信号点之间的欧氏距离有关。例如,没有纠错编码的 QPSK 调制和采用了编码效率为 2/3 的卷积编码的 8PSK 调制,两个系统的信息传输速率相同,如果 QPSK 系统的误码率为 1×10^{-5},在相同输入信噪比的情况下,8PSK 系统解调器的输出误码率近似为 1×10^{-2}。这是由于 8PSK 信号具有更小的欧氏距离的缘故。

从前面的讨论可知,分组码和卷积码的误码性能是用汉明距离来衡量的。在 TCM 中,系统的误码性能取决于信号点或信号序列之间的欧氏距离。在多进制系统中,汉明距离与欧氏距离并不等价,也就是说,对于具有最大汉明距离的码序列,已调信号不一定具有最大的欧氏距离。因此,最佳的编码调制系统应该用编码信号序列的欧氏距离作为设计的度量,以使编码器和调制器级联之后产生的编码信号序列具有最大的欧氏自由距离。从信号空间的角度来看,这种最佳编码调制的设计实际上是一种对信号序列空间的最佳划分。

12.9.3 信号点集的划分

在 TCM 编码中,通过对信号点集的划分,建立卷积码编码器输出的编码与星座图上的信号点之间的映射关系。

信号点集的划分是指把星座图上的所有信号点组成的集合不断地分解为 $2,4,8,\cdots$ 个子集,使子集中信号点之间的最小欧氏距离不断增加。8PSK 信号点集划分成子集的情况如图 12.25 所示。划分规则为:首次将 8PSK 的 8 个信号点划分成 2 个子集 B_0 和 B_1,每个子集中有 4 个信号点,同一子集中信号点的最小欧氏距离为 $\Delta_1=\sqrt{2}=1.414>\Delta_0=\sqrt{2-\sqrt{2}}=0.765$。其中,$\Delta_0$ 是 8PSK 信号点集的最小欧氏距离。然后把第一次划分得到的 2 个子集分别划分成 2 个子集,故得到 4 个子集:C_0、C_1、C_2、C_3。在新得到的 4 个子集中,每个子集都含有 2 个信号点,其间的欧氏距离为 $\Delta_3=2>\Delta_1>\Delta_0$。

在信号点集的划分中,每个划分子集的分支分别对应二进制编码 0 或 1,这样由各分支的编码获得每个信号点的编码,如图 12.25 所示,从而确定了在采用第一种方法实现 TCM 编码时卷积码编码器输出的 8 个码组与 8PSK 信号点的对应关系。

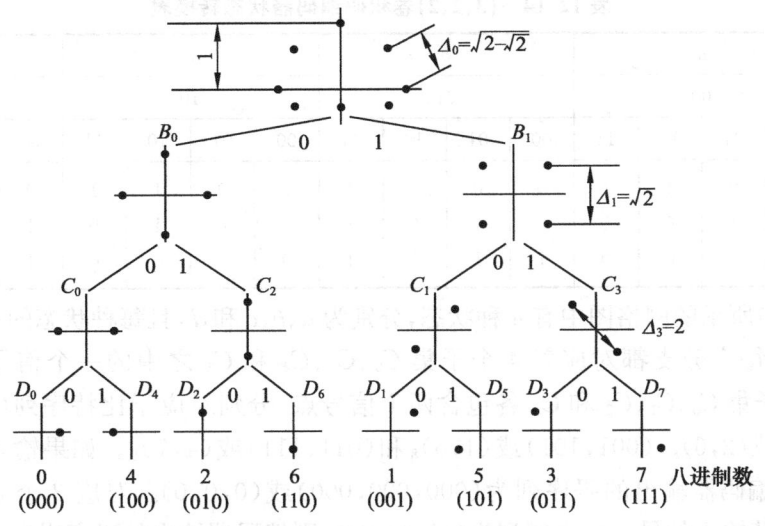

图 12.25 8PSK 信号点集划分成子集的情况

12.9.4 TCM 码网格图及卷积码编码器

卷积码编码器输出的每个序列都对应着网格图中的一条路径,因此,使网格图中各条路径之间的欧氏距离最大,就等于使编码输出序列的欧氏距离最大。由于通过"集合划分映射"的方法,已将星座图中的信号点映射成了卷积码,因此 TCM 的最优化过程实质上是根据不同的调制方式,寻找具有最大欧氏自由距离的网格图,从而设计卷积码编码器。TCM 最优码网格图应遵循以下规则。

① 并联转移分支,指定分配有间隔为最大欧氏距离的信号点的编码,即取自同一子集 C_i。

② 开始于同一状态的转移分支,指定分配有同一子集 B_i 中的信号点的编码,即该转移分支具有欧氏距离大于或等于 Δ_1。

③ 到达同一状态的转移分支,指定分配有同一子集 B_i 中的信号点的编码,即这些转移分支具有欧氏距离大于或等于 Δ_1。

④ 全部信号点的编码应以相同的频率出现。

目前,多采用计算机搜索的方法获得 TCM 最优码的网格图。卷积码编码器和 8PSK 调制结合的 TCM 最优码网格图如图 12.26(a)所示,它所对应的(3,2,2)卷积码编码器如图 12.26(b)所示,其状态转换表如表 12.14 所示。

(a) TCM最优码网格图 　　　　　　　　(b) (3,2,2) 卷积码编码器

图 12.26 TCM 最优码网格图及(3,2,2)卷积码编码器

表 12.14 (3,2,2)卷积码编码器状态转换表

状态	a				b				c				d			
m_1m_2	00				01				10				11			
m_1m_{2i}	00	01	10	11	00	01	10	11	00	01	10	11	00	01	10	11
y_{1i}	0	0	1	1	0	0	1	1	0	0	1	1	0	0	1	1
y_{2i}	0	1	0	1	0	1	0	1	1	0	1	0	1	0	1	0
y_{3i}	0	0	0	0	1	1	1	1	0	0	0	0	1	1	1	1

图 12.26(a)所示的网格图中有 4 种状态,分别为 a、b、c 和 d,且每种状态的一步转移都包含两个并联分支,每个分支都对应着 4 个子集 C_0、C_1、C_2 和 C_3 之中的一个信号点的编码。如图 12.25所示,子集 C_0、C_1、C_2 和 C_3 各包含两个信号点,分别对应于比特序列(000,100)或(0,4)$_8$,(010,110)或(2,6)$_8$,(001,101)或(1,5)$_8$ 和(011,111)或(4,7)$_8$。如果输入的信息序列为(00,00,00),则编码器输出的码序列为(000,000,000)或(0,0,0)$_8$,对应 3 个分支的路径如图 12.26(a)所示;若输入的另一信息序列为(01,00,00),则编码器输出的码序列为(010,001,010)=(2,1,2),对应 3 个分支的另一个路径如图 12.26(a)所示。这两个码序列对应的两条路径在第 3 个节点 a 状态处重合,因而,它们映射后得到的信号序列也在这个时刻重合。这两个信号序列的欧氏距离平方为

$$d_{\min}^2 = d_{\min}^2(C_0, C_2) + d_{\min}(C_0, C_1) + d_{\min}^2(c_0, c_2) = 6 - \sqrt{2} = 4.585$$

式中,$d_{\min}(C_i, C_j)$ 表示取子集 C_i 中信号点和 C_j 中信号点之间的最小距离。4 状态的 8PSK 调制的 TCM 码一步转移的欧氏距离为 $d=2$,故其最小欧氏距离为 2,与未编码的 4PSK 调制的欧氏距离 $d_0 = \sqrt{2}$ 相比较,前者比后者可获得编码增益 3dB。

对于更多状态卷积码情况下,8PSK 调制的 TCM 码相对于未编码 4PSK 的编码增益如表 12.15所示。TCM 所带来的编码增益还与信号星座的形状有关,最佳形状信号星座相对于矩形星座,可得到多达 1.53dB 的形状增益。

表 12.15 8PSK 调制的 TCM 码相对于未编码 4PSK 的编码增益

卷积码	(3,2,2)	(3,2,3)	(3,2,4)	(3,2,5)	(3,2,6)	(3,2,7)	(3,2,8)
状态数	4	8	16	32	64	128	256
编码增益(dB)	3.0	3.6	4.1	4.6	5.0	5.4	5.7

习 题 12

12.1 已知 8 个码组为(000000),(001110),(010101),(011011),(100011),(101101),(110110),(111000)。
(1) 求以上码组的最小距离 d_0。
(2) 若此 8 个码组用于检错,可检出几位错?
(3) 若用于纠错码,能纠正几位?
(4) 若同时用于纠错和检错,纠错、检错的性能如何?

12.2 已知两码组(0000)和(1111),若该码组用于检错,能检出几位错码?若用于纠错,能纠正几位?若同时用于纠错和检错,问各能纠、检几位错码?

12.3 一码长 $n=15$ 的汉明码,监督位 r 最少应该为多少?此时的编码效率为多少?

12.4 已知某(7,4)线性分组码的监督方程为

$$H = \begin{bmatrix} 1 & 1 & 1 & 0 & 1 & 0 & 0 \\ 1 & 1 & 0 & 1 & 0 & 1 & 0 \\ 1 & 0 & 1 & 1 & 0 & 0 & 1 \end{bmatrix}$$

试求其生成矩阵,并写出所有许用码组。

12.5 已知(6,3)线性分组码的一致监督方程为

$$\begin{cases} a_4 + a_3 + a_2 + a_0 = 0 \\ a_4 + a_3 + a_1 = 0 \\ a_5 + a_3 + a_0 = 0 \end{cases}$$

其中 a_5, a_4, a_3 为信息码。

(1) 求其生成矩阵和监督矩阵。
(2) 求其最小码距并分析其检错、纠错能力。
(3) 判断下列接收到的码字是否正确:$B_1 = (011101)$,$B_2 = (101011)$,$B_3 = (101111)$。若接收到的是非码字,如何纠错和检错?

12.6 已知(7,3)循环码的监督关系式为

$$\begin{cases} a_6 + a_3 + a_2 + a_1 = 0 \\ a_5 + a_2 + a_1 + a_0 = 0 \\ a_6 + a_5 + a_1 = 0 \\ a_5 + a_4 + a_0 = 0 \end{cases}$$

(1) 求该循环码的典型监督矩阵和典型生成矩阵。
(2) 输入信息码元为101001,求编码后的系统码。
(3) 试写出 8 个许用码组。
(4) 若给出其中一个码字为(0111110),并分别给出一位错误图样为 $E_1 = (00110000)$ 和 $E_2 = 0000100$,看能否纠错?

12.7 已知(7,4)循环码的生成多项式为 $x^3 + x^2 + 1$。
(1) 求出该循环码典型生成矩阵和典型监督矩阵。
(2) 若两个信息码为11001011,求出编码后的系统码。
(3) 求此循环码的全部码组。
(4) 分析此循环码的纠错、检错能力。
(5) 画出其编码器的原理图。

12.8 已知(7,3)循环码的生成多项式 $g(x) = x^4 + x^3 + x^2 + 1$,如接收到的码组为 $B(x) = x^6 + x^3 + x + 1$,经过只有检错能力的译码器,接收端是否需要重发?

12.9 题表 12.1 列出了(7,3)线性分组码的码组。

题表 12.1

码字	码多项式
0010111	
0101110	
1011100	
0111001	
1100101	
1001011	
0000000	

(1) 写出相应的码多项式,并填在表中,说明该码是否为循环码。
(2) 写出码生成多项式,它有何特点?

(3) 写出生成矩阵。

12.10 一个 (15,5) 循环码的生成多项式为 $x^{10}+x^8+x^5+x^4+x^2+x+1$。

(1) 写出该循环码的生成矩阵。

(2) 若信息多项式为 $m(x)=x^4+x+1$，试求其码多项式为 $T(x)$。

12.11 已知 $g_1(x)=x^3+x^2+1, g_2(x)=x^3+x+1, g_3(x)=x+1$。讨论：

(1) $g(x)=g_1(x)g_2(x)$ (2) $g(x)=g_3(x)g_2(x)$

12.12 已知 $k=1, n=2, N=4$ 的卷积码的基本生成矩阵为 $\boldsymbol{g}=(11010001)$，试求其卷积码的生成矩阵 $\boldsymbol{G}$ 和监督矩阵 $\boldsymbol{H}$。

12.13 已知 (2,1,2) 卷积码编码器的输出与 m_1、m_2、m_3 的关系为

$$\begin{cases} C_1=m_1\oplus m_2 \\ C_2=m_2\oplus m_3 \end{cases}$$

(1) 画出其编码电路；

(2) 画出卷积码的树状图、状态图及网格图。

12.14 已知 (3,1,4) 卷积码编码器的输出与 b_1、b_2、b_3 的关系为

$$\begin{cases} C_1=b_1 \\ C_2=b_1\oplus b_2\oplus b_3\oplus b_4 \\ C_4=b_1\oplus b_3\oplus b_4 \end{cases}$$

(1) 画出其编码电路和树状图；

(2) 当输入编码器的信息序列为 10110 时，求它的输出码序列。

第 13 章 通 信 网

13.1 通信网基础

13.1.1 通信网的概念

通信网是由一定数量的节点(如计算机、手机、交换机、路由器等)和连接节点的数据链路组合在一起,实现两个或多个节点间信息传输的通信体系。通信网的用途是实现长距离多用户之间有效、可靠的信息传输和处理。

13.1.2 通信网的组成

一个最简单的通信网至少由 3 部分组成:源系统、传输系统、目的系统。如图 13.1 所示。

图 13.1 通信网组成

源系统包括信源和发送器。信源是产生要传输的数据的基本设施,信源可以将信息转换成数据存储在信源中。例如,计算机可以作为信源,通过计算机的键盘输入汉字(信息),计算机产生输出的二进制位流(数据);发送器是对数据进行编码生成适合传输系统传输的信号的设备,例如,调制解调器可以将数字数据编码调制成模拟信号,也可以将模拟信号解调为数字信号。

传输系统狭义上可以定义为信息的传输通道,包括连接网络节点的传输媒介和相应的通信装置。传输媒介分为导引型传输媒介和非导引型传输媒介两大类。在导引型传输媒介中,电磁波或光信号被导引沿着固定媒介(铜线或光纤)传播;非导引型传输媒介就是指自然空间。传输系统广义上可以定义为通用的通信网络,如公用电话通信网、通用分组交换网等。

目的系统包括信宿和接收器。信宿是信息传输的终点,也就是信息的接收者,信宿将接收到的数据转换成信息在显示设备(如计算机的显示器)上显示出来;接收器是接收传输系统传送过来的信号,并把它转换为信宿可以处理的数据的设备,如解调器。

以图 13.2 所示的通信系统模型为例,信息在通信网中传输的过程如图 13.3 所示。信息通过信息编码转换成数据存储在信源中,数据通过数据编码、数据调制转换成信号在信道中传输,接收端收到的信号通过数据译码、数据解调、信息译码转换成信息。

图 13.2 通信系统模型举例

信息编码是将信息转换成数据的编码方法。常用的信息编码有 ASCII 码、汉字库 GB2312 等。数据编码是将数据转换成信号的编码方法。数据编码包括数字数据的数字信号编码、数字

295

图 13.3 信息在通信网中传输的过程

数据的调制编码、模拟信号的数字编码。常用的数字数据的数字信号编码有不归零码(NRZ)、曼彻斯特编码(ME)、差分曼彻斯特编码(DME)等；数字数据的调制编码有幅移键控(ASK)、频移键控(FSK)、相移键控(PSK)等；模拟信号的数字编码，通常采用采样定理将模拟连续信号转换成离散的数字信号，如 PCM 编码。

13.1.3 通信网的分类

根据通信业务类型、服务范围、传输手段、传输的信号形式和运营方式对通信网络进行了不同的分类。

1. 按通信业务类型分类

按通信业务类型可分为电话网(如 PSTN、移动通信网等)、数据网(如 X.25、Internet、帧中继等)、广播电视网等。

2. 按通信服务范围分类

按通信服务范围可分为本地网、长途网和国际网。

3. 按通信的传输手段分类

按通信的传输手段可分为有线通信网和无线通信网。有线通信网有电缆网、光纤网等；无线通信网有短波网、微波中继网、卫星网等。

4. 按传输的信号形式分类

按传输的信号形式可分为数字网和模拟网。数字网采用数字信道传输信号；模拟网采用模拟信道传输信号。

5. 按运营方式分类

按运营方式可分为公用网和专用网。公用网指电信公司出资建造的大型网络，是提供给愿意按电信公司的规定交纳费用的人使用的网络，因此也叫公众网。专用网指某个部门为满足本部门的特殊需要建设的网络。这类网络不向本单位以外的人提供服务，如银行、政府、学校等。

13.1.4 通信网的拓扑结构

网络是节点和链路的有机结合，网络中各节点之间相互连接的物理方式或者逻辑方式称为拓扑结构。目前，通信网常用的基本拓扑形式有网形网、星形网、环形网、总线型网和复合型网等，它们各有特点，适用于不同的网络中。如图 13.4 所示。

图 13.4 通信网的基本拓扑结构

1. 网形网

网形网如图13.4(a)所示。在网形网中,任意两个节点之间都有一条链路相连。因此,一个有 n 个节点的网形网共需要 $n(n-1)/2$ 条连接线路,而且每个节点必须有 $n-1$ 个 I/O 口。当 n 较大时,需要的线路和 I/O 口数多,冗余度大,线路利用率低。但是,它的冗余线路多,可靠性很高,没有线路阻塞危险,而且安全性和隐私性也很好。通常只有专用网和主干网使用这种拓扑结构。

2. 星形网

星形网如图13.4(b)所示。星形网中有一个中心控制节点,其他节点只与中心控制节点之间有一条直接连接线路,这样具有 n 个节点的星形网只需 $n-1$ 条连接线路。星形网采用集中控制方式,拓扑结构简单,除中心控制节点外,其他节点或链路的故障不会影响网络的其他部分,可靠性高。缺点是中心控制节点可能成为全网的瓶颈,其故障将会引起整个网络故障。

3. 环形网

环形网如图13.4(c)所示。环形网中每个节点只和它两边的节点连接,因此整个链路构成闭合环路,数据一般沿环的某一方向逐点传输。环形网安装简单,各个节点采用令牌传递的方式占用信道,具有最大延时可知性的特点,但是环路中任何一个节点的故障都会引起整个网络的故障,各个站点入网和出网复杂。

4. 总线型网

总线型网如图13.4(d)所示。在总线型网中,总线作为主干,每个通信节点与其相连共享总线。这种网络安装简单,组网所需的电缆量小。但是总线的故障会引起整个网络的故障,而且不易定位故障。

5. 复合型网

上述4种基本拓扑结构各有优缺点,所以实际网络一般不采用单一拓扑结构,而是混合使用2种或2种以上不同的拓扑结构构成复合型网。例如,各子网可以根据自身要求选择星形网、环形网或总线型网,而主干采用网形网,从而得到高性价比和高可靠性的方案,如图13.4(e)所示。

此外,还有应用于陆地移动通信的蜂窝形网。

13.1.5 通信网的交换方式

目前常用的交换方法除传统的电路交换、报文交换和分组交换外,还有新的交换方法,如帧中继(Frame Relay)和信元中继(ATM 交换)等。

1. 电路交换

电路交换(Circuit Switching)是最早出现的交换方式,电话网普遍采用电路交换。电路交换就是在两个用户之间建立一条专用的路径作为通信线路。其基本过程包括3个阶段:建立连接、信息传送(通话)和连接释放。电路交换主要具有以下特点:

① 在通信用户之间建立专用的物理连接通路,即通信前首先要建立连接,连接建立后,物理资源始终被占用,物理连接的任何部分发生故障都会使通信中断,仅当呼叫建立与释放时间相对于通信的持续时间很小时才呈现高效率;

② 连接建立后,交换节点的延时近似为零、传播延时可以忽略不计,适于实时通信;

③ 对传送的信息不做任何处理(信令除外),无码型、速率变换;

④ 对传送的信息无差错控制、流量控制等;

⑤ 有限的信道容量和交换容量将引起阻塞,增加呼损率。

因此,电路交换适合连续信号的传输,如电话语音、传真、文件传送,但不适合突发(Burst)业务和对差错敏感的业务,如数据通信。

2. 报文交换

报文交换(Message Switching)采用存储转发(Store-and-Forward)方式进行数据交换。存储转发是指报文每经过一个节点，这个节点都先将报文存储下来，然后根据报文中的目的地址确定路径，再将要发送的报文送到输出路径的队列中排队，等到线路空闲后发送给下一节点，这样依次完成从源节点到目的节点的通信。报文交换的数据单位称为报文，报文中除有预传送的信息外，还有目的地址和源地址。报文交换不需要在两个用户之间建立一条专用线路，因此是一种面向无连接的交换方式。

报文交换由于以报文为单位进行存储转发，报文大小不一，造成中转节点的存储管理复杂，延时较大，不适合实时通信，目前已趋于被淘汰，只应用在公共电报网和一些专用网中。

3. 分组交换

分组交换(Packet Switching)采用了类似报文交换中的存储转发技术，只是在传输中将报文分成大小相同的分组。分组交换缩短了分组在各交换节点存储转发的时间，减小了延时，避免了中转节点存储管理的复杂，对线路的占用方式与报文交换都采取动态占用的方式，线路利用率高。

首先将数据报按一定的规律分割成若干个大小相等的数据段，并给每个数据段上附加一些信息基本格式，就构成分组，如图 13.5 所示。

分组始发地址	收地址	控制信息	信息编码	分组编码	最后一个分组标志	正文	错误检测

图 13.5 分组格式

由分组格式可以看出，分组中除正文外，还增加了地址、控制、编码等信息，增加了额外开销。分组越短，额外开销占比越大，而分组越长，延时越长，因此分组长度的选择要兼顾到延时和开销。

分组交换采用逐段链路的差错控制和流量控制，出错时可以重发，提高了传输可靠性。

分组交换可以提供两种服务：虚电路(Virtual Circuit)方式和数据报(Datagram)方式，各有特点，可适用于不同业务的要求。

（1）虚电路方式

在虚电路方式中，在信息传送之前先发送呼叫请求分组建立源端到目的端的虚电路，属于同一呼叫的所有数据分组均沿同一虚电路传送，最后通过呼叫清除分组拆除虚电路。但虚电路不同于电路交换中的物理连接，是逻辑连接，一条物理连接线路上可以同时建立多个虚电路，以达到资源共享。但不论是物理连接还是逻辑连接，均需要建立连接，因此虚电路方式的分组交换属于面向连接的方式。

（2）数据报方式

数据报方式无须预先建立逻辑连接，属于无连接的方式。在数据报方式中，属于同一报文的各分组在各个交换节点被分别独立处理，因此它们可能沿不同的路径传送。由于各条路径延时不同，各分组到达终点可能出现乱序问题，因此目的端需要根据分组编号恢复数据报。

13.1.6 通信网的协议

只具备硬件条件并不能保证网络的正常运行，特别是随着自动化程度的提高，为保证网络高效、有条不紊地工作，通信双方还必须遵守一些事先规定好的规则和约定。为进行网络中的数据交换而建立的规则、标准或约定称为网络协议(Network Protocol)，简称协议。

协议主要由 3 个要素组成。

（1）语法：数据与控制信息的结构或格式。

(2) 语义：需要发出何种控制信息，完成何种动作及作出何种响应。

(3) 同步：事件实现顺序的详细说明。

网络协议主要具有分段和重组、封装、连接控制、流量控制、差错控制、寻址、复用等功能。不同的通信网使用的协议是不同的，如电话通信网中的信令(Signaling)协议和计算机网络中的 OSI 与 TCP/IP 协议，以及质量标准约定和传输标准约定等。

13.2 典型通信网

13.2.1 电话通信网

1. 电话通信网的结构

电话通信是我们生活中应用最广泛、使用最频繁的一种通信方式，是通过声能和电能的相互转换，并利用"电"这个媒介来传输语音的一种通信技术。

我国的电话通信网采用的是分级结构，包括国际长途电话网、国内长途电话网和本地电话网，如图 13.6 所示。

图 13.6 电话通信网的分级结构

一级交换中心(C1)为大区中心，也称为省间中心局，是汇接一个大区内各省之间的电话通信中心，局间都设立直达电路，为完全互连方式的网形网结构。我国设置了 6 个大区中心，采用网形网连接，用于汇接大区内各省之间的长途业务。

二级交换中心(C2)为省中心局，是汇接省内各地区之间的电话通信中心；各省中心与大区中心之间以星形网相连。

三级交换中心(C3)为地区(市)中心局，是汇接本地区各县(区)的电话通信中心，要求地区中心局至本省中心局具有直达路由；各地区(市)中心与省中心之间以星形网相连。

四级交换中心(C4)为市(县)级中心局，是汇接本市(县)的电话通信中心，是最终长途局，到 C3 局有直达路由。

最后是端局 C5。

近年来，随着网络规模越来越大，多级交换结构存在接续慢、延时长、传输损耗大等问题，我国电信网的结构已开始由原来的五级向三级过渡，即将原来的 C1、C2 合并设置为一级交换中心，C3、C4 合并设置为二级交换中心。

2. 信令协议

(1) 基本概念

信令是通信终端和交换设备及交换设备之间传递的用于指导终端、交换设备和传输系统协调工作的信息。以电话通信网为例,一次通话包括以下 3 个阶段,每个阶段使用如图 13.7 所示的各种信令。

图 13.7 两用户一次通话的接续过程

① 建立连接。当主叫用户摘机时,形成直流通路,表明有呼叫意图,相当于送给交换局一个摘机信号,若交换局无空闲线路,则发回忙音(一般为快速连续音),此时用户拨号无效,需稍候重拨;若交换局以拨号音应答(一般是 400Hz 连续音),表明准备好接收拨号。主叫听到拨号音后,拨出被叫用户号码(双音频或脉冲)。交换局根据被叫号码判断被叫方是本局用户还是非本局用户。如果是非本局用户,则根据号码选择合适的中继线,启动被叫方交换局,待其发回"准备好了"的信号后,将被叫方号码发送过去。被叫方交换局收到被叫方号码后,向被叫用户、主叫方交换局和主叫用户发送振铃信号(一般为慢断续音)。此时,若被叫方正在与其他用户通话,则发回忙音。如被叫方听到振铃后摘机,则呼叫电路建立成功,进入通话过程。

② 通话。主、被叫用户通过由本地环路、各级交换机和中继线构成的链路进行通话。

③ 连接释放。通话完毕后,当任何一方挂机,使此链路所涉及的各交换机释放其内部链路和占用的中继线,恢复原状态,等待其他呼叫,至此完成一次通话接续。

在电话通话过程中,完成接续和转接需要一套完整的控制信号和操作程序,用以产生、发送和接收这些控制信号的硬件及相应执行的控制、操作等程序的集合体就是电话网的信令系统。一般电话信令包括 3 部分:①地址,用以选择路径,如被叫号码;②控制或申请信号,如主叫用户摘机信号是申请通话;③状态信号,如主叫局发出的拨号音表示准备好了,而被叫方发回的忙音则表示对方正忙。

(2) 信令的分类

按工作区域不同,信令可分为用户线信令和局间信令。用户线信令是终端和交换机之间的用户线上传输的信令,例如主、被叫用户的摘机和挂机信号,主叫用户拨打的电话号码等;交换机向用户发送的信令主要有拨号音和忙音等。局间信令是交换机之间的信令,主要用来控制连接的建立、监视、释放,网络的监视、测试等功能。局间信令功能要比用户线信令复杂得多。

按信令传输技术不同,信令可分为随路信令(Inchannel Signaling)和公共信道信令(Common Channel Signaling),如图 13.8 所示。随路信令中各种信令和话音都在同一线路上传送。用户线信令一般属于随路信令,在采用步进制或纵横制等布线逻辑交换机的电话网中,局间信令也都采用随路信令。公共信道信令中,信令通路与话音通路分开,一般将若干条话音通路的信令集中在一条专门用于传送信令的通道上传送。公共信道信令具有许多优点:传送速度快,具有提供大容量信令的潜力,有改变和增加信令的灵活性,在通话时间内可以随意处理信令,可靠性强、适应性强。

(a) 随路信令系统示意图　　　(b) 公共信道信令系统示意图

图 13.8　两种信令系统的组成结构

(3) No.7 信令系统

由于 No.6 公共信道信令系统不适合在数字环境中使用,于是在 20 世纪 80 年代,ITU-T 提出了适合数字交换、数字传输和 ISDN 发展需要的 No.7 信令系统(Signaling System 7),它具有如下特点:

① 最适合用于由存储程序控制交换局组成的数字通信网;
② 可以满足目前和未来通信网交换各种信令信息及其他信息的要求;
③ 能够保证正确的信息传递顺序,无丢失和顺序颠倒现象;
④ 适合在模拟信道和速度低于 64kbit/s 信道工作;
⑤ 可用于国际网和国内网。

No.7 信令的覆盖范围非常广泛,包括复杂数字网络的各种控制信令。在 No.7 信令中,控制信令实际是一种短分组,若干条话音通路的信令以时分方式公用一条信令链路在网络中传送,从而实现呼叫管理(建立、维护和终止)和网络管理。尽管被控制的网络属于电路交换网络,控制信令却使用分组交换技术实现。

13.2.2　计算机网络

1. 计算机网络的分类

将分布在不同地理位置的具有独立功能的计算机、终端及附属设备用通信设备和通信信道相互连接起来,再配以相应的网络软件,以实现计算机资源共享的系统称为计算机网络。

计算机网络的类型很多,从不同的角度可以有不同的分类方法。

根据网络结构及数据传输技术,可分为广播型网络和交换型网络。在广播型网络中,所有节点共享传输介质,网中任何一个节点发送到网上的信息可被传送到网中的所有其他节点,不需要中间节点进行交换。鉴于以上特点,广播型网络需要解决介质访问控制问题,大多数局域网采用广播技术。在交换型网络中,不直接相连的两个节点通过一些中间节点的交换传送数据。常用的交换技术就是本章前面提到的电路交换、报文交换、分组交换及它们的混合应用等。目前的大多数广域网属于交换型网络。

计算机网络按地理范围可分为 4 类:个人区域网(PAN)、局域网(LAN)、城域网(MAN)和广域网(WAN)。其中,个人区域网(Personal Area Network)的覆盖面积最小,一般指 10m 范围内的网络,是近几年由于 WiFi 的广泛应用而提出的网络;局域网(Local Area Network)的覆盖面积小,传输距离常在百米至几千米,限于一幢楼房或单位内,主机或工作站用 1~100Mbit/s 的高速通信线路相连；城域网（Metropolitan Area Network）界于广域网和局域网之间，其大小通常覆盖一个地区或一个城市，距离常在 10～150km 之间，城域网的传输速率比局域网更高，在 1Mbit/s 以上，乃至数百兆 bit/s；广域网（Wide Area Network）又称作远程网，它覆盖的地理范围从几十千米到几千千米。广域网可以把众多甚至全球的 MAN、LAN 连接起来，达到资源共享的目的。

因特网是全球最大的计算机网络，它是由分布在世界各地的、数以万计的、各种规模的计算机网络，借助于网络互连设备——路由器，相互连接而成的全球性的互连网络。

2. 计算机通信协议

（1）OSI 模型

在基于电路交换的电话网络飞速发展的同时，计算机通信网络也迅速成长，需要制定既能规范其发展（使全球各生产厂商的产品能够协同工作，实现全球通信）又不限制其发展的标准、协议。因此，国际标准化组织（International Standard Organization，ISO）提出了开放系统互连（Open System Interconnection，OSI）模型。OSI 模型中的"开放"指只要遵循 OSI 标准，一个系统就可以与位于世界上任何地方遵循同一标准的其他任何系统进行通信。

此外，OSI 标准制定过程中采用了分层的体系结构方法：将整个庞大而复杂的问题划分为若干个容易处理的小问题。层次划分的原则是：

① 网络中各节点都有相同的层次；
② 不同节点的同等层具有相同的功能；
③ 同一节点内相邻层之间通过接口通信；
④ 每一层使用下层提供的服务，并向其上层提供服务，每一层的实现方法对其他层来说是透明的；
⑤ 不同节点的同等层按照协议实现对等层之间的通信。

如图 13.9 所示，OSI 模型自下而上分为物理层（Physical Layer）、数据链路层（Data Link Layer）、网络层（Network Layer）、传输层（Transmission Layer）、会话层（Session Layer）、表示层（Presentation Layer）和应用层（Application Layer），每一层都有各自的功能，通过接口向其相邻的层提供或者接受服务，因此每一层的具体实现可以采用灵活的方法而不影响其他层的实现。OSI 各层的功能如表 13.1 所示。

图 13.9　OSI 模型

表 13.1　OSI 各层的功能

OSI 层次	核心功能
应用层	为用户应用进程提供访问网络的手段
表示层	解决用户信息的语法表示问题,包括数据格式变换、数据加密与解密、数据压缩与恢复等
会话层	用户入网的接口,在两个通信实体之间建立一个逻辑连接,即会话。负责会话的建立、终止及控制
传输层	在两个通信实体之间建立端到端的、可靠的、透明的通信信道,用以传输报文。提供端到端的差错控制和流量控制
网络层	负责端到端的分组传送,完成路由选择、网络互连等功能
数据链路层	在物理层提供的比特流传输服务基础上,在相邻节点间建立数据链路,传送以帧为单位的数据。通过差错控制、流量控制等方法,将不可靠的物理传输信道变成无差错的可靠信道
物理层	利用物理传输介质为数据链路层提供物理连接,以便透明地传送比特流

(2) TCP/IP

TCP/IP(Transmission Control Protocol/Internet Protocol)是传输控制协议/网际协议的缩写,最初是为美国国防部高级研究计划局(Defence Advanced Research Projects Agency,DARAP)设计的,用于 ARPANET 网络上的协议,目的在于使各种各样的计算机都能在共同的环境中运行。自诞生以来,TCP/IP 经过了多年的实践检验,成功地促进了 Internet 的发展,同时 Internet 的发展又给 TCP/IP 带来了无限的发展空间。TCP/IP 具有以下特点:

① 开放的协议标准,可以免费使用,并且独立于特定的计算机硬件与操作系统;
② 独立于特定的网络硬件,可以运行在局域网、广域网,更适用于互联网中;
③ 统一的网络地址分配方案,使得整个 TCP/IP 设备在网络中都具有唯一的地址;
④ 标准化的高层协议,可以提供多种可靠的用户服务。

TCP/IP 模型可分为 4 层:应用层(Application Layer)、传输层(Transport Layer)、互连层(Internet Layer)、主机—网络层(Host-to-Network Layer)。按照层次化结构思想,对应于 TCP/IP 模型的每一层包括一些协议簇,如图 13.10 所示。其中,应用层与 OSI 模型的应用层相对应,传输层与 OSI 模型的传输层相对应,互连层与 OSI 模型的网络层相对应,主机—网络层与 OSI 模型的数据链路层及物理层相对应。在 TCP/IP 模型中,对 OSI 模型的表示层、会话层没有对应的协议。

图 13.10　TCP/IP 协议簇

TCP/IP 的最低层即主机—网络层负责通过网络发送和接收 IP 数据报,它包括各种物理网协议,如局域网中的 Ethernet、Token Ring 等协议。

地址解析协议(ARP/RARP)提供物理地址与 IP 地址之间的映射,不单独属于某一协议层。

传输层的主要功能是负责应用进程之间的端到端通信,功能与 OSI 模型的传输层功能类似,传输层定义了两种协议,即传输控制协议(Transport Control Protocol,TCP)与用户数据报协议(User Datagram Protocol,UDP),它们分别是可靠的面向连接的协议和不可靠的无连接协议。

互连层的主要功能是负责将源主机的报文分组发送到目的主机,相当于 OSI 模型网络层的无连接网络服务。IP 横跨整个层次,TCP、UDP 都通过 IP 来发送、接收数据。

传输层之上的应用层包括所有的高层协议,且总有新的协议加入,这些协议其实定义了 Internet 的服务,主要有:

① 远程上机协议(TELNET),用于实现互联网中远程登录功能;
② 文件传送协议(FTP),用于实现互联网中交互式文件传输功能;
③ 简单邮件传送协议(SMTP),用于实现互联网中电子邮件传送功能;
④ 域名系统(DNS),用于网络设备名字到 IP 地址映射的网络服务;
⑤ 路由信息协议(RIP),用于网络设备之间交换路由信息;
⑥ 网络文件系统(NFS),用于网络中不同主机间的文件共享;
⑦ 超文本传送协议(HTTP),用于 WWW 服务。

13.2.3 智能网

智能网(Intelligent,IN)依靠 No.7 信令网、大型软件和集中数据库的支持,为用户快速提供新业务而设置的附加网络结构。智能网由业务交换点(SSP)、业务控制点(SCP)、信令转接点(STP)等部分组成,如图 13.11 所示。

图 13.11 智能网结构

业务交换点(Service Switching Point,SSP):用于接收用户信息,识别是否是对智能网的呼叫;与业务控制点(SCP)保持联系;与智能网周边的系统(如 IP)协同工作。

业务控制点(Service Control Point,SCP):存储用户数据和服务逻辑,当收到 SSP 送来的查询信息后,要进行比较、验证、地址翻译、证实后再向 SSP 发出呼叫处理命令。它是智能网的核心功能部件。

信令转接点(Signal Transfer Point,STP):沟通 SSP 与 SCP 之间的信号联络(分组交换)。实质上是 No.7 信令网的组成部分,在智能网节点中传输指令,事务处理能力应用部分(Transaction Capabilities Application Part,TCAP)可以适应智能网提供的各种新业务的要求。

智能外围(Intelligent Peripheral,IP):提供各种电信能力的网络元件,智能网包含与 IP 联系的标准接口,允许新技术的引入,如文字与语音交换、语音识别、传真的存储转发等。

业务管理系统(Service Management System,SMS):是操作、维护、管理、监视系统,允许用户管理自己的数据、生成报表等,并对 SCP、IP、SSP 等进行管理。

业务建立环境(Service Creation Environment,SCE):是根据用户的需求生成新的任务。用于建立智能网的运行环境,个人终端用户通过 SCE 来完成自身业务的控制,包括增加、删除新业务等。

当前智能网发展的主要模式是以独立的 SCP 为核心,以 No.7 信令网为支撑的智能网,或称以 SCP 为基础的智能网(SCP Based IN)。SCP 与 SSP 之间用 No.7 信令和智能网应用规程(INAP)连接,SCP 与业务管理系统(SMS)之间的联系可通过分组网实现。

我国智能网的目标网结构如图 13.12 所示。

图 13.12 我国智能网的目标网结构

习 题 13

13.1 简述通信网的组成要素。
13.2 简述通信网的拓扑结构及各种拓扑结构的特点。
13.3 比较电路交换和分组交换的优缺点。
13.4 比较分组交换的两种不同方式。
13.5 简述电话信令的分类。
13.6 简述 No.7 信令系统的特点。
13.7 简述 OSI 模型的七层结构和功能。
13.8 简述我国电话通信网的分级结构。
13.9 计算机网络按照地理范围分,可以分为哪几类?分别有什么特点?
13.10 简述智能网的组成。
13.11 画出我国智能网的目标网结构。

附录 A 误差函数、互补误差函数表

误差函数 $\quad \mathrm{erf}(x) = \dfrac{2}{\sqrt{\pi}} \displaystyle\int_0^x \mathrm{e}^{-t^2} \mathrm{d}t$

互补误差函数 $\quad \mathrm{erfc}(x) = 1 - \mathrm{erf}(x) = \dfrac{2}{\sqrt{\pi}} \displaystyle\int_x^\infty \mathrm{e}^{-t^2} \mathrm{d}t$,当 $x \gg 1$,$\mathrm{erfc}(x) \approx \dfrac{\mathrm{e}^{-x^2}}{\sqrt{\pi}\,x}$

$x \leqslant 5$ 时,$\mathrm{erf}(x)$、$\mathrm{erfc}(x)$ 与 x 的关系表

x	$\mathrm{erf}(x)$	$\mathrm{erfc}(x)$	x	$\mathrm{erf}(x)$	$\mathrm{erfc}(x)$
0.05	0.05637	0.94363	1.65	0.98037	0.01963
0.10	0.11246	0.88745	1.70	0.98379	0.01621
0.15	0.16799	0.83201	1.75	0.98667	0.01333
0.20	0.22270	0.77730	1.80	0.98909	0.01091
0.25	0.27632	0.72368	1.85	0.99111	0.00889
0.30	0.32862	0.67138	1.90	0.99279	0.00721
0.35	0.37938	0.62062	1.95	0.99418	0.00582
0.40	0.42839	0.57163	2.00	0.99532	0.00468
0.45	0.47548	0.52452	2.05	0.99626	0.00374
0.50	0.52050	0.47950	2.10	0.99702	0.00298
0.55	0.56332	0.43668	2.15	0.99763	0.00237
0.60	0.60385	0.39615	2.20	0.99814	0.00186
0.65	0.64203	0.35797	2.25	0.99854	0.00146
0.70	0.67780	0.32220	2.30	0.99886	0.00114
0.75	0.71115	0.28285	2.35	0.99911	8.9×10^{-4}
0.80	0.74210	0.25790	2.40	0.99931	6.9×10^{-4}
0.85	0.77066	0.22934	2.45	0.99947	5.3×10^{-4}
0.90	0.79691	0.20309	2.50	0.99959	4.1×10^{-4}
0.95	0.82089	0.17911	2.55	0.99969	3.1×10^{-4}
1.00	0.84270	0.15730	2.60	0.99976	2.4×10^{-4}
1.05	0.86244	0.13756	2.65	0.99982	1.8×10^{-4}
1.10	0.88020	0.11980	2.70	0.99987	1.3×10^{-4}
1.15	0.89912	0.10388	2.75	0.99990	1.0×10^{-4}
1.20	0.91031	0.08969	2.80	0.999925	7.5×10^{-5}
1.25	0.92290	0.07710	2.85	0.999944	5.6×10^{-5}
1.30	0.93401	0.06599	2.90	0.999959	4.1×10^{-5}
1.35	0.94376	0.05624	2.95	0.999970	3.0×10^{-5}
1.40	0.95228	0.04772	3.00	0.999978	2.2×10^{-5}
1.45	0.95969	0.04031	3.50	0.999993	7.0×10^{-7}
1.50	0.96610	0.03390	4.00	0.999999984	1.6×10^{-8}
1.55	0.97162	0.02838	4.50	0.9999999998	2.0×10^{-10}
1.60	0.97635	0.02365	5.00	0.9999999999985	1.5×10^{-12}

参 考 文 献

[1] 樊昌信,曹丽娜. 通信原理(第7版). 北京:国防工业出版社,2012.
[2] 周荫清. 信息理论基础(第5版). 北京:北京航空航天大学出版社,2020.
[3] 曹志刚,钱亚生. 现代通信原理. 北京:清华大学出版社,2008.
[4] 沈保锁,侯春萍. 现代通信原理(第2版). 北京:国防工业出版社,2010.
[5] 张辉. 现代通信原理与技术(第4版). 西安:西安电子科技大学出版社,2018.
[6] 顾宝良. 通信电子线路(第3版). 北京:电子工业出版社,2013.
[7] 宋祖顺. 现代通信原理(第3版). 北京:电子工业出版社,2010.
[8] Stremler F G. *Introduction to Communication Systems*,2nd. Wesley Publishing Company,1988.
[9] 张树京. 信息传输原理(第2版). 上海:同济大学出版社,2011.
[10] Proakis J G. *Digital Communications*,3rd. McGraw Hill,Inc. ,1995.
[11] CouchⅡ L W. *Digital and Analog Communication Systems*,5th. Prentice Hall,Inc. ,1998.
[12] Ziemer R E,Peterson R L. *Digital Communications and Spread Spectrum Systems*. Prentice Hall,Inc. ,1985.
[13] 浙江大学数学系高等数学教研室. 概率论与数理统计(第4版). 北京:高等教育出版社,2008.
[14] 王秉钧. 通信原理及其应用(第2版). 北京:国防工业出版社,2006.
[15] 李晓峰. 通信原理(第2版). 北京:清华大学出版社,2014.
[16] 陈树新,尹玉富,石磊. 通信原理. 北京:清华大学出版社,2020.
[17] 周炯槃. 通信网理论基础(修订版). 北京:人民邮电出版社,2009.
[18] 郭梯云,刘增基,王新梅. 数据传输(修订版). 北京:人民邮电出版社,1998.
[19] 桂海源. 现代交换原理(第4版). 北京:人民邮电出版社,2013.
[20] 冯玉珉. 通信系统原理(修订版). 北京:清华大学出版社,2007.
[21] 黄章勇. 光纤通信用光电子器件和组件. 北京:北京邮电大学出版社,2007.
[22] 徐荣,龚倩. 高速宽带光互连网技术. 北京:人民邮电出版社,2002.
[23] 雒明世,冯建利. 卫星通信. 北京:清华大学出版社,2020.
[24] 张洪太,王敏,崔万照. 卫星通信技术. 北京:北京理工大学出版社,2018.
[25] 穆维新. 现代通信网(第2版). 北京:电子工业出版社,2017.
[26] 王承恕. 通信网基础. 北京:人民邮电出版社,2004.
[27] 及燕丽. 现代通信系统. 北京:电子工业出版社,2001.
[28] Behrouz A. F Forouzan. *Data Communications and Networking*(*Global Edition*). McGraw Hill Education,2020.
[29] Stallings W. *Data and Computer Communications*(*International Edition*). Pearson Education Limited,2020.
[30] 胡宴如. 高频电子线路(第2版). 北京:高等教育出版社,2015.
[31] 张肃文. 高频电子线路(第5版). 北京:高等教育出版社,2011.
[32] 张祖凡. 通信原理. 北京:电子工业出版社,2018.

[33] 冯穗力. 数字通信原理(第 2 版). 北京:电子工业出版社,2016.
[34] 通信工程新技术实用手册:交换技术分册. 北京:北京邮电大学出版社,2002.
[35] 吴翼平. 现代光纤通信技术. 北京:国防工业出版社,2004.
[36] Sklar B. 数字通信——基础与应用(第 2 版). 徐平平译. 北京:电子工业出版社,2015.
[37] 傅祖芸. 信息论——基础理论与应用(第 4 版). 北京:电子工业出版社,2015.
[38] Rappaport T S. 无线通信原理与应用(第 2 版). 周文安译. 北京:电子工业出版社,2018.
[39] 曹志刚. 通信原理与应用——基础理论部分. 北京:高等教育出版社,2015.
[40] 李建东,郭梯云. 移动通信(第 4 版). 西安:西安电子科技大学出版社,2018.
[41] 张甫翊. 通信原理(第 2 版). 北京:清华大学出版社,2016.
[42] 隋晓红. 通信原理. 北京:北京大学出版社,2007.
[43] 周炯槃,庞沁华,续大我,杨鸿文. 通信原理(第 4 版). 北京:北京邮电大学出版社,2015.
[44] 沈振元. 通信系统原理(第 2 版). 西安:西安电子科技大学出版社,2008.
[45] 张涛. 锁相技术. 北京:机械工业出版社,2015.
[46] 周冬梅. 数字通信原理(第 2 版). 北京:电子工业出版社,2016.
[47] 肖萍萍,吴健学. SDH 原理与应用. 北京:人民邮电出版社,2008.
[48] 南利平. 通信原理简明教程(第 3 版). 北京:清华大学出版社,2014.
[49] 刘志华. 现代通信技术导论. 北京:北京邮电大学出版社,2015.